『十一五』國家重點圖書

李路珂 著

《營造法式》彩畫研究

第二版

東南大學出版社·南京·

序

一

《营造法式》是宋代官定建筑工程法规和规范,是重要的古代建筑史料。数十年来,经过几代学者的辛勤努力,对《营造法式》的研究已取得重大成果,在建筑结构和构造方面尤为突出,有多种专著相继问世。近年对建筑装饰、建筑彩画等方面也不断有人进行研究,出现了一些优秀的论文,表明对《营造法式》的研究更为全面和深入。清华大学建筑学院李路珂的博士论文《〈营造法式〉彩画研究》就是其中之一。

该书从"注释研究"和"理论研究"两方面对《营造法式》中的彩画进行了探讨。在"注释研究"部分,作者使用了著名的"故宫本"《营造法式》的文本和图样,这是保存宋代图案最近且完整的本子。通过校订、梳理该文本,对其逐项进行考订和注释,可以较正确地掌握其文字和图样,对研究工作的顺利开展极有助益。同时作者又广泛收集现存的有关实物资料,包括宋金时期珍贵的建筑彩画实例和壁画及石刻中表现的相关图像和纹样,取得了重要的参考资料,把它们与文本的描述和图样互证,探讨其在图形和用色上的异同,据以充实图样中不甚明晰的图形,解读图样中标注色彩的规律,在此基础上复原了《营造法式》彩画的图形和色彩。由于作者在文本考订上的细致周密,在实例搜集上的广泛多样,并对二者作了反复的比较和综合归纳,对《营造法式》彩画的解读和据以绘制的复原图较为完整、更接近于宋代原貌,是在目前条件下取得的较有开创性的成果。

在"理论研究"部分,作者对《营造法式》反映出的装饰概念、彩画的设计法则、历史的独特性诸方面进行了深入分析,从中归纳出中国传统艺术设计中的大壮、适中、和谐三项总体原则,以及宋代彩画装饰层面的鲜丽、圜和、分明、匀、宜五项具体原则,并探讨这些原则在彩画、装饰方面的应用。这是作者在研究传统设计、装饰思想及其发展轨迹方面的富有新意的研究成果,还反映出作者具有良好的知识结构和理论功底。此研究成果也可为现实的设计与生活提供借鉴。

正如梁思成先生所说,建筑史的研究是一项"逆潮流"的工作。在当前的环境下,作者能够静下心来,用几年的时间,怀着热情和一丝不苟的态度完成这样一项古籍整理和理论研究的工作,实属难能可贵。希望这样的研究能够继续下去。

傅熹年

2010年5月

序

二

　　李路珂是后起之秀，和我又同为女性，所以我早就答应给她的大作写序。只是工作繁忙，一拖再拖，大作即将付梓我仍疏于落笔，深感不安。其实在这不安和疏淡中，主要是自己对彩画研究已欠缺深入，重拾钻研这个专题需要一个过程和时间。

　　我自己在 20 世纪 80 年代初做过一些彩画研究，深知看似明媚表浅的彩画研究，要做好其实是件艰辛的工作；另一方面，跨越近 30 年的时间后来阅读李路珂的研究成果，深感她研究的进步和时代的进步；同时对她的成果研读，于我也是学习过程。在这感慨中，我记录如下感想，权作为序。

　　首先，这项研究工作是艰辛的，在这艰辛中更见作者的功力。仅说文字点校、术语辨析和制度图释，就是相当分量的文献整理工作。该书对《营造法式》补充校注 86 条，包括不同版本的相异之处、部分文字和标点的修正；也首次对相关术语进行了阐释，共计 6 大类 100 余条术语，包括彩画制度及其相关和延伸的内容；制度图释除以文字加注外，更辅以图版绘制说明，新绘"彩画作制度图" 56 幅。这些工作的特殊之处，还在于将传统的治学方法传承和现代的绘图方法进行结合，从而带来厚重中的清新之感，也使得研究成果具有新时代的特征。

　　其次，这项研究成果是进步的，在这进步中可见作者的视野。彩画作为中国古代建筑的重要组成部分，早有林徽因先生于 20 世纪 50 年代著述，后也有胡东初先生接续，但聚焦于宋《营造法式》的彩画作研究，则肇始于梁思成先生，后有潘谷西先生和郭黛姮先生等。以上学者或在文献或在作法或在体例上都建树颇多，并以精辟见长，且为后学研究奠定了重要的基石和平台。而李路珂的进步在于能做系统研究，以吸收前人成果为基础，又广泛深入下去，是难能可贵的，因为这需要开阔的视野和比较全面的知识。其"注释研究篇"和"理论研究篇"就表达了这样的研究演进。

　　再则，这项研究方法是科学的，在这科学中表达了作者的追求。概括地说，这种科学方法即将画的研究和建筑结合，以及将理论研究和实物考证结合。对于前者，主要表现在研究彩画的三要素——构图、色彩、纹样时，不是就彩画而作彩画研究，而是探讨它的设计原则和木作构件位置的关联、"椽道"和材等的关系、色彩和建筑的等级关系等。对于后者，作者通过山西高平开化寺大殿和甘肃安西榆林窟西夏后期石窟装饰的调查和实绘，进行与宋《营造法式》彩画作的比较，验证和探讨宋式彩画的特征和规律。这种始终以建筑为本体、以彩画为其组成的科学追求是该项研究的正确方式方法。

　　此外，在阅读的过程中和我自己的研究中，始终对彩画作在《营造法式》中占有相当大的比重饶有兴趣，也对它的发生和来由给予特别的关注。作者从"宋型文化"（成型于中唐至北宋间）

定位《营造法式》彩画的时代特征是"鲜丽",从燕辽丝路、东南、四川的空间影响定位中原开封出台的《营造法式》的多元文化特色。而正是在这点上,我个人提出一点商榷意见。从《营造法式》彩画大量出现的织锦纹样看,以及结合李诫重修《营造法式》劄子表达的最主要出发点"关防功料,最为切要,内外皆合通行"认识,我以为"简约"是一重要特征,而这也和《营造法式》最初编纂时大政治家王安石在宋神宗熙宁年间提出并推行的变法措施相吻合。同时,从空间地域看,书中言及辽代建筑彩画吸取丝织品养分和北宋建筑彩画锦文的关联,似值得推敲,因为其间政治和文化品位的异趣明显。锦文的大量出现当也和如何节制浪费将锦绣包裹构件的作法转而一种恒久的彩画作相关。时代特色和地域文化的取舍在宋《营造法式》转型中的整合还有待深人研究。另一方面,彩画之涂饰的防腐防蠹功能和包裹锦绣的装饰功能在宋《营造法式》转型中的统一也将提供另一层面的思考。

　　李路珂《〈营造法式〉彩画研究》一书将不仅呈现关于彩画研究的最新成果,还将鼓励她在学术的道路上层楼更上。我期待着。

陈薇

2010 年 12 月 14 日于金陵

目 录

注释研究篇

理论研究篇

绪 论

0.1 本研究的目标

一般来说,建筑历史的研究有两个目标。一是受到好奇心的驱使,希望从各个层面了解过去时代人类建造活动的真实图景,因为"历史"的希腊词根(historia),意味着"了解"(knowing)或"理解"(understanding)①;而另一个目标,则是借由"历史事实"而接近"真理",从而对当代的问题提出挑战,按照海德格尔的分析,"真理"一词的希腊词根(aletheia)由于 a 这一否定前缀而成为对 lethe(蔽)的否定与澄清②。

由此,我国自"中国营造学社"而始的建筑历史研究,一直有两个主要的关注点。一是通过古代文献和实物的整理、调查与研究,逐渐从建筑、城市等各个层面勾勒出中国古代建筑的历史图景。另一方面,在后殖民时期"全球化"的背景下,我国作为一个目前欠发达的文明古国,正面临丧失民族个性和创造力的危险,因此有着急迫的文化复兴的需要;因此,回到自身最富创造力的历史时期,总结过去的设计思想与艺术规律,寻找"自己的艺术特性"③与"伟大文明的创造核心"④,亦成为建筑历史的重要任务。

以上两方面的基本诉求,使得两类历史资料变得最为重要。其一是具有高度系统性的资料,即全面、翔实而具体的资料,这无疑是尽可能全面复原历史图景的基本前提;其二是具有文化上的典型性的资料,这些资料能够代表本民族建筑文化之起源、顶峰或转折之关键,与之相关的分析对于"艺术特性"或"创造核心"的探讨最具启发价值。

作为我国古代仅存的两部建筑专书之一的《营造法式》(学术界常简称为《法式》),成书于北宋末年,这一时期正是中国古代之科技与文化的高峰和转折时期。由于兼具"系统性"和"典型性",《营造法式》几乎成为中国建筑史学研究的必由之径。因此《营造法式》一经发现便受到高度的重视,而对《营造法式》的解释与研究,成为"中国人自己的建筑史学"的起点⑤。

因此,作为《营造法式》研究之专题的彩画研究,其总的目标首先是对《营造法式》所记载的彩画制度及样式进行解释和还原,得出"完整的宋代建筑形象图"⑥,并对其历史演变、地域风格形成多层次的认识;在此基础上,进一步发掘《营造法式》的设计思想与"艺术特性",为当代中国的建筑创作提供思想源泉与形式原型。

本研究的近期目标,亦即现阶段基本完成的工作,是通过对《营造法式》彩画部分历史文献的解释与还原,从指导思想和实际操作的层面上对《营造法式》的装饰思想及装饰技术、艺术成

---

① 参[英] 大卫·史密斯·卡彭. 建筑理论. 王贵祥,译. 北京:中国建筑工业出版社,2007:边码 134
② 参见:洪汉鼎. 诠释学——它的历史和当代发展. 北京:人民出版社,2001:1~8
③ 梁思成. 为什么研究中国建筑(1944 年). 见:中国建筑史. 天津:百花文艺出版社,1998:4
④ [法] 保罗·利科. 历史与真理(1955 年). 姜志辉,译. 上海:上海译文出版社,2004:279~280
⑤ 在史学史上,一般把 1930 年以研究《营造法式》为主要任务的"中国营造学社"之创立看做"中国人自己的建筑史学"的开端。可参见:吴良镛. 关于中国古建筑理论研究的几个问题. 建筑学报,1999(04)
⑥ 梁思成.《营造法式》注释. 见:梁思成全集(第 7 卷). 北京:中国建筑工业出版社,2001:266
该部分系根据梁先生《《营造法式》注释(卷下)》(油印稿,20 世纪 60 年代)整理出版。

就形成较为全面的认识。在此基础上,参照《营造法式》对同时期有关实例的装饰做法及装饰风格在现象层面和原理层面形成较为深入的理解。

0.2　本研究的意义

宋代是我国古代建筑史上极为重要的时期,它不但孕育了政治和经济的重大转折,还在文化与科技方面达到了前所未有的高峰。成书于北宋末年的《营造法式》,作为中国古代仅存的两部建筑官书之一,是解读中国古代建筑之"配合定例"、"规律格式"①所不得不倚重的宝贵钥匙。在史学史意义上,始于1930年"中国营造学社"的《营造法式》研究,又标志着中国人自己的建筑史研究的起点。因此,《营造法式》的研究,对于中国古代建筑史的研究,有着关键性的意义。

在既往的《营造法式》研究中,主要的焦点集中在大木构架的结构及形式规律的研究上。在这方面,不论是对《营造法式》原始文献的考订和解读②,还是对唐宋时期建筑实例的归纳与比较③,对这一时期建筑之结构力学④和数理美学规律的探索⑤,国内外学者都已经获得了可观的成就。这些研究已经能够初步揭示中国唐宋时期建筑大木构架的设计方法,并对这一时期的建筑学成就进行客观评价,进一步寻找其在世界文明史上的定位,作为今天建筑设计和理论研究的参证。

然而,对于《营造法式》"彩画作制度"、"雕作"、"旋作"等部分的研究,却相对薄弱得多。诚如梁思成先生在"营造法式注释·彩画作制度"中所言:

"在中国古代建筑中,色彩是构成它的艺术形象的一个重要因素,由于这方面实物的缺少,因此也使我们难以构成一幅完整的宋代建筑形象图⋯⋯至于彩画作,我们对它没有足够的了解,就不能得出宋代建筑的全貌。"⑥

梁思成先生发此慨叹的时代,距今已有近半个世纪,时至今日,文献版本的考证、地下遗物的发掘,以及古建筑实例的考察都有所进展;而学术界也逐渐将《营造法式》研究的重心转向大木作以外工种的研究,以图进一步考究和完善"宋代建筑"的真实图景。

因此,作为建筑史学之一部分的"《营造法式》彩画研究",首先是基于前人之建筑史学体系基础上的专题探索,其目的在于填补前人对于古代建筑装饰与色彩研究的不足,并使中国古代建筑的历史图景得以完备和拓展。

然而我们在尽量还原过去的真实图景的同时,还带着当前迫切关注的种种问题。正如汤因比所说,"历史是探讨问题的框架,而问题是由特定时空背景下的特定的人所提出来的。"⑦从建筑理

---

① 梁思成. 中国建筑之两部文法课本. 中国营造学社汇刊,1945,7(02)
② 梁思成.《营造法式》注释(卷上). 北京:中国建筑工业出版社,1983
　　[日] 竹岛卓一. 营造法式の研究. 东京:中央公论美术出版社,1970—1972
③ 陈明达. 营造法式大木作研究. 北京:文物出版社,1981
④ 杜振辰,陈明达. 从《营造法式》看北宋的力学成就. 建筑学报,1977(01)
　　王天. 古代大木作静力初探. 北京:文物出版社,1992
⑤ 傅熹年. 中国古代城市规划、建筑群布局及建筑设计方法研究. 北京:中国建筑工业出版社,2001
　　郭黛姮. 论中国古代木构建筑的模数制. 见:建筑史论文集(第5辑). 北京:清华大学出版社,1981
　　王贵祥. 唐宋时期建筑平面比例中不同开间级差系列探讨. 建筑史,2003(03)
　　杜启明. 宋《营造法式》大木作设计模数论. 古建园林技术,1999(04)
⑥ 梁思成.《营造法式》注释. 见:梁思成全集(第7卷). 北京:中国建筑工业出版社,2001:266
　　该部分系根据梁先生《〈营造法式〉注释(卷下)》(油印稿,20世纪60年代)整理出版。
⑦ [英] 阿诺德·汤因比. 历史研究. 刘北成,郭小凌,译. 上海:上海世纪出版集团,2005:425

论的层面上来说,建筑装饰由于相对独立于功能、结构、技术等物质层面的因素,因此与文化背景、审美趣味等意识形态层面的因素有着更密切的关联。随着现代社会科学技术体系的巨大变革,以及社会形态的根本变化,对装饰问题的关注、反思和争论,也成为现代建筑理论的重要内容。

因此,作为建筑史学和建筑理论的双重探索,我们需要回到自身文化的内核之中。而蕴涵丰富装饰图像、装饰做法和装饰思想的《营造法式》彩画作,既是一个重要的历史界标,又可以作为思考中国建筑理论的坚实起点。

0.3 本研究的基础

"《营造法式》彩画作研究"之于"《营造法式》研究",正如"装饰研究"之于"建筑研究"一样,是一个较为后起的领域。我国第一批从事建筑史研究的学者,正是深受西方结构理性思想影响的一代,因此对建筑结构本体的关注远远多于装饰和色彩。虽然梁思成先生已经意识到装饰的重要性,但是终究限于当时的条件,无法将"小木作"、"彩画作"的研究进行到与"大木作"相当的深度。

然而先辈们对于《营造法式》的整理、考订和全面把握,正是《营造法式》专题研究的坚实基础;而以往对于《营造法式》"大木作"的深入研究,也使得本书从"彩画作"出发探讨装饰与结构的关系成为可能。

0.3.1 《营造法式》研究的状况

关于国内外学者对于《营造法式》的研究,郭黛姮先生曾撰专文予以回顾,并按时间顺序将其分为三个阶段:"营造学社阶段"(1931—1945 年)、"新中国阶段"(1962—1966 年)和"科学的春天"(20 世纪 80 年代以后)[①]。

在郭氏研究的基础上,可以按照认识规律将《营造法式》的既往研究划分为四个阶段:"文献版本阶段"、"实物考古阶段"、在大木作体系深入研究基础之上的"理论分析阶段",以及在大木作之外的工种研究基础之上的"系统完善阶段"。

这四个阶段虽有先后之分,却很难给出具体的时间界限。作为《营造法式》研究之发端的"营造学社时期",其研究并非仅限于"文献"和"实物",而是已经全面涉及了这四个阶段的内容。但不同时期由于研究条件和面临的问题不同,会有不同的侧重,而随着资料的健全和系统的完善,对《营造法式》文献本身的认识也在不断的循环中更新(表 0.1)。

"文献版本阶段"是《营造法式》研究的第一阶段。

《营造法式》在公元 12 世纪成书之后,经历了宋代的海行、重刊和明清的散佚、传抄,已经在某种程度上丧失其本来面目。因此对《营造法式》各版本的收集、整理、校勘,是一切相关研究的基础[②]。

1925 年校订出版的"陶本",可以视为《营造法式》版本考订工作的开端。而 20 世纪 30 年代,中国营造学社在"陶本"的基础上,结合当时新发现的"故宫本"和海外流传的"永乐大典本",

---

① 郭黛姮. 《营造法式》研究回顾与展望. 见:"纪念宋《营造法式》刊行 900 周年暨宁波保国寺大殿建成 990 周年学术研讨会"论文集,宁波,2003
② 关于这部分工作的成果,在本书 1.1 节中作较详细的介绍。

表 0.1　《营造法式》研究各阶段的关系

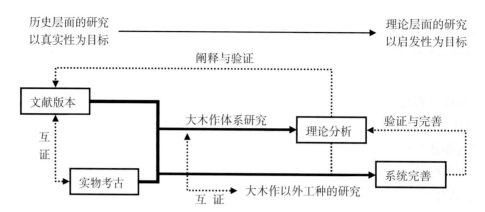

对《营造法式》进行的校勘和点读工作①,则是迄今为止《营造法式》文献版本工作最系统的成果,后学尚无全面超越者。此外,20世纪40年代,日本学者竹岛卓一在"陶本"的基础上,参校"丁本"、"静嘉堂本"、"四库本",独立地完成了校勘和点读②。

　　关于《营造法式》的文献校勘工作并没有到此结束。由于原版《营造法式》的缺失,关于原文的许多问题仅凭一个实物或文献的证据很难定论,因此在《营造法式》的各个领域,如果深入探究,都有可能发现其篇目、文字、图样和句读存在可商榷之处。因此,在陶湘、梁思成和竹岛卓一之后,仍不断有学者撰文对《营造法式》的文献本身提出质疑,例如曹汛的《〈营造法式〉的一个字误》③、钟晓青的《〈营造法式〉篇目探讨》④,等等。

　　第二阶段,"实物考古阶段",是以梁思成所主持的中国营造学社"法式部"的古建筑调查为开端的。在1931—1945年间,中国营造学社在全国调查了15个省的220余县,测绘了2000余座建筑,这些成果与文献考据的成果互证,才使《营造法式》大木作和石作部分的术语谜团基本得到破解。梁思成领导的工作小组在大量实物资料的基础上,运用现代的投影制图方法绘制了大木作、石作和壕寨等制度的图版,使《营造法式》变成一部可为一般学者阅读的读物。

　　梁思成所提倡的实物考古研究方法,对后学影响深远。在《〈营造法式〉注释》出版之后,将《营造法式》与实例互证,几乎成为所有唐、宋、金、元时期实物调查或考古发掘报告的必备内容。因此,实物考古的研究,在梁思成逝世后的数十年,仍然随着古建筑和考古发掘的新发现而不断推进。

　　与《营造法式》相关的实物考古著述相当丰富。在梁思成的《蓟县独乐寺观音阁山门考》、《正定调查纪略》、《记五台山佛光寺建筑》⑤等优秀著述之后,又有陈明达的《应县木塔》、宿白

① 梁思成.《营造法式》注释.见:梁思成全集(第7卷).北京:中国建筑工业出版社,2001
　著者的研究时间始于20世纪30年代,1950年出版《营造法式》图注,而《营造法式》注释)的主要书稿成于60年代。1966年以后工作停滞,1972年著者去世。其中总释、石作、大木作部分曾由后人校补整理,于1980年结为《〈营造法式〉注释》(卷上)出版。
② [日]竹岛卓一. 营造法式的研究. 东京:中央公论美术出版社,1970—1972
③ 曹汛.《营造法式》的一个字误. 建筑史论文集(第9辑). 北京:清华大学出版社,1988
④ 钟晓青.《营造法式》篇目探讨. 建筑史论文集(第19辑). 北京:机械工业出版社,2003
⑤ 梁思成. 蓟县独乐寺观音阁山门考. 中国营造学社汇刊,1932,3(02)
　梁思成. 正定调查纪略. 中国营造学社汇刊,1933,4(02)
　梁思成. 记五台山佛光寺建筑. 中国营造学社汇刊,1944,7(01)

的《白沙宋墓》、萧默的《敦煌建筑研究》①等著作,从不同角度加深了学术界对《营造法式》的认识。

尽管如此,在对实物考古成果进行高度概括的基础上对《营造法式》进行较为系统的阐释的著作,目前还只有两部,即梁思成的《〈营造法式〉注释》与陈明达的《营造法式大木作研究》②。

第三阶段可称为"理论分析阶段",指学者在已有的文献和实物资料的基础上,对《营造法式》反映的设计规律的进一步探究。

过去这部分工作的成果,主要是在我国北方早期建筑调查的基础上,对大木体系的研究。其兴趣点主要在构架类型、材分制、模数制等方面。

陈明达的《〈营造法式〉大木作研究》在对《营造法式》和实例中所包含的大量数据进行整理列表的基础上,发掘出了《营造法式》未曾明确提出的一些大木设计原则,并编制出了《宋营造则例大木作总则》,可以视为这个领域的开山著作。此后又有傅熹年的《宋式建筑构架的特点与"减柱"问题》③、王贵祥的《唐宋时期建筑平立面比例中不同开间级差系列探讨》④、王其亨的《〈营造法式〉材分制度的数理涵义及审美关照探析》⑤、张十庆的《〈营造法式〉变造用材制度探析》⑥、杜启明的《宋〈营造法式〉大木作设计模数论》⑦、何建中的《何谓〈营造法式〉之"槽"》⑧、肖旻的《唐宋古建筑尺度规律研究》⑨等著述。

上述研究体现了学者们试图从比例、尺度、结构逻辑等方面提炼古建筑的深层设计规律,以供设计参考的良苦用心,同时也体现出结构理性思想的深刻影响。

第四阶段可以称为"系统完善阶段",指学者的关注点逐渐从北方早期建筑和"大木作"的核心内容拓展开去,一方面对《营造法式》所反映的建筑结构本体以外的内容进行研究,包括小木作、彩画作、砖作、瓦作、泥作制度等;一方面运用南方早期建筑的实例对《营造法式》进行补充。此外,还有对《营造法式》的体裁及方法论的研究。由此,《营造法式》研究所形成的系统,经过学者们长期不懈的补缀和梳理,进一步完善起来。

关于小木作制度,徐伯安、竹岛卓一和潘谷西⑩先后进行过研究和考订,并做出图样。另外还有张十庆对"睒电窗"⑪、赵琳对"欢门"的专题研究⑫。关于彩画作制度,主要有郭黛姮、陈晓丽和

① 陈明达. 应县木塔. 北京:文物出版社,1966
　宿白. 白沙宋墓. 北京:文物出版社,1957
　萧默. 敦煌建筑研究. 北京:文物出版社,1989;第 2 版. 北京:机械工业出版社,2003
② 陈明达. 营造法式大木作研究. 北京:文物出版社,1981
③ 傅熹年. 宋式建筑构架的特点与"减柱"问题. 见:宿白先生八秩华诞纪念文集. 北京:文物出版社,2002
④ 王贵祥. 唐宋时期建筑平立面比例中不同开间级差系列探讨. 建筑史,2003(03)
⑤ 王其亨. 《营造法式》材分制度的数理涵义及审美关照探析. 建筑学报,1990(03)
⑥ 张十庆. 《营造法式》变造用材制度探析. 东南大学学报,1990(09)
⑦ 杜启明. 宋《营造法式》大木作设计模数论. 古建园林技术,1999(04)
⑧ 何建中. 何谓《营造法式》之"槽". 古建园林技术,2003(01)
⑨ 肖旻. 唐宋古建筑尺度规律研究. 南京:东南大学出版社,2006
⑩ 《梁思成全集(第 7 卷)》所附小木作图样为徐伯安于"文革"前夕所作,参见该书《后记》。
　[日] 竹岛卓一. 营造法式の研究. 东京:中央公论美术出版社,1970—1972
　潘谷西,何建中. 《营造法式》解读. 南京:东南大学出版社,2005
⑪ "睒",音"shǎn",意为"电"。张十庆. 睒电窗小考. 室内设计与装修,1997(02)
⑫ 赵琳. 释欢门. 室内设计与装修,2002(06)

吴梅的专题研究①。关于窑作和瓦作,则有吴梅与徐振江的研究成果②。

关于《营造法式》与南方建筑的关系,主要有傅熹年、潘谷西、张十庆等学者从制度、样式、技术及传播关系等角度进行的研究论述③。

关于《营造法式》思想体系的探讨,自梁思成已经开始。梁思成发表于 1945 年的《中国建筑之两部文法课本》④,已从"规律格式"方面来解释《营造法式》。境外学者李以康在这一领域继续深入,并试图用语义学方法来分析《营造法式》剖面设计的原则⑤。

此外,张十庆的《古代营建技术中的"样"、"造"、"作"》⑥通过几个关键词汇的辨析,进一步揭示了《营造法式》的性质;潘谷西、何建中的《〈营造法式〉解读》⑦融合了近年《营造法式》研究在各工种、各地域方面拓展的成果;而邹其昌的《〈营造法式〉艺术设计思想研究论纲》⑧则试图从"理论体系"、"模式语言"和"设计思想"的角度,全面重建《营造法式》的研究体系。

总的来说,《营造法式》研究作为中国人自己的建筑史研究的起点和基石,历经 70 余年,从"文献"、"实物"、"理论"和"系统"四个方面展开,这四个方面互相促进,现在已经取得了可观的成就。

随着时代的发展,我们所获得的材料和面临的问题均与数十年前有所不同。因此在继续实证的基础上,对《法式》的文本进行重新解读,对于《营造法式》研究体系的完善,以及中国建筑理论的思考仍有重要价值。

0.3.2 《营造法式》彩画研究的现有成果及空白点

关于《营造法式》彩画的既往研究,大致包括以下几个方面:

第一,对《营造法式》原状和原意的研究和解释。其中《营造法式》的内容包括文本和图样两个部分。

第二,历史层面的研究。其中"历史"又可分为"历时"和"共时"两个层面。前者着重进行单个纹样或单个构件的纵向比较,试图通过将大量的实例纳入《营造法式》的体系,考察某一个纹样或某一种装饰方法的起源和变迁;后者则试图对《营造法式》内部,或与《营造法式》同一时期的不同地域、不同等级、不同性质的装饰纹样或装饰方法进行比较,探求各类装饰的个性与共性,以揭示《营造法式》彩作中隐含的深层规律。

第三,理论层面的研究,主要涉及美学思想、艺术风格和形式规律等问题。

第四,技术层面的研究。主要从颜料化学、颜色学、光学等角度,对《营造法式》记载的颜料配

① 郭黛姮. 宋《营造法式》五彩遍装彩画研究. 见:营造(第 1 辑). 北京:北京出版社,2001
  陈晓丽. 对宋式彩画中碾玉装及五彩遍装的研究和绘制:[硕士学位论文]. 北京:清华大学,2001
  吴梅.《营造法式》彩画作制度研究和北宋建筑彩画考察:[博士学位论文]. 南京:东南大学,2004
② 吴梅. 宋《营造法式》垒造窑制度初探. 华中建筑,2001(05)
  徐振江.《营造法式》瓦作制度初探. 古建园林技术,1999(01)
③ 潘谷西.《营造法式》初探. 南京工学院学报,1981(02)
  傅熹年. 试论唐至明代官式建筑发展的脉络及其与地方传统的关系. 文物,1999(10)
  张十庆.《营造法式》技术源流及其与江南建筑的关联探析. 见:建筑史论文集(第 17 辑). 北京:清华大学出版社,2003
④ 梁思成. 中国建筑之两部"文法课本". 中国营造学社汇刊,1945,7(02)
⑤ 李以康. 十二世纪中国的建筑准则《营造法式》. 见:"纪念宋《营造法式》刊行 900 周年暨宁波保国寺大殿建成990 周年学术研讨会"论文集,宁波,2003
  Andrew I-kang Li. The Yingzao Fashi in the Information Age. "东亚建筑文化国际研讨会"论文集,南京,2004
⑥ 张十庆. 古代营建技术中的"样"、"造"、"作". 见:建筑史论文集(第 15 辑). 北京:清华大学出版社,2001
⑦ 潘谷西,何建中.《营造法式》解读. 南京:东南大学出版社,2005
⑧ 邹其昌.《营造法式》艺术设计思想研究论纲. 清华大学美术学院博士后出站报告,合作导师李砚祖,2005

比和绘制工艺进行研究。

兹将现有研究成果分述如下：

0.3.2.1　文字的校勘与释读

《营造法式》全文校勘和标点的成果，主要由陶湘、梁思成和竹岛卓一等近现代学者完成。

梁思成先生对彩画作部分的研究，由于当时条件所限，尚未达到大木作研究的深度，在完稿于 20 世纪 60 年代的《〈营造法式〉注释》中，彩画作部分仅完成了文字的标点和 33 条注释。

竹岛卓一于 1971 年出版的《营造法式の研究》[①]，对"彩画作"的功限、料例等进行了初步的统计。

郭黛姮于 2003 年出版的《中国古代建筑史（第 3 卷）：宋、辽、金、西夏建筑》[②]，从彩画类型、绘制要点、施工程序等方面对《营造法式》彩画作部分的内容进行了初步的整理，并援引植物学文献和同时期的纹样实物，对《营造法式》彩画的 4 种植物纹样进行了考证。

吴梅于 2004 年完成的博士论文《〈营造法式〉彩画作制度研究和北宋建筑彩画考察》[③]，其中上篇《〈营造法式〉卷第十四彩画作之注析》，在梁思成的文字校勘和句读的基础上，从制度、纹样和绘制技术的角度对《营造法式》的彩画作部分进行了较为全面的释读和整理，并在释义和句读方面提出了一些新的看法，应视为目前这个领域较为全面的成果。

总的来说，这个领域历经三代学者的努力，对于文字本身的校勘和解释，已有了丰富的成果。但对于文字的解释还限于"逐条解释"的层面，尚有待于从篇章和术语的层面进行深入探讨。

0.3.2.2　图样的整理、释读与复原

在"陶本"刊行之后，"正拟赓续校印图样，而苦于佐证之不充"[④]，对图样的校补成为学术界的夙愿。经过数十年的努力，石作、大木作和小木作的图样校补均有了可观的成就，而彩画作的图样除了莫宗江、郭黛姮、吴梅的一些成果之外，尚需进一步作系统的校补。

20 世纪 50 年代，莫宗江先生补绘《营造法式》彩画作制度（五彩遍装）图样 1 张，作为林徽因《〈中国建筑彩画图案〉序》的插图[⑤]。从纹样笔法可以看出，该图尝试摆脱"陶本"图样的程式化风格，布局疏密匀称，色彩及纹样流畅自然，总体效果生动。但是这幅图样的华瓣及华叶没有翻卷向背的变化，而是采用了宋代纹样中少见而明清纹样所习用的勾状花瓣，与《营造法式》图样的原貌尚有一定差距（图 0.1：[3]-[4]）。

20 世纪末，郭黛姮先生指导学生补绘《营造法式》五彩遍装、碾玉装图样 29 张[⑥]，包括 9 张水粉图、14 张计算机彩绘图和 6 张线条图。其中 6 张线条图作为附图载于《中国古代建筑史（第 3 卷）》[⑦]。水粉图的图形借鉴了"故宫本"图样，开始着重表现华叶翻卷的效果，其色彩配置基本

① ［日］竹岛卓一. 营造法式の研究. 东京：中央公论美术出版社，1970—1972
② 郭黛姮. 中国古代建筑史（第 3 卷）：宋、辽、金、西夏建筑. 北京：中国建筑工业出版社，2003：699~720
　另有郭黛姮. 宋《营造法式》五彩遍装彩画研究. 见：营造（第 1 辑）. 北京：北京出版社，2001
③ 吴梅.《营造法式》彩画作制度研究和北宋建筑彩画考察：［博士学位论文］. 南京：东南大学，2004
④《英叶慈博士以永乐大典本营造法式花草图式与仿宋重刊本互校之评论》，译注，1929
⑤ 林徽因.《中国建筑彩画图案》序，1953 年写成，原载：北京文物整理委员会. 中国建筑彩画图案. 北京：人民美术出版社，1955. 收录于：林徽因文集·建筑卷. 天津：百花文艺出版社，1999
⑥ 陈晓丽. 对宋式彩画中碾玉装及五彩遍装的研究和绘制：［硕士学位论文］. 北京：清华大学，2001
⑦ 郭黛姮. 中国古代建筑史（第 3 卷）：宋、辽、金、西夏建筑. 北京：中国建筑工业出版社，2003：717~718

沿用"陶本",仅将地色改为大青或大绿(图0.1:[5])。计算机彩绘图在水粉图和线条图的基础上,借鉴了"故宫本",试图达到的效果是"千变万化,一花一叶皆翻卷自然……枝条和花叶皆奔放而有力,肥厚而丰满,表现出植物之茂盛、生机勃勃的态势。"[1]这些彩画图样的复原,在纹样的细节语汇上达到了"千变万化"、"肥厚丰满"的效果,但这些纹样的图底关系和纹样骨架仍有一些缺憾,譬如"留白"不够匀称,某些枝条不连贯,略显破碎。色彩虽参考了墓室壁画实例,但由于所获资料有限,尚未对传统颜料的色彩进行定性研究(图0.1:[6]-[7])。

21世纪初,吴梅绘制《营造法式》彩画作图样20余张[2],其内容基本涵盖了《营造法式》提到的各种样式和各个建筑构件。这部分复原图中关于各种"华文"和"琐文"的复原,主要采取前人绘制的图样作为底图,色彩略加修改,未系统复原某一类纹样(参看图0.1:[9]和[3]中方框内的部分)。吴梅还绘制了6张《营造法式》彩画的整体效果示意(图0.2),载于潘谷西的新著《〈营造法式〉解读》[3],表现了不同构件组合之后的效果,将《营造法式》彩画的研究和复原推进了一步。

总的来说,关于《营造法式》彩画作图样的研究成果已经达到了一定的深度和广度,但还存在以下不足:

第一,版本资料的缺憾。据比较,目前最有参考价值的图样版本为"故宫本",而"永乐大典本"亦可作为重要的补充。但由于"故宫本"至今未能公开于世,故以往彩画作图样的研究成果均未能充分利用"故宫本",缺憾因此难免。

第二,实物资料的缺憾。数十年来,虽然考古发掘和古建筑实物的发现均有进展,但是这些实物调查报告的撰写往往以器物、绘画或木结构为中心,未对建筑装饰给予应有的重视。因此有关的出版物中关于建筑装饰的资料往往支离破碎,极不充分。上述的彩画作研究,由于时间或经费所限,未对有关实例进行实地考察,仅仅援引已经发表的零星成果,因此对图样的理解也难以达到理想的深度。

第三,准确性和系统性未能兼得。从目前的研究成果看来,"陶本"《营造法式》是唯一一部在色彩方面复原了《营造法式》彩画作全部图样的著作,但其准确性已经遭到了全面的否定;莫宗江、郭黛姮、陈晓丽、吴梅等学者的研究,均试图从《法式》的制度出发,对图样进行较为准确的复原,但都属于各个类型的举例,未能达到全面和系统的理想程度。

0.3.2.3　背景、源流和实例的探讨

重视历时性研究,是中国自古以来的学术传统,因此宏观至整个彩画装饰的源流,微观至单个纹样的变迁,一直是各家学者颇感兴趣的问题。

关于建筑彩画起源及其产生的背景的研究,可以追溯到林徽因先生在20世纪50年代撰写的《〈中国建筑彩画图案〉序》,提出建筑彩画源于"木结构防腐防蠹的实际需要"[4]。

20世纪90年代,杨建果和杨晓阳发表了《中国古建筑彩画源流初探》[5],对建筑彩画的产生

---

① 郭黛姮. 中国古代建筑史(第3卷):宋、辽、金、西夏建筑. 北京:中国建筑工业出版社,2003:717
② 吴梅.《营造法式》彩画作制度研究和北宋建筑彩画考察:[博士学位论文]. 南京:东南大学,2004
③ 潘谷西,何建中.《营造法式》解读. 南京:东南大学出版社,2005:167~189
④ 林徽因文集·建筑卷. 天津:百花文艺出版社,1999:413~431
　关于装饰面层的这一功能,阿道夫·路斯在19世纪末期曾经撰文提到,表述为"抵御恶劣气候的影响",参见
　Adolf Loos. The Principle of Cladding. In:Spoken into the Void. Jane O Newman,John H Smith, Trans. Cambridge, Mass:MIT Press, 1982:67
⑤ 杨建果,杨晓阳. 中国古建筑彩画源流初探(一)、(二)、(三). 古建园林技术,1992(03)(04),1993(01)

原因和产生时间进行了探讨,将彩画的产生归于四个因素:原始宗教、图腾的需要;权力的象征;感化、教育的作用;审美的需要。这四个因素没有包括保护木构件的实际功能因素,而是强调了文化和审美的方面。

21世纪初,关于中国建筑史的系统研究著作,《中国古代建筑史》(5卷本)陆续出版,其中钟晓青和陈薇分别从"继承"与"流变"两个角度探讨了《营造法式》彩画与前后各朝建筑装饰的源流关系。

钟晓青先生对魏晋至五代的建筑装饰文献及实例进行了系统的梳理,并对这一时期建筑各部位的装饰做法及装饰纹样进行了详细的考证。在装饰艺术的纵向发展方面,该文倾向于认为,从魏晋南北朝到唐初,装饰风格和装饰手法基本一脉相承,一方面继承汉制,一方面又受外来文化的影响;而中唐时期是一个比较重要的转折点,装饰风格渐趋华丽,华丽的装饰从宫殿和佛寺走向更多的社会阶层,这种华丽的风格至晚唐时愈甚,一直影响到宋代①。这一关于艺术风格史分期的观点为本书所继承。

陈薇先生以《营造法式》为参照系,沿用《营造法式》中关于纹样的术语,对元明时期建筑彩画进行了论述,并概要论述了元明彩画相对于宋式彩画的发展。在实例方面,该文较详细地分析了芮城永乐宫的元代彩画和北京智化寺的明代彩画,并重点介绍了江南明式彩画的构图及工艺②。

吴梅的论文吸收以上两位学者的成果,对《营造法式》彩画各类型、各样式的承接关系进行了初步的探讨。

关于特定装饰做法的变迁,主要有吴葱和陈晓丽关于旋子彩画源流的讨论③,吴梅关于"木纹"、"七朱八白"、"卷草华文"源流的讨论④等。

实例研究是《营造法式》彩画研究的重要依据,但也存在巨大的困难。现有的大部分文物和考古资料均在20世纪80年代以后才公之于世,而且考古发掘报告大多集中于器物或绘画的分析,而对建筑装饰缺乏应有的关注。陈晓丽于2001年完成的硕士论文开始了这方面的尝试⑤,收集了20余处木构建筑和仿木构建筑的实例。吴梅于2004年完成的博士论文⑥较为全面地参考了已发表的考古资料,以构件为线索,对实例中存在的彩画做法进行了梳理,但对实例中装饰纹样与建筑构件及其位置的关系,以及色彩与装饰的整体效果尚未达到系统深入的认识。

---

① 傅熹年. 中国古代建筑史(第2卷). 北京:中国建筑工业出版社,2001
② 潘谷西. 中国古代建筑史(第4卷). 北京:中国建筑工业出版社,2001
③ 吴葱. 旋子彩画探源. 古建园林技术,2000(04)
　陈晓丽. 明清彩画中"旋子"图案的起源及演变刍议. 见:建筑史论文集(第15辑). 北京:清华大学出版社,2001
④ 吴梅.《营造法式》彩画作制度研究和北宋建筑彩画考察:[博士学位论文]. 南京:东南大学,2004
⑤ 参见:陈晓丽. 对宋式彩画中碾玉装及五彩遍装的研究和绘制,第4章,结合宋辽彩画的实例对宋式彩画的分析.
⑥ 吴梅.《营造法式》彩画作制度研究和北宋建筑彩画考察:[博士学位论文]. 南京:东南大学,2004:下篇,北宋时期建筑彩画的总体考察

0.3.2.4　理论层面的研究

在理论层面上对《营造法式》彩画进行研究，主要包括对其美学思想、形式规律和基本特征的探讨。

这部分工作的发端仍然可以追溯到梁思成的《〈营造法式〉注释》。虽然限于当时的条件，梁氏的注释未能全面地解释文意，但是已经敏感地从《营造法式》的文字中发现了一些蕴涵思想和理论的内容。

在《〈营造法式〉注释》中，梁先生特别注意到"取石色之法"一条末尾的小注：

"五色之中，唯青、绿、红三色为主，余色隔间品合而已。其为用亦各不同，且如用青，自大青至青华，外晕用白、朱、绿同。大青之内，用墨或矿汁压深。此只可以施之于装饰等用，但取其轮奂鲜丽，如组绣华锦之文尔。至于穷要妙夺生意，则谓之画。其用色之制，随其所写，或浅或深，或轻或重，千变万化，任其自然，虽不可以立言，其色之所相亦不出于此。"

梁思成评论这段文字"阐述了绘制彩画用色的主要原则，并明确了彩画装饰和画的区别"，认为其"比正文所说的各种颜料的具体炮制方法重要得多"。因此该版将这条小注"升级"为正文，并顶格排版，以示强调①。

在梁思成作《〈营造法式〉注释》的同时，林徽因也在从事《营造法式》及中国古代装饰的研究。林徽因在20世纪50年代发表的对于中国古代建筑彩画的论述，可以说是我国最早从理论层面上探讨中国古代建筑彩画的构图、色彩，以及源流发展的论述，其中提出了许多影响深远的重要观点：

第一，彩画图案的产生源于"木结构防腐防蠹的实际需要"，后来逐渐和美术上的要求相统一；
第二，彩画色彩的选择与建筑构件的受光面和阴影面有关；
第三，彩画色彩的交错构成"活泼明朗的韵律感"；
第四，古建筑丰富的色彩易于与优美的自然景物相结合，构成"美丽如画"的景象②。

此后，郭黛姮继续了《营造法式》彩画的研究，其著述《彩画作制度及建筑色彩》③将《营造法式》彩画的图案特点总结为"色彩鲜丽、不拘程式、千变万化、任其自然"，这四个词正是出自梁思成特别强调过的那条小注："轮奂鲜丽，如组绣华锦之文……千变万化，任其自然"。

0.3.2.5　技术层面的研究

《营造法式》彩画作部分包含了大量的技术资料，包括颜料的配比、调制方法和禁忌等，因此颜料化学、颜色学、光学等学科的介入，有助于对彩画的进一步认识。目前关于敦煌壁画的颜料研究已经有了较为成熟的成果④，然而关于古建筑彩画颜料和色彩的研究还很不够。目前这方面

---

① 梁思成.《营造法式》注释(卷14)，注9.见：梁思成全集(第7卷).北京：中国建筑工业出版社，2001:267
② 林徽因.《中国建筑彩画图案》序.见：林徽因文集·建筑卷.天津：百花文艺出版社，1999
③ 郭黛姮.中国古代建筑史(第3卷).北京：中国建筑工业出版社，2003:699~720
④ [美]罗瑟福·盖特斯.中国颜料的初步研究.江致勤，王进玉，译.敦煌研究，1987(01)(原著1935年)
　常书鸿.漫谈古代壁画技术.文物参考资料，1958(11)
　李亚东.敦煌壁画颜料的研究.见：考古学集刊(第3集).北京：中国社会科学出版社，1983
　李最雄.敦煌莫高窟唐代绘画颜料分析研究.敦煌研究，2002(04)
　吴荣鉴.敦煌壁画色彩应用与变色原因.敦煌研究，2003(05)

的成果主要有：

郭黛姮基于化学反应实验对《营造法式》用色禁忌的解释[①]。

陈薇利用显微镜及扫描电镜对北京智化寺西配殿天花彩画残片的原料成分分析[②]。

王岫岚对古建筑颜料的 X 射线衍射分析，以及"古典建筑色彩标准板"的制作。[③]该色彩测定成果，已于 2003 年公布为国家标准[④]，但其中仅列 21 种颜料的色度值。这 21 种颜料基本都是到明清以后才出现或大量使用的，《营造法式》所提到的颜料基本没有涉及。更加全面可靠的中国传统颜色色度体系尚待研制。

0.4　本研究的材料

0.4.1　相关史料

在我国的历史文献中，与建筑有关的资料浩如烟海，然而现存关于建筑典制的系统著作迄今所知，仅有两部，即北宋《营造法式》和《清工部工程做法则例》[⑤]。其中李诚编修的《营造法式》，在《宋史·艺文志》中被归入五行一类，与葬经、相书等相提并论。可见尽管建筑和舆服都被纳入礼制范畴，但建筑的营造始终被视为"下艺"，处于相对低下的地位。历代正史一般有《仪卫志》、《舆服志》等部分，详载皇室出行的仪仗、乘舆样式及冠冕服饰等，而有关建筑规制的内容，却几乎只能从针对僭礼行为的诏令、禁约之中搜寻[⑥]。除了正史之外，杂记、游记、杂说、杂考、类书等文献也存有关于建筑形象的零星记载，但都极简略，未见有细致描绘建筑装饰者。

例如《宋史·舆服志》记载仁宗景祐三年（1036 年）发布禁令："非宫室寺观毋得彩绘栋宇，及朱黝漆梁、柱、牕、牖、雕镂柱础"[⑦]，表明当时存在"彩绘栋宇"，木构件用朱、黝髹饰及"雕镂柱础"的装饰方法，可与《法式》相印证。但是这些装饰方法的具体样式为何，则没有记载。南宋周必大的《思陵录》辑录了南宋官方修奉使司关于永思陵的交割勘检文件，是宋代文献中对建筑规制记载较为详细者，其中记载了"丹粉赤白装造"、"朱红漆造"、"矾红油造"等装饰类型[⑧]，与《法式》有一定差距，且未记具体做法。《东京梦华录》、《梦粱录》等宋代史料也有关于建筑装饰的零星记载，但大致没有超过这个深度。

总的来说，从《法式》之外的同时期文献记载中，只能找到一些大致的用色和装饰类型的名称，可以粗略印证《法式》的彩画做法。而关于具体的装饰样式和做法，则几乎没有史料可与《法式》互证。从目前笔者对《四库全书》等古籍的检索来看，《法式》中出现的大量术语，也有相当一部分未见于《法式》以外的文献[⑨]。

---

① 与清华大学化学系合作完成，见：郭黛姮. 中国古代建筑史（第 3 卷）. 北京：中国建筑工业出版社，2003：712

② 与中国林业科学研究院林产化学工业研究所、南京博物院有关专家合作完成。见：潘谷西. 中国古代建筑史（第 4 卷）. 北京：中国建筑工业出版社，2001：472~489

③ 王岫岚. 中国古典建筑色彩标准研究. 中国建筑史国际会议论文，香港，1995

④ 李亚璋，等. GB/T 18934—2003　中国古典建筑色彩. 北京：中国标准出版社，2003

⑤ 参见：梁思成. 中国建筑之两部"文法课本".中国营造学社汇刊，1945，7(02)

⑥ 参见：钟晓青. 学术观点. 见：建筑史解码人. 北京：中国建筑工业出版社，2006：332~333

⑦ 《宋史》卷 153《舆服志》，中华书局点校本，第 3575 页。

⑧ [南宋]周必大，《思陵录》，影印揅叙旧藏明绿格写本。

⑨ 例如"碾玉装"、"棱间装"、"解绿装"等。

如果不把目光限于"建筑装饰"的范畴,而是考究《法式》彩画部分的纹样、名物、颜料、绘制工艺等,还是能够从史料中得到一些有用的补充。

例如《宋史·仪卫志》、《宋史·舆服志》等服装史文献记有大量纹样名称,可与《法式》互证。但这些文献基本没有图样,也没有关于样式的说明。

宋代植物学文献《全芳备祖》和医学文献《证类本草》,对植物、矿物以及一些化学合成物有着详细的分类记载;明清时期的《本草纲目》和《植物名实图考》虽然不是宋代史料,但术语名称未有大的变化,而资料更为翔实,因此也可作为重要参考文献。这些文献对于考证《法式》中出现的植物名称和颜料名称很有帮助。

宋代画论、画史类文献如《林泉高致集》、《图画见闻志》等,对颜料运用及绘画技法有较为详细的记载,对于解释《法式》中出现的颜料名称及绘制技法很有帮助。

以上只是列举一些与《法式》成书年代最为切近的文献,在实际研究的过程中,如果涉及名物的起源和流变,则需使用其他朝代的史料。这类文献在行文之中已一一注出,此处不再赘述。

0.4.2　相关实物

建筑的艺术、技术、思想,最终都要归于具体的形式。因此,相对于文献记载,实物资料对于《营造法式》所表达之建筑做法的理解和解释,帮助要大得多。正如梁思成先生所说:

"我国古代建筑,征之文献,所见颇多,《周礼考工》、《阿房宫赋》、《两都两京》,以至《洛阳伽蓝记》等等,固记载详尽,然吾侪所得,则隐约之印象,及美丽之词藻,调谐之音节耳。明清学者虽有较专门之著述……然亦不过殿宇名称,修广尺寸,及'东南西北'等字……读者虽读破万卷,于建筑物之真正印象,绝不能有所得。"[①]

然而在梁先生为《营造法式》作注的时代,"彩画作实例可以说没有",或是被后世的重修"油饰一新",或是由于时代的变迁而褪尽色彩,以至于在《营造法式》的研究中,彩画作制度及其图样成为最薄弱的一个方面[②]。

在梁先生此言之后的数十年,我国在地上建筑和地下考古方面均有重大发现,雕刻、壁画、绘画、印染织绣的实物资料也比过去丰富了许多。然而,虽然有了大量时代与《营造法式》相近的实例,其中却没有一座木构建筑可以称得上《营造法式》所代表的北宋中原皇家样式的建筑。也就是说,历史遗存仅仅为我们提供了一些与《营造法式》关系亲疏不一的碎片。

因此,有必要首先对现有的实物资料进行鉴别与分类,大致把握其与《营造法式》的关联与差别,然后在大量的观察与比较中,逐渐呈现《营造法式》彩画的特征与"北宋官式"建筑装饰的特征,并从彩画装饰的角度探讨《法式》与实际建造物的关系。

此种分类与鉴别,需要从"建筑彩画"、"官方性"、"时代性"与"地域性"四个关键点的讨论出发,即:

第一,何谓与建筑彩画"同类型"?

第二,《营造法式》所代表的"官式"如何与实例中的地方样式相印证?

第三,何谓与《营造法式》所属的北宋末年"同时期"?

第四,何谓与《营造法式》所属的北宋末年核心地区具有相同的"地域性"?

---

① 梁思成. 蓟县独乐寺观音阁山门考. 中国营造学社汇刊,1932,3(02)
② 梁思成全集(第7卷). 北京:中国建筑工业出版社,2001:266

0.4.2.1 建筑彩画与其他工艺门类的实物

在选择实物资料时,我们遇到的第一个问题是:哪些类型的实物可以与《营造法式》彩画构成印证的关系?

在1961—2006年国务院分6批公布的2276处全国重点文物保护单位的名单中,宋辽金时期的木构建筑有百余座[①]。根据笔者现阶段的检索和调查,其中有十余座建筑零星保存了原有的彩画;而较完整地保留了同时期建筑彩画的建筑,目前仅发现1座,即位于山西高平的开化寺大殿;甘肃敦煌莫高窟有3座北宋初期的木构窟檐,保存了较完整的彩画,虽不是完整的木构建筑,也可以引为例证。这些木构建筑实物可与《营造法式》彩画相互印证,无疑是最重要的一批资料,但就广度而言,是远远不够的。

那么,我们是否可以将其他门类的实物资料纳入《营造法式》彩画研究的视野?以下对仿木结构的建筑装饰,以及非建筑装饰的工艺美术进行初步的考察与比较。

首先,与木构建筑的装饰方法最为接近的一批资料,是石窟、墓葬、塔基地宫中仿木结构的彩画。这类装饰做法明显地模仿了地上木构建筑的构造与装饰。一般来说,这类建筑装饰的纹样、色彩均取自当时当地流行于地上建筑中的样式,而比例尺度则由于地宫等空间的狭小局促而有所变通(图0.3)。

其次,其他造型艺术门类,例如壁画边饰、纺织品、石刻、木雕等,由于比较便于保存,同时被后世修改的可能性较小,因此均有比建筑彩画丰富得多的早期遗存。我们在大量实物中看到的例子,从直观感觉上体现了一种同一性。如彩画和织锦使用相同的色彩和纹样,或者彩画与石刻纹样如出一辙(图1.4、图0.4、图0.5、图0.6)。

关于这部分实物与建筑彩画的相似性,或建筑装饰手法与其他装饰手法的同一性,可以从如下几个角度进行解释:

1. 从装饰艺术风格的角度来看,形式创作的法则往往可以跨越不同的功能和工艺,而在一个文化圈中保持相当高的同一性。贡布里希对"风格"的定义很好地概括了这种同一性:

"如果一个民族的全部创造物都服从于一个法则,我们就把这一法则叫做一种'风格'。"[②]

2. 林徽因从装饰方法的演变和模仿的角度解释了这种同一性:

"在柱上壁上悬挂丝织品,和在墙壁梁柱上涂饰彩色图画,以满足建筑内部华美的要求,本来是很自然的。这两种方法在发展中合而为一时,彩画自然就会采用绫锦的花纹,作为图案的一部分。"[③]

3. 钟晓青从礼制和时尚的角度解释了这种同一性:

"相对来说,体现等级制度最重要、最直接、最首当其冲的部分,不是建筑,而是与吉凶六礼直接相关的宴乐器用、舆服仪仗等。视营造为'下艺'的传统,决定了建筑技术(包括工具)以及建筑装饰的发展往往滞后并因借自其他备受重视的工艺门类。被视为'时尚'的做法与样式,往往首先出现在器物、织物之上,然后才会逐渐延转至建筑之中。"[④]

4. 中国传统文化强调万物的关联而非差别。从一些早期文献中可以发现,人们常常用关联

① 根据国家文物局网站 http://www.sach.gov.cn/ 公布的官方资料统计,访问时间 2006 年 10 月。
② [英] E H 贡布里希. 艺术的故事. 范景中,译. 北京:生活·读书·新知三联书店,1999:64~68
③ 林徽因.《中国建筑彩画图案》序(1953 年). 见:林徽因文集·建筑卷. 天津:百花文艺出版社,1999:414~415
④ 钟晓青. 学术观点. 见:建筑史解码人. 北京:中国建筑工业出版社,2006:333

的态度看待建筑、自然,以及人体本身。例如晋朝"竹林七贤"之一的刘伶"以天地为栋宇,屋室为裤衣"①,便是这一观念的典型代表。又如《说文解字》将"装饰"的"装"解释为"裹",并进一步解释道:"束其外曰装,故着絮于衣亦曰装"②,因此"装饰"的"装",同时也是"服装"、"装束"的"装"。由此,在装饰人体与装饰建筑时使用了同样的纹样或构图,或者彩画和织锦使用相同的色彩和纹样,也就不足为奇了(图0.4、图0.5)。

5. 从古代职官的设置来看,掌管建筑设计和器物设计的,可能是同一人或同一家族。例如南北朝有"匠师中大夫"一职,既掌"城郭宫室之制",又掌"诸器物度量"③。又如初唐时期在益州做行台官、职掌"检校修造"的窦师纶,创制了一些经久不衰的织锦样式,后世称为"陵阳公样"④(即团窠纹样的一种)。窦师纶的父亲窦抗曾任唐高祖时期的将作大匠⑤,可见窦氏家族同时掌管了器物、织锦和建筑的修造。虽然宋朝职官分工更加细致,设置将作监和少府监分别掌管"宫室城郭桥梁舟车营缮之事"和器玩服饰之类"雕文错彩工巧之事"⑥,但其间的密切关系应是与前朝相同的。在这样的工作环境下,不同门类的装饰在设计过程中极有可能经常互相交流和借鉴。

6. 从《营造法式》本身看来,也有三点可以作为建筑装饰纹样借鉴织锦纹样的证据:

例如《营造法式》卷14"总制度·取石色之法"条,指出彩画用色的理想效果是"取其轮奂鲜丽,如组绣华锦之文",其中"组"、"绣"和"锦"均指丝织品,明确表示丝织品纹样是彩画纹样的模仿对象。

再如《营造法式》彩画部分大量使用"锦"作为纹样名称,例如"海锦"、"净地锦"、"细锦"等;以至于宋式彩画纹样流传到清代,退缩成为苏式彩画的一种样式,其名称就叫"宋锦"(图0.7)。可见"锦"的语义已经从丝织品的代称,转变成为丝织品纹样的代称。

又如《营造法式》中出现的一些纹样名称,如"团科"、"方胜"、"宝照"、"簟文"等,同时又出现在一些《宋史·仪卫志》、《辍耕录·书画襟轴》等文献对于织锦纹样的记载之中,证明这些纹样对于建筑和织物是通用的。

综合这些因素,我们可以将其他门类的装饰艺术纳入《营造法式》彩画研究的视野,与《营造法式》制度的规定相互印证。

0.4.2.2 "官式"与"非官式"建筑实例

在选择实物资料时,我们遇到的第二个问题是:《营造法式》所代表的"官式"如何与实例中的地方样式相印证?

这里分两个层面讨论该问题。其一是"官式"建筑与地方样式的关系;其二是《营造法式》与

---

① [南朝宋] 刘义庆,撰;余嘉锡,笺疏. 世说新语笺疏. 北京:中华书局,1983:731:"刘伶恒纵酒放达,或脱衣裸形在屋中,人见讥之。伶曰:'我以天地为栋宇,屋室为裤衣,诸君何为入吾裤中?'"

② 《说文解字》,卷8上。

③ [宋] 郑樵:《通志》,卷54《职官略》. 杭州:浙江古籍出版社,2000:676:"后周有匠师中大夫,掌城郭宫室之制,及诸器物度量。"

④ [唐] 张彦远:《历代名画记》卷10《唐朝下》. 北京:人民美术出版社,1963:192~193:"窦师纶,字希言,纳言陈国公抗之子。……封陵阳公。性巧绝,善绘事,尤工鸟兽。草创之际,乘舆皆阙,敕兼益州大行台,检校修造。凡创瑞锦宫绫,章彩奇丽,蜀人至今谓之'陵阳公样'。官至太府卿,银、坊、邛三州刺史。高祖、太宗时,内库瑞锦对雉、斗羊、翔凤、游麟之状,创自师纶,至今传之。"

⑤ [宋] 欧阳修:《新唐书》卷1《高祖本纪》,中华书局点校本,第7页:"辛丑,窦威薨,黄门侍郎陈叔达判纳言,将作大匠窦抗兼纳言。"

⑥ 《宋史》卷165《职官志》,第3917~3920页。

"官式"的关系。

所谓"官式",指各个朝代设工官、定制度以管理建筑业,积累一定时间后所形成的统一样式,而设置专门的官职"将作大匠"掌治宫室的制度,则可以追溯到秦朝①。

各朝"官式"的来源主要有二:一是将当时经济、文化较发达地区的地方传统进行精炼化、正规化;二是对前朝官式的继承②。

总的来说,各个文化圈的地方传统是连续演进但在一定程度上具有随意性的;而"官式"以"朝代"为界限,具有跳跃性,同时也有标准化、规范化的特征。地方传统实际上是官式的来源之一,而官式形成之后,又会对地方传统产生不同程度的影响。随着国家在历史上的几次统一和分裂,各个地域文化圈的建筑技术与艺术在分裂之时相对独立地进行总结与熔炼,又在统一时进行大规模的传播与交融。

《营造法式》成书与刊行的汴京(今开封),在北宋末年已经成为当时世界上规模最大的国际化的政治、经济、宗教、文化中心之一,而且有发达的水陆交通网络与四周地区联系,汇集了南北的匠师人才。例如活跃于10世纪末的著名匠师喻皓就是从杭州入京,并主持了开宝寺塔等重要工程,其必然也将南方发达地区的先进技术带入了京师。《营造法式》作为一部前无古人的科技巨著,其编纂的基本方法是"考究经史群书,并勒人匠逐一讲说"③。而从目前所见的文献看来,"经史群书"记载的前朝官式制度,其详尽程度和系统程度远在《法式》之下,因此《法式》应是更多地做吸收了当时汇集于东京的南北匠师所掌握的各个地方传统中的先进技术。

我们所能得到的实物资料,属于建筑彩画和壁画的,都只能算是各个地方传统的遗物。唯一由北宋皇室主持建造的官式建筑遗物是北宋皇陵,然而北宋皇陵之地上木构建筑已无存,仅存石刻遗物可做纹样风格的参考。目前的宋陵地宫仅因盗掘打开一处,即宋太宗永熙陵的祔葬后陵元德李后陵(公元999年选园陵址,1000年入葬)。该墓的形制为单室,墓室彩画为赤白二色,壁画也较简率,其规模甚至比不上当时较大的民间墓葬④,不能体现《营造法式》的高等级彩画样式。该墓现已封闭回填,未见彩色照片发表(图0.8)。

然而,作为一部"北宋官书",《营造法式》是否能够等同于北宋中原地区官式的艺术风格?实际的情形需要略加讨论。

首先,《法式》图样经过历代的传抄,有走样的可能性。但是将故宫本《法式》图样与由北宋皇室主持修造的北宋皇陵石刻进行对比,可以认为这种走样并不严重,故宫本和永乐大典本《法式》图样的绘制,基本能够代表北宋官式的艺术风格,略经调整即可恢复"翻卷自如、向背分明"的"原貌"(图1.4)。

然而,《法式》是一个规范化、精致化的成果,它对当时存在的做法是有所取舍的。某些当时流行于京师的简单做法,似乎工匠已经熟知而不需再行解释,因此《法式》不载⑤。而某些当时流行的豪华做法,又因为过于奢侈,严重违背了官方对外宣称的"菲食卑宫,淳风斯复"⑥的原则,因

---

① 参见:[宋] 郑樵:《通志》,卷54,《职官略》. 杭州:浙江古籍出版社,2000:676,"将作监:少皞氏以五雉为五工正,以利器用. 唐虞共工、周官之冬官,盖其职也. 秦为将作大匠. 后,汉少府掌治宫室. 汉景帝中元六年,更名将作大匠."
② 参见:傅熹年. 试论唐至明代官式建筑发展及其与地方传统的关系. 文物,1999(10)
③ 《营造法式·劄子》
④ 郭湖生,戚德耀,李容淦. 河南巩县宋陵调查. 考古,1964(11)
⑤ 参见:潘谷西对于"柱梁作"、"单枓支替"的考证. 潘谷西.《营造法式》初探(一). 南京工学院学报,1980(04)
⑥ 这样的词句在正史中比比皆是,《进新修营造法式序》又重申了这一论调。

此《法式》语焉不详①。这样的取舍还有另一个影响因素，即《法式》作为一部规范性质的文件，对样式的选择具有"典型性"的要求，因此过于简单和过于复杂的做法，都可能由于不够"典型"而未能收入②。

此外，《法式》的彩画作提供了一些色彩、纹样和绘制方法的"固定搭配"，这些"固定搭配"应是当时总结、提炼的结果。这些"搭配"在实际中可能交错使用，并未真正受到"规范"的约束。

由此可知，《营造法式》在很大程度上代表了北宋中原地区官式的艺术风格，但在最高等级和最低等级的做法，以及变通做法方面仍然存在缺环。或者说，《营造法式》是对北宋时期"官式"在制度层面上有目的、有取舍的总结，但是"官式建筑"作为活生生的物质实体，则有着超越于"法式"之外的丰富性。

0.4.2.3　与《营造法式》时代相近的实物

在选择实物资料时，我们遇到的第三个问题是：哪个时间段的实物资料与《营造法式》关系最为密切？或者说，哪个时间段的装饰艺术可以看做与《法式》具有相同的时代风格？或者说，我们可以把哪些实例划归为"与《营造法式》同时期"的实例？这个问题的实质是：我国的艺术史应该如何进行分期？

本书 6.1 节基于文化史的分期，对《营造法式》成书年代的时代特征进行了初步的探讨，认为与北宋末年的《营造法式》（1100—1104 年）关系最为密切的转折点可能有两个：一是以"安史之乱"（755—763 年）为界标的中唐时期，二是以"靖康之变"（1126—1127 年）为界标的两宋之际。

从历史发展的角度来看，"中唐之际"和"两宋之际"的转折可以视为一个连续的转型演变过程。这两次转折有着相似的外因，即武功上的挫败和经济上的繁荣。这两次转折在文化特征上又有着一致的方向，即从开朗、外向的"唐型文化"转向"带着被伤害的民族隐痛"的"宋型文化"③。《营造法式》成书的时间点，正是"宋型文化"成型的末期，此时科学技术在政府的鼓励下得到极大的发展，并进入归纳和总结的阶段；另一方面，世俗享乐风气盛行，而士大夫文化正在孕育。

因此，中唐至北宋末年这段时期的实物资料，可以视为与《营造法式》艺术风格最接近的一批实物资料。而初唐、盛唐，以及辽、南宋、金、元、明实物资料所体现的艺术风格，可以暂时看做《营造法式》前后的过渡风格。清代的建筑与装饰，则已形成了一个全新的成熟体系，并有了自身的制度——《工程做法》④。清式与宋式的关系，是一个值得长篇累牍探讨的问题，本书暂不讨论。

0.4.2.4　与《营造法式》地域相近的实物

在选择实物资料时，我们遇到的第四个问题是：哪些实物可以认为是与《营造法式》地域相近的实物？

《营造法式》成书于北宋末年的首都开封，这一城市在北宋末年已经达到很大的规模，并成

---

① 参见：本书 3.4.2 节关于用金问题的考证。
② 王其亨先生持此观点。
③ 刘方. 宋型文化与宋代美学精神. 成都：巴蜀书社，2004：20~21
④ 虽然《营造法式》在清代被收入内阁大库并编入《四库全书》，而且其中的模数设计方法在清代仍以"斗口制"的形式保留，但"清式"已经是和"宋式"截然不同的两个体系；在彩画方面，只有"宋锦"、"石碾玉"等分支还保留了一些"宋式彩画"的纹样与色彩。

为全国的政治、文化中心。

本书 6.2 节对汉民族核心地区的演变进行了概要的回顾,将北宋时期的核心地区确定为以开封为中枢的黄河中下游地区,即一般所说的"北宋中原地区"。在有关文化地理学研究的基础上,将现有保存了较丰富装饰资料的宋辽金时期实物划分成 5 个区域:中原地区、燕辽地区、东南沿海地区、四川地区以及敦煌地区。

关于本书所采用的主要实物资料及其来源,参见附录 B。本书所采用的主要实例位置分布及区域划分,参见图 0.9、图 6.5。关于这几个地区建筑彩画装饰的概况,参见 6.3 节。

0.5 本研究的性质与方法

0.5.1 本研究的性质

首先,本研究基于建筑学的话语背景,并试图借助《营造法式》彩画部分的研究来探索中国文化内核中的建筑思想。而"架构建筑思想"的基本方法一般来说有两种:一是"历史的方法"(historical approaches),以时间或事件为线索,以"历史真实"的还原与解释为目的;二是"理论的方法"(theoretical approaches),以问题为线索,以解决问题与启发思考为目的[1]。由于本研究有着解释与应用的双重目的,因此除了建筑历史研究之外,还具有建筑理论的性质。

其次,本书以古代建筑典籍《营造法式》的彩画部分作为研究对象与出发点,并以对该部分历史文本的理解、解释和应用为目的,因此具有经典诠释的性质,与一般意义上的建筑历史或建筑理论研究有所区别。

最后,由于建筑学不同于哲学、社会学,亦不同于一般的科学、技术,建筑"不仅仅是逻辑思维的对象,它还诉诸人们的直觉和图像思维"[2]。因此本研究又不同于一般意义上的经典诠释,它除了"建构思想"之外,还需要大量运用图像的手段"诉诸感觉",惟有如此才能构成对建筑形象思维的启发性。

本书不拟在此探究建筑历史与建筑理论的一般方法,仅就经典诠释及图像思维的方法及其在本研究中的运用作一简要说明。

0.5.2 文本诠释学、注释学、校勘学及其在既往研究中的应用

对于古籍经典的注释或诠释,在中国和西方都有深厚的传统。

在欧美文化圈中,诠释学(hermeneutik)从词源上说至少包含三个要素,即"理解"、"解释"(含翻译)和"应用"的统一。诠释学源于对圣经及罗马法的诠释,至 19 世纪演化为人文科学的普遍方法论;20 世纪,随着存在主义与哲学诠释学的兴起,历史文本不再单纯地被视为作者心理意向的表达,文本的真正意义被认为存在于它的不断再现和解释中,即所谓"文本的意义超越它的作者"[3];而文本理解所得出的"真理",亦不再以"客观性"作为终极目标,而是以理解的实践意

① 参见:[英] 大卫·史密斯·卡彭. 建筑理论. 王贵祥,译. 北京:中国建筑工业出版社,2007:边码 134
② 陈伯冲. 建筑形式论——迈向图像思维. 台北:田园城市文化事业有限公司,1997:288
③ [德] 加达默尔. 真理与方法(上卷). 洪汉鼎,译. 上海:上海译文出版社,2004:301

义作为价值评判的根本标准①。

在我国，古籍经典的注释又称"经学"，作为"汉儒最崇高之事业"②，可能有着比西方诠释学更长的历史。"注释"之"注"，本义为"灌注"③，引申为"导引"、"疏通"④，指对经典加以解说，使经义彰明显著，具有很强的实用性和目的性。与西方关于"理解"与"解释"、"解释"与"应用"之间的争论相应，中国的经学也经历了"意"与"象"、"体"与"用"之间的思辨。对于"意"(原指《周易》之卦意，引申为意义或本质)与"象"(原指《周易》之卦象，引申为现象)的关系，由先秦两汉之词义串解到魏晋玄学之"得意在忘象"，进而发展为宋明理学的"假象以显义"或"因象以明理"⑤。对于"体"(理解)与"用"(应用)之间的关系，则在两宋时期形成了"体用一原，显微无间"、"体用无先后"⑥的认识⑦。

总的来说，至迟在两宋时期，中国的经典注释学已经开始注重"理解"、"解释"和"应用"的统一，与西方的哲学诠释学存在一定的共性。二者之间的差异与互通，是近来颇受人文学科关注和争议的问题。

由于《营造法式》是中国传统文化的产物，因此在东西方经典诠释的关系未能完全探明的情况下，本研究仍以中国传统注释学方法为根基，参考梁思成《〈营造法式〉注释》的研究方法，确定本书的研究框架。

中国传统的注释学方法，可以分为"音义"、"词义"、"章句"、"义理"、"史传"几类：

音义：以规范读音、刊正字误为中心。可分为**注音**、**释义**、**辨字**和**校勘**四部分。

词义：以字词句的含义以及名物典制的来源、沿革为中心，重点是疏通词义、扫除语言障碍、沟通古今。体例主要包括**解词**、**解句**、揭示**语法**现象及**修辞**效果等方面；

章句：以分章析句为中心任务，主要目的是通过文籍篇章结构、组织脉络的揭示，达到贯通全书中心思想、理顺辞气，使经文宏旨彰明显著的目的。主要包括**分章**、**析句**、**通辞贯气**等内容。

义理：阐发经典蕴含的"微言大义"，往往借注经而抒发己见，从贯通义理反推文意。可分成"辨名"与"析理"两部分："**辨名**"是用下定义的方法辨析哲学名词在不同上下文中的特定含义，达到限制概念外延、扩充词义内涵的目的，从而将"微言大义"的发挥纳入精确的概念体系之中。"**析理**"在辨名的基础上进一步引申发挥：一是疏通经文，引申其义；二是发挥己见，构成自己的体系。

史传：以补充史料为中心，往往广征博引，遍搜天下异闻他说，以补原文之疏略。⑧

在上述各种注释类型中，由于"校勘"涉及历史文本真实面目的还原，因此是其他注释

① 按照海德格尔的看法，希腊文"真理"一词 aletheia 由于 a 这一否定前缀而成为 lethe(蔽)的否定。真理就是无—蔽，也就是说，对蔽的澄清。参见：洪汉鼎. 诠释学——它的历史和当代发展. 北京：人民出版社，2001：1~8
② 钱穆. 略论朱子学之主要精神(1982 年). 见：宋代理学三书随劄. 北京：生活·读书·新知三联书店，2002：208
③ 《说文解字》卷 12："注，灌也。"
④ 《仪礼》"郑氏注"下贾公彦疏云："言注者，注义于经下，若水之注物。"是说给经文做注就像用水来疏导物体，务必使其畅通明白。孔颖达《毛诗正义》："注者，著也，言为之解说使其著明也。"(参见：黄亚平. 古籍注释学基础. 兰州：甘肃教育出版社，1995：1)此与前述海德格尔将希腊文"真理"(aletheia)一词解释为"对蔽的澄清"进行对照。
⑤ "得意在忘象"，见：[魏] 王弼. 周易略例·明象. 王弼集校释. 北京：中华书局，1980：609
   "假象以显义"，见：[宋] 程颐. 二程集. 北京：中华书局，1981：695
   "因象以明理"，见：[宋] 程颐. 二程集. 北京：中华书局，1981：271
⑥ "体用一原，显微无间"，见：[宋] 程颐. 二程集. 北京：中华书局，1981：582
   "体用无先后"，见：二程遗书(卷 11). 上海：上海古籍出版社，2000：166
⑦ 朱伯崑. 中国哲学中的本体论原则. 见：成中英. 本体与诠释. 北京：生活·读书·新知三联书店，2000：49~160
⑧ 黄亚平. 古籍注释学基础. 兰州：甘肃教育出版社，1995：12~13

工作的基础。校勘学方法又可分为"对校"、"本校"、"他校"和"理校"四种：

对校者，即以同书之祖本与别本对读，与不同之处，则注于其旁……其主旨在校异同，不校是非。

本校者，以本书前后互证，而抉摘其异同，则知其中之谬误。……以纲目校目录，以目录校书，以书校表……

他校者，以他书校本书。凡其书有采自前人者，可以前人之书校之，有为后人所引用者，可以后人之书校之，其史料有为同时之书所并载者，可以同时之书校之。此等校法，范围较广，用力较劳，而有时非此不能证明其讹误。

段玉裁曰："校书之难，非照本改字不讹不漏之难，定其是非之难。"所谓**理校**法也。遇无古本可据，众数本互异，而无所适从之时，则须用此法。①

对上述注释方法进行初步考察可以发现，对古籍文本的分解可以达到四个层次：字、词、句、篇章；解释的深度则可以达到三个层次：文字、结构和意义②，其中"意义"的探究又可分为三个层次：直解、补缀和阐发。以下对各个深度层次作一说明：

"**文字**"层面的内容，包括读音、字形的说明及勘正。在传统注释学中，这类注释一般以字为单位，包括"注音"、"释义"、"辨字"和"校勘"等。

"**结构**"层面的内容，包括词句的语法及修辞现象分析，以及文本整体篇章结构及组织脉络的揭示。在传统注释学中，这部分内容涉及词、句、篇章等层面，包括"解词"、"解句"、"分章"、"析句"、"通辞贯气"等。

"**意义**"的**直解**，其主要目的是扫除语言障碍、沟通古今，用读者熟悉的语言来解释陌生的语言对象，使之变得可以理解，相当于"翻译"（主要指"直译"）的工作。在传统注释学中，这部分内容一般以词句为单位，称为"词义"。

"**意义**"的**补缀**，指通过相关史料的罗列与比照，完善和丰富文本所展示的历史图景，即传统注释学中的"史传"。

"**意义**"的**阐发**，指以历史文本为依托，对有关的概念和原理（即"微言大义"）进行创造性的探析与解释，而这些概念和原理可以用于解决注释者的时代问题③。于是，在历史文本和实践运用之间建立了密切的关联。此即传统注释学中的"辨名"与"析理"。

以上对于注释方法的分类表述，仅仅是就其主要倾向而言，实际运用的过程中往往会出现多种方法的交叉和重叠。

在梁思成的《〈营造法式〉注释》中，已经运用了"对校"、"本校"和"理校"的方法。其中，"以所能得到的各种版本，互相校勘"，属于"对校"；根据上下文的异同，将"下至橑檐枋背"改为"下屋

---

① 陈垣. 校勘学释例. 上海：上海书店出版社，1997（1931 年初版，又名《元典章校补释例》）

② 德国语文学家 G. A. Fr. Ast 于 1808 年出版的《语法学、诠释学和批评学的基本原理》，区分了解释的三要素：文字、意义和精神。（参见：洪汉鼎. 诠释学——它的历史和当代发展. 北京：人民出版社，2001:22~23）其中的"精神层面"相当于"阐发的意义"或"微言大义"。其中涵盖的内容缺少结构、补缀意义等层面，不及中国注释学之丰富。

③ ［魏］王弼"得意忘象"、［宋］陆九渊"六经注我"，皆属此例。另如王安石提出"不法先王之政，当法其意"，这里的"法其意"，就是从历史事迹中归纳某种普遍原理，然后运用于当前的实际。（［宋］王安石：《上仁宗皇帝言事书》，《临川文集》，四库本，卷 39。）

橑檐枋背",则属"本校";而"从技术上可以断定或计算出"原文的错误并加以纠正,应属"理校"①。另外,从刘敦桢的校勘笔记②来看,在《营造法式》的"总释"部分还有根据引证经典的原文来校正《法式》引文的例子③,则属于"他校"。然而,鉴于"这是一部科学技术著作,重要在于搞清楚它的科学、技术内容,不准备让版本文字的校勘细节分散读者的注意力"④,《〈营造法式〉注释》最终发表的内容未保留校勘的细节,而仅仅呈现历次校勘的最终成果。

在校勘之外,梁思成对于文字的处理主要做了两部分工作:"首先是将全书加标点符号……其次,尽可能地加以注释,把一些难读的部分译成语体文;尽可能地加入小插图或实物照片,给予读者以形象的解释"⑤。这两部分工作可归于"意义直解"的层面。

总的来说,梁思成对文字注释的工作进行了一些取舍,最终成果并未涵盖古籍注释的各个层面。事实上,梁思成工作的重点"主要是放在绘图工作上"⑥,而并非文字的注释。

吴梅《〈营造法式〉彩画作制度研究和北宋建筑彩画考察》有"注析"一篇,在梁氏注释的基础上,对《营造法式》彩画作部分进行了逐条解说,并补充了一些插图、照片和史料,属于意义的"直解"和"补缀"两个层面的内容。

0.5.3　本书采用的文本诠释方法

本书试图在《营造法式》彩画部分的注释方面达到较高的全面性和系统性,因此注释工作涉及上述传统注释方法的各个层面,对前人注释的缺环一一进行了补充。

本书的"注释篇"根据文本的分解层次划分章节,不同章节的注释工作偏重于不同的深度层次:

第一章,"《营造法式》彩画作版本及体例分析",是解读文本意义之前的基础工作,包含"版本"及"体例"两部分工作。

由于《营造法式》刊行900余年来屡经传抄,各版本质量不一,尤以图样差距为大。因此,对《营造法式》的各个古籍版本进行鉴别和选择,是校勘和注释之前的首要工作。

"体例分析"属于"句子"、"篇章"层面的内容,注释侧重于"结构"层面。《营造法式》作为一部注重逻辑性和明确性的官书、政书及术书,为了简洁、明确、易于检索和易于执行的编纂目的,设置了精密而多层次的篇章条目体系。因此,相比于一般古籍的注释工作,这部分工作对于《营造法式》而言尤为重要,可以达到"通其条贯、考其文理"⑦,更加准确地把握《营造法式》原意的效果。本部分内容兼顾了文字和图样两方面的结构分析。

第二章,"《营造法式》彩画作相关部分点校",是从"字"、"词"层面对《营造法式》彩画作进行解读。注释深度达到注音、勘正、意义直解(或直译)的层次,目的是疏通文字、沟通古今。这里为了注释工作的严谨性,对校勘的内容予以保留。此部分内容单立一章,与科学技术内容的解释和阐发区分开来,以图在保持系统完整性的同时,避免梁思成先生所担忧的"版本文字的校勘细节分散读者的注意力"。

---

① 梁思成.《营造法式》注释序.见:梁思成全集(第7卷).北京:中国建筑工业出版社,2001:12~13
② 据傅熹年抄本。
③ 例如"总释·彩画作"部分第4条各古籍版本均作"西都赋",但原文应出自"西京赋"。"梁本"已改为"西京赋",见:梁思成全集(第7卷).北京:中国建筑工业出版社,2001:40
④⑤ 梁思成全集(第7卷).北京:中国建筑工业出版社,2001:13
⑥ 梁思成全集(第7卷).北京:中国建筑工业出版社,2001:15
⑦ 语出[汉]东方朔《答客难》,为[清]段玉裁《说文解字注》所引。

第三章，"《营造法式》彩画作相关术语辨析"，是"词语"层面的内容，也是本书篇幅最大的一部分内容。

"术语"不同于一般意义上的词语，具有专业性、精确性、单义性和系统性的特征①。因此对术语的阐释，除了读音、字形、语法架构和意义直解之外，更重要的是意义的补缀与阐发，尤其注重概念的探析，亦即"辨名"。

由于《营造法式》是一部公文性质的典籍，注重语言的精确性、规范性与单义性，并专辟"总释"二卷和"诸作异名"一篇，对有关术语进行定义和辨析。因此，术语层面在《营造法式》中有着很高的重要性。另外，由于《营造法式》彩画部分重在局部样式的规定，而对建筑整体的搭配关系着墨较少，因此以术语作为文本解释的主要线索，是较为明晰的一种方式。

虽然《营造法式》在术语规范化方面进行了一些努力，但是从全书看来，仍然存在很多词语表述不规范、意义模糊的现象；有些词语的混用和代用方式，在当时看来可能是容易理解的，现在却对人们的理解造成了困难，需要一一辨析。总结《营造法式》彩画部分的术语，主要有五种情况，针对不同的情况，本书采用了不同的解释方法：

首先是各制度、做法的名称，《法式》通过多层次描述的方法对这些术语的含义、适用范围和变通方式进行了专门的规定。例如"五彩遍装"，在《营造法式》中共有 2000 余字、133 幅图样对其进行了专门的解释和说明，但在"总制度"、"功限"、"料例"等篇又出现了未加说明的"五彩装"、"五彩间金"等名称，应系"五彩遍装"的简称或变体。又如"叠晕"、"间装"等，也有大量文字对其进行解释和说明。另有一些关于颜料、辅料的名称，例如"石青"、"石绿"、"雌黄"、"桐油"等，虽未对其定义，但是记述了它们的调制及使用方法。这类原料一般有着广泛的适用性，因此在古代画论、医书、笔记中能够找到关于其产地、属性和特征的记载。对于这类术语，本研究以《法式》文本和图样为主要依托，补充有关的史料记载和实物资料，从概念辨析、资料综述、主要特征、适用范围、变通方式等方面对其进行限定和阐发。

其次是各制度、做法中涉及的重要术语，《法式》通过下定义的方式对其外延或内涵进行了限定，典型例句如：

"其青、绿、红地作团科、方胜等，亦施之枓栱、梁栿之类者，谓之**海锦**，亦曰**净地锦**。"(卷 14·彩画作制度·五彩遍装·"凡五彩遍装"条)

此句对"海锦"(又名"净地锦")进行了定义，但在"制度"、"功限"等篇又出现了未加说明的"素地锦"、"束锦"、"细锦"、"晕锦"等名称，应系"海锦"的代称或变体。对于这类术语，需要结合图样、实例和史料，考察整组相关词语在《营造法式》全文中的用法，最终确定整组词语内涵的相互关系。

第三类术语，是在文本中提到但未加说明，但在图样中予以描绘和标明的。大部分表达纹样名称的术语都属此类，如"海石榴华"、"团科柿蒂"、"琐子"，等等。值得注意的是，很多纹样在《营造法式》中不仅见于"彩画作"，还见于"石作"、"雕木作"的文字和图样。因此对于这类术语，需要结合不同工种的图样，搜集形式相似的实例，以图准确把握该术语所代表的样式特征。某些流行时间较长的典型纹样，如"柿蒂"、"海石榴"，还可以对其造型风格的历史变迁进行初步探讨。

第四类术语，是在文本中提到但未加说明，在图样中也未描绘的，例如"筍文"、"三角叠晕柿蒂华"等纹样名称。关于绘制技法的术语亦属此类，例如"节淡"、"翰淡"等。对于这类术语的定

① 参见《中国大百科全书·语言文字卷》，1988 年，"术语"(terms)条。

义,仅能根据字面意义,结合现有的史料及实物进行推测。

第五类术语在文本中未加定义和说明,但出现频率较高,并常常与其他术语联合表意,可以视为《营造法式》的惯用语,例如"装"、"造"、"作"、"量宜"等。这类词语在当时看来可能算不上"术语",仅仅是一些习惯用法。但这些词语从今天的建筑学视角看来却有特殊的意义,因为其中蕴含了一些比某些专门做法更具普遍性的概念和思想。对于这类术语,本研究首先考察其在全文中的用法,然后结合上下文推测其背后蕴涵的概念和原理。

为便于阅读和检索,该章的编排顺序没有沿用《营造法式》原书的顺序,而是按照从抽象到具体、从整体到局部的次序,将所有术语分为"总则"、"制度"、"工艺"、"色彩"、"纹样"几类,实际上是以当代的建筑学问题为线索,对《营造法式》彩画部分的经典文本进行了诠释和重构。

0.5.4　图解方法及其在既往研究中的应用

有关建筑学的一切思想,最终都需要落实到形象层面上。正如梁思成先生所说,"像建筑这样具有工程结构和艺术造型的形体,必须用形象来说明"[①]。因此图像的方法,在这里是连接思想与感觉、抽象与具象所不得不借助的方法。图像解释的成果,既是对历史文本的解释、对历史图景的还原,同时又可以直接对建筑设计的形象思维构成启发。

图解的方法在《营造法式》的编纂中已经得到了充分的重视。在《进新修营造法式序》中提到"顾述者之非工;按牒披图,或将来之有补",指出图样对文字的补益;在《总诸作看详》中又提到"内或有须于画图可见规矩者,皆别立图样,以明制度",从"见规矩"和"明制度"两个方面强调了图样的重要性。《营造法式》的图样共 6 卷,实现了编者的初衷,并且在科技史上具有划时代的意义。李约瑟曾对此给予极高的评价:"房屋构架各组成部分的形状被李诫手下的绘图员如此清楚地描画出来,以致我们最后几乎以现代的意识来称它们为'施工图'——可能是任何文明国家的第一次"[②]。

因此,对于《营造法式》的图解,至少有两个层面的意义。首先是对珍贵历史文本——《营造法式》图样的解释和复原,其次是运用图像手段对《营造法式》进行解释。

梁思成在 20 世纪 60 年代领导绘制的《营造法式》大木作、石作等图解,从现代建筑学的角度,用图纸表达的方式,将《营造法式》大木作、石作等制度进行了解释和重构,将古代文献很好地纳入了现代建筑学的视野,并使其能够与现代技术手段下的古建筑测绘、建筑设计相衔接。这是首次用建筑图的方式来诠释《营造法式》的尝试,可能也是规模最大、成果最系统的一次。

梁思成之后的学者,虽然也对《营造法式》彩画作部分进行了零星图解,但在系统性和全面性方面,尚远远未能达到梁氏大木作图解的深度,亦未对方法进行探讨。

因此,本研究首先对梁思成的图解方法进行回顾,然后结合彩画作的特殊性,试拟出彩画作图解的原则。

梁思成对于《营造法式》的图解工作提出了 8 条原则:

1. 凡是原来有图的构件,尽可能用三面投影或五面投影画出来;

2. 凡是原来有类似透视图的,就用透视图或轴测图画出来;

---

① 梁思成全集(第 7 卷). 北京:中国建筑工业出版社,2001:15
② [英]李约瑟. 中国之科学与文明(第 10 册). 陈立夫,主译. 台北:台湾商务印书馆,1985:193

3. 文字中说得明确清楚,可以画出图来的,而《法式》图样中没有的,就补画,俾能更形象地表达出来;

4. 凡原图中比例不正确的,按各作"制度"的规定予以改正;

5. 按照原文的尺寸规定,尽量在图上附以尺、寸或材、栔为单位的缩尺;

6. 在图上加以必要的尺寸和文字说明,主要是摘录诸作"制度"中的文字说明;

7. 凡是按照《法式》制度画出来就发生问题或无法交代的,就把这部分"虚"掉,并加"?"号,注明问题的症结所在;

8. 我们制图的总原则是,根据《法式》的总精神,只绘制各种构件或部件(《法式》中称为"名物")的比例、形式和结构,或一些"法式"、"做法",而不企图超出《法式》原书范围之外,去为它"创造"一些完整的建筑物的全貌图。[①]

从这八条原则中,可以进一步提取出三个基本原则:

其一是达到现代制图意义上的"**规范性**":包括投影、比例、缩尺等形式上的调整和补充,其实质就是用现代的图像语言来"翻译"古代的图像语言(见 1、2、4、5 条)。

其二是加强文字和图像的"**直观性**":包括根据文字补绘图样,以及将制度的文字说明与图样密切结合,让文字和图像能够直观地互相解释(见 3、6 条)。

其三是尽量减少《法式》原典之外的推测成分,保留解释的"**客观性**":包括对于解释不够清晰的地方存疑,并且不试图"创造"完整建筑物的全貌图(见 7、8 条)。

0.5.5 本书采用的图解方法

0.5.5.1 本书的制图原则

本书的图解方法在梁氏图解方法的基础上,试图加强分析性和比较性。因此,本书除了对《法式》原图的"翻译"和补充(可称之为"复原图")之外,还针对一些建筑学或装饰艺术层面的问题,补绘了若干简图和分析图。

"**简图**"的目标主要是便于特征的描述和比较。具体做法是以原始图样为依据,忽略重复和偶然的信息,提取最具特征的信息,例如忽略色彩、提取纹样,或忽略纹样、提取色彩,或从纹样中抽取纹样单元、纹样骨架等。"简图"的绘制,一方面有助于彩画做法或纹样特征的描述和分析,一方面也能够在目前有限的人力物力条件下,使本研究的图解工作在广度上涵盖《法式》文字和图样的绝大部分内容。

"**分析图**"的目标则是揭示深藏在形式背后的规律。例如对于不同类型彩画的色谱分析、对于纹样的几何对称性分析等。

"**复原图**"的绘制,仍以"规范"、"直观"和"客观"为基本原则,考虑彩画作部分色彩和纹样的因素,并结合目前运用计算机制图的特点,对制图方法进行以下调整:

第一,制图规范化。凡是原来有图的样式,尽可能画出立面图、仰视图或轴测图,并制定色标[②],采用计算机上色,尽可能准确表达《营造法式》彩画的色彩效果;凡原图中比例不准确的,按各作"制度"的规定修正,并按照原文的尺寸规定,尽量在图上附以尺、寸或材、栔为单位的缩尺。

---

① 梁思成全集(第 7 卷). 北京:中国建筑工业出版社,2001:15
② 关于复原色标的确定,见 0.5.5.2 节。

第二，直观化表达。《营造法式》文字中表述得明确清楚，可以画出图来而没有图样的，就补画图样；在图上加以必要的尺寸和文字说明，主要是摘录诸作"制度"中的文字说明，《营造法式》原图中用文字标明了色彩的，本书推测原有标注的准确指向，并将色彩标记保留在最终的图纸中。

第三，保持客观性。凡是按照《营造法式》制度画出来就发生问题或无法交代的，就把这部分"虚"掉，并加"？"号，注明问题的症结所在；在必要之处，将《营造法式》原图有较大参考价值的版本附于图解之中，或作出多种推测的可能性，以备比较；只绘制各种样式的比例、形式和构图，或一些"法式"、"做法"，而不企图超出《营造法式》原书范围之外，去为它"创造"一些完整的建筑物的全貌图。

0.5.5.2　本书复原所用色标的确定

关于《营造法式》色彩的定性分析，是研究和复原《营造法式》彩画的基本前提。因此，本书首先对《营造法式》有关文字进行统计；然后利用现有关于古代颜料与颜色的定性、定量的测量和研究，制出《营造法式》色谱；再将此色谱与现存的彩画、绘画实例及摹本进行比照、观察、校正，作为色彩复原及制图的依据。

据统计，《营造法式》彩画作全篇涉及色彩名称 104 种，经过比较，合并同色异名，可找出 41 种单色，分属 8 个色系：青、绿、红、紫、黄、金、黑、白（表 3.25、表 3.26）。基于古代画论等文献，以及国画、色彩学、矿物学、植物学的研究著作，可确定各颜色名称所对应的颜料成分，得到 17 种原料色。根据现有的中国传统色彩研究[1]，可以对这些色彩的色相、明度和彩度进行定性描述。

根据相应的国家标准[2]，可以用孟塞尔国际色彩体系或国际色彩学会 CIE 色彩体系 (XYZ) 对传统色彩进行描述，这两组数据可用瑞士 GretagMacbeth 公司开发的免费软件 Munsell Conversion[3]进行换算，得出各颜色的 CMYK 和 RGB 值，并在计算机中制成色谱（图 0.10）。

另外，利用美能达分光光度测量仪(Spectrophotometer CM-2600d)对色彩样品进行接触式测量，可以测出色彩样例的 CIE 色度坐标，并可考虑材料的反光因素。经过尹思谨的实验证明，对于多种颜色组成的建筑材料，该测量仪的颜色样品定位基本准确[4]。该方法在国内的古代壁画色彩研究中已经有所应用。敦煌研究院与美国盖蒂中心合作，利用色度仪的测量方法，对莫高窟的 6 个洞窟(分属唐、宋、清时期)进行了局部监测[5]，并重点对晚唐第 85 窟的 7 种颜色进行了监测[6]。但由于这些测量的目的是研究颜料的变色情况，其公布的测量结果并不足以反映壁画的色彩关系。此类定量分析方法，由于目前条件所限，不能充分取样，因此也无法达到理想的结果。

根据笔者对现有的定量分析结果进行作图观察，目前发表的定量数据并不能很好地描述传统颜料的色彩。从图 0.10 和图 0.11 的比较可以看出，根据已有的颜色数据还原的色彩，和运用现有的古画印刷品或国画颜料制作的色谱存在很大的差异，后者更加接近人眼对传统色彩的感

① 于非闇. 中国画颜色的研究. 北京：朝花美术出版社，1955；王定理. 中国画颜色的运用与制作. 台北：艺术家出版社，1993

② 尹泳龙. 中国颜色名称. 北京：地质出版社，1997；李亚璋 等. GB/T18934—2003　中国古典建筑色彩. 北京：中国标准出版社，2003

③ 下载地址：http://www.munsell.com/，访问日期 2004 年 10 月。

④ 尹思谨. 城市色彩景观规划设计. 南京：东南大学出版社，2004：191~192

⑤ Michael R Schilling, Li Jun, Li Tie Chao, et al. Color Measurement at the Mogao Grottoes. Conservation of Ancient sites on the Silk Road: Proceedings of an International Conference on the Conservation of Grotto Sites, Mogao Grottoes, Dunhuang, the People's Republic of China, 3–8 October 1993:341~347

⑥ 马赞峰，郭宏，王蕙贞，等. 敦煌莫高窟第 85 窟颜色监测研究. 文物保护与考古科学，2005，15(02)：33~36

觉。由此,笔者在图 0.11 手绘色谱的基础上,在青、绿、红、黄 4 个主要色系中,对明度、彩度和色相进行等差变化,作出色彩渐变表,再通过与彩画摹本进行观察比对,选取色彩感觉最接近传统颜料效果的色标,制出《营造法式》色谱(图 0.12)。本书所有色彩复原及分析,均以该色谱为基础。

0.6 研究框架

综上所述,本书的研究框架图示如表 0.2 所示。

表 0.2 研究框架

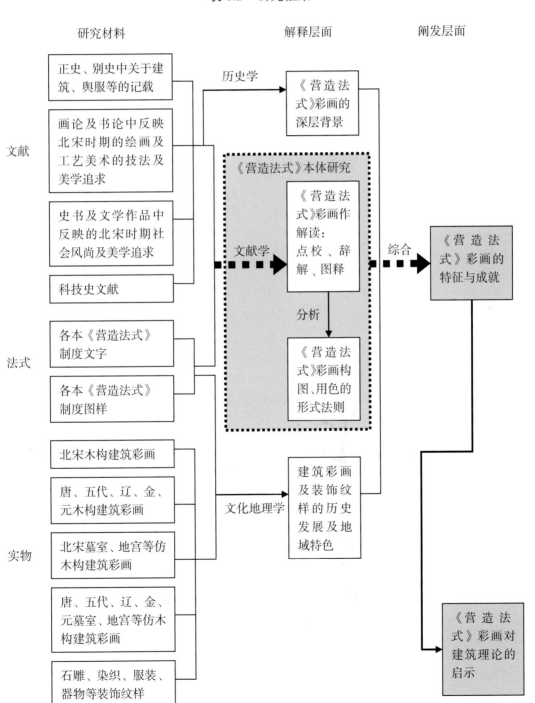

1、2 陶本补绘,1925 年
3 莫宗江补绘,1955 年
4 莫宗江绘制的前蜀王建墓前室门券彩画,1955 年
5-7 郭黛姮指导补绘,1999—2001 年
8、9 吴梅补绘,2004 年

图 0.1　现有关于《营造法式》图样的色彩复原成果

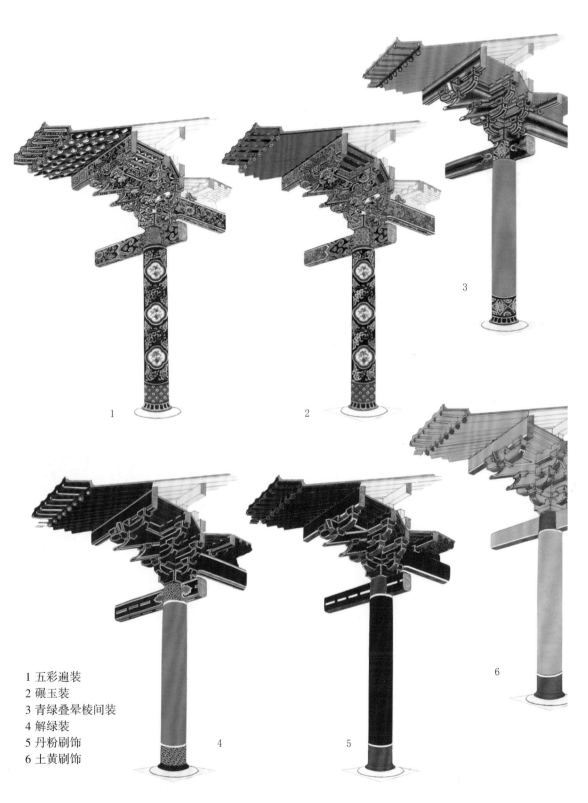

1 五彩遍装
2 碾玉装
3 青绿叠晕棱间装
4 解绿装
5 丹粉刷饰
6 土黄刷饰

图 0.2　吴梅对《营造法式》彩画整体效果的初步复原①

① 引自:潘谷西,何建中.《营造法式》解读. 南京:东南大学出版社,2005

1 山西高平开化寺大殿内檐彩画
2 山西壶关下好牢宋墓仿木构彩画
3 高平与壶关的地理位置(距离约30公里)

图 0.3　地上建筑与墓室地宫彩画相近似的例子

1 [明—清]晋祠圣母殿外檐料栱彩画,可能受到北宋时期彩画原稿的影响
2 [元]山西洪洞广胜寺下寺后佛殿梁栿彩画
3 [宋—元]阿弥陀佛协侍菩萨腿部装饰

图 0.4　建筑装饰与人体装饰相似的例子

1 [辽] 耶律羽之墓石
　　门彩画
2 [辽] 耶律羽之墓出
　　土绢地球路纹大窠
　　卷草双雁绣残片
3 [北宋]《番骑图卷》
　　中的人物服饰纹样

图 0.5　建筑装饰与纺织品纹样相似的例子

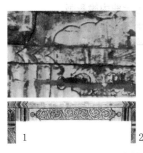

1 [北宋]白沙宋墓 M2 普拍枋、阑额彩画　　3 [南宋]《小雅·南有嘉鱼篇》所表现的建筑阑额彩画
2 [西夏]莫高窟第 61 窟壁画车轮金属包镶　　　或包镶
　　　　　　　　　　　　　　　　　　　　4 [南宋]《十王图轴》中屏风金属包镶

图 0.6　建筑装饰与金属包镶工艺形式相似的例子

图 0.7　清式彩画的宋锦纹样

| 1 墓室东部壁面 | 2 砖雕枓栱用赤白刷饰 | 3 砖穹内表面用红、黑、青、灰绘宫室 |

图0.8　河南巩县(今巩义市)元德李后陵墓室砖雕及彩画

图 0.9　本书重要实例的分布情况

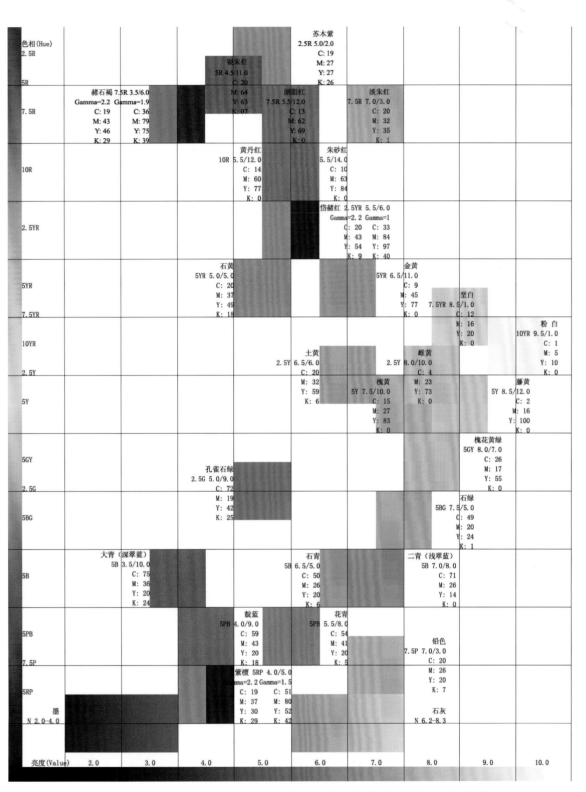

图 0.10　根据《中国颜色名称》公布的数据所作的《营造法式》色谱

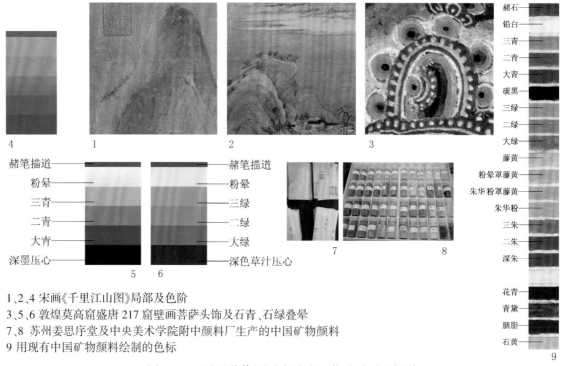

1、2、4 宋画《千里江山图》局部及色阶
3、5、6 敦煌莫高窟盛唐 217 窟壁画菩萨头饰及石青、石绿叠晕
7、8 苏州姜思序堂及中央美术学院附中颜料厂生产的中国矿物颜料
9 用现有中国矿物颜料绘制的色标

图 0.11　用两种作图法得出的《营造法式》色谱

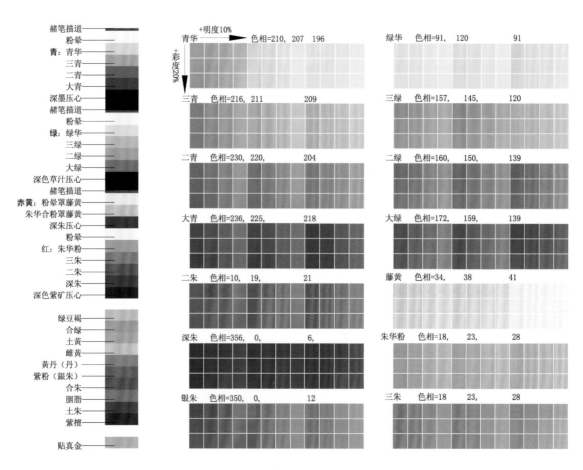

图 0.12　基于手绘色谱的色彩渐变表(右)，以及最终确定的《营造法式》色谱(左)

注释研究篇

《营造法式》彩画研究

第一章 《营造法式》
彩画作版本及体例分析

1.1 《营造法式》版本源流概况

　　《营造法式》的古籍版本,建筑史家先辈已有较为详细的考证[①]。由于《法式》版本的考察与选择是本书的重要前提,因此综合已有成果,简述如下:

　　该书于北宋元符三年(公元 1100 年)写成,崇宁三年(公元 1104 年)正月十八日三省同奉圣旨,小字镂版海行颁降[②]。20 余年后,遭遇靖康之变,宋室南渡,书版尽失。南宋绍兴十五年(公元 1145 年),秦桧的妻弟王唤重刻《营造法式》,称"绍兴本"或"平江本"[③]。绍定年间(公元 1228—1233 年),《营造法式》再度据"绍兴本"重刻。1919 年从内阁大库散出的宋本残叶,收于北京图书馆,辑为宋刊元修 3 卷零 4 页,其宋本部分为"绍定本"原件[④]。

　　北宋晁载之的《续谈助》、南宋庄季裕的《鸡肋篇》对《营造法式》也有简略的抄录和著录,此即明以前《营造法式》原书仅存的残迹。明以后的诸种钞本、刻本,都是由"绍定本"影钞得来[⑤]。

　　明清时期,《营造法式》不再作官书之用,而是成为古书秘籍,或保存于内阁大库,或传抄于江南民间。据考证,明代除了御制的《永乐大典》留存了《营造法式》的部分内容,还有 3 种钞本[⑥]

---

① 有关的重要文章主要有以下几种:

W Perceval Yetts. A Chinese Treatise on Architecture, The Bulletin of the School of Oriental Studies. London Institutions, 1927, Ⅳ：Part Ⅲ.中文译本：英叶慈博士《营造法式》之评论. 中国营造学社汇刊,1930,1(01)。该文对"陶本"之前各个版本的源流关系进行了初步的考证。

阚铎. 仿宋重刊《营造法式》校勘记. 中国营造学社汇刊,1930,1(01)

W Perceval Yetts. 英叶慈博士以永乐大典本《营造法式》花草图式与仿宋重刊本互校之评论. 中国营造学社汇刊,1930,1(02)

谢国桢.《营造法式》版本源流考. 中国营造学社汇刊,1933,4(01)

刘敦桢. 故宫本《营造法式》钞本校勘记(作于 1933 年 4 月). 见：科技史文集·第 2 辑：建筑史专辑. 上海：上海科学技术出版社,1979：8

梁思成. 八百余年来《营造法式》的版本(作于 1963 年 8 月). 见：梁思成全集(第 7 卷). 北京：中国建筑工业出版社,2001：9~10

② 据《营造法式·劄子》,准敕的时间是"崇宁二年正月十九日",而"三省同奉圣旨"的时间是"正月十八日",应在"准敕"之后,因此推定《营造法式》海行颁降为崇宁三年,而非崇宁二年。
参见：李致忠. 影印宋本《营造法式》. 北京：中华书局,1991

③ 现存"丁本"和"故宫本"《营造法式》的附录中存有平江府王唤重刊的题记。

④ 该本的刻工有金荣、蒋宗、贾裕、蒋荣祖、马良臣等,其中金荣是南宋中后期杭州地区的良工,曾参与绍定年间多种重要书籍的镂版和补版工作。蒋荣祖、贾裕、马良臣也都参与过绍定时期一些书籍的刻版。这些南宋后期云集在平江府的刻工,同时又出现在北图藏《营造法式》上,表明北图藏本的《营造法式》,当也是南宋后期平江府的官版。参见：李致忠. 影印宋本《营选法式》. 北京：中华书局,1991

⑤ 文津阁四库本卷 32 图 19 佛道天宫楼阁图左有"行在吕信刊"五字,图 22 天宫壁藏左有"武林杨润刊"五字。(谢国桢《营造法式版本源流考》已提到这一细节。)吕信曾刊《南齐书》、台州本《荀子》、宋本《晦庵文集》；杨润除刊《南齐书》、台州本《荀子》,又刊绍定本《吴郡志》、浙大字本《资治通鉴纲目》(见该书卷 9,评《文禄堂访书记》卷 2)。与宋本残叶的刻工属同时同地。因知文津四库本之底本应从绍定本出(据傅熹年手稿)。

⑥ 据谢国桢《营造法式版本源流考》,有"明人抄本(邵渊耀跋)"、"天一阁抄本"、"述古堂钱氏抄本"。

和 1 种镂本①,但都未见留存传世。清代亦有钞本若干,流传至今的主要有"故宫本"②、"四库本"③、"翁本"④、"丁本"⑤、"蒋氏密韵楼本"、"瞿本"⑥和"静嘉堂本"⑦。

民国时期,陶湘以四库文溯阁本、蒋氏密韵楼本和"丁本"互相勘校,按照宋本残叶的行格版式,重新绘图、镂版,并于 1925 年刊行,当时在国内外学术界引起了极大的注意,后人称之为"陶本"。

以上各个古籍版本的源流关系可整理如表 1.1。

20 世纪 30 年代,在"故宫本"发现之后,中国营造学社的成员刘敦桢、阚铎等人在"陶本"的基础上对《营造法式》进行了再一次细致的校勘,并完成了句读的工作。这个成果被收入梁思成的《〈营造法式〉注释》。1980 年,该本的总释、石作、大木作部分结为《〈营造法式〉注释》(卷上)出版,2001 年,整部"注释"被收入《梁思成全集》第 7 卷出版。这个版本是我们目前最易得到的《营造法式》版本,可读性与可靠性均较好。为叙述的简便起见,本书将其称为"梁本"。

此外,日本学者竹岛卓一在"陶本"的基础上,于 20 世纪 40 年代开始从事《营造法式》的研究,取"石印本"(即"丁本"的影印本)、"静嘉堂本"、"东大本"⑧与陶本互校,独立地完成了校勘和点读的工作,这一成果被收入竹岛卓一的《营造法式の研究》,于 1970—1972 年出版。

在《营造法式》的文字方面,"梁本"参校众多版本,较为可靠。然而由于当时关于宋代彩画的实物资料的缺乏,以及不久后动乱的影响,梁思成先生未能对"彩画作制度"部分进行深入的研究。因此"彩画作制度"部分注释不够详尽,很多术语没有得到解释,甚至原文句读的错误也偶有发生。因此本研究采用的《营造法式》原文及标点以"梁本"为"母本",参照其他版本修改之处,则以"校注"的方式注明。

1.2　各版本图样质量的比较

综观流传至今的《营造法式》各版本,现存传世的《营造法式》图样皆不早于明代,且重抄、重

---

① 据:梁思成全集(第 7 卷). 北京:中国建筑工业出版社,2001:9;《〈营造法式〉注释序》傅熹年补注,该本为梁溪故家镂本,即是钱谦益所藏南宋刊本。

② 1932 年发现于北京故宫殿本书库。据刘敦桢《故宫本〈营造法式〉钞本校勘记》,该本首页"钤有虞山钱曾遵之藏书图记一方",但"钱氏图章极不可靠,纸色质地亦多疑点,恐非《读书敏求记》以四十千购自绛云楼之真本",可能是钱曾另钞的版本。钱曾(1629—1701 年),清初藏书家。因此"故宫本"应是 17 世纪的抄本。

③ 乾隆年间所制的四库全书,先后共抄写了 7 份,分别藏于紫禁城文渊阁、圆明园文源阁、热河行宫文津阁、奉天行宫(今沈阳)文溯阁、扬州文汇阁、镇江文宗阁、杭州文澜阁。文源、文汇、文宗均毁于战火,文澜阁本也烧散大半。因此文渊、文津、文溯,是民国至今能够得到的 3 种版本,其中以文渊阁本成书最早(1781 年),另外 2 个版本是随后的 3 年内,在文渊阁本的基础上缮写而成。

④ "翁本"今藏上海图书馆,即清道光时张蓉镜抄本,是丁本、静嘉堂的底本。

⑤ "丁本"1919 年由商务印书馆影印,称"石印本"。

⑥ "瞿本",即瞿氏(铁琴铜剑楼)藏抄本,现藏于国家图书馆,行格版式为 11 行 10 行混合。据傅熹年先生介绍,瞿本卷 1~12、卷 14 第 7 页,及卷 17 半叶为 10 行,行格同"丁本";卷 13、卷 14 首 7 页半叶为 11 行,行格同"故宫本";卷 17~34 为 10 行,与"丁本"异,异处合于"陶本",图样亦自"陶本",可能自"陶本"补抄。

⑦ "静嘉堂本"原藏浙江湖州陆氏皕宋楼,后散出至日本东京静嘉堂,是郁泰峰宜稼堂旧藏本,也是张蓉镜本的一个传抄本,时代应在"丁本"之后(据傅熹年手稿)。

⑧ 该本系 1905 年由伊东忠太、大熊喜邦转抄自文溯阁四库本,藏于东京大学工学部建筑学教室。参见:竹岛卓一. 营造法式の研究(第 1 卷). 东京:中央公论美术出版社,1970:14,20

表 1.1 《营造法式》版本流传表①

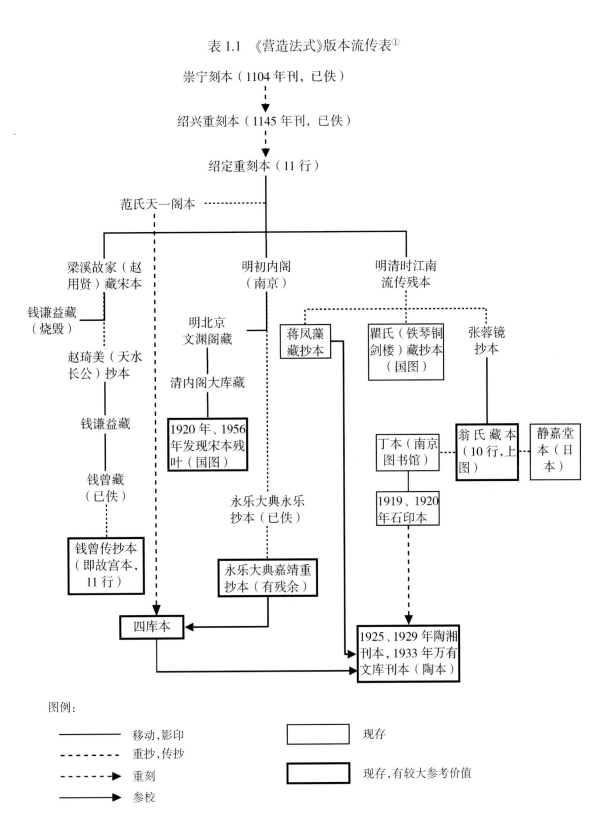

图例：

───── 移动,影印

- - - - - 重抄,传抄

- - - -▶ 重刻

────▶ 参校

☐ 现存

▢ 现存,有较大参考价值

刻均在 2 次以上。其中最主要的版本有 5 个:"永乐大典本"、"故宫本"、"四库本"、"丁本"和"陶本"。笔者有幸得到这 5 个版本,并进行比较(图 1.1)。在比较过程中,提取各个图样中最能体现绘制特征的纹样片断:花心与花瓣,分别进行对照(图 1.2)。现结合图样,将各本的特点和质量简

---

① 参照傅熹年先生手稿,以及谢国桢等人发表的论述整理。

述如下:

1.《永乐大典》残本是现存最早的《营造法式》彩画图样版本,仅存部分梁椽、枓栱、栱眼壁彩画图样,虽经南宋2次重刻和明初2次重抄,仍是学术界公认质量最高的版本。20世纪20年代末,英国学者叶慈(W. Perceval Yetts)比较"陶本"和"永乐大典本"的图样,认为"证以宋代建筑遗迹,窃以为《永乐大典》所绘花草图式似较接近宋代样式"[①]。从图样绘制的品质看来,在5个版本中,"永乐大典本"的线条最流畅,结构最清晰。

2. "故宫本"年代仅次于"永乐大典本",传抄次数较少(南宋2次重刻、明人赵琦美重抄、清初钱曾重抄),且文字行格版式保持了宋本原貌(11行)。刘敦桢先生曾评价其"图绘精美,标注详明,宋刊面目,跃然如见,直可与流于伦敦永乐大典残本媲美,远非四库本丁本所可企及也"[②]。从图样绘制质量看来,"故宫本"与"永乐大典本"不相上下,某些细节之生动、流畅程度略逊,但整体上保持了很高的完整性与清晰度。

3. "丁本"[③](南宋2次重刻、清初张蓉镜据江南流传残本重抄、晚清丁氏重抄)彩画图样的纹样结构和植物特征与故宫本相似,但是某些花心和叶片的细节脱漏,纹样整体不够清晰。

4. "四库本"(南宋2次重刻、明初重抄、清大内重抄)行格版式已依四库全书改为8行;其彩画纹样虽大体保持了纹样结构,但图案语汇已与前面3种版本有所不同,几何化的涡卷形状开始代替原来富有植物写生特征的勾卷瓣。

5. "陶本"图样,最初理想是"依绍兴本重绘"[④],但实际上是民国时期工匠根据当时仅有的丁本、四库本等"因时制宜"的结果,正如叶慈博士所论,"关于传说之花纹色彩,必随时代而变更。至于写手,无论如何忠于所事,终不免于无意中受其时代潮流,及个人风范之影响,以致不能传其实也"[⑤]。叶慈的观点在学术界得到了普遍的认可。梁思成在写于20世纪60年代的《营造法式》注释序中指出,《营造法式》的雕饰花纹图样"假使由职业画匠摹绘,更难免受其职业训练中的时代风格的影响,再加上他个人的风格,其结果就必然把'崇宁本'、'绍兴本'的风格,完全改变成明、清的风格"[⑥]。其观点和叶慈是完全相同的。"陶本"五彩装栱眼壁的海石榴图案,已与牡丹无异。

在彩画图样中,除了纹样图形的信息之外,关于色彩的文字标注也具有关键性的意义,其中尤以卷33"五彩杂华"和"碾玉杂华"图样标注详明,可成为纹样色彩复原的直接依据。这部分图样为"永乐大典本"所缺,因此只能从剩下的4个版本中选择(图1.3)。

在4个版本中,"故宫本"的文字标注指向性最明确,也较符合《营造法式》"间装"的特色;

---

① 英叶慈博士以永乐大典本《营造法式》花草图式与仿宋重刊本互校之评论. 中国营造学社汇刊,1929,第1卷第2册。译自 W Perceval Yetts. A Note of the Ying Tsao Fa Shih, Bulletin of the School of Oriental Studies. London Institutions, 1927,Ⅳ:PartⅢ
② 刘敦桢. 故宫本《营造法式》钞本校勘记(1933年). 见:科技史论文集·第2辑:建筑史专辑. 上海:上海科学技术出版社,1979
③ 据王贵祥介绍,《梁思成全集》中所附"营造法式原书图样"即影印自"石印本",即"丁本"1920年的影印件。另见:梁思成全集(第7卷). 北京:中国建筑工业出版社,2001:12,13,徐伯安注:"本书《营造法式》原文以'陶本'为底本。在此基础上进行标点、注释。图释底本选用'丁本'附图。"
　　[日]竹岛卓一《营造法式の研究》所附原图皆注明源自"石印本"。
④ 陶湘:《识语》,载于"陶本"卷末,及"万有文库本"第4册,第249~257页。
⑤ W Perceval Yetts, 英叶慈博士以永乐大典本《营造法式》花草图式与仿宋重刊本互校之评论. A Note of the Ying Tsao Fa Shih, Bulletin of the School of Oriental Studies. London Institutions, 1927,Ⅳ:PartⅢ
⑥ 梁思成全集(第7卷). 北京:中国建筑工业出版社,2001:13

"四库本"和"丁本"的大部分文字标注都指向纹样的外边缘,对于实际着色没有意义。"陶本"虽然将文字标注的指向明确化,其设色与"间装"制度多有不符。

综上所述,在所有版本的彩画作制度图样中,"故宫本"是最为完整、清晰,并与《营造法式》的文字规定最相符合的一种版本,因此是本书研究的主要依据。"永乐大典本"的图样虽不完整,但由于其质量在某些方面优于"故宫本",因此也有重要的参考价值。而"四库本"、"丁本"及"陶本"图样则需慎重对待。

然而,即使是"永乐大典本"和"故宫本",也是明代和清初的抄本,它是否能够真实反映"宋本"的真实面貌,还值得怀疑。鉴于此,本书选取了两组实物资料,与《法式》图样进行对照(图1.4)。

图1.4的第一列图像,是由故宫本《营造法式》图样整理得来的华头、叶片画法,可以代表《法式》图样所表达的样式。

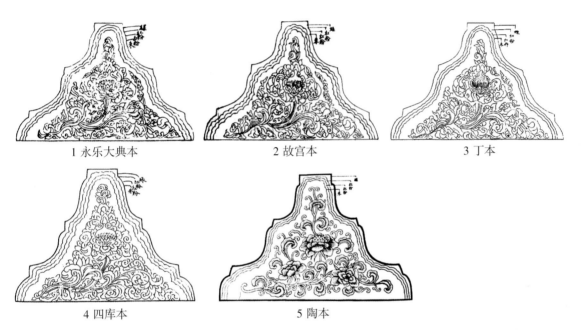

1 永乐大典本　　　　　　2 故宫本　　　　　　3 丁本

4 四库本　　　　　　5 陶本

图1.1　5个版本的五彩装栱眼壁(据"永乐大典"卷18244,第4页;"故宫本"、"丁本"、"文渊阁四库全书本"、"陶本"《营造法式》卷34,第6页)

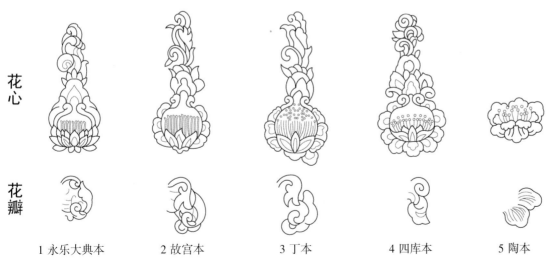

花心

花瓣

1 永乐大典本　　2 故宫本　　3 丁本　　4 四库本　　5 陶本

图1.2　5个版本的五彩装栱眼壁之纹样元素比较:花心与花瓣之构成方式

(图1.2以图1.1为底图摹绘)

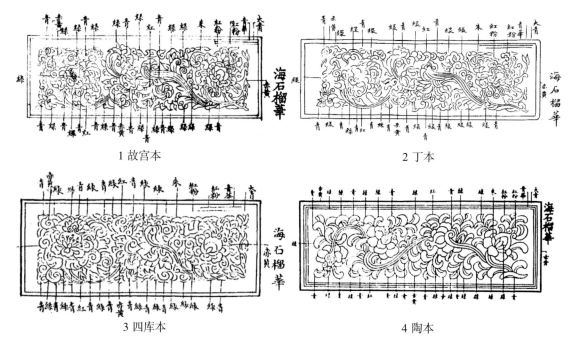

图 1.3　4 个版本的五彩遍装海石榴华之比较［据"故宫本"、"四库本"、"丁本（石印本）"、"陶本" 《营造法式》卷 33，第 1 页。"永乐大典本"缺此卷］

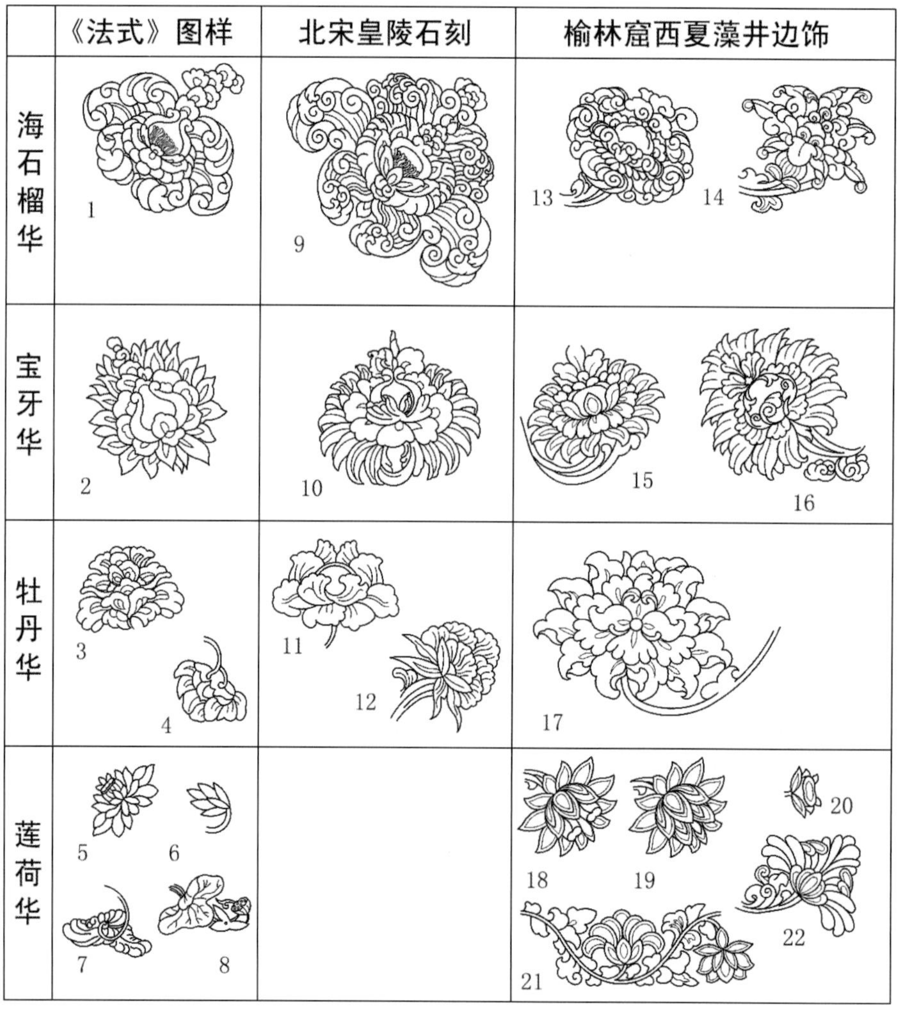

1 故宫本　　　　2 丁本

3 四库本　　　　4 陶本

	《法式》图样	北宋皇陵石刻	榆林窟西夏藻井边饰
海石榴华	1	9	13　14
宝牙华	2	10	15　16
牡丹华	3　4	11　12	17
莲荷华	5　6　7　8		18　19　20　21　22

1-8 由故宫本《营造法式》图样（1103 年首刊，17 世纪重抄）整理得来的华头、叶片画法

9 北宋皇陵慈圣光献曹皇后陵（1080 年）西列望柱上的海石榴华头画法

10 北宋皇陵永熙陵（997 年）东列望柱上的宝牙华华头画法

11、12 北宋皇陵永昭陵（1063 年）下宫上马石上的牡丹华华头画法

13-22 榆林窟西夏后期洞窟（第 2、3、10 窟，1140—1227 年）藻井卷草边饰中的华头、叶片画法

图 1.4　《法式》图样与同时期实例的比较

第二列图像,是河南巩县(今巩义市)北宋皇陵石刻中的植物纹样。北宋皇陵由北宋皇室主持修造,有准确的纪年信息,其石刻纹样被后世改动的可能性很小,是目前最能够反映"北宋官式"风格的实物资料。

第三列图像,是甘肃安西榆林窟西夏后期洞窟(第2、3、10窟,1140—1227年)藻井边饰中的植物纹样。安西榆林窟地处丝绸之路的要冲,在西夏时期与北宋中原地区有着密切的往来。榆林窟这些西夏后期纹样的图形、法式与宋陵石刻有着明显的相似性,而且保留了完整的色彩信息,可与《营造法式》图样的色彩标注进行对应。

由这三组纹样高度的相似性看来,利用目前的《法式》图样版本进行解读和加工,应可在较大程度上反映宋本的彩画样式。

1.3 《营造法式》彩画部分的体例格式

《营造法式》作为一部官书,在一定程度上和法律公文有着相同的性质。虽然这部官书在我们今天看来仍有很多难解的谜团,但是作者在12世纪所进行的系统化和规范化的尝试,却明显地体现在全书的文字和图样之中。

总的来说,《营造法式》文字部分的体例有以下几个特点:

第一,全书具有精密而多层次的篇章条目体系;

第二,对于各个工种或部位所存在的多种作法,建立了精密而多层次的分类体系;

第三,强调语言的规范性和科学性,具体表现在以下几个方面:(1)使用规范的句式;(2)对术语进行定义(追求术语的单意性和精确性);(3)合并诸作异名(追求术语的唯一性)。

这种系统性和规范性的努力,应是为了简洁、明确、易于检索和易于执行的目的。相应的,如果我们不首先破解《营造法式》的体例,也就不能够"通其条贯、考其文理",真正理解各个条目的意图和含义。

1.3.1 《营造法式》的篇章条目体系

据《营造法式·看详·总诸作看详》,《营造法式》共分为36卷、357篇、3555条。虽然《看详》与《目录》在篇目上发生了矛盾,也导致学者对《营造法式》是否在海行时删节了部分篇目表示怀疑[1],但是《营造法式》从篇章到条目的基本结构却是十分明确的,在某些条目之下还分出若干子目。从宋本残叶排印的版式也可以明显地看出其逻辑层次关系(图1.5):

卷次另起一页,顶格;

篇目另起一行,首行缩进三格,为黑底反白字体;

总述性的条目另起一行,顶格;

分述性的条目另起一行,首行缩进一格;

子目另起一行,首行缩进二格,其他行在此基础上缩进四格。

小注,字号比正文小一半,作双行合并排印。从内容上看,小注并非次要,甚至可以从中找出彩绘的各种概念定义、变通方式、详细作法,乃至美学原则。

根据《营造法式》"陶本"(仿宋刊本)文字的版式,对其彩画部分的篇目结构进行详细统计可知,《营造法式》全书关于彩画的部分共有文字13篇、94条,图样18篇、273幅(参见表1.2、表1.3):

---

① 钟晓青.《营造法式》篇目探讨.见:建筑史论文集(第19辑).北京:机械工业出版社,2003

图 1.5　宋本残叶书影

［引自《营造法式》(线装一函一册)，中华书局 1992 年据北京图书馆藏南宋刻本影印］

表 1.2　《营造法式》彩画部分文字篇目统计

卷次	部类	篇目	条目和子目（按"卷次·篇目·条目·子目"编号）	
二	释名 1篇	第 22 篇　彩画 6 条目	《周官》 ………………………………………………	2.22.1
			《世本》 ………………………………………………	2.22.2
			《尔雅》 ………………………………………………	2.22.3
			《西都赋》 ……………………………………………	2.22.4
			《吴都赋》 ……………………………………………	2.22.5
			谢赫《画品》 …………………………………………	2.22.6
十四	制度 8篇	第 1 篇　总制度 5 条目 子目若干	彩画之制 ……………………………………………	14.1a
			衬地之法 ……………………………………………	14.1.1
			凡枓栱梁柱及画壁 ………………………………	14.1.1.1
			贴真金地 …………………………………………	14.1.1.2
			五彩地 ……………………………………………	14.1.1.3
			碾玉装或青绿棱间者 ……………………………	14.1.1.4
			沙泥画壁 …………………………………………	14.1.1.5
			调色之法 ……………………………………………	14.1.2
			白土[茶土同。] …………………………………	14.1.2.1
			铅粉 ………………………………………………	14.1.2.2
			代赭石[土朱。土黄同。] ………………………	14.1.2.3
			藤黄 ………………………………………………	14.1.2.4
			紫矿 ………………………………………………	14.1.2.5
			朱红[黄丹同。] …………………………………	14.1.2.6
			螺青[紫粉同。] …………………………………	14.1.2.7
			雌黄 ………………………………………………	14.1.2.8
			衬色之法 ……………………………………………	14.1.3
			青 …………………………………………………	13.1.3.1
			绿 …………………………………………………	14.1.3.2
			红 …………………………………………………	14.1.3.3
			取石色之法 …………………………………………	14.1.4
			生青[层青同。]、石绿、朱砂 …………………	14.1.4.1

续表1.2 《营造法式》彩画部分文字篇目统计

卷次	部类	篇目	条目和子目(按"卷次·篇目·条目·子目"编号)	
十四	制度 8篇	第2篇 五彩遍装 12条目	五彩遍装之制	14.2a
			华文有九品	14.2.1
			琐文有六品	14.2.2
			凡华文施之于梁、额、柱者	14.2.3
			飞仙之类有二品	14.2.4
			飞禽之类有三品	14.2.5
			走兽之类有四品	14.2.6
			云文有二品	14.2.7
			间装之法	14.2.8
			叠晕之法	14.2.9
			用叠晕之法	14.2.10
			凡五彩遍装	14.2b
		第3篇 碾玉装 4条目	碾玉装之制	14.3a
			华文及琐文等	14.3.1
			其卷成华叶及琐文	14.3.2
			凡碾玉装	14.3b
		第4篇 青绿叠晕 棱间装 [三晕带红棱间装附] 5条目	青绿叠晕棱间装之制	14.4a
			两晕棱间装	14.4.1
			三晕棱间装	14.4.2
			三晕带红棱间装	14.4.3
			凡青绿叠晕棱间装	14.4b
		第5篇 解绿装饰屋舍 [解绿结华装附] 5条目	解绿刷饰屋舍之制	14.5a
			缘道叠晕	14.5.1
			解绿结华装	14.5.2
			柱头及脚	14.5.3
			凡额上壁内影作	14.5b
		第6篇 丹粉刷饰屋舍 [黄土刷饰附] 9条目	丹粉刷饰屋舍之制	14.6a
			枓栱之类	14.6.1
			栱头及替木之类	14.6.2
			檐额或大额	14.6.3
			柱头	14.6.4
			额上壁	14.6.5
			若刷土黄者	14.6.6
			若刷土黄解墨缘道者	14.6.7
			凡丹粉刷饰	14.6b
		第7篇 杂间装 7条目	杂间装之制	14.7a
			五彩间碾玉装	14.7.1
			碾玉间画松文装	14.7.2
			青绿三晕棱间及碾玉间画松文装	14.7.3
			画松文间解绿赤白装	14.7.4
			画松文、卓柏间三晕棱间装	14.7.5
			凡杂间装	14.7b
		第8篇 炼桐油 1条目	炼桐油之制	14.8a
二十五	功限 1篇	第25篇 彩画作 15条目 子目若干	五彩间金	25.3.1
			描、画、装、染	25.3.1.1
			上颜色雕华版	25.3.1.2
			五彩遍装	25.3.2
			上粉、贴金、出褾	25.3.3
			青绿碾玉[红或抢金碾玉同。]	25.3.4

续表 1.2 《营造法式》彩画部分文字篇目统计

卷次	部类	篇目	条目和子目(按"卷次·篇目·条目·子目"编号)
二十五	功限 1篇	第25篇 彩画作 15条目 子目若干	青绿间红三晕棱间 …… 25.3.5 青绿二晕棱间 …… 25.3.6 解绿画松青绿缘道 …… 25.3.7 解绿赤白 …… 25.3.8 丹粉赤白 …… 25.3.9 刷土黄白缘道 …… 25.3.10 土朱刷 …… 25.3.11 合朱刷 …… 25.3.12 　格子 …… 25.3.12.1 　平闇、软门、版壁之类 …… 25.3.12.2 　槏面钩阑 …… 25.3.12.3 　叉子 …… 25.3.12.4 　棵笼子 …… 25.3.12.5 　乌头绰楔门 …… 25.3.12.6 抹合绿窗 …… 25.3.13 华表柱并装染柱头鹤子、日月版 …… 25.3.14 　刷土朱通造 …… 25.3.14.1 　绿筍通造 …… 25.3.14.2 用桐油 …… 25.3.15
二十七	料例 1篇	第2篇 彩画作 23条目 * 子目若干 子目下又有子目	应刷染木植 …… 27.2.1 　定粉 …… 27.2.1.1 　墨煤 …… 27.2.1.2 　土朱 …… 27.2.1.3 　白土 …… 27.2.1.4 　土黄 …… 27.2.1.5 　黄丹 …… 27.2.1.6 　雌黄 …… 27.2.1.7 　合青华 …… 27.2.1.8 　合深青 …… 27.2.1.9 　合朱 …… 27.2.1.10 　生大青 …… 27.2.1.11 　生二绿 …… 27.2.1.12 　常使紫粉 …… 27.2.1.13 　藤黄 …… 27.2.1.14 　槐华 …… 27.2.1.15 　中绵胭脂 …… 27.2.1.16 　描画细墨 …… 27.2.1.17 　熟桐油 …… 27.2.1.18 应合和颜色 …… 27.2.2 　合色 …… 27.2.2.1 　　绿华 …… 27.2.2.1.1 　　朱 …… 27.2.2.1.2 　　绿 …… 27.2.2.1.3 　　红粉 …… 27.2.2.1.4 　　紫檀 …… 27.2.2.1.5 　草色 …… 27.2.2.2 　　绿华 …… 27.2.2.2.1 　　深绿 …… 27.2.2.2.2 　　绿 …… 27.2.2.2.3

* 关于条目数的统计法,有一定争议。按数字标注的条目层级为本书著者根据文字逻辑关系所编,而根据原文体例(按顶格段落为一条目),条目数则为 23 条。具体条目数的取法,有待核对《营造法式》全书的条目与《看详》中的数目再确定。

卷次	部类	篇目	条目和子目(按"卷次·篇目·条目·子目"编号)
二十七	料例 1篇	第2篇　彩画作 23条目 子目若干 子目下又有子目	红粉 …………………………… 27.2.2.2.4 衬金粉 ………………………… 27.2.2.2.5 应使金箔 ……………………… 27.2.3 应煎合桐油 …………………… 27.2.4 应使桐油 ……………………… 27.2.5
二十八	料例 2篇 部分	第2篇 诸作用胶料例 1条目 子目若干 子目下又 有子目	彩画作 ………………………… 28.2.4 　应使颜色 …………………… 28.2.4.1 　　土朱 　　黄丹 　　墨煤 　　雌黄 　　石灰 　　合色 　　朱 　　绿 　　绿华 　　红粉 　　紫檀 　　草色 　　绿 　　深绿 　　绿华 　　红粉 　　衬金粉 　煎合桐油 …………………… 28.2.4.2
		第3篇　诸作等第 1条目	彩画作 ………………………… 28.3.1.7
文字 总计	13篇	94条目	

表 1.3　《营造法式》彩画作部分图样篇目统计

卷次	部类	篇目	图名
三十三	图样 10篇	五彩杂华第一 23幅	海石榴华　宝牙华　太平华 宝相华　莲荷华　牡丹华 海石榴华　[枝条卷成]　海石榴华　[铺地卷成] 牡丹华　[写生] 莲荷华　[写生]　团科宝照　团科柿蒂 方胜合罗　圈头盒子　豹脚合晕 梭身合晕　连珠合晕　偏晕 玛瑙地　玻璃地　鱼鳞旗脚 圈头柿蒂　胡玛瑙
		五彩琐文第二 24幅	琐子 联环　密环　叠环 簟文　金铤　银铤 方环　罗地龟纹　六出龟纹 交脚龟纹　四出　六出 曲水 万字　四斗底　双钥匙头　丁字　单钥匙头 王字　王字　王字　天字　香印
		飞仙及飞走等第三 30幅	飞仙　嫔伽　共命鸟 飞仙　嫔伽　共命鸟

卷次	部类	篇目	图名
三十三	图样 10篇	飞仙及飞走等第三 30幅	凤凰　鸾　　孔雀 仙鹤　鹦鹉　山鹧 练鹊　锦鸡　鸂鶒 鸳鸯　鹅　　华鸭 狮子　麒麟　狻猊 獬豸　天马　海马 仙鹿　羱羊　山羊 象　　犀牛　熊
		骑跨仙真第四 14幅	金童 真人　女真　玉女 拂菻　獠蛮　化生(各2图)
		五彩额柱第五 12幅	豹脚　合蝉燕尾　叠晕 单卷如意头　剑环　云头 三卷如意头　簇三　牙脚 海石榴华内间六入圜华科　宝牙华内间柿蒂科　枝条卷成 海石榴华内间四入圜华科 (关于阑额彩画"制度"文字笼统作"三瓣或两瓣如意头角叶",而关于柱身彩画,"制度"则有更详细的规定)
		五彩平棊第六 4幅	图名无文字标注("制度"文字未提及)
		碾玉杂华第七 18幅	与"五彩杂华"略同,唯无写生华(2种)、豹脚合晕、偏晕、玻璃地、鱼鳞旗脚,外增龙牙蕙草1种 (此异处与"制度"文字完全吻合)
		碾玉琐文第八 12幅	与"五彩琐文"略同,"密环"更名为"玛瑙",无琐子,亦无曲水、万字、香印等 ("制度"文字仅言"无琐子",与图样不合)
		碾玉额柱第九 12幅	与"五彩额柱"全同
		碾玉平棊第十 4幅	与"五彩平棊"大致相同
三十四	图样 8篇	五彩遍装名件第十一 28幅	五彩遍装 五铺作枓栱 四铺作枓栱 梁椽、飞子(6图) 五彩装净地锦 五铺作枓栱 四铺作枓栱 梁椽、飞子(6图) 五彩装栱眼壁 重栱内(6图) 单栱内(6图)
		碾玉装名件第十二 12幅	碾玉装 五铺作枓栱 四铺作枓栱 梁椽、飞子(6图) 碾玉装栱眼壁 重栱内(2图) 单栱内(2图)
		青绿叠晕棱间装名件 第十三 16幅	青绿叠晕棱间装 五铺作枓栱 四铺作枓栱

续表 1.3 《营造法式》彩画作部分图样篇目统计

卷次	部类	篇目	图名
三十四	图样 8篇	青绿叠晕棱间装名件 第十三 16幅	梁椽、飞子(6图) 青绿叠晕三晕棱间装 五铺作枓栱 四铺作枓栱 梁椽、飞子(6图)
		三晕带红棱间装名件 第十四 8幅	三晕带红棱间装 五铺作枓栱 四铺作枓栱 梁椽、飞子(6图)
		两晕棱间内画松文装 名件第十五 8幅	两晕棱间内画松文装 五铺作枓栱 四铺作枓栱 梁椽、飞子(6图)
		解绿结华装名件第十 六[解绿装附] 24幅	解绿结华装 五铺作枓栱 四铺作枓栱 梁椽、飞子(6图) 解绿装 五铺作枓栱 四铺作枓栱 梁椽、飞子(6图) 栱眼壁内画单枝条华 重栱内(2图) 单栱内(2图) 青绿叠晕棱间装栱眼壁内影作 重栱内 单栱内 解绿结华装栱眼壁内影作 重栱内 单栱内
		丹粉刷饰名件第一 8幅	丹粉刷饰 五铺作枓栱 四铺作枓栱 梁椽、飞子(6图)
		黄土刷饰名件第二 16幅	黄土刷饰 五铺作枓栱 四铺作枓栱 梁椽、飞子(6图) 黄土刷饰黑缘道 五铺作枓栱 四铺作枓栱 梁椽、飞子(6图)
图样 总计	18篇	273幅	

通过以上条目的统计,并与"四库本"互校,我们可以发现各本《营造法式》彩画作部分的一些疑点:

例如"功限"部分的"五彩间金"及以下条目,"陶本""五彩间金"顶格排印,其余条目退一格,似乎其他条目都是"五彩间金"的具体说明，显然说不通；而"四库本""五彩间金"和"五彩遍装"等退一格，"描画装染"和"上颜色雕华版"退二格，似乎"描画装染"和"上颜色雕华版"是从属于"五彩间金"的做法，但是这两条似乎又和"五彩间金"并没有必然联系，反而是"五彩遍装"后面的"上粉、贴金、出褫"与"五彩间金"有着较密切的关系。究竟是语序的错误，还是"五彩间金"的后面脱漏了若干条目，待考。总之，"五彩间金"应该是一门独立的制度，其形制比"五彩遍装"更高，"制度"中却没有提及。

1.3.2　《营造法式》的惯用语和术语

《营造法式》不但有严密而多层次的篇章条目结构，其行文还存在严格的用语惯例，涉及有限的几种惯用语，试将彩画作部分常见的惯用语统计如下：

"……之制"的语句(共 8 处)，都属于总述性的条目，概述各类做法的步骤，位于彩画作制度 8 篇的篇首；"大木作"、"小木作"等工种常用"造……之制"，而"彩画作"不用"造"字。

"……之法"的语句(共 4 处)，属于分述性的条目，位于"总制度"一篇的各条。

"凡……"的语句(共 8 处)，其中 6 处为总结性的条目，介绍各类彩画在建筑中的使用和搭配方法，另外"凡……"的句式在正文和小注中多次出现(共 16 处)，皆在不同程度上表达了总结或定义的意图，意为"所有、凡是"，例如"凡色之极细而淡者皆谓之华"("总制度·调色之法")。

"应……"的语句(共 6 处)，亦属于总述性的条目，位于"料例"及"用胶料例"的各条。"应"在此处意为"应承、接受"。

"以……为法"的语句(共 1 处)，一般用在涉及数字和比例的地方，指以某种做法的尺寸为准则；"以……为率"、"以……为则"也是同样的意思。这样的语句在"大木作"和"小木作"中使用较多，在"彩画作"中使用较少。

以上是对《营造法式》彩画作部分惯用语的粗略分析，实际上在《营造法式》中这类用语还可以找到一些，例如"准此"、"准折计之"、"比类增减"等等，上面只是列出"彩画作"部分最为常用的几种。

《营造法式》的术语是一个庞大得多的体系，仅论彩画作部分，即可找到术语百余条，这些术语又可分为基本概念、彩画制度、彩画工艺、彩画色彩和彩画纹样几种，另外还出现了一些与大木作、小木作有关，而大、小木作又未曾提及的术语，例如"大额"、"小额"、"额上壁"等，可以和大木作、小木作互为补充。

《营造法式》的术语，虽已经过规范化的努力，然而仍然存在一定的模糊性。

例如在《营造法式》通篇的表述中，常用"个别"代表"普遍"[1]。例如在"彩画作"部分，常常只介绍某几种构件的做法，其他构件则依此类推；在"大木作"部分，也是先介绍典型的做法，其他做法则"比类增减"。

---

[1] 吴梅的论文也提到了这一点。参见：吴梅.《营造法式》彩画作制度研究和北宋建筑彩画考察：[博士学位论文]. 南京：东南大学，2004：27

另外,彩画作部分,没有"诸作异名"一节,因此同物异名、同名异物的情况时有出现。大部分的纹样或色彩,仅仅出现一个名称或图样,没有任何文字解释。或许这些做法,已经为当时的工匠们所熟知,因此没有解释的必要,但对于后人来说,就需要结合大量的文献和实物对这些术语进行考释和辨析。

1.3.3 《营造法式》彩画图样格式分析

本书绪论通过《营造法式》各本图样优劣的比较,选定了最接近原貌的"故宫本"图样作为研究的主要依据。然而,即使是"故宫本",也经历了两次重刻和两次重抄,仍然存在很多走样和佚失之处。在复原《营造法式》图样的过程中,可以通过对图样本身前后的比较分析,找到其绘制的"基本格式"(图1.6);然后结合同时代的实例,探求其"图形语汇"(图1.7);最后在理解《营造法式》着色法则的基础上,对原图的颜色指向进行校正和明确化(图1.8),从而将现存模糊不清的图样逐一"转译"成直观、明确,并能反映《营造法式》彩画真实特征的图样。

考察故宫本《营造法式》的"五彩杂华"和"碾玉杂华"图样,可以发现,其文字标注虽然时常指向不明,或者自相矛盾,但是标注文字的内容及顺序,各本并无大的出入,证明标注文字的内容和顺序是比较可信的。结合"制度"规定,仔细考察标注文字的内容和顺序,可以发现,其中存在几个必备的要素,这些要素构成了《营造法式》图样的"基本格式":

一、"外棱叠晕"颜色标注:位于图样的右上角或左上角,一般会注出两个色阶,例如"大青、青华","大绿、绿华"。按照"缘道对晕"的规定,应该深色指向外侧,浅色指向内侧。图样中仅有"宝牙华"和"宝相华"清晰地符合这一规定,其余各图指向皆不明确,或自相矛盾,可视为传抄之误。

二、"华内剔地"及对晕颜色标注:位于"外棱叠晕"颜色标注的偏中一侧,一般会注出三个(五彩遍装)或两个(碾玉装)色阶。其中"宝相华"最为清晰,为"大青、二青、青华",且根据内深外浅的规律分别指向各条色晕,与"制度"中的"缘道对晕"规定完全吻合。其余各图指向均不甚明确,其中最为费解的是"海石榴华"、"太平华"和"牡丹华"的标注,为"朱、红粉、红粉"(各个版本都是如此)。如果按照"缘道对晕"的规定,似应内深外浅,作"深朱、二朱、红粉",如果仅仅标注两个色阶,则似乎没有必要将"红粉"重复一遍。这是否意味着地色既可为"朱",又可为"红粉"呢?兹将两种可能的地色作出彩图,供比较,可明显看出前者较鲜明,而后者较柔和①(图1.8:[2]-[3])。"宝相华"此处的标注为"大青、二绿、绿华"(四库本、丁本皆作"大青、绿、绿华"),也颇为费解:如果地色为大青,则这种对晕方式与"制度"不符。考虑在"宝相华"图样中,华内用绿的比例是五彩杂华6图中最小的,故地色为大绿的可能性较大,此处可视为"大绿、二绿、绿华"之误。

另外,"间装之法"所规定的"青地上华文……外棱用红叠晕",似乎与图样并不相符。在"图样"中,若"青地",则外棱往往用绿色,而未见有用红色者。

除了上述两种缘道标注,其余的标注均只注出色相,而不注色阶,例如"青"、"绿"、"红"、"赤

---

① 从晋祠圣母殿西立面栱眼壁彩画地色可以看出深浅不同的两种红色,或许可以作为这种做法的一个例证。

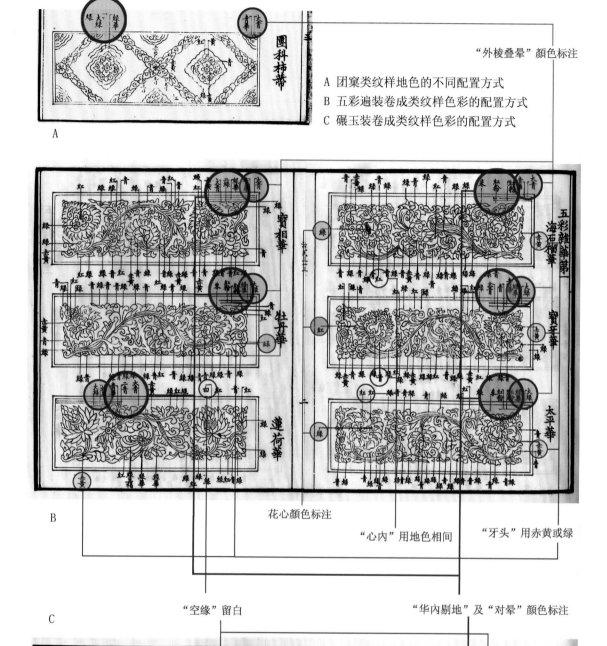

A　团窠类纹样地色的不同配置方式
B　五彩遍装卷成类纹样色彩的配置方式
C　碾玉装卷成类纹样色彩的配置方式

图 1.6　"故宫本"《营造法式》图样格式分析
（据"故宫本"《营造法式》卷 33，第 2、3、19 页）

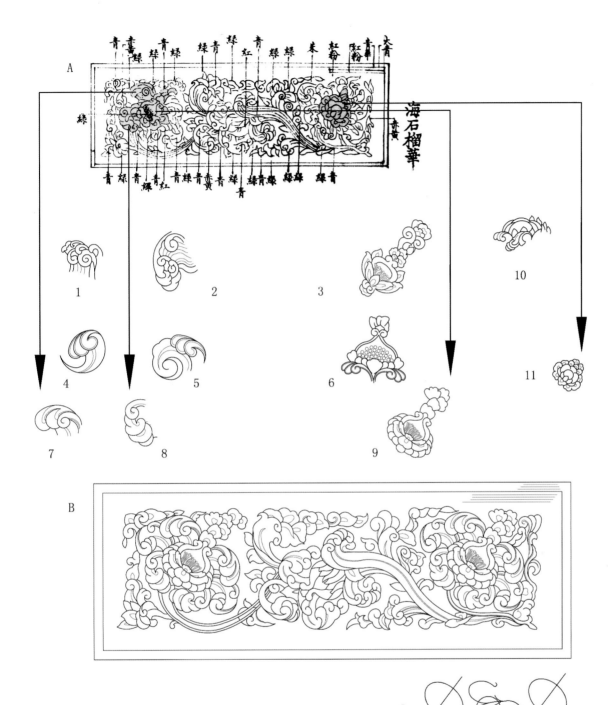

A《营造法式》图样(约1103年)五彩遍装海石榴华"故宫本"
B 经过"转译"的《营造法式》五彩遍装海石榴华图样
C《营造法式》图样骨架结构
1-3 北宋皇陵石刻:慈圣光献曹皇后陵(1080年)西列望柱线刻
4-6 中唐壁画:莫高窟201窟藻井边饰
7-9《营造法式》彩画:海石榴图形"转译"
10 初唐壁画:莫高窟第46窟边饰
11《营造法式》彩画:海石榴另一种花心图形的"转译"(此花心不具备"石榴"特征,暂剔除)

图1.7 "故宫本"《营造法式》图样的"图形语汇"分析示例

(据"故宫本"《营造法式》卷33,第2页)

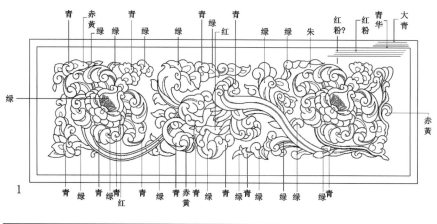

颜色指向推测

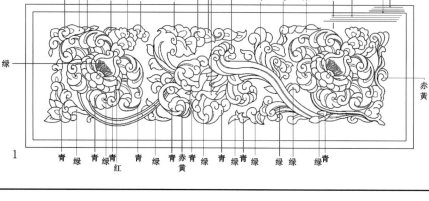

关于地色的推测

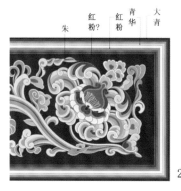

关于「牙头」用色的推测

1 颜色指向推测

2 关于地色的推测：地色用深朱

3 地色用红粉

4、5 关于「牙头」用色的推测：吴梅绘制的
"五彩牙头"设色图

6、7 "故宫本"图样中同一纹样的两种着色
方式

8、9 根据"故宫本"图样复原的色彩构成

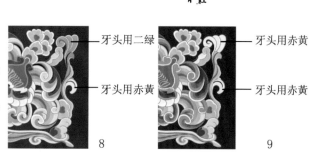

图1.8　《营造法式》五彩遍装海石榴华的颜色指向及着色方式的推测
（据"故宫本"《营造法式》卷33，第2页）

黄"。在"莲荷华"图样中,茎叶注"绿华"是唯一的例外,此图除了"绿华"以外,还出现了"绿豆褐"和"白"的标注,应与"莲荷"纹样独特的写生特征有关。

表1.4 "制度"和"图样"反映的用色方式比较表①

来源	地色	外棱用色	华内相间用色					心内用色	牙头用色	枝条用色	备注
			青	绿	红	赤黄	其他				
图样6		绿	2*	9	6	1	4		赤黄、绿		莲荷华图样
图样2		绿	5*	20	8	4	0		赤黄、绿		宝牙华图样
制度1	青	红	—	有	有	有	—	红	赤黄	二绿+绿华合粉罩+二绿、三绿节淡	间装之法:青地上华文
图样3		绿	15	21	3*	1	0	绿	赤黄、绿		太平华图样
图样5		绿	15	20	3*	1	0	赤黄、红	绿		牡丹华图样
图样1	朱	青	13	16	2*	3	0	绿	赤黄、绿		海石榴华图样
制度2		青或绿	有	有	有*	—	—	红	二绿	同制度1	间装之法:红地上华文
图样4		青	12	15*	8	5	0	绿、红	赤黄、绿		宝相华图样
制度3	绿	青、红、赤黄	有	—	有	有	—		赤黄	藤黄罩+丹华+薄矿水节淡	间装之法:绿地上华文
制度附	白		—	—	—	—	—			同制度1	间装之法:白地上单枝条

1.3.4 《营造法式》彩画"制度"和"图样"的互补

比较"制度"和"图样"中所反映的用色方式(参见表1.4"制度"和"图样"反映的用色方式比较表),我们可以发现其中诸多异处,但不应就此推断"制度"或"图样"之一有误,而是可以从"图样"中发现对"制度"的变通。这正体现了《营造法式》"千变万化,任其自然"的美学原则。

一、华内相间用色:据"间装之法"的规定,地色不作为华内的主色,而仅仅在"心内"相间使用,青地和红地的华文图样与地色相同的标注明显减少,符合这一规定,但绿色的标注在所有的华文图样中都是最多的,包括绿地的"宝相华"在内,说明"制度"中的"绿地上华文,以赤黄、红、青相间",在图样中进行了变通。这显然是由于在卷成华文中追求叶片的写生效果,所以茎叶以绿为主,青色次之。再由"料例·彩画作"可知,一尺见方的木构件表面需用朱红四钱、深朱红五钱、大青七钱、二绿六钱。虽然不同的颜色的着色效率可能不同,但是从这个数字看来,三种颜色的比例没有大的差距。由此也可以解释,为何青、绿在图样中最常用来作为"华内相间"的颜色,而红色在图样中最常用来作为"地色"②。

二、心内用色:在"间装之法"中,仅仅提到"红地上华文"的心内用色,"心内以红相间"。说明"间装"的原则是:地色不作为华内用色的主色,但是可以在"心内",也就是和地色不直接相邻的

---

① 根据《营造法式》"五彩杂华图样",及"五彩遍装·间装之法"整理。* 代表与地色相同的颜色;—代表制度文字未述及。

② 在唐宋时期的实例中也大体如此。红地华文,我们可以举出山西晋祠圣母殿西立面棋眼壁,南唐二陵柱额彩画,高平开化寺壁画边饰,敦煌莫高窟盛唐217窟藻井边饰、中唐201窟藻井边饰、晚唐196窟边饰、五代98窟、55窟、146窟边饰,等等;青地上华文少一些,但亦可以找到敦煌莫高窟初唐321窟、322窟边饰,盛唐171窟边饰,元代永乐宫纯阳殿梁栿彩画等;而绿地上华文,我们仅能勉强找出敦煌唐代194窟彩塑的服饰纹样。

地方使用。这一点在图样中有所反映,但也有所变通,譬如在红地的"海石榴华"、"太平华"和"牡丹花"的图样中,花心除了红色以外,明显也使用了绿色和赤黄。从五彩杂华图样的格式看来,除"莲荷华"(不见花心)以外的各图,在左边的中央均有一个颜色标注指向花心,从它位置上的独特性和重要性看来,很可能都是标出最内层花心的颜色。

三、"牙头"用色:在"间装之法"中有一条小注:"其牙头,青、绿地用赤黄牙,朱地以二绿。"从这个原则使用的普遍性看来,"牙头"不是专指小木作中的"牙头",而是指装饰纹样中的某种构图元素。在"间装之法"中专门提到这一点,可见这种用色方法对于增加画面层次、加强装饰效果有着重要的作用。

在吴梅的研究中,认为"牙头"就是"花芽",并对两种"牙头"用色的方式进行了设想和复原(图1.7:[4]-[5])①,此设想值得商榷。从"朱地二绿牙"的效果图中可以看出,红地华文的叶片本来就以青绿为主,"二绿"的"花芽"包藏在叶片之中,起不到增加画面层次的效果。可见"牙头"只有和地色直接相邻,才能达到鲜明的效果。由此,"牙头"应该理解为枝叶尖部的芽苞,不一定理解为花芽,也可能是叶芽。

根据故宫本卷33第2页的"海石榴华"和第3页的"海石榴华(枝条卷成)"同一种纹样的两种着色方式,可以作出红地和青地两种"牙头"用色方式的推测,同时也可以发现,红地上的牙头不仅用二绿,也有用赤黄者。赤黄的颜色,在深朱地色上还是相当鲜明的(图1.7:[8]-[9])。

四、枝条用色:在"间装之法"的小注中还详尽地介绍了枝条的着色方法:"若枝条,绿地用藤黄汁罩,以丹华或薄矿水节淡;青、红地如白地上单枝条,用二绿,随墨以绿华合粉罩,以三绿、二绿节淡。"从图样的标注中,是找不到"藤黄"、"丹华"等颜色的,可见枝条的用色基本不在图样上标出,默认按照"间装之法"所介绍的作法。

① 吴梅.《营造法式》彩画作制度研究和北宋建筑彩画考察:[博士学位论文]. 南京:东南大学,2004:37,图2-2-12

第二章 《营造法式》彩画作相关部分点校

凡 例

本部分着重《营造法式》原文的校证、断句,及少数一些非术语类词汇的解释,而书中大量专用概念及术语的解释、评述与阐发,则详见第三章。

本部分的《营造法式》原文文字及标点,以"梁本"为母本,参照"陶本"、"四库本"、"刘敦桢'故宫本'、'丁本'校注"、"傅熹年校注"最终确定,各本相异处,及梁、刘、傅各家校注,及本书取舍之理由,均录于脚注中。考虑查对古籍原本的便利,本书按照"[卷号.篇目.条目.子目]"的格式,在各条文字末尾注出其在《营造法式》原书中的位置,并用繁体字编排。

校注所引各本及各家注释,简写如下:

故宫本——1932 年发现于故宫殿本书库之钱曾藏本,17 世纪。
四库本——文渊阁四库全书本(见:史部·政书类·考工之属),1781 年。
丁本——1919 年由朱启钤发现于江南图书馆,不久后由商务印书馆影印,即为"石印本"。
陶本——武进陶氏仿宋刻本 34 卷,传经书社,1925 年。
梁本——梁思成,《营造法式》注释(见:梁思成全集(第 7 卷).北京:中国建筑工业出版社,2001)。
刘敦桢校注——傅熹年先生转抄刘敦桢先生校注,未刊稿。
傅注——傅熹年先生所作批注,未刊稿。

2.1 彩畫作總釋:營造法式卷第二·總釋下·彩畫

"彩畫作總釋",參見"梁本",第40頁;"四庫本",卷2,第14~15頁;"陶本",第1冊,卷2,第10頁。

《周官》①:以猷鬼神祇②。[猷,謂圖畫也。] [2.22.1]

《世本》③:史皇作圖。[宋衷曰:史皇,黃帝臣。圖,謂圖畫形象也。]④ [2.22.2]

《爾雅》⑤:猷,圖也。畫,形也。⑥ [2.22.3]

《西京賦》⑦:綉栭雲楣,鏤檻文㮰。[五臣曰:畫爲綉雲之飾。㮰,連檐也。皆飾爲文彩。]故其舘室次舍,彩飾纖縟,裹以藻綉,文以朱緑。[舘室之上,纏飾藻綉朱緑之文。]⑧ [2.22.4]

《吳都賦》⑨:靑瑣丹楹,圖以雲氣,畫以仙靈。[靑瑣,畫爲瑣文,染以靑色,及畫雲氣、神仙、靈奇之物。]⑩ [2.22.5]

---

① 《周官》是《周禮》的別稱,乃記述西周政治制度之書,傳說爲周公所作,實則出於戰國。[晉]郭璞《爾雅注》同引此句,但未見於目前流傳的《周禮》原文。《周禮·春官》中有"以猶鬼神,示之居,辨其名物"(據《周禮注疏》,十三經注疏本,卷27),與本書略有差異。
② [校注]"祇","陶本"作"祇","梁本"作"祇"。
   [按]"祇"音[qí],本義"土地之神",見《尸子》:"天神曰靈,地神曰祇","神祇"意爲"天神和地神"。"祇"音[zhī],本義"恭敬",見《廣雅》:"祇,祇敬也。"按文意,取陶本。
③ 《世本》爲戰國時期史官所撰,是中國歷史上最早的一本姓氏譜牒學經典。
④ [校注] 按現在流傳的《世本》原文,與本書略有出入:"史皇作圖。宋衷曰:史皇,黃帝臣也。圖,謂畫物象也。"(《世本》叢書集成本,卷1,第8頁。[漢]宋衷 注,[清]張澍梓 集補注,商務印書館,1937年)另據張澍梓的考證,史皇有可能就是蒼頡。
⑤ 《爾雅》是我國最早的訓解詞義專著,也是最早的名物百科辭典。歷代釋家多以周公所著,或言孔子增訂。實當由漢初學者綴輯周漢諸書舊文遞相增益而成。
⑥ [校注] "梁本"斷句作"猷,圖也,畫形也。"其中"畫形也"被理解爲對"猷"的進一步解釋。但據《爾雅》的原文,"猷"和"畫"是作爲兩個概念分別解釋的:"猷,圖也。[注:《周官》曰:以猷鬼神祇,謂圖畫。]猷,若也。[注:《詩》曰:寔命不猷。]…… 畫,形也。[注:畫者爲形像。]"(《爾雅注疏》,十三經注疏本,卷2。)據此,調整標點如上。
⑦ [校注] 各本作"西都賦","梁本"改爲"西京賦"。據《文選》的原文,這段話出自《西京賦》而非《西都賦》。(據高步瀛:《文選李注義疏》,北京:中華書局,1985年,第281頁。《西都賦》作者班固,西都指漢長安。《西京賦》作者張衡,西京亦指漢長安,仿班固《兩都賦》所作。)
⑧ [校注] 按現在流傳的《西京賦》原文,與本書略有出入:"雕楹玉碣,綉栭雲楣。三階重軒,鏤檻文㮰。[(呂延)濟曰:㮰,柱也。栭,㮰也。雕,刻也。綉,畫爲綉文。雲,畫雲飾之。殿有三階軒檻欄也。㮰,連檐也,言皆飾爲文彩。]……故其舘室次舍,采飾纖縟,裹以藻綉,文以朱緑。[(張)銑曰:言爲舘室,室次爲舍息之處。纖,細。縟,繁也。謂舘室之上纏飾藻綉朱緑之文。]"(高步瀛:《文選李注義疏》,第280~301頁。)
⑨ 《吳都賦》,作者左思,西晉人,"吳都"指三國時期吳國都城,今蘇州。
⑩ [校注] 按現在流傳的《吳都賦》原文,與本書略有出入:"雕欒鏤楶,靑瑣丹楹。圖以雲氣,畫以僊靈。[(呂延)濟曰:欒,栱也。楶,枓也。皆雕鏤其上。靑瑣,門、蔥、欒爲瑣文,染以靑色。楹,柱也。塗以赤色。故曰丹楹。(李周)翰曰:言於殿內畫作雲氣,彩圖神僊靈奇之物。]"(高步瀛:《文選李注義疏》,第1137頁。)

謝赫《畫品》①:夫圖者,畫之權輿②;繢者,畫之末迹③,總而名之爲畫。倉頡造文字,其體有六:一曰鳥書,書端象鳥頭,此即圖畫之類,尚標書稱,未受畫名。逮史皇作圖,猶略體物;有虞④作繢,始備象形。今畫之法,蓋興於重華⑤之世也。窮神測幽,於用甚博。[今以施之於縑素之類者,謂之畫;布彩於梁棟枓栱或素象什物之類者,俗謂之裝鑾⑥,以粉、朱、丹三色爲屋宇門窗之飾者,謂之刷染。]^[2.22.6]

2.2 彩畫作制度:營造法式卷第十四·彩畫作制度

"彩畫作制度",參見"梁本",第265~272頁;"四庫本",卷14;"陶本",第3冊,卷14。

總制度^[14.1]

彩畫之制:先遍⑦襯地。次以草色和粉,分襯所畫之物。其襯色上方布細色,或疊暈⑧,或分間剔填。應用五彩裝及疊暈碾玉裝者,並以赭筆描畫。淺色之外,並旁⑨描道,量留粉暈。其余並以墨筆描畫。淺色之外,並用粉筆蓋壓墨道。^[14.1a]

襯地之法:^[14.1.1]
凡枓栱梁柱及畫壁,皆先以膠水遍刷。[其貼金地以鰾膠水。]^[14.1.1.1]

貼眞金地:候鰾膠水乾,刷白鉛粉,候乾又刷,凡五遍。次又刷土朱鉛粉,[同上。]亦五遍。[上用熟薄膠水貼金,以綿按,令著實⑩。候乾,以玉或瑪瑙或生狗牙斫⑪令光。]^[14.1.1.2]

五彩地:[其碾玉裝若用青綠疊暈者同。]候膠水乾,先以白土遍刷。候乾,又以鉛粉刷之。^[14.1.1.3]

---

① 謝赫,南齊人,其《畫品》沒有流傳。北宋官方書目《崇文總目》卷6記有《畫品錄》一卷,南宋書目《郡齋讀書志》後志卷2記有《古畫品錄》一卷。謝赫的《古畫品錄》流傳至今,但是今本(四庫本)中沒有這段話。以李誡的廣博見聞和嚴謹學風,其引文當有所據,則《畫品》和《古畫品錄》是否同一本書,如果確係同書,則古本與今本有何不同,尚待進一步的考據研究。

② "權輿",指"草木萌生"或"起始"。見《大戴禮記·誥志》:"於孟春……百草權輿";[魏]曹丕《登城賦》:"孟春之月,惟歲權輿。"

③ "繢",音[huì],同"繪"。

④ 有虞,舜帝的別稱。

⑤ 重華,亦為舜帝的別稱。

⑥ 鑾,音[luán]。

⑦ [校注]"遍","陶本"、"梁本"作"徧",據"四庫本"改,下同。

⑧ [校注]此句標點,"梁本"作"其襯色上,方布細色或疊暈",則"方布"應有"正交分佈"之意,似與法式原意不符;另外從原文看來,"疊暈"應與"分間剔填"並列為"佈細色"的方法,因此調整標點如上。

⑨ "旁",通"傍"。同樣的用法,見於[14.3.2]"碾玉裝·卷成華葉及瑣文"一條:"並旁赭筆量留粉道"。

⑩ [校注]"實","陶本"、"梁本"作"宲",據"四庫本"改。

⑪ [校注]"斫","陶本"、"梁本"作"斫","四庫本"作"斫"。
[按]斫,音[zhuó],指用刀、斧等砍劈,如《通鑑紀事本末》:"(孫權)因拔刀斫前奏案"。
斫,音[yà],指碾磨物體,使之緊密光亮,如[唐]薛昭蘊,《醉公子》:"光斫吳綾韈"。([後蜀]趙崇祚 編:《花間集》,四庫本,卷3,第10頁。)在《營造法式》卷15"窯作制度·青掍瓦"條亦有類似用法:"候乾,次以洛河石掍**斫**,次摻滑石末令匀。[用茶土掍者,准先摻茶土,次以石掍**斫**。]"
由上,從"四庫本"。

碾玉裝或靑綠棱間者：[刷雌黄合綠者同。]候膠水乾，用靑澱和荼土^①刷之。[每三分中，一分靑澱，二分荼土。]^[14.1.1.4]

沙泥畫壁^②：亦候膠水乾，以好白土^③縱橫刷之。[先立刷，候乾，次橫刷，各一遍。]^[14.1.1.5]

調色之法：^[14.1.2]

白土[荼土同。]：先揀擇令淨，用薄膠湯[凡下雲用湯者同。其稱熱湯者非。后同。]浸少時，候化盡，淘出細華[凡色之極細而淡者皆謂之華，后同。]入別器中，澄定，傾去清水，量度再入膠水用之。^[14.1.2.1]

鉛粉：先研令極細，用稍濃膠水^④和成劑，[如貼眞金地，並以鰾膠水和之。]再以熱湯浸少時，候稍溫，傾去，再用湯研化，令稀稠得所用之。^[14.1.2.2]

代赭石[土朱。土黄同。^⑤如塊小者不搗。]：先搗令極細，次研，以湯淘取華，次取細者，及澄去砂石麓腳不用。^[14.1.2.3]

藤黄：量度所用研細，以熱湯化，淘去砂腳，不得用膠。[籠罩粉地用之。]^[14.1.2.4]

紫^⑥礦：先擘開，摑去心內綿無色者，次將面上色深者以熱湯拈取汁，入少湯用之。若於華心內斡淡或朱地內壓深用者，熬令色深淺得所用之。^[14.1.2.5]

朱紅[黄丹同。]：以膠水調令稀稠得所用之。[其黄丹用之多澀燥者，調時入生油一點。]^[14.1.2.6]

螺靑[紫粉同。]：先研令細，以湯調取清用。[螺靑澄去淺腳充合碧粉用，紫粉淺腳充合朱^⑦用。]^[14.1.2.7]

雌黄：先搗，次研，皆要極細。用熱湯淘細華^⑧於別器中，澄去清水，方入膠水用之。[其淘澄下麓者，再研，再淘細華，方可用。]忌鉛粉、黄丹地上用。惡石灰及油，不得相近。[亦不可施之於縑素^⑨。]^[14.1.2.8]

襯色之法：^[14.1.3]

靑：以螺靑合鉛粉爲地。[鉛粉二分，螺靑一分。]^[14.1.3.1]

綠：以槐華汁合螺靑、鉛粉爲地。[粉、靑^⑩同上。用槐華一錢熬汁。]^[14.1.3.2]

紅：以紫粉合黄丹爲地。[或只以^⑪黄丹。]^[14.1.3.3]

---

① [校注]"荼土"，"四庫本"各處作"茶土"。
② 在"泥作制度"中，專有"畫壁"一條，詳細描述了"襯地"之前抹墼牆壁的作法。見"梁本"第261頁。然而畫壁的"襯地"又被歸入"彩畫作"。這說明，在建築施工中，畫壁襯地的工作，由於在材料和技術與彩畫襯地相近，所以是由"彩畫作"來完成的，然而襯地以後的工作，就是畫工的事，不在《營造法式》的記述之列了。
③ "好白土"中"好"的用法，還見於"五彩遍裝·疊暈之法"條："量宜入**好墨**數點及膠少許用之"，可能指"經過精製的"。
④ [校注]"梁本"、"陶本"脫"膠"字，據"四庫本"補。
⑤ [校注]"梁本"作"土朱、土黄同"，由文意看來，"土朱"應該和"代赭石"屬於"同物異名"，而"土黄"則是處理方法與"代赭石"相同，因此修改標點如上。
⑥ [校注]"紫"，"四庫本"作"綿"，誤。
⑦ [校注]"合朱"，"四庫本"作"令朱"，誤。
⑧ [校注]"陶本"作"細華"。"梁本"作"細筆"，誤。
⑨ "縑"指雙絲織成的細絹，"素"指本色生絹，"縑素"合指用於書畫的白絹。"亦不可施之於縑素"，指雌黄不可用於絹本上作畫。雌黄不可施之縑素，可能由於其不能與繪畫常用的鉛粉合用，且化學性質不穩定。
⑩ [校注]"梁本"作"粉青"，標點有誤。據上文，應為"粉、靑"，分別指前文提到的"鉛粉"和"螺靑"。
⑪ [校注]"以"，"梁本"作"用"，[徐伯安注1]："陶本"為"以"字，誤。
　　[按]"陶本"、"四庫本"均作"以"，與前文"以紫粉合黄丹"相對照，似更妥當，取"陶本"。

取石色之法：[14.1.2]

生青[層青同。]、**石綠**、**朱砂**：並各先搗，令略細，[若浮淘青，但研令細。]用湯淘出向上土、石、惡水，不用，收取近下水內淺色，[入別器中。]然后研令極細，以湯淘澄，分色輕重，各入別器中。先取水內色淡者，謂之青華；[石綠謂之綠華，朱砂者謂之朱華。]次色稍深者，謂之三青；[石綠謂之三綠，朱砂謂之三朱。]又色漸深者，謂之二青；[石綠謂之二綠，朱砂謂之二朱。]其下色最重者，謂之大青。[石綠謂之大綠，朱砂謂之深朱。]澄定，傾去清水，候乾收之。如用時，量度入膠水用之。[五色之中，唯青、綠、紅三色爲主，余色隔間品合而已。其爲用亦各不同，且如用青，自大青至青華，外暈用白，朱、綠同。大青之內，用墨或礦汁壓深。此只①可以施之於裝飾等用，但取其輪奐②鮮麗，如組③綉華錦之文爾。至於④窮⑤要妙奪生意，則謂之畫。其用色之制，隨其所寫，或淺或深，或輕或重，千變萬化，任其自然，雖不可以立言，其色之所相亦不出於此。唯不用大青、大綠、深朱、雌黃、白土之類。][14.1.2.1]

五彩遍裝[14.2]

五彩遍裝之制：梁栱之類，外棱四周皆留緣⑥道，用青綠或朱疊暈，[梁栱之類緣⑦道，其廣二分⑧。枓栱之類，其廣一分。]內施五彩諸華間雜，用朱或青、綠剔地，外留空緣，與外緣道對暈。[其空緣之廣，減外緣道三分之一。][14.2a]

華文有九品：一曰海石榴華。[寶牙華、太平華之類同。]二曰寶相華。[牡丹華之類同。]三曰蓮荷華。[以上宜於梁、額、橑檐方、椽、柱、枓、栱、材、昂、栱眼壁及白版⑨內。凡名件之上，皆可通用。其海石榴，若華葉肥大不見枝條者，謂之鋪地卷成；如華葉肥大而微露枝條者，謂之枝條卷成；並亦通用。其牡丹華及蓮荷華或作寫生畫者，施之於梁、額或栱眼壁內。]四曰**團科**⑩寶照。[團科柿蒂⑪、方勝合羅之類同。以上宜於方、桁、枓、栱內，飛子面相間用之。]五曰圈頭合子。六曰豹腳合暈。[梭身合暈、連珠合暈、偏暈之類同。以上宜於方桁內、飛子及大小連檐相間用之。]七曰瑪瑙地。[玻璃地之類同。以上宜於方、桁、枓內相間用之。]

---

① [校注] 只，"四庫本"作"祇"，誤。
② "輪奐"，見於《禮記·檀弓下》："美哉輪焉，美哉奐焉。"漢鄭氏注云："輪，言高大。奐，言衆多。"後世常用"輪奐"形容高大華美。
③ "組"，本義為"具有文采的寬絲帶"，見《說文》："組，綬屬。其小者以為冕纓。"
④ "至於"，轉折連詞，此後的 66 字論述繪畫的美學原則，重點討論色彩原則。
⑤ "窮"，意為"極力查究"，見《漢書·張湯傳》："治淮南、衡山、江都反獄，皆窮根本。"
⑥ [校注] "緣"，"四庫本"作"緣"，下同。
⑦ [校注] "緣"，"丁本"作"綠"，誤。
⑧ "分"可能有兩種含義，一種意思是總長的十分之一，另一種意思是指"材分"之"分"（"梁本"注 11 從第二種）。第一種用於這裡，則緣道顯然太寬了，從圖樣和實例看來，第二種解釋比較接近。
⑨ "白版"，"大木作制度"和"小木作制度"未作解釋，只注明此構件的長度和連檐、飛檐等構件相同。潘谷西《〈營造法式〉解讀》將其注爲"屋面板"，指擱於椽飛之上的望板（第 248 頁）。此說合理地解釋了"白版"與連檐的關係，可取。
"梁本"注 16、17 試圖解釋"白地"、"白版"的"白"，认为其"不是白色之義，而是'不畫花紋'之義"。此說似可商榷。首先，在《營造法式》"五彩遍裝·華文九品"一條已經提到，海石榴等華文可以用於"白版"，可見"白版"並非不畫花紋。相對於格子門、平棊等用的"華版"、"華盤"而言，"白版"的"白"，應指不作雕刻之意。
⑩ [校注] "四庫本"、"陶本"作"團科"，"梁本"將所有的"團科"改爲"團窠"。"團窠"一詞，見於《唐會要》和《宋史》，含義與《營造法式》的"團科"大致相同，但"團科"一詞在其他宋朝文獻中亦有出現，可能為"團窠"的異體。例如：[宋] 劉道醇，《宋朝名畫評》卷 2："召令彩畫列壁外，有玉皇尊像猶未裝飾。時畫院僚屬，爭先創意，至於**團科**斜枝，莫不詳盡……"據此，保留原來的"團科"不變。
⑪ [校注] "蒂"，"四庫本"作"蒂"。

八曰魚鱗旗腳。[宜於梁、栱下相間用之。]九曰圈頭柿蒂。[胡瑪瑙之類同。以上宜於枓內相間用之。]^[14.2.1]

瑣文有六品：一曰瑣子。[聯環瑣、瑪瑙瑣、迭環之類同。]二曰簟文①。[金鋌文②、銀鋌③、方環之類同。]三曰羅地龜文。[六出龜文、交腳龜文之類同。]四曰四出。[六出之類同。以上宜於④櫺檐方、槫、柱頭及枓內。其四出、六出亦宜於栱頭、椽頭、方桁相間用之。]五曰劍環。[宜於枓內相間用之。]六曰曲水。[或作王字及萬字，或作斗底及鑰匙頭，宜於普拍方內外用之。]^[14.2.2]

凡華文施之於梁、額、柱者，或間以行龍、飛禽、走獸之類於華內。其飛走之物用赭筆描之於白粉地上，或更以淺色拂淡。[若五彩及碾玉裝，華內宜用白畫。其碾玉華內者，亦宜用淺色拂淡，或以五彩裝飾。]如方桁之類全用龍鳳走飛者，則遍地以雲文補空。^[14.2.3]

飛仙之類有二品：一曰飛仙。二曰嬪伽。[共命鳥之類同。]⑤^[14.2.4]

飛禽之類有三品：一曰鳳凰⑥。[鸞、鶴、孔雀⑦之類同。]二曰鸚鵡。[山鷓、練鵲、錦雞之類同。]三曰鴛鴦。[鵁鶄、鵝鴨之類同。其騎跨飛禽人物有五品：一曰真人，二曰女真，三曰仙童，四曰玉女，五曰化生。]^[14.2.5]

走獸之類有四品：一曰獅⑧子。[麒麟、狻猊、獬豸之類同。]二曰天馬。[海馬、仙鹿之類同。]三曰羱⑨羊[山羊、華羊之類同。]四曰白象。[馴犀、黑熊之類同。其騎跨、牽拽走獸人物有三品：一曰拂菻⑩，二曰獠蠻，三曰化生。若天馬、仙鹿、羱羊亦可用真人等騎跨。]^[14.2.6]

雲文有二品：一曰吳雲。二曰曹雲。[蕙草雲、蠻雲之類同。]^[14.2.7]

間裝之法：青地上華文，以赤黃、紅、綠相間，外棱用紅疊暈。紅地上華文青、綠，心內以紅相間，外棱用青或綠疊暈。綠地上華文，以赤黃、紅、青相間，外棱用青、紅、

---

① 簟[diàn]從竹。本義：竹席；簟紋(席紋)也指用蘆葦編制的席。
② [校注]"梁本"標點作"金鋌、文銀鋌"，誤。
③ [校注]"丁本"缺"鋌"字，誤。
④ [校注]"於"，"陶本"、"梁本"作"以"，據"四庫本"改。
⑤ [校注]"四庫本"此條以後5條頂格，"陶本"退一格。按文章邏輯，取"陶本"。
⑥ [校注]"凰"，"陶本"、"梁本"作"皇"，據"四庫本"改。
⑦ [校注]"陶本"、"梁本"作"鶴孔雀"，"四庫本"、"丁本"次序顛倒為"孔雀鶴"。
　　[按]卷33圖樣順序為鶴—孔雀，故從"陶本"。
⑧ [校注]"獅"，"陶本"、"四庫本"作"師"，"梁本"作"獅"，取後者。
⑨ [校注]"羱"，"四庫本"作"羱"，"梁本"作"羚"，"陶本"作"羜"。
　　[按]"羱"，音[huán]，見《玉篇》："羱，獸似羊惡也。"又見《類篇》："羱，山羊細角者。""羚"，見《類篇》："羚，大羊而細角。""羜"，音[zhù]，意為出生五個月的小羊，見《詩·小雅》："既有肥羜，以速諸父。"從"故宮本"圖樣上看來，這是一種身大細角的羊，排除了"羜"(小羊)的可能性，圖邊注字"𦍙羊"("羱"字缺一畫)，則為"羱"的可能性較大。從"四庫本"。
⑩ "拂菻[lǐn]"，我國古籍對東羅馬帝國的音譯，見《舊唐書·拂菻傳》："(拂菻國)在西海之上，東南與波斯接。"從圖樣看來，"拂菻"並無太多東羅馬人的特徵，可能泛指外國人。

赤黃疊暈。[其牙頭①，青、緑地用赤黃牙，朱地以二緑。若枝條，緑地用藤黃汁罩，以丹華或薄礦水節淡；青、紅地如白地上單枝條，用二緑，隨墨以緑華合粉罩，以三緑、二緑節淡②。]^[14.2.8]

疊暈之法：自淺色起，先以青華，[緑以緑華、紅以朱華粉。]次以三青，[緑以三緑、紅以三朱。]次以二青，[緑以二緑、紅以二朱。]次以大青，[緑以大緑、紅以深朱。]大青之內，用深墨壓心，[緑以深色草汁罩心，朱以深色紫礦罩心。]青華之外，留粉地一暈。[紅緑準此。其暈內二緑華，或用藤黃汁罩。如③華文、緣④道等狹小或在高遠處，即不用三青等及深色壓罩。]凡染赤黃，先布粉地，次以朱華合粉壓暈，次用藤黃通罩，次以深朱壓心。[若合草緑汁⑤，以螺青華汁用藤黃相和，量宜入好墨數點及膠少許用之。]^[14.2.9]

用疊暈之法⑥：凡科、栱、昂及梁、額之類，應外棱緣道並令深色在外，其華內剔地色，並淺色在外，與外棱對暈，令淺色相對。其華葉等暈，並淺色在外，以深色壓心。[凡外緣道用明金者，梁栿、科栱之類，金緣⑦之廣與疊暈同，金緣內用青或緑壓之。其青緑廣比外緣五分之一。]^[14.2.10]

凡五彩遍裝：柱頭[謂⑧額入處。]作細錦或瑣文。柱身自柱櫍⑨上亦作細錦，與柱頭相應，錦之上下作青、紅或緑疊暈一道；其身內作海石榴等華，[或於華內間以飛鳳之類。]或於碾玉華內間以五彩飛鳳之類，或間四入瓣科，或四出尖科。[科內間以化生或龍鳳之類。]櫍作青瓣或紅瓣疊暈蓮華。

檐額或大額及由額兩頭近柱處作三瓣或兩瓣如意頭角葉；[長加廣之半。]如身內紅地即以青地作碾玉，或亦用五彩裝。[或隨兩邊緣道作分腳如意頭。]

椽頭面子隨徑之圜作疊暈蓮華，青紅相間用之，或作出焰明珠，或⑩作簇七車釧

---

① 從文意，以及圖樣標注看來，這裡的"牙頭"和小木作所說的"牙頭"不同，有花葉"嫩芽"的意思，在圖樣中，一般是卷葉尖部的幾片葉子。《營造法式》對於"牙頭"改換顏色的畫法，亦見於敦煌壁畫，起著畫龍點睛的作用。（見图 1.7）

② [校注]"梁本"此句標點作"其牙頭青、緑，地用赤黃；牙朱，地以二緑，若枝條緑，地用藤黃汁，罩以丹華或薄礦水節淡青，紅地；如白地上單枝條，用二緑，隨墨以緑華合粉，罩以三緑、二緑節淡。"其中"牙朱，地以二緑"、"地用藤黃汁"等與《法式》制度不符，重新調整標點如上。吳梅也持類似看法，參見吳梅：《〈營造法式〉彩畫作制度研究和北宋建築彩畫考察》，第 37 頁。

③ [校注]"如"，"陶本"、"梁本"作"加"，"梁本"標點作"或用藤黃汁罩加、華文、緣道等"，則"罩加"一詞難以解釋。據"四庫本"改。

④ [校注]"緣"，"丁本"作"緑"，誤。

⑤ 這裡的"草緑汁"，應指前文用來為緑暈罩心的"深色草汁"。

⑥ [校注]"梁本"及"陶本"脫"用"字，據"四庫本"補。

⑦ [校注]"緣"，"丁本"作"緑"，誤，以下多處同。

⑧ [校注]"謂"，"丁本"作"蕭"，誤。

⑨ "柱櫍"，見《法式》卷5"大木作制度一·柱"："凡造柱下櫍，徑周各出三分，厚十分，下三分爲平，其上並爲敧，上徑四周各殺三分，令與柱身通上勻平。"因此柱櫍指墊在柱腳之下，柱礎之上的一塊圓木板。（參見《梁思成全集》第7卷，第137頁。）

⑩ [校注]"或"，"陶本"作"一"，據"四庫本"改。

明珠，[皆淺色在外。]或作疊暈寶珠，深色在外①，令近上疊暈，向下棱當中點粉，爲寶珠心；或作疊暈合螺②、瑪瑙。近頭處作青、綠、紅暈子③三道，每道廣不過一寸；身內作通用六等華外，或用青、綠、紅地作團科④，或方勝，或兩尖，或四入瓣；白地⑤外用淺色，[青以青華，綠以綠華，朱以朱粉⑥圈⑦之。]白地內隨瓣之方圓[或兩尖，四入瓣同。]描華，用五彩淺色間裝之。[其青、綠、紅地作團科⑧、方勝等，亦施之科栱、梁栿之類者，謂之海錦，亦曰淨地錦。]

飛子作青綠連珠及梭⑨身暈，或作方勝，或兩尖，或團科；兩側壁如下面用遍地華，即作兩暈青綠棱間；若下面素地錦，作三暈或兩暈青綠棱間；飛子頭作四角柿蒂。[或作瑪瑙。]

如飛子遍地華，即椽用素地錦。[若椽作遍地⑩華，即飛子用素地錦。]

白版或作紅、青、綠地內兩尖科素地錦。

大連檐立面作三角疊暈柿蒂華。[或作霞光。] [14.2b]

碾玉裝[14.3]

碾玉裝之制：梁栱之類，外棱四周皆留緣道，[緣道之廣並同五彩之制。]用青或綠疊暈。如綠緣內於淡綠地上描華，用深青剔地，外留空緣，與外緣道對暈。[青緣⑪內者，用綠處以青，用青處以綠。] [14.3a]

華文及瑣文等，並同五彩所用。華文內唯無寫生及豹腳合暈、偏暈⑫、玻璃地、魚鱗旗腳。外增龍牙蕙草一品。瑣文內無瑣子。用青綠二色疊暈亦如之。[內有青綠不可

---

① [校注]"深色在外"一句，"四庫本"及"陶本"均為正文，"梁本"改爲小注，無大必要，取前者。
② [校注]"合螺"，各本同，疑即"合羅"之通假。
③ "暈子"，按文意，應為同一色相的一組疊暈色階。至於這三道"暈子"的深淺如何排佈，《營造法式》沒有規定，是可以自由變通的地方。
④ [校注]"梁本"作"身內作通用六等華，外或用青、綠、紅地作團科"，如此斷句，則意指椽身內用某種華文，而外部用另一種華文。但從圖樣看來，似乎不可能存在這種情況，此句似應理解為：除了作通用六等華外，還可以作團科，由此調整標點如上。
⑤ 參見"華文有九品"條注，"白版"應指不作雕刻的平版。根據前句"用青、綠、紅地作團科"，"白地"在這裡可解釋為"不畫花紋"而不一定指地色為白。而"白地"在全文中的涵義並不一致，例如"總制度·間裝之法"一條，有"青、紅地如白地上單枝條"的提法，其中"白地"應該指地色為白。
⑥ [校注]"粉"，"陶本"、"梁本"作"彩"，據"四庫本"改。
⑦ [校注]"圈"，"四庫本"作"團"，誤。
⑧ [校注]"科"，"陶本"作"枓"，"梁本"作"窠"，據"四庫本"改。
⑨ [校注]"梭"，"陶本"、"梁本"作"棱"，與圖樣注字不符。據"四庫本"改。
⑩ [校注]"四庫本"脫"地"字，據"陶本"補。
⑪ [校注]"青緣"，"丁本"作"緣緣"，其餘各本作"綠緣"。因正文所舉的例子即是"如綠緣內"，按照行文邏輯推測，此處似應作"青緣"。
⑫ "豹腳合暈"、"偏暈"不見於"碾玉雜華"，但似乎也並非絕對不用於碾玉裝，在"碾玉平棊"中就有"偏暈"的邊飾。

隔間處,於綠淺暈中用藤黃汁罩,謂之菉豆褐。] [14.3.1]

其卷成華葉及瑣文,並旁①赭筆暈留粉道,從淺色起暈至深色。其地以大青大綠剔之。[亦有華文稍肥者,綠地以二青,其青地以二綠,隨華幹淡后,以粉筆傍②墨道描者,謂之映粉碾玉。宜小處用。] [1432]

凡碾玉裝:柱碾玉,或間白畫③,或素綠。柱頭用五彩錦。[或只碾玉④。]櫨作紅暈或青暈蓮華。椽頭作出焰明珠,或簇七明珠,或蓮華,身內碾玉或素綠。飛子正面作合暈⑤,兩旁並退暈,或素綠。仰版⑥素紅。[或亦碾玉裝。] [14.3b]

青綠疊暈棱間裝[三暈帶紅棱間裝附] [14.4]

青綠疊暈棱間裝之制:凡枓栱之類,外棱緣廣二⑦分。 [14.4a]

外棱用青疊暈者,身內用綠疊暈,[外棱用綠者,身內用青,下同。其外棱緣道淺色在內,身內淺色在外。道⑧壓粉綫⑨。]謂之**兩暈棱間裝**。[外棱用青華、二青、大青,以墨壓深。身內用綠華、三綠、二綠、大綠,以草汁壓深。若綠在外緣,不用三綠。如青在身內,更加三青。] [14.4.1]

其外棱緣道用綠疊暈,[淺色在內。]次以青疊暈,[淺色在外。]當心又用綠疊暈者,[深色在內。]謂之三⑩**暈棱間裝**。[皆不用二綠、三青,其外緣廣與五彩同。其內均作兩暈。] [14.4.2]

若外棱緣道用青疊暈,次以紅疊暈,[淺色在外,先用朱華粉,次用二朱,次用深朱,以紫礦壓深。]當心用綠疊暈者,[若外緣用綠者,當心以青。]謂之**三暈帶紅棱間裝**。 [14.4.3]

凡青綠疊暈棱間裝,柱身內筍文,或素綠,或碾玉裝。柱頭作四合青綠退暈如意頭。櫨作青暈蓮華,或作五彩錦,或團科、方勝、素地錦。椽素綠身,其頭作明珠、蓮華。飛子正面、大小連檐並青綠暈,兩旁素綠。 [14.4b]

---

① "旁",通"傍"。
② [校注]"傍","四庫本"作"旁"。
③ "間白畫",見"五彩遍裝·凡華文施之於梁、額、柱者"一條:"(華文間以飛走之物)若五彩及碾玉裝,華內宜用白畫。其碾玉華內者,亦宜用淺色拂淡,或以五彩裝飾。"由此可知,此處的"間白畫"指的是柱身先畫碾玉華文,然後再在華文中點綴白描動物。
④ [校注]"玉","陶本"作"王",誤。
⑤ "合暈",見[14.2.1]"華文有九品"條,記有"豹腳合暈"、"棱身合暈"、"連珠合暈"等名目,"宜於方桁內、飛子及大小連檐相間用之",此處用於"飛子正面",應該就是指的這類紋樣。另,在"兩暈棱間內畫松文裝名件"圖樣旁邊有一段小注:"枓栱並用青綠緣道在外,紅在內合暈。其間裝同解綠赤白。要頭并昂、栱面並朱刷,用雌黃棱界"。其中"青綠緣道"的"緣","故宮本"、"四庫本"、"永樂大典本"均作"綠"。"陶本"作"緣"。"兩暈棱間內畫松文裝"不用"豹腳合暈"、"棱身合暈"等紋樣,所以在這裡,"合暈"應與"對暈"同義。
⑥ "仰版",未見於《營造法式》其他部分,應與"白版"同義。
⑦ [校注]"二","丁本"、"梁本"作"一","陶本"、"四庫本"作"二"。
   [按]從圖樣看,"青綠棱間裝"的枓栱緣道明顯寬於"五彩遍裝"的"一分",暫從"二"。
⑧ [校注]"道","四庫本"作"通",誤。
⑨ "道壓粉綫",應指"緣道"和"身內"的疊暈淺色相對,其分界之處("道")用白鉛粉或其他白顏料("粉")壓綫。
⑩ [校注]"三","故宮本"圖樣注為"玉",誤。

解绿①裝飾屋舍[解緑結華裝附][14.5]

解緑刷飾屋舍之制:應材昂枓栱之類,身内通刷土朱,其緣道及燕②尾、八白等並用青緑疊暈相間。[若枓用緑,即栱用青之類。][14.5a]

緣道疊暈,並深色在外,粉綫在内。[先用青華或緑華在中,次用大青或大緑在外,后用粉綫在内。]其廣狹長短並同丹粉刷飾之制。唯檐額或梁栿之類並四周各用緣道,兩頭相對作如意頭。[由額及小額並同。]若畫松文,即身内通刷③土黄,先以墨筆界畫,次以紫檀間刷,[其紫檀,用深墨合土朱④,令紫色。]心内用墨點節。[栱梁等下面用合朱通刷。又於丹地内用墨或紫檀⑤點簇六⑥綫文與松文名件相雜者,謂之卓柏⑦裝。][14.5.1]

枓、栱、方、桁,緣内朱地上間諸華者,謂之**解緑結華裝**。[14.5.2]

柱頭及腳並刷朱,用雌黄畫方勝及團華,或以五彩畫四斜或簇六球文錦。其柱身内通刷合緑,畫作筍文。[或只用素緑。橡⑧頭或作青緑暈明珠。若橡身通刷合緑者,其槫⑨亦作緑地筍文或素緑。][14.5.3]

凡額上壁内影作⑩,長廣制度與丹粉刷飾同。身内上棱及兩頭亦以青緑疊暈爲緣,或作翻卷華葉。[身内通刷土朱,其翻卷華⑪葉並以青緑疊暈。]枓下蓮華並以青暈。[14.5b]

---

① [傅注]諸本均作"解緑裝",然據文義,此做法實爲身内通刷土朱,四周邊緣用青、緑相間疊暈,並非專用緑。故似應作"解緣裝"爲是。
[按]在《營造法式》原文中,多次提到"解"的工藝,如:
"柱頭刷丹……上下並解粉綫"(彩畫作制度·丹粉刷飾屋舍),
"蓮華用朱刷。皆以粉筆解出華瓣"(彩畫作制度·丹粉刷飾屋舍),
"若刷土黄解墨緣道者"(彩畫作制度·丹粉刷飾屋舍),
"土朱刷版壁、平闇……若護縫、牙子解染青緑者"(彩畫作功限)。
可見,"解"在這裡應理解爲"勾勒"之意。"解"的這個字義在其他古籍中未找到記載,可能是北宋時期民間的用法。
由"解緑裝飾屋舍"制度中,"解粉綫"、"解墨緣道"的用法可知,"解緑"的意思實爲"解緣"。"丁本"多處顛倒"緑"和"緣",說明這兩個字的寫法在古代是很容易混淆的。但是各本此處均確鑿無疑地寫爲"解緑裝",所以極有可能是"解緑裝"這個"錯誤的"詞語在宋代就已經以訛傳訛,形成了習慣,故本書保留"緑"字不改,僅釋爲"緣"。
② [校注]"燕","四庫本"作"鷰"。"鷰"是"燕"的俗字,見《玉篇》:"鷰,俗燕字。"另,《營造法式》圖樣之額柱紋樣有"合蟬鷰尾",各本均作"鷰",似乎"鷰"字更爲恰當。考慮"燕尾"已是建築史之常用詞彙,本書未作修改,保留前後的差異。
③ [校注]"刷","陶本"作"用",誤。
④ [校注]"朱","四庫本"作"米",誤。
⑤ [校注]"紫檀","四庫本"作"檀紫",誤。
⑥ [校注]"四庫本"脱"六"字,誤。
⑦ [校注]"柏","四庫本"作"栢",與"柏"同。下同。
⑧ [校注]"橡","梁本"、"陶本"作"緣",據"四庫本"改。
⑨ [校注]"槫","四庫本"作"搏",誤。
⑩ "梁本"注27:"把南北朝至唐朝的人字形栱做法變成裝飾彩畫的題材,畫在栱眼壁上。"此說將"額上壁"與"栱眼壁"等同起來,似可商榷。據本書考證(參見3.6節),"額上壁"指檐額、由額或闌額之上的薄壁,當其位於兩個枓栱之間時,等同於"栱眼壁",兩側沒有枓栱時,則不能稱爲"栱眼壁",可能也包括"由額墊板"或"照壁板"。
⑪ [校注]"華","四庫本"作"過",誤。

丹粉刷飾屋舍[黃土刷飾附]^[14.6]

丹粉刷飾屋舍之制：應材木之類，面上用土朱通刷，下棱用白粉闌界緣道，[兩盡頭斜訛向下^①。]下面用黃丹通刷^②。[昂栱下面及耍頭正面同。]其白緣道長廣等依下項：^[14.6a]

枓栱之類：[枓、額、替木、叉手、托腳、駝峯、大連檐、搏風版等同。]隨材之廣分爲八分，以一分爲白緣道。其廣雖多，不得過一寸，雖狹不得過五分。^[14.6.1]

栱頭及替木之類[綽幕、仰栬^③、角梁等同。]頭：下面刷丹，於近上棱處刷白燕^④尾，長五寸至七寸。其廣隨材之厚分爲四分，兩邊各以一分爲尾，[中心空二分。]上刷橫白，廣一分半。[其耍頭及梁頭正面用丹處刷望山子。上其^⑤長隨高三分之二，其下廣隨厚四分之二，斜收向上，當中合尖。]^[14.6.2]

檐額或大額：刷八白者[如里面。]隨額之廣。若廣一尺以下者，分爲五分；一尺五寸以下者，分爲六分；二尺以上者分爲七分。各當中以一分爲八白，[其八白，兩頭近柱，更不用朱闌斷，謂之入柱白。]於額身內均之作七隔。其隔之長隨白之廣。[俗謂之七朱八白。]^[14.6.3]

柱頭：刷丹[柱腳同。]長隨額之廣，上下並解粉綫。柱身、椽、槫^⑥及門窗之類皆通刷土朱。[其破子窗子桯，及屏風難子正側並椽頭，並刷丹。]平闇或版壁並用土朱刷版並桯，丹刷子桯及牙頭護縫^⑦。^[14.6.4]

額上壁內[或有補間鋪作遠者，亦於栱眼壁內。]畫影作於當心。其上先畫枓，以蓮華承之。[身內^⑧刷朱或丹，隔間用之。若身內刷朱，則蓮華用丹刷。若身內刷丹，則蓮華用朱刷。皆以粉筆解出華瓣^⑨。]中

---

① 關於"兩盡頭斜訛向下"及只刷"下棱"的做法未見於實例，從圖樣中看也並非一律：枓、栱、昂、耍頭彩畫仍然是四周刷緣道，而橑檐方、柱頭方只刷下棱，月梁彩畫可以看出緣道"兩盡頭斜訛向下"的做法。
② 結合文意考察"故宮本"圖樣"丹粉刷飾名件"，可知圖上的標注及後文簡稱與顏色的對應關係是：白——白粉；朱——土朱；丹——黃丹。需要注意這裡的色彩指向與"五彩遍裝"等有所不同，"朱"和"丹"都不是指"朱砂"或"朱紅"。
③ "仰栬"，方木出頭的一種形式，可作類似耍頭的造型，如：
"若造廳堂，裏跳承梁出**栬頭**者，長更加一跳。其**栬頭**或謂之壓跳。"（卷4·大木作制度一·栱·造栱之制有五）
"檐額下綽幕方廣減檐額三分之一，出柱長至補間，相對作**栬頭**或三瓣頭。"（卷5·大木作制度二·闌額）
"**仰合栬子**每一隻六釐功。"（卷19·大木作功限三·倉廠庫屋功限）
④ [校注]"燕"。"四庫本"作"鷰"。
⑤ [校注]"上其"，"梁本"作"其上"，其餘各本作"上其"，意思沒有影響，取更早的版本。
⑥ 槫，宋式大木中縱架連接構件"槫"之異名。見"看詳·諸作異名"："棟：其名有九……七曰槫，八曰檁，九曰橑"。在清式大木作中，這類構件統稱"檁"。
⑦ 根據"卷7·小木作制度二"，"版壁"是格子門的簡化形式，有"桯"、"版"和"子桯"，卻沒有"牙頭護縫"，平闇（同平棊）雖然有"護縫"，但施之於背版之後，不爲人所見，因此也沒有必要刷丹，所以這裡說的"牙頭護縫"應指版門、軟門等所用。
⑧ 從文意看來，此處的"身內"應該指影作"額上壁"或"栱眼壁"的身內。
⑨ "用粉筆解出華瓣"，以及下文的"以粉筆壓棱"，參見"總制度·彩畫之制"："其餘（除五彩裝及疊暈、碾玉裝之外）並以墨筆描畫。淺色之外，並用粉筆蓋壓墨道。"可見"用粉筆解出華瓣"，以及"以粉筆壓棱"並非僅用"粉筆"，而是先用墨筆描畫，再壓粉綫，這種手法能夠在用色不多的情況下，簡便地使圖形從背景中強調出來。（图3.12）

作項子,其廣隨宜。[至五寸止]下分兩腳,長取壁內五分之三,[兩頭各空一分。]身內廣①隨項,兩頭收斜尖向內五寸。若影作華腳者,身內刷丹,則翻②卷葉用土朱。或身內刷土朱,則翻卷葉用丹。[皆以粉筆壓棱。][14.6.5]

若刷土黃者,制度並同。唯以土黃代土朱用之。[其影作內蓮華用朱或丹,並以粉筆解出華瓣。][14.6.6]

若刷土黃解墨緣道者,唯以墨代粉刷緣道。其墨緣道之上用粉綫壓棱。[亦有栱、栱等下面,合用丹處,皆用黃土者;亦有只用墨緣,更不用粉綫壓棱者③,制度並同。其影作內蓮華並用墨刷,以粉筆解出華瓣,或更不用蓮華。][14.6.7]

凡丹粉刷飾,其土朱用兩遍,用畢並以膠水攏④罩。若刷土黃則不用。[若刷門窗,其破子窗子桯及護縫之類用丹刷,余並用土朱。][14.6b]

雜間裝[14.7]

雜間裝之制:皆隨每色制度相間品配,令華色鮮麗,各以逐等分數爲法。[14.7a]

五彩間碾玉裝。[五彩遍裝六分,碾玉裝四分。][14.7.1]

碾玉間畫松文裝。[碾玉裝三分,畫松裝七分。][14.7.2]

青綠三暈棱間及碾玉間畫松文裝。[青綠三暈棱間裝三分,碾玉裝三⑤分,畫松裝四分。][14.7.3]

畫松文間解綠赤白裝⑥。[畫松文裝五分,解綠赤白裝五分。][14.7.4]

畫松文、卓柏間三暈棱間裝。[畫松文裝六分,三暈棱間裝二⑦分,卓柏裝二分。][14.7.5]

凡雜間裝,以此分數爲率。或用間紅青綠三暈棱間裝⑧與五彩遍裝及畫松文等相間裝者,各約此分數,隨宜加減之。[14.7b]

煉桐油[14.8]

煉桐油之制:用文武火煎桐油令清,先煠⑨膠令焦,取出不用。次下松脂,攪候化。又次下研細定粉⑩,粉色黃,滴油於水內成珠,以手試之黏指處有絲縷,然后下黃

---

① [校注]"身內廣","四庫本"作"廣身內",誤。
② [校注]"翻","四庫本"作"飜",下同。
③ 僅用墨緣者,宣化遼墓各墓枓栱、高平開化寺栱眼壁所繪枓等,均為此種做法。
④ [校注]"攏","四庫本"作"櫳"。
⑤ [校注]"三","陶本"、"梁本"作"二",據"四庫本"改。
⑥ "解綠赤白裝",即不"結華"的"解綠裝"。見[14.5]"解綠裝飾屋舍"條。
⑦ [校注]"二","陶本"、"梁本"作"一",據"四庫本"改。
⑧ "間紅、青、綠三暈棱間裝",應與前文所述的"三暈帶紅棱間裝"相同。
⑨ "煠",音[yè],把物品放在沸油裏進行處理。
⑩ "定粉",即鉛粉。見 3.4.5.3 節。

丹。漸次去火,攪令冷。合金漆用。如施之於彩畫之上者,以亂絲①揩捵②用之。[14.8a]

2.3 彩畫作功限:營造法式卷第二十五·諸作功限二·彩畫作

"彩畫作功限",參見:"梁本",第343~344頁;"四庫本",卷25,第6~9頁;"陶本",第4冊,卷25,第4~6頁。

五彩間金[25.3.1]

描、畫、裝、染,四尺四寸:[平棊華子之類系雕造者,即各減數之半。][25.3.1.1]

上顔色雕華版③,一尺八寸:[25.3.1.2]

五彩遍裝亭子、廊屋、散舍之類,五尺五寸:[殿宇、樓閣,各減數五分之一。如裝畫暈錦,即各減數十分之一。若描白地枝條華,即各加數十分之一。或裝四出、六出錦者同。]

右④各一功。[25.3.2]

上粉、貼金、出褫⑤:每一尺一功五分。[25.3.3]

青綠碾玉[紅或搶金⑥碾玉同。]亭子、廊屋、散舍之類,一十二尺:[殿宇、樓閣,各項減數六分之一。][25.3.4]

青綠間紅三暈棱間亭子、廊屋、散舍之類,二十尺:[殿宇、樓閣,各項⑦減數四分之一。][25.3.5]

青綠二暈棱間亭子、廊屋、散舍之類,二十五尺:[殿宇、樓閣,各項⑧減數五分之一。][25.3.6]

解綠畫松青綠緣道廳堂、亭子、廊屋、散舍之類,四十五尺:[殿⑨宇、樓閣,減數九分之一。如間紅三暈,即各減十分之二。][25.3.7]

---

① [校注]"絲","陶本"、"梁本"作"線","四庫本"作"絲"。
[按]據"料例·應使桐油"一條:"每一斤用亂絲四錢",各本同,從"四庫本"。
又:"總制度·襯地之法·貼真金地"條:"用熟薄膠水貼金,以綿按,令著寔";
"彩畫作料例·應使金箔"條:"(應使金箔每面方一尺)綿半兩。[描金。]"
其中提到的"綿"和"亂絲"應該都是指用來壓抹的絲棉。
② "捵"[zhǎn],擦拭。見《集韻》:"捵,捲也,拭也。""捵"與"揩"是同義詞。
③ "上顔色雕華版",究竟是在"雕華版"上涂色,還是既"上顔色"又"雕華版"? 從"諸作功限·雕木作·華版"看來,若雕作"透突",則每0.1尺一功,若作"卷搭"則每1.8尺一功,"平雕"則1.5尺一功。如此看來,雕作的工作量≥上色的工作量,因此"上顔色雕華版"應指在"雕華版"上著色無疑。從"功限"看來,這是是難度相當高,僅次於貼金的工藝。
④ 原文爲自右往左的豎排版,因此文中多次出現的"右各××",表示"上面各條都是××"的意思。
⑤ "褫"[chǐ],有"奪去;扯、剝"等意,如:
《周易·訟卦》:"或錫之鞶帶,終朝三褫之。"([魏]王弼:《周易註》,卷1。)
《說文解字》:"褫,奪衣也。从衣,虒聲。讀若池。直离切。"([魏]王弼:《周易註》,卷8上)
《六書故》:"褫,敕止切。扯剝也。"([魏]王弼:《周易註》,卷31)
另見《營造法式》卷16"壕寨功限·總雜功":"諸**磨褫**石段:每石面二尺,一功。諸**磨褫**二尺方磚:每六口,一功。"
《營造法式》卷25"窰作":"般(搬)取土末和泥、**事褫**、曬曝、排垛在内。"
從對於石材的"磨褫",以及對於磚胚的"事褫"等用法來看,"褫"可能是指的碾壓、磨刨之類的工藝。
"出褫"一詞未見於其他古籍記載。考慮"上粉、貼金、出褫"的過程,應指"彩畫作制度·總制度·襯地之法"中所述"刷白鉛粉……次又刷土朱鉛粉(即上粉)……上用熟薄膠水貼金,以綿按,令著寔(即貼金)……以玉或瑪瑙或生狗牙研令光"的三個貼金步驟,則"出褫"可能是指"以玉或瑪瑙或生狗牙研令光"的步驟。
⑥ "搶",同"戧","搶金"指用金鑲嵌的做法。見《通雅》:"以金銀絲戧器曰商,謂鑲嵌也。……張懷瓘《書録》言:三代鈿金,今之所謂搶金。"([明]方以智:《通雅》,卷33)
⑦ [校注]"四庫本"缺"各項"二字。
⑧ [校注]"四庫本"缺"項"字。
⑨ [校注]"四庫本""殿"字前插入"若"字。

解緑赤白廊屋、散舍、華架之類,一百四十尺:[殿宇,即減數七分之二。若樓閣、亭子、廳堂、門樓及内中屋,各項①減廊屋數七分之一。若間結華或卓柏②,各減十分之二。]^[25.3.8]

丹粉赤白廊屋、散舍、諸營廳堂及鼓樓華架之類,一百六十尺:[殿宇、樓閣,減數四分之一。即亭子、廳堂、門樓及皇城内屋,各③減八分之一。]^[25.3.9]

刷土黄白緣道廊屋、散舍之類,一百八十尺:[廳堂、門樓、涼棚,各項④減數六分之一。若墨緣道,即減十分之一。]^[25.3.10]

土朱刷[間黄丹,或土黄刷帶、護縫、牙子抹緑同。]版壁、平暗、門窗、叉子、鈎⑤闌、楳籠之類,一百八十尺。[若護縫、牙子解染青緑者,減數三分之一。]^[25.3.11]

合朱刷:^[25.3.12]

格子,九十尺:[抹合緑方眼同。如合緑刷球文,即減數六分之一。若合朱畫松、難子、壺門解壓青緑,即減數之半。如抹合緑於障水版之上,刷青地描染戲獸雲子之類,即減數九分之一。若朱紅染難子,壺門牙子解染青緑,即減數三分之一。如土朱刷間黄丹,即加數六分之一。]^[25.3.12.1]

平闇、軟門、版壁之類,[難子、壺門、牙頭、護縫解染青緑。]一百二十尺:[通刷素緑同。若抹緑牙頭、護縫解染青華,即減數四分之一。如朱紅染牙頭,護縫等解染青緑,即減數之半。]^[25.3.12.2]

檻面鈎闌,[抹緑同。]一百八尺:[萬字鈎片版、難子上解染青緑,或障水版之⑥上描、染戲獸、雲子之類,即各⑦減數三分之一。朱紅染同。]^[25.3.12.3]

叉子,[雲頭望柱頭五彩或碾玉裝造。]五十五尺:[抹緑者加數五分之一。若朱紅染者,即減數五分之一。]^[25.3.12.4]

楳籠子,[間刷素緑牙子,難子等解壓青緑。]六十五尺:^[25.3.12.5]

烏頭綽楔門,[牙頭、護縫、難子壓染青緑,櫺子抹緑。]一百尺:[若高廣一丈以上,即減數四分之一。如⑧若土朱刷間黄丹者,加數二分之一。]^[25.3.12.6]

抹合緑窗,[難子刷黄丹,頰串、地栿刷土朱。]一百尺:^[25.3.13]

華表柱並裝染柱頭鶴子、日月版:[須縛棚閣者,減數五分之一。]^[25.3.14]

刷土朱通造,一百二十五尺:^[25.3.14.1]

緑笋通造,一百尺:^[25.3.14.2]

用桐油,每一斤:[煎合在内。]^[25.3.15]

右各一功。

2.4 彩畫作料例:營造法式卷第二十七·諸作料例二·彩畫作

"彩畫作料例",參見:"梁本",第354~355頁;"四庫本",卷27,第6~10頁;"陶本",第4冊,卷27,第4~7頁。

---

① [校注]"四庫本"脱"項"字。
② [校注]"柏","四庫本"作"相",誤。
③ [校注]"四庫本"脱"各"字。
④ [校注]"四庫本"脱"各項"二字。
⑤ "鈎",同"鈎"。
⑥ [校注]"四庫本"脱"之"字。
⑦ [校注]"四庫本"脱"各"字。
⑧ [校注]"四庫本"脱"如"字。

應刷染木植每面方一尺各使下項：[栱眼壁各減五分之一，雕木華版加五分之一，即描華之類準折①計之。]②[27.2.1]

定粉：五錢三分。[27.2.1.1]

墨煤：二錢二分八厘五毫。[27.2.1.2]

土朱：一錢七分四厘四毫。[殿宇、樓閣加三分，廊屋、散舍減二分。][27.2.1.3]

白土：八錢。[石灰同。][27.2.1.4]

土黃：二錢六分六厘。[殿宇、樓閣加二分。][27.2.1.5]

黃丹：四錢四分。[殿宇、樓閣加二分，廊屋、散舍減一分。][27.2.1.6]

雌黃：六錢四分。[合雌黃、紅粉同。][27.2.1.7]

合青華：四錢四分四厘。[合綠華同。][27.2.1.8]

合深青：四錢。[合深綠及常使朱紅、心子朱紅、紫檀並同③。][27.2.1.9]

合朱：五錢。[生青、綠華、深朱紅同④。][27.2.1.10]

生大青：七錢。[生大綠⑤、浮淘青、梓州熟大青綠、二青綠並同。][27.2.1.11]

生二綠：六錢。[生二青同。][27.2.1.12]

常使紫粉：五錢四分。[27.2.1.13]

藤黃：三錢。[27.2.1.14]

槐華：二錢六分。[27.2.1.15]

中綿胭⑥脂：四片。[若合色，以蘇木五錢二分，白礬一錢三分煎合充。][27.2.1.16]

描畫細墨：一分。[27.2.1.17]

熟桐油：一錢六分。[若在暗⑦處不見風日者，加十分之一。][27.2.1.18]

應合和顏色每斤各使下項：[27.2.2]

合色：[27.2.2.1]

綠華：[青華減定粉一兩，仍不用槐華白礬。][27.2.2.1.1]

定粉：一十三兩。

青黛：三兩。

槐華：一兩。

白礬：一錢。

朱：[27.2.2.1.2]

黃丹：一十兩。

---

① [校注]"折"，"丁本"作"析"，誤。
② 由"描華之類準折計之"可知，這裡的顏料定量指的是木材平塗某種顏料時所需的分量，而"描華"時則需根據紋樣的具體形式對顏料進行折算。另外，在以下的 18 個條目中，僅土朱、土黃、黃丹三种刷飾專用的顏料對不同等級的建築，用量有所區分。說明在刷飾類彩畫中，在不同等級的建築上，塗刷的層數可能有所不同。
③ [校注]"同"，"陶本"作"用"，據"四庫本"改。另，"梁本"此條比上條多退一格，誤。
④ [校注]"同"，"四庫本"作"並"，誤。
⑤ [校注]"綠"，"陶本"、"梁本"作"青"，則"生大青"與正文重復，據"四庫本"改。
⑥ [校注]"胭"，"四庫本"作"烟"，誤。
⑦ "暗"，通"暗"，見《周禮》鄭注："周人祭日，以朝及闇。"

常使紫粉：六兩。

綠：^[27.2.2.1.3]

雌黃：八兩。

澱：八兩。

紅粉：^[27.2.2.1.4]

心子朱紅：四兩。

定粉：一十二兩。

紫檀：^[27.2.2.1.5]

常使紫粉：一十五兩五錢。

細墨：五錢。

草色：^[27.2.2.2]

綠華：[靑華減槐華、白礬。]^[27.2.2.2.1]

澱：一十二兩。

定粉：四兩。

槐花：一兩。

白礬：一錢。

深綠：[深靑即減槐花、白礬。]^[27.2.2.2.2]

澱：一斤。

槐華：一兩。

白礬：一錢。

綠：^[27.2.2.2.3]

澱：一十四兩。

石灰：二兩。

槐華：二兩。

白礬：二錢。

紅粉：^[27.2.2.2.4]

黃丹：八兩。

定粉：八兩。

襯金粉：^[27.2.2.2.5]

定粉：一斤。

土朱：八錢。[顆塊者。]

應使金箔，每面方一尺：使襯粉四兩，顆塊土朱一錢。每粉三十斤，仍用生白絹一尺，[濾粉。]木炭一十斤，[燸^①粉。]綿半兩。[搵^②金。]^[27.2.3]

---

① "燸"，音[xié]，意爲熏烤，見《宋史·曲端传》："燸之以火。"
② [校注] "搵"，"陶本"、"梁本"作"描"，"四庫本"作"搵"。
  [按]，"搵"，音[wèn]，可作浸泡、揩拭解。考慮(用綿)"描金"，其意與"制度"所述"用熟薄膠水貼金，以綿按，令著實"相去甚遠，不如"搵金"合理，取"四庫本"。

應煎合桐油,每一斤:

松脂、定粉、黄丹:各四錢。

木札①:二斤。[27.2.4]

應使桐油:每一斤用亂絲四錢。[27.2.5]

2.5　彩畫作用膠料例:營造法式卷第二十八·用膠料例·彩畫作

"彩畫作用膠料例",參見:"梁本",第 362~363 頁;"四庫本",卷 28,第 21~22 頁;"陶本",第 4 冊,卷 28,第 8~9 頁。

應使②顏色,每一斤用下項:[攏窨③在内。][28.2.4.1]

土朱:七兩。

黄丹:五兩。

墨煤:四兩。

雌黄:三兩。[土黄、澱、常使朱紅、大青緑、梓州熟大青緑、二青緑、定粉、深朱紅、常使紫粉同。]

石灰:二兩。[白土、生二青緑、青緑華同。]

合色:

朱:

緑:

右各四兩。

緑華[青華同]:二兩五錢。

紅粉:

紫檀:

右各二兩。

草色:

緑:四兩。

深緑[深青同]:三兩。

緑華[青華同]:

紅粉:

右各二兩五錢。

襯金粉:三兩。[用鰾。]

煎合桐油:每一斤用四錢。[28.2.4.2]

……

---

① [校注]"札","陶本"、"梁本"作"扎",據"四庫本"改。
　　[按]"札",有"小木片"之意,用在這裡,似乎跟加熱用的木柴或木炭有關。
② [劉敦楨校注]諸本無"使"字,據"四庫本"補。
　　[按]"文淵閣四庫本"亦無"使"字,但從文意上來看,"應使顏色"比較通順。
③ "窨"[yìn]地窨、窨藏、暗處。"攏窨"一詞未見於其他古籍,據上下文推測,可能指顏料在使用中的額外損耗。

2.6 彩畫作等第：營造法式卷第二十八·諸作等第·彩畫作

"彩畫作等第"，參見："梁本"，第 366 頁；"四庫本"，卷 28，第 21~22 頁；"陶本"，第 4 冊，卷 28，第 16 頁。

五彩裝飾：［間用金同。］

青綠碾玉：

右爲上等。

青綠棱間：

解綠赤白及結華：［畫松文同。］

柱頭腳及槫畫束錦：

右爲中等。

丹粉赤白：［刷土黄、丹。］

刷門窗：［版壁、叉子、鉤闌之類同。］

右爲下等。

第三章 《营造法式》彩画作相关术语辨析

本章内容属于"注释"的范畴,按照梁思成和竹岛卓一曾经采用的"注释"体例,本应按照《营造法式》的原始行文顺序,和原文编排在一起。然而在实际的详细注释工作中,常会遇到线索选择的困难:辨析和解释某个术语时,常常需要对《营造法式》不同位置出现的相同词语或近似词语进行联系考察,此时如果按照原始行文顺序,则会使得逻辑层次不够清晰,也不便于查找。因此本书专辟一章,对《营造法式》彩画作的相关术语按照"总则"、"制度"、"工艺"、"色彩"、"纹样"进行分类考察。本章的内容,实际上是先"辨名"后"析理",先考辨术语的含义,再解释术语所代表的装饰做法,从当代阅读者的视角,对《营造法式》彩画作部分进行全面的阐释(表3.1)。此外,在"彩画作"部分还有一些与大木作、小木作有关的术语,在"大木作"、"小木作"部分却没有出现,本章也专辟一节来考察。

表 3.1 本章术语词目索引表

类别	词目
3.1 几个基本概念	3.1.1 猷、图、缋、画 3.1.2 彩画、装、饰、装銮、刷染 3.1.2.1 彩画 3.1.2.2 "装銮"与"刷染" 3.1.2.3 "装"与"饰" 3.1.2.4 "装饰"与"画" 3.1.3 样、造、作、装饰 3.1.3.1 "样"与"造" 3.1.3.2 "造作"与"装饰"
3.2 关于制度的术语	3.2.1 五彩遍装 3.2.1.1 《营造法式》中关于"五彩遍装"的材料 3.2.1.2 "五彩遍装"的主要特征 3.2.2 碾玉装 3.2.2.1 "碾玉装"和"五彩遍装"的用色差异 3.2.2.2 "碾玉装"的变通类型 3.2.3 叠晕棱间装 3.2.3.1 两晕(青绿)棱间装 3.2.3.2 三晕棱间装 3.2.3.3 三晕带红棱间装 3.2.4 解绿装饰 3.2.5 刷饰
3.3 关于绘制工艺的术语	3.3.1 着色方法和原则 3.3.1.1 叠晕、对晕 3.3.1.2 退晕 3.3.1.3 分间剔填 3.3.1.4 间装 3.3.1.5 描、描画、白画 3.3.1.6 拂淡 3.3.1.7 斡淡 3.3.1.8 节淡 3.3.2 着色步骤

类别	词目
3.3 关于绘制工艺的术语	3.3.2.1 衬地 3.3.2.2 取石色、调色 3.3.2.3 草色、细色
3.4 关于颜料和颜色的术语	3.4.1《营造法式》彩画颜料和颜色的类型和特点 3.4.2 与"金"有关的术语 　3.4.2.1 贴金 　3.4.2.2 抢金 　3.4.2.3 间金、明金 　3.4.2.4 金漆 3.4.3 与矿物颜料有关的术语 　3.4.3.1 青:生青,层青,浮淘青(石青);青华、三青、二青、大青、深青 　3.4.3.2 绿:石绿;绿华、三绿、二绿、大绿 　3.4.3.3 红:朱砂、朱红、心子朱红、常使朱红、朱华、三朱、二朱、深朱、深朱红 　3.4.3.4 代赭石,土朱;颗块土朱、赤土 　3.4.3.5 雌黄 　3.4.3.6 土黄、黄土 　3.4.3.7 墨、墨煤、粗墨、细墨、好墨、深墨 　3.4.3.8 白土、好白土、茶土 　3.4.3.9 石灰 3.4.4 与有机颜料有关的术语 　3.4.4.1 胭脂、中绵胭脂、苏木 　3.4.4.2 青淀(靛蓝)、淀、青黛、螺青华、螺青 　3.4.4.3 藤黄、藤黄汁 　3.4.4.4 槐花、槐华(汁) 　3.4.4.5 紫矿、薄矿水、矿汁 3.4.5 与化学颜料有关的术语 　3.4.5.1 紫粉、常使紫粉 　3.4.5.2 黄丹 　3.4.5.3 铅粉(粉、定粉、白铅粉) 3.4.6 与混合颜料或套染色有关的术语 　3.4.6.1 赤黄 　3.4.6.2 草绿、草绿汁、草汁 3.4.7 与辅料有关的术语 　3.4.7.1 桐油:应使桐油、应煎合桐油 　3.4.7.2 胶:鳔胶水、熟薄胶水、(薄胶)汤、稍浓(胶)水 　3.4.7.3 热汤
3.5 关于纹样的术语	3.5.1 关于纹样类型的几个关键术语 　3.5.1.1 "华文"的概念 　3.5.1.2 华文:卷成华叶 　3.5.1.3 华文:单枝条华 　3.5.1.4 华文:科、晕、锦 　3.5.1.5 华文:地 　3.5.1.6 华文:混合型纹样 　3.5.1.7 琐文 　3.5.1.8 适合纹样 　3.5.1.9《营造法式》纹样的类型 3.5.2 通用纹样:华文及琐文等 　3.5.2.1 海石榴华 　3.5.2.2 宝牙华 　3.5.2.3 太平华 　3.5.2.4 宝相华 　3.5.2.5 牡丹华 　3.5.2.6 莲荷华

类别	词目
3.5 关于纹样的术语	3.5.2.7 蕙草、龙牙蕙草 3.5.2.8 柿蒂:团科柿蒂、圈头柿蒂等 3.5.2.9 筍文、绿地筍文、绿筍 3.5.2.10 松文、卓柏 3.5.3 点缀纹样:飞仙及飞走 3.5.4 适合纹样 3.5.4.1 如意:如意头角叶、四合如意、如意牙头 3.5.4.2 宝珠:出焰明珠、叠晕宝珠、簇七车钏明珠 3.5.4.3 莲华:叠晕莲华、红晕莲华、青晕莲华 3.5.4.4 霞光 3.5.4.5 华子、平棊华子 3.5.4.6 燕尾 3.5.4.7 八白、七朱八白 3.5.4.8 望山子
3.6 与大木作、小木作构建有关的术语	3.6.1 檐额、大额、由额、小额 3.6.2 额上壁

3.1 几个基本概念

《营造法式》彩画作的术语,以具体的样式、纹样和色彩为主,但也有一些术语贯穿始终,体现了彩画的概念、方法和原则,需要特别注意。

3.1.1 猷、图、缋、画

"猷"、"图"、"缋"三个概念,出现在《营造法式》第 2 卷的"总释下·彩画"一篇,是历史上出现过的"画"的别称。《营造法式》通过对这些别称的阐释,探讨了"画"的源流。

关于"猷"的定义,见于"总释下·彩画"所引的《周官》和《尔雅》:"以猷鬼神祇[猷,谓图画也。]"(《周官》);"猷,图也"(《尔雅》)。在《尔雅》中,还有《营造法式》未引的另一句话:"猷,若也[注:《诗》曰:寔命不猷。]"[①]。

可见"猷"的本义,除了形象化的"图"之外,还强调对客观事物的模仿。

关于"图"的定义,见于"总释下·彩画"所引的《世本》与《画品》:"史皇作图[宋衷曰:史皇,黄帝臣。图,谓图画形象也。]"(《世本》);"夫图者,画之权舆……逮史皇作图,犹略体物;有虞作缋,始备象形"(《画品》)。"权舆",指"草木萌生"或"起始"。因此《画品》中这句话的意思是说,"图"是"画"的未成熟的早期形式,虽是以模仿形象为目的,却仅"略体物",不能达到真正的形似。在《画品》中,还将"图画"与文字作比:"仓颉造文字,其体有六:一曰鸟书,书端象鸟头,此即图画之类,尚标书称,未受画名。"明代画论《画原》也提出,"六书始于象形,象形乃绘事之权舆"[②]。可见在"象形"的方面,"书"和"图"是同源的;这也从另一方面说明,"图"可能和"书"一样,并非以逼真模仿为目的,而是以线条为主要表现方式,含有更多抽象的"符号"和"图标"的意思。

关于"缋"的阐释,亦见于"总释·彩画"所引的《画品》,其中还比较了"缋"与"图"的区别:"夫

① 《尔雅注疏》,十三经注疏本,卷 2。
② [明] 宋濂《画原》,转引自:[清] 邹一桂:《小山画谱》,四库本,卷下。

图者,画之权舆;缋者,画之末迹……逮史皇作图,犹略体物;有虞作缋,始备象形。今画之法,盖兴于重华之世也。穷神测幽,于用甚博。"

由此可以看出,"缋"已经"始备象形",亦即在写实水平上进了一步,属于"画"的"末迹",亦即成熟阶段。"有虞"和"重华"都是指的舜帝,因此根据《画品》的观点,只有"缋",才开启了"今画之法",称得上当时意义上的"画"。而且此时的"画",不但写实,还"穷神测幽",可以表达某种意境,"于用甚博",有了多样的功能。

"缋",同"绘"。在《周礼·考工记》中,"画"、"缋"同属"设色之工",指在纺织品上绘画。《考工记》中又有"画缋之事,杂五色",表明在"画"、"缋"中,色彩的重要性,这也是"缋"与"图"的区别之一。换句话说,引入了色彩的因素,写实程度自然更高。

总的来说,"猷"、"图"、"缋",是历史上"画"的别称,但是意义各有微妙的差别。

"猷",常指描画鬼神,强调形象的象征和巫术意义。由于原始思想有着"参与式"的特点,常常"在人与大自然中从一切参与物内寻出神秘的关系"[1],所以远古的人们相信,模仿某些自然物的"图画"有着神秘的力量。这时候的"画",从某种程度上来说,等同于巫术的符号。随着历史的推移,"画"的巫术意义逐渐消退,而"猷"这个字也逐渐退出历史舞台。

"图"的本义与"猷"接近,但有所拓展,描画一切形象都可以称为"图"。虽然可以与"书"模拟,有着符号的意味,但不专指巫术的符号。

"缋"引入了色彩,已经达到较高的写实水平,而且内涵和功能都得到更大的拓展,其意义更接近于后世一般所称的"画"。

3.1.2 彩画、装、饰、装銮、刷染

"装饰"和"彩画"的概念在《营造法式》中多次出现,《法式》还将"装饰"分成两部分,"装銮"和"刷染",用来定义"彩画"的外延,因此是古代文献中对"装饰"概念较为系统的阐释。

值得注意的是,"装饰"一词,已经成为现代建筑争论的焦点之一,同时也是一个常常被模糊和混淆的概念。英语中的 ornament 和 decoration 被笼统地翻译成"装饰",《中国土木建筑百科辞典(建筑)》却又将"装饰"和"装修"混为一谈[2]。通过《营造法式》这部分内容的解读,对于重新认识"装饰"的中文含义、厘清"装饰"的概念有着重要的意义。

3.1.2.1 彩画

"彩画"一词在史料中,即使是宋代的史料中,也并不是专指建筑构件的彩画,而是主要指衣饰[3]、器物[4]、舟车[5]、棺椁[6]的彩画装饰。

---

① [英] 李约瑟. 中国古代科学思想史. 陈立夫,等译. 南昌:江西人民出版社,1999:356
② 建筑装饰(architectural decoration),旧称建筑装修。在建筑物主体工程完成后,为满足建筑物的功能要求和造型艺术效果而对建筑物进行的施工处理。(杨宝晟. 中国土木建筑百科辞典. 北京:中国建筑工业出版社,1999:169)
③ [唐] 长孙无忌等:《隋书》卷 11《礼仪志》,中华书局点校本,第 218 页:"应用绣织成者,并可彩画。"
  [宋] 王溥:《唐会要》卷 38《服纪下》,第 810 页:"古之送终,所尚乎俭。……其衣不得用罗绣彩画。其下帐不得有珍禽奇兽鱼龙化生。"
④ [宋] 王溥:《唐会要》卷 32《乘舆杂记》:"贞观十三年……于盾面彩画为兽头。"
  [宋] 孟元老 著,邓之诚 注:《东京梦华录注》卷 9,第 220 页:"宰执亲王宗室百官入内上寿……高架大鼓二面,彩画花地金龙。"
⑤ 《东京梦华录注》卷 7,第 184~185 页:"驾幸临水殿观争标锡宴……又有飞鱼船二只,彩画间金,最为精巧。"
  《宋史》卷 149《舆服志》,第 3484 页:"五辂……横贯大木以为轴,夹以两轮,轮皆彩画,此辂下饰也。"
⑥ 《宋史》卷 124《礼志》,第 2909 页:"诸葬……其棺椁,皆不得雕镂彩画,施方牖槛。"

在有关建筑的记载中，"彩画"一词常指壁画。例如《汉书》记有"画堂"和"画室"①。"画堂"意为"宫殿中彩画之堂"②，"画室"意为"雕画之室"。唐人颜师古由此推断，汉代宫殿常有"彩画之堂室"③。这里的"雕画"和"彩画"，都与"画"同义，应该是指的壁画。宋代仍有将壁画称作"彩画"的例子，如刘道醇的《宋朝名画评》便有"彩画列壁"的说法④。北宋宫中还有"彩画匠人"之职，地位低于图画院。《益州名画录》记载两位五代入宋的画师，开始时被发落作"彩画匠人"，后因才华被皇帝赞赏而被擢升至画院⑤。这里的"彩画匠人"，可能壁画和建筑彩画兼而有之。

"彩画"一词用来指建筑构件的表面装饰，应该是宋代以后的事。例如《营造法式》中的"彩画作"，就是专指建筑而言，再如《梦粱录》记南宋临安城内的酒肆"门首彩画欢门，设红绿杈子"⑥，是在门窗上施"彩画"的例子。

3.1.2.2 "装銮"与"刷染"

在《营造法式》中，"彩画"可以分为两个主要类型，即"装銮"和"刷染"，见"卷2·总释下·彩画"末尾的小注：

"今以施之于缣素之类者，谓之**画**；布彩于梁栋枓栱或素象什物之类者，俗谓之**装銮**，以粉、朱、丹三色为屋宇门窗之饰者，谓之**刷染**。"

"装銮"，除了《营造法式》的阐释之外，还见于《梦粱录》：

"其他工使之人，或名为'作'……**装銮作**、油作、木作、砖瓦作、泥水作、石作……"⑦

从"木作"、"石作"等词汇看来，《梦粱录》中的"装銮作"，很可能就是专做建筑彩画的工种，即"彩画作"。

另据《六艺之一录》转抄南宋淳祐四年(公元1244年)碑《如愚居士书满庭芳词》："来斯十四载，装銮佛像、塔宇尽光鲜。"⑧此处"装銮"还包括在佛像上施彩绘的意思。

总的来说，"装銮"是结合了纹样或叠晕的彩画作法，是等级较高的做法，包括"五彩遍装"、"碾玉装"、"叠晕棱间装"、"解绿结华装"、"杂间装"等名目。而"刷染"则是1~3种色彩的简单平涂，是等级较低的做法，有"解绿刷饰"、"丹粉刷饰"、"黄土刷饰"等名目。结合上节的分析可知，"装銮"和"刷染"可与"装"和"饰"相对应，不论是在对象范畴方面，还是在词语结构方面，都构成了"装饰"的两个主要组成部分。

上述各个样式在《营造法式》的"制度"、"功限"、"料例"等不同位置中出现时，表述方法略有

---

① 《汉书》卷10《成帝纪》，中华书局点校本，第301页："元帝在太子宫生甲观画堂。"
　《汉书》卷68《霍光传》，[唐]颜师古 注，文渊阁四库全书影印本："桑弘羊当与诸大臣共执退光，书奏，帝不肯下。明旦，光闻之，止画室中，不入。[如淳曰：近臣所止，计划之室也，或曰雕画之室也。师古曰：雕画是也。]"
② 何清谷. 三辅黄图校释·卷3. 北京：中华书局，2005：185
③ 《汉书》卷10《成帝纪》，第301页颜师古注释："应劭曰：……画堂，画九子母。……师古曰：……画堂，但画饰耳，岂必九子母乎？霍光止画室中，是则宫殿中通有彩画之堂室。"
④ [宋]刘道醇：《宋朝名画评》卷2，四库本，第11~12页："祥符中，玉清昭应宫成，召令彩画列壁。外有玉皇尊像，犹未装饰。"
⑤ [宋]郭若虚：《图画见闻志》卷3，1963年，第72页："赵长元……随蜀主至阙下，隶尚方彩画匠人，因于禁中墙壁画雉一只，上见之嘉赏，寻补图画院祇候。"卷4，第109页："蔡润……随李主至阙下，隶入作司彩画匠人，后因画舟车图进上，上方知其名，遂补画院之职。"
⑥ [宋] 吴自牧. 梦粱录·卷16. 杭州：浙江人民出版社，1984：141
⑦ [宋] 吴自牧. 梦粱录·卷13. 杭州：浙江人民出版社，1984：115
⑧ 《六艺之一录》卷96，四库本，第20页。

差异,其逻辑关系也有"主干"和"衍生"的区别,现将《营造法式》中各个彩画名目的逻辑关系整理如表 3.2 所示,其中相同样式有不同名目的,合并为一条。

表 3.2　《营造法式》彩画作各名目逻辑框图

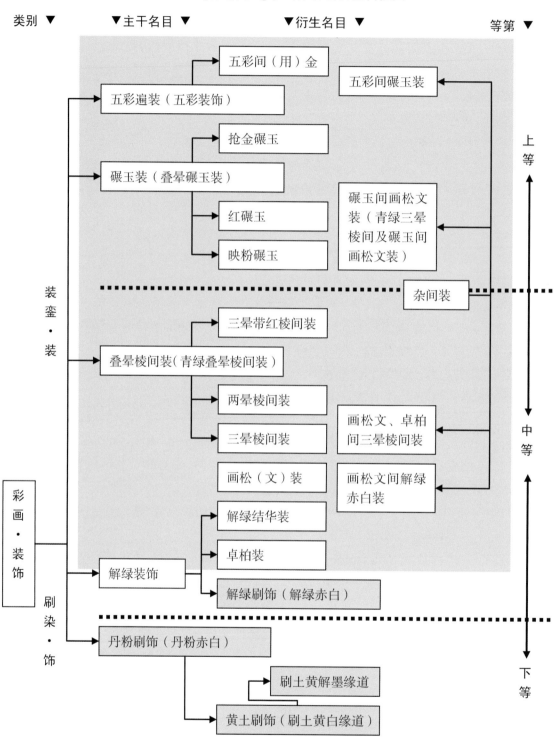

另外,在《营造法式》的文字和图样的编排中,还存在对"**装銮**"和"**刷染**"之间关系的解释模糊的地方:从"总释下·彩画"的解释看来,"刷染"(刷饰)、"装銮"(彩画),是和"画"并列的三个范畴;而在"彩画作制度"(卷 14)中,"丹粉刷饰屋舍[黄土刷饰附]"是"彩画作制度"的一门;在"彩画作制度图样"(卷 33、34)中,"丹粉刷饰"和"黄土刷饰"又被归为"刷饰制度",与"彩画作制度"相

并列,在这里,"彩画"似乎又仅指"装銮"一类了①。

3.1.2.3 "装"与"饰"

由以上对"装銮"和"刷饰"的区分可知,在《营造法式》中,"装饰"虽然已经作为一个双音节词而出现,但是"装"与"饰"却是相对独立的两个概念:

"**装**"在《营造法式》中是一个专门的术语,用来指代某种彩画纹样和色彩的组合样式,如"五彩遍装"、"碾玉装"、"解绿结华装"等;作动词用时,往往要与另一个字结合变为双音节词,如"**装銮**"、"**装饰**"。

而"**饰**"的外延则比"装"略为宽泛一些。如果采用1~3种单色平涂,在《营造法式》中表述为"饰"、"染"、"刷饰"或"刷染",而有意避开了"装"字,例如"解绿刷饰"、"丹粉刷饰"等。

于是,"装饰"一词在《营造法式》中就有了双重的语义。有时相当于"装"的双音节化,例如"(飞走之物)其碾玉华内者,……或以五彩**装饰**";有时又相当于"装"与"饰"的总合,例如"解绿**装饰**"的彩画门类,就包含了"解绿刷**饰**"和"解绿结华**装**"两种。

除了彩画之外,以黑泥塓地,或在砖墙表面做石灰面层,也可称为"饰"②;在石雕的形体上再添线刻纹样,也可称为"装"③。但在现代建筑概念中我们常常认为"具有装饰性"的科栱、琉璃瓦件,甚至砖雕等,虽然可能也会涉及色彩和纹样,由于在宋式建筑体系中具有结构和围护上的必要性,则不属于"装饰"的范畴。

从《营造法式》对"装"与"饰"的词汇运用来看,"装"、"饰"有着如下特点:

1. 在范畴上,属于建筑的结构、围护之外;

2. 在属性上,附加在构件之上;

3. 在功能上,营造整齐和华美的效果。

在中国的先秦文献中,已经出现了"饰"④的概念,而"装饰"一词至迟出现于西晋的译经中⑤,但是直到北宋的《营造法式》,才对"装饰"进行了比较明确的界定,以及审美层次上的阐释。

3.1.2.4 "装饰"与"画"

在《营造法式》中,"装饰"在与"画"的比较中确立自身的特征。在"总释下·彩画"末尾的小注中,对"彩画"的范畴进行了阐释:

"今以施之于缣素之类者,谓之**画**;布彩于梁栋科栱或素象什物之类者,俗谓之**装銮**,以粉、朱、丹三色为屋宇门窗之饰者,谓之**刷染**。"

在这句话里,"**画**"、"**装銮**"和"**刷染**"首次被作为三个相互独立的范畴而提出,而这也正是《营造法式》多次试图界定的三个范畴。

这句话还从艺术媒质的角度区分了三个概念:"画"、"装銮"和"刷染"。其中提出,"施之于缣

---

① 关于此处"彩画"概念的模糊性,吴梅的论文也有所提及,见:吴梅.《营造法式》彩画作制度研究和北宋建筑彩画考察:[博士学位论文]. 南京:东南大学,2004:7

② 见《营造法式》卷2·总释下·涂:"以黑饰地谓之黝,以白饰墙谓之垩。"

《营造法式》卷13·泥作制度·立灶:"凡灶突高视屋身,出屋外三尺。……并以石灰泥饰。"

③ 见《营造法式》卷3·石作制度·柱础:"亦有施减地平钑及压地隐起于莲华瓣上者,谓之宝装莲华。"

④ 见《左传·卷41·昭公元年》:"子晢盛饰入。"

《左传·卷57·哀公元年》:"宫室不观,舟车不饰。"

⑤ 见[西晋] 竺法护译:《佛说方等般泥洹经》:"其乐园世界,有……璎珞装饰树、伎乐树。"(《大正藏》第12册,第920页。)

素"的"画",和《营造法式》所讨论的"彩画"虽系同根,却有着本质的区别,这比"总释·彩画"前半部分所提到的"獣"、"图"、"缋"等概念,又前进了一步。"装銮"和"刷染"对应"彩画作"中"装"和"饰"两个大的门类①。"装銮"和"刷染"施之于"梁栋枓栱"或"素象什物"、"屋宇门窗",相当于贡布里希所强调的"应用艺术"或"附着在实用构件上的艺术"(applied art)②的范畴。

《营造法式》的另一条小注从审美趣味的角度进一步区分了"装饰"③和"画":

"(以青、绿、红为主色作深浅叠晕的用色方法)只可以施之于**装饰**等用,但取其轮奂鲜丽,如组绣华锦之文尔。至于穷要妙夺生意,则谓之**画**。其用色之制,随其所写,或浅或深,或轻或重,千变万化,任其自然,虽不可以立言,其色之所相亦不出于此。唯不用大青、大绿、深朱、雌黄、白土之类。"(卷14·彩画作制度·总制度·取石色之法)

在这里,作者为了区分"装饰"与"画",还用了相当多的篇幅脱开装饰,讨论绘画的原则和禁忌。

这样的内容出现在一部用于监督建筑与装饰工程的"官书"中,是一个值得注意的现象。李诚曾著《五马图》,则定然通晓绘画,《营造法式》是他唯一的传世之作,作为一部"官书",他不能在这里大段地阐述自己对于绘画艺术的见解,只能在小注中零散写出,这或许是一种情不自禁的抒发,也可能是有意为之,以照顾当时贵族读者的文化背景和喜好。然而这些零散的字句却很精练地反映了当时的艺术风气,成为我们研究宋代色彩美学的重要依据。

仔细阅读这段话,可以看出,"装饰"追求"轮奂鲜丽",其中"轮"指高大,"奂"指繁多④,"鲜丽"则指由高纯度色彩而产生的华丽效果。作者又举出"组绣华锦之文"作为例子,表明了建筑装饰对丝织品和花卉植物华丽而高度秩序化的形式模仿。相反的,"画"并不拘于这样的格式,其设色法则"千变万化,任其自然,不可立言",却有着"妙"与"意"的审美追求。

这段话对于绘画色彩的论述,在某种程度上代表了北宋时期对于绘画和装饰色彩的认识,可以和南北朝艺术理论家谢赫所提出的"六法"中的"随类赋彩"进行比较:

关于"随类"的"类",有几种解释,一解"物",一解"画"⑤,还有人解为"五行的分类"⑥。将"类"解释为"物",将"随类赋彩"解释为"随物赋彩",是试图证明我国在南朝时已经有了色彩的写实观念,然而这样则不能解释为什么在南北朝的绘画遗物中,对色彩的表现都还仅限于概念的表达,而未曾达到逼真的效果。至少从最终的效果看来,南朝的"随类赋彩"的"类"直解为"分类"更恰当些。至于"随物赋彩",实际上是到宋代"院体"画家写实主义作风的支持下才真正地实现,对色彩的微妙变化已经有了"(正午花)披哆而色燥,(带露花)则房敛而色泽"⑦的认识。而在元以后,随着"写意画"的风行,写实的风格又逐渐衰落了。所以,北宋时期可以说是中国色彩写实的顶峰。

在理论层面上,《营造法式》提到的"随其所写",即为"随写的对象",已经明确了"随物"的概念,而"或浅或深,或轻或重",则表明了当时已经开始追求色彩在"明度"和"彩度"上的丰富变化。"千变万化,任其自然",亦可有两种理解:一解为"模仿对象的自然形态",属于"写实"或"再现"的范畴;一解为"任由笔下色彩的自然变化",属于"写意"或"表现"的范畴。"其色之所相亦不

---

① 作者在这里为了区分"装"和"饰",有意避开了"装饰"一词。
② 英文中的 applied 一词同时具有"应用"和"附着"两个意思,暗示装饰图案必须附着在某个天然的或人造的结构上。见:[英] E H 贡布里希. 秩序感——装饰艺术的心理学研究. 范景中,杨思梁,徐一维,译. 长沙:湖南科技出版社,2000:73
③ 注意这里"装饰"一词等同于"总释"那句话中"装銮"和"刷染"的总和。
④ 见《礼记·檀弓下》:"美哉轮焉,美哉奂焉。"[汉] 郑氏注:"轮,言高大。奂,言众多。"
⑤ 付阳华. 色彩的境界人文观照与画绘表现——陈绶祥谈国画色法. 美术观察,2003(04)
⑥ 陈滞冬. 中国画的哲学色彩论与五原色体系. 文艺研究,1998(03)
⑦ [宋] 沈括. 梦溪笔谈校证·卷17. 胡道静,校证. 上海:上海古籍出版社,1987:541

出于此",指绘画"色相"的变化不出于青、绿、红三种"主色"。这短短数十字,已经简洁明了地表达了当时的绘画色彩所追求的主要目标——写实性与丰富性;其中已经涉及了现代色彩学中关于色彩知觉的三个要素——"明度"、"彩度"和"色相"。

将前引《营造法式》的两段话与阿恩海姆在 20 世纪 60 年代发表的观点,也是现在比较公认的装饰概念进行比较,可以进一步认识《法式》的"装饰"概念:

"(艺术品)必须与现实世界分离,必须有效地把握现实事物的整体性特征。一件艺术品的组织系统,是由它所陈述的内容从内部决定的。而装饰艺术品的组织系统是由它装饰的事物(功能和形式)从外部决定的。所以装饰艺术允许式样的重复,要求形状的简化性和排列的规则性。……在一件艺术品中,同一个式样是不能出现两次的……避免使用规则性很强的式样。"[①]

兹将阿恩海姆和《营造法式》关于装饰与纯艺术的观点分别列表 3.3 如下:

表 3.3 关于装饰与纯艺术的两种观点比较

来源	比较点	艺术品/画	装饰艺术品/装饰
阿恩海姆	决定因素	陈述的内容	装饰的事物(功能和形式)
	创作原则	不允许重复	允许式样的重复,要求形状的简化性和排列的规则性
《营造法式》	媒质	施之于缣素之类	梁栋枓栱、素象什物、屋宇门窗
	创作原则	妙夺生意,不可以立言	轮奂鲜丽,如组绣华锦之文

通过以上比较可以发现,《营造法式》已经提到了"装饰"的基本特征,即需要附着于其他事物,如梁栋枓栱、素象什物、屋宇门窗之类;然而在将"装饰"与"画"进行比较时,却将媒质当做了决定因素。这一观点在今天看来,多少有一点"工具决定论"的意味。

在创作原则方面,阿恩海姆的阐述强调规则性的差异,适用于各个时代、不同风格的装饰与艺术。《营造法式》实际上也提到了这一层面的差异——"不可以立言"就是指绘画艺术不能用成文的规则来限定。而以"组绣华锦"等纹样作比,实际上就是强调了装饰纹样的规则性。

而"鲜丽"作为《营造法式》对于装饰艺术的追求,有着强烈的时代性和地域性。这样的审美情趣显然已经没有太多伦理和哲学的意蕴,却有着强烈的世俗化、装饰化倾向,和中唐以前的室内空间重视壁画而不追求结构构件装饰有本质的区别。这和宋代工商业的发展,以及绘画艺术及工艺美术的世俗化是分不开的。在"彩画制度"中,鲜艳"石色"的使用,以及"叠晕"和"间装"的手法,都是为了实现"轮奂鲜丽"的效果。而"鲜丽"正可以看做《营造法式》彩画的主要特征。(参见本书 5.4 节)

前引《营造法式》中的这段话除了装饰和绘画不同的原则之外,还提到绘画用色与装饰用色不同的禁忌,是从技术层面补充说明"绘画"与"装饰"的区别:"唯不用大青、大绿、深朱、雌黄、白土之类"。另外在《营造法式》的"总制度·调色之法"中也提到"雌黄……[亦不可施之于缣素]"。

大青、大绿、深朱,属于矿物颜料中颜色最深、颗粒最粗的部分,一般不用于绘画,例如唐代的《历代名画记》就曾提到"古画不用头绿、大青"[②],元代画论也提到"头绿粗恶不堪用"[③]。白土和大青、大绿一样,也属最粗糙的白颜料,而雌黄又忌铅粉及桐油。所以,"大青、大绿、深朱、雌黄、

① [美] 阿恩海姆. 艺术与视知觉. 滕守尧,朱疆源,译. 成都:四川出版集团,1998:186~192
② [唐] 张彦远. 历代名画记·论画体工用搨写. 秦仲文,黄苗子,点校. 北京:人民出版社,1963:26
③ [元] 李衎:《竹谱》,四库本,卷1,第18~20 页。

白土之类"虽然在彩画制度中得到广泛的运用,一般却不用于绘画。

3.1.3 样、造、作、装饰

对于"样"、"造"、"作"这三个概念在《营造法式》以及整个中国古代建筑设计营建中的意义,张十庆先生已撰文分析,认为其"对于进一步认识中国古代建筑的性质、特色,以及准确理解和把握《营造法式》的相关内容,或有一定的意义"[①]。如果进一步将这几个概念和《营造法式》的"装饰"概念进行比较,将会发现《营造法式》对于装饰与结构之间关系的认识,这对于《营造法式》设计思想的研究有着重要的意义。

3.1.3.1 "样"与"造"

"样",本义是栩树的果实[②],后来主要指式样和形状[③]。"样"在《营造法式》中并没有得到特别的阐释,但是对于《营造法式》的性质和特色却有着至关重要的意义。

现代学者已经注意到了"样"的概念对于古代造型史的重要性,把"样"定义为"造型所依据的稿本",并认为"样"的概念"应在南北朝时即已十分成熟和明确"[④]。进一步说,在历史上,"样"至少有两层含义:

第一,是个别的设计或构思的稿本,是个人创作的成果,也反映了设计和构思的过程。

第二,是成为范例的优秀稿本。由于稿本一般可以多次使用,因此一旦得到认可,即被人们广为流传,甚至由政府强制颁行,变为一种流派,或标准化和批量化的工具。

以下从这两个方面对"样"的含义与运用进行初步的考证。

一方面,作为一种设计的过程,"立样",即利用"图样"、"小样"、"木样"、"纸样"、"烫样"(即图纸或模型)对建筑或器物的设计进行说明和检验。在隋代以后的史料中,"立样"的方法已经比较常见。

例如隋炀帝年间,每当建造之前,须先令少府将作官员黄亘和黄衮"立样",当时"工人皆称其善,莫能有所损益"[⑤]。宇文恺为"复古制明堂","博考群籍,为明堂图样……以一分为一尺"[⑥],"其样以木为之"[⑦]。宇文氏凭借这个百分之一的木模型,以及两卷引经据典的《明堂图议》,打破了"议者皆不能决"[⑧]的僵局,获得了皇帝的批准。可见"立样"在当时,已经是表现设计意图的重要方法。

唐代已有人提出"作器者先须立样"[⑨],此时"立样"可能已经成为设计的惯例或规则。

在宋朝,"样"对于设计的作用已经不仅仅是为审批者提供直观的视觉信息,而是常常可以通过精密的模型制作,对设计的合理性进行检验。例如北宋初年喻浩建造开宝寺塔之前,制作了

---

① 张十庆. 古代营建技术中的"样"、"造"、"作". 见:建筑史论文集(第 15 辑). 北京:清华大学出版社,2002
② 《说文解字》卷 6 上:"样,栩实,从木。"
③ "样"指"式样",见[元] 张昱,《宫词》:"宫衣新尚高丽样。"
　 "样"指"形状",见[宋] 陆游,《老学庵笔记》卷 8:"晁以道藏砚,必取玉斗样,喜其受墨渖多也。"("渖","沈"的异体,意为"汁"。见《说文解字》:渖,汁也。从水,審声)
④ 张十庆. 古代营建技术中的"样"、"造"、"作". 见:建筑史论文集(第 15 辑). 北京:清华大学出版社,2002
⑤ 《隋书》卷 68《何稠传》,第 1599 页。
⑥ 《北史》卷 60《宇文贵传》,中华书局点校本,第 2142 页。
⑦ 《隋书》卷 68《宇文恺传》,第 1593 页。
⑧ 《北史》卷 60《宇文贵传》,中华书局点校本,第 2142 页。
⑨ [宋] 张有,《复古编》原序:尝闻枣柏之言曰:"作器者先须立样,造车者当使合辙。"
　 枣柏,唐代高僧,原名李通元,著有《华严论》等。

一个小样,画家郭忠恕据此发现了一个设计上的误差①。北宋末年造天象仪,亦先"造小样验之",试验成功后才由国家投资建造②。

《营造法式》记有"定侧样"的方法:"先以尺为丈,以寸为尺,以分为寸,以厘为分,以毫为厘,侧画所建之屋于平正壁上;定其举之峻慢,折之圜和,然后可见屋内梁柱之高下,卯眼之远近。"③即是以十分之一的比例画侧视图,计算构件尺寸、确定构造做法。

《营造法式》还记有雕作之前,先"量宜分布画样",然后"随其卷舒,雕成华叶"的做法④,即雕刻之前,先以"画样"作为稿本,确定雕刻的造型和布局。

关于用"样"作为对图纸的称呼,一直延续到近代,旧上海称建筑事务所为"打样间",称其内工作的外国人为"打样鬼"。

另一方面,"样"作为一种流派,或标准化、批量化的工具,并不是单纯的设计稿本。因为"样"具有可重复使用的特点,人们可以依据"样"来复制或模仿一个设计。例如北宋治平年间,东都大相国寺壁画毁于水灾,后根据"内府所藏副本小样"对壁画进行复原,但这种复原并非简单地照抄,仍有匠师发挥个人"新意"的成分⑤。

进一步说,当一个特定的设计,或者某种造型的个人风格得到社会的认可,也会成为一种"样",此时的"样",便成为社会模仿和传承的范本。例如在宋代以前,绘画就有曹不兴的"曹家样"、吴道子的"吴家样"、张僧繇的"张家样",书法有柳公权的"柳家新样",织锦有窦师纶的"陵阳公样"⑥,其中曹、吴的画法甚至在数百年后还被收入《营造法式》,成为一种受到大量摹写和传承的样式⑦。《营造法式》的"功限"和"等第",还用"华样"来泛指"制度"所提到的各类纹样⑧,这也是用"样"来表示一种定型样式的例子。

在唐代,政府已经通过"样"的颁行来统一标准、控制成本和质量。例如生产兵器时,"官为立样"⑨,生产器物时,"无凭好恶,须准故造作样,以颁诸州令,其好不得过精,恶不得至滥"⑩。宋代

---

① [宋] 释文莹:《玉壶清话》卷2,丛书集成本,第18页:"郭忠恕画楼阁重复之状,梓人较之,毫厘无差。太宗闻其名,诏授监丞。时将造开宝寺塔,浙匠喻浩料一十三层,郭以浩所造小样末底一级折而计之,至上层余一尺五寸,收杀不得。谓浩曰:宜审之。浩因子夕不寐,以尺较之,果如其言。黎明扣其门,长跪以谢。"
② 《宋史》卷80《律历志》,第1906页:"宣和六年七月,宰臣王黼言:臣崇宁元年邂逅方外之士于京师,自云王其姓,面出素书一,道玑衡之制,其详,比尝请令应奉司造小样验之,逾二月,乃成璇玑。"
③ 《营造法式》卷12·雕作制度。
④ 《营造法式》卷5·大木作制度二·举折之制。
⑤ [宋] 郭若虚:《图画见闻志》卷6,第149~150页:"治平乙巳岁(公元1065年),雨患大相国寺,以汴河势高,沟渠朱治,寺庭四廊,悉遭淹浸,圮塌殆尽。其墙壁皆高文进等画,惟大殿东西走马廊相对门庑不能为害,东门之南王道真画《给孤独长者买祇陀太子园因缘》,东门之北李用及与李象坤合画《牢度义斗圣变相》,西门之南王道真画《志公变相》、《十二面观音像》,西门之北高文进画《大降魔变相》,今并存之,皆奇迹也。其余四面廊壁皆重修,后复集今时名手李元济等,用内府所藏副本小样重临仿者,然其间作用各有新意焉。"
⑥ 《历代名记》卷2:"曹创佛事画,佛有曹家样、张家样及吴家样。"
   《康熙字典》引旧唐书《柳公权传》:"公权在元和间书法有名,刘禹锡称为'柳家新样'。"
   《历代名记》卷10:"窦师纶……封陵阳公,性巧绝……凡创瑞锦、宫绫,章彩奇丽,蜀人至今谓之'陵阳公样'。……高祖太宗时,内库瑞锦,对雉、斗羊、翔凤、游麟之状,创自师纶,至今传之。"
⑦ 《营造法式》卷14·彩画作制度·五彩遍装:"云文有二品:一曰吴云。二曰曹云。"
⑧ 《营造法式》卷24·诸作功限一·雕木作:"(钩阑槛面实云头)雕华样者同华版功。"
   《营造法式》卷25·诸作功限二·砖作功限:"(事造剜凿)龙凤、华样、人物、壶门、宝瓶之类。"
   《营造法式》卷28·诸作等第:"竹作:织细蕈文簟间龙凤或华样……为上等。"
⑨ 《唐六典》卷20,北京:中华书局,1992年,第543页:"造弓矢长刀,官为立样,仍题工人姓名。"
⑩ 《旧唐书》卷48《食货志》,中华书局点校本,第2090页:"开元八年正月敕:顷者以庸调无凭,好恶须准,故造作样,以颁诸州,令其好不得过精,恶不得至滥。任土作贡,防源斯在,而诸州送物,作巧生端,苟欲副于斤两,遂则加其丈尺。至有五丈为疋者,理甚不然。阔一尺八寸,长四丈,同文共轨,其事久行。立样之时,亦载此数。"

《营造法式》的颁行，更是"别立图样，以明制度"①。此时"样"已经有了"范式"、"范本"的明确含义，甚至在训诂释义之书中，也已将"样"定义为"器之式范"②。

由此，"样"的语义，从"特殊"（或"个别"）走向了"一般"（或"典型"）。从历史的角度来看，具有传承性的"样"则成为了一种"可以辨认的历史原型"，是各个时代的"风格"赖以存在的基础③。日本建筑史上的"和样"、"唐样"、"天竺样"等，也正是表明了风格传承的来源④。

此外，"样"作为范本的作用，并非供人"不假思索地照搬"⑤。在《营造法式》酝酿的年代，宋太祖就曾用"依样画葫芦"⑥来讽刺照搬前朝范本的行为；数十年后，王安石又提出"法先王"并不是要照抄，而是要"法其意"⑦，当时的画匠名家，即使是临摹模板，也是"其间作用各有新意"⑧。由此也可以理解，为何《营造法式》经过"海行"和重印，在两宋有过很大的影响，但是现存宋代建筑实物中却没有一座与《营造法式》所提供的图样完全吻合的建筑，也没有两座完全相同的建筑。

如果将"样"与《法式》中的另一个重要概念，"造"（参见下节对"造"的考证），进行比较，可以发现，"样"和"造"分别表述"定型作法"的两个方面。"样"偏重于形式层面，"造"偏重于技术层面；"造"是"样"在技术上的深入和具体化⑨，反过来，"样"又是"造"在形式上的整体化和图像化。"样"对"造"的表达和传承有着重要意义，例如前面提到过，唐代制作器物已有"造作样"，就是指用图样来表达具体做法，由于其较好的直观性，因而便于官方控制产品的质量和造价。

《营造法式》正文 3000 余条，主要涵盖"造作"、"名件"、"讲究"、"规矩"、"增减之法"等，其中以"造作"为内容的核心，另附图样 6 卷，目的是"别立图样，以明制度"⑩。

由此可见，《营造法式》已经注意到"样"和"造"互为表里的关系，据此可以作表 3.4，表达"样"与"造"在设计和风格形成的过程中所起的作用。

---

① 《营造法式》看详。
② 《六书故》卷 21："今俗以器之式范为样。"
③ [英] 大卫·史密斯·卡彭. 建筑理论. 王贵祥，译. 北京：中国建筑工业出版社，2007：边码 108："建筑风格可以在两个方面进行定义：(1)'式样'(styles)，是指那些可以辨认的历史原型；(2)'风格'(style)，意味着反映了各个时代的技术与精神的当时建筑的一些种类。"
④ 张十庆. 古代营建技术中的"样"、"造"、"作". 见：建筑史论文集(第 15 辑). 北京：清华大学出版社，2002
⑤ [英] 大卫·史密斯·卡彭. 建筑理论. 王贵祥，译. 北京：中国建筑工业出版社，2007：边码 113~114："存在着两种联想，或模仿，这应该在建筑设计中加以区别——经过深思熟虑的和不假思索的。例如，斯科特描述'手中拿着德国样式手册的无知建造商们，不大可能去创造空间、比例与高尚'。瓦格纳写道'决不要去做那种从其他范式中拷贝、模仿的事情'，赖特抱怨那种'模仿模仿之物，拷贝拷贝之物'。"
⑥ [宋] 曾慥：《类说》卷 17《东轩笔录·依样画葫芦》，四库本，第 1 页：(宋)太祖(谓陶谷)曰："颇闻翰林草制皆检前人旧本。改换词语。此乃俗所谓依样画葫芦耳。"
⑦ [宋] 王安石：《临川文集》，卷 39·上仁宗皇帝言事书："臣以谓今之失患，在不法先王之政者，以谓当法其意而已。夫二帝三王，相去盖千有余载，一治一乱，其盛衰之时具矣。其所遭之变，所遇之势亦各不同，其施设之方亦皆殊。而其为天下国家之意，本末先后，未尝不同也。臣故曰：当法其意而已。法其意，则吾所改易更革，不至乎倾骇天下之耳目，嚣天下之口，而固已合乎先王之政矣。"
⑧ [宋] 郭若虚：《图画见闻志》卷 6，第 149~150 页
⑨ 张十庆. 古代营建技术中的"样"、"造"、"作". 见：建筑史论文集(第 15 辑). 北京：清华大学工业出版社，2002
⑩ 见《营造法式》看详·总诸作看详。

表3.4　"样"与"造"在设计和风格形成的过程中所起作用示意

样：形式层面（造型、比例、尺度）

以法式控制设计

立样		样式		图样		时代
设计创作	社会认可 →	范本	总结归纳 →	模式法式	群体积淀 →	时代风格
造作安卓装饰		经久行用之法		制度		北宋官式

以法式控制设计

造：技术层面（材料、构造）

3.1.3.2　"造作"与"装饰"

"造"的本义即是建造和制作,如《周易·乾卦》："飞龙在天,大人造也"。

"作"的本义是"兴起",如《周易·乾卦》："圣人作而万物睹";后引申为建造,与"造"的意思相近①;秦朝始设"将作少府"②,为后世所沿袭,"作"由此开始有了"工种"的含义。

根据张十庆先生的考证③,"造"和"作"在中国古代营建技术中各有特定的含义:"造"表示标准化的结构类型与构造作法④,"作"则表示专业化的工种区分,两者的内涵有着根本的不同。

其中,"造"在中国古代建筑术语中用来表示定型的构造作法,可以在《营造法式》中找到充足的证据。(详见表3.5)"造"用作名词后缀,相当于"造……者",如《营造法式》卷13·瓦作制度提到"造厦两头者"。"造"一般作为某种作法名称的后缀,用来强调该构造节点作法已成定型。有时"造"字省略,但词组意思不变。例如《营造法式》卷4·大木作制度一·总铺作次序将"偷心"定义为"凡铺作……若逐跳上不安栱而再出跳或出昂者,谓之偷心",后文再提到该作法时,就用"偷

---

① 《六书故》,卷8："作,奋兴也。引之则凡有所作兴肇造,皆谓之作。"
《诗经·鄘风》："定之方中,作于楚宫。"
② 《通典》卷27,第160页："秦有将作少府,掌治宫室。汉景帝中元六年,更名将作大匠。"
③ 张十庆. 古代营建技术中的"样"、"造"、"作". 见: 建筑史论文集(第15辑). 北京:清华大学出版社,2002
④ "造"用来表示中国古代建筑标准化的"结构类型",这一观点似可商榷,因为作为"结构类型"的"殿阁造"和"厅堂造"未见于包括《营造法式》在内的众多古籍,而都是以"殿阁"和"厅堂"的提法出现。虽然"造"在日本古代建筑中确实用来表示建筑形态与结构形式的分类,例如"神明造"、"春日造"等,但这并不足以作为中国古代建筑中"造"字含义的证据,而可能是营造术语向海外传播后产生的变异。

心"或"偷心造"代替。

"造"与"作"作为动词时都可解为"建造"或"制作",其界限比较模糊。这两个字在汉以后的文献中常常连用[1],南宋绍圣年间又在苏杭设"造作局",专造御用器物[2]。"造作"一词,在《营造法式》中常见,例如:

"与诸作谙会经历造作……各于逐项制度、功限、料例内创行修立……因依其逐作造作名件"(总诸作看详),其中的"造作"即"制作"的意思。

此外,在"大木作"、"小木作"和"石作"中,还有"造作功"的概念,与"安卓功"相对,表示制作或加工某定型构件所用的工时。

在元代政书《吏学指南》中,"造作"解为"督量工程,确其物料"[3],并不强调"制作"概念,而是强调用料的概念,与《营造法式》中的含义有一定差距。

为了进一步弄清《营造法式》中"造"的含义,以下列表对《营造法式》中出现的"造"进行初步统计,见表3.5。

表3.5 《营造法式》中以"造"为名的作法统计

构件		"造"(作法)的类型
大木作	枓栱、襻间等	偷心造 / 计心造;下昂造 / 卷头造;双昂造 / 单昂造;四铺作造 / 五铺作造;单栱造、重栱造;两材造 / 一材造
	平坐	叉柱造 / 缠柱造
	厅堂	厦两头造 / 不厦两头(造)
	屋内	彻上明造 / 施平棊、平闇(造)
	钩阑	枓子蜀柱造
	飞子、连檐等	两条通造 / 交斜解造("造"在此为"加工"之意)
	椽	缠斫事造 / 斫楼事造 / 事造圜椽("事造",应为"加工"之意)
	驼峯	毡笠样造
小木作、雕木作	版(白版、栱眼壁版、华版等)	牙缝造(牙头护缝造) / 直缝造 / 难子合版造;雕华造 / 万字 / 钩片造
	牙头	如意头造
	缝	劄造
	华文雕作	剔地起突 / 透突造
	门	腰串造 / 双腰串造/单腰串造
	窗下墙	障水版、牙脚、牙头、填心难子造 / 心柱编竹造 / 隔减窗坐造
	照壁屏风骨	截间造
	睒电窗	水波文造
	露篱上部	版屋造 / 相连造
	棵笼子	双榥子镢脚版造
	帐顶、帐身	山华蕉叶造 / 五铺作九脊殿结瓦造 / 五铺作下昂重栱出角入角造 / 隔科欢门帐带造 / 立颊泥道版造
	钩阑	撮项云栱造 / 瘿项云栱造
	桯、子桯、腰串、帐柱、望柱、寻杖等	方直破瓣撺尖造 / 方直破瓣叉瓣造 / 方直造 / 斜合四角 / 破瓣单混造 / 归瓣造 / 破瓣仰覆莲华单胡桃子造;圜混 / 四混 / 六混 / 八混造
	格子	条桱重格眼造
	华盆	卷搭造

① [汉] 王充:《论衡》,卷29:"夫不论其利害,而徒讥其**造作**。"
② [元] 陶宗仪:《说郛》,卷55:"明年,改元绍圣……蔡京父子欲固其位,乃倡丰亨豫大之说,以恣蛊惑。童贯遂开**造作局**于苏杭,以制御器。"
③ [元] 徐元瑞. 吏学指南. 杭州:浙江古籍出版社,1988:54

	构件	"造"(作法)的类型
小木作、雕木作	宝床	垂牙豹脚造
	下串之下	地栿地霞造
	叠涩	芙蓉瓣造
	胡梯	两盘 / 三盘造
	垂鱼惹草	华瓣 / 云头造
	柱头、鼓座等	二段 / 三段造
	宝柱子	仰合莲华、胡桃子、宝瓶相间通长造
	雕镌	描华文钑造 / 素造 / 剔地起突华造
	柱内平面	起突壶门造
石作	钩阑	撮项造
	袂	合角造
	将军石、马台、井口石、鳌坐等	方直混棱造;叠涩造;素平面 / 素覆盆 / 起突莲华瓣造;龟文造
	卷輂水窗	双卷眼造
彩画作	云头望柱头	五彩 / 碾玉装造
	华表柱	刷土朱通造 / 绿筍通造

由表 3.5 的统计可以看出,大木作、小木作、石作等用"造"表示的定型作法品种繁多,而彩画作中"造"的出现其少。但值得注意的是,这几处恰好涵盖了"彩画"中"装銮"(五彩或碾玉装造)和"刷染"(刷土朱通造 / 绿筍通造)两种类型。而各种名目的"装銮"和"刷染"实际上正是"彩画作"中的定型作法,这些定型作法常常被称为"……装"、"……饰"、"刷……",而不是"……造"。而《营造法式》表达制度的惯用语,在大木作、小木作部分常常是"造……之制",在"彩画作"部分却变成了"……之制",唯独去掉了"造"字。

可见虽然"装"、"刷"(或"饰")和"造"属于相近的范畴,但只有在很偶然的情况下,"装"、"刷"(或"饰")才会与"造"连用。这样的差异,显然是有意为之。在这里,《营造法式》对不同工种的作法进行了某种本质的区分:"彩画"是一种"表面处理",其局部定型作法用"装"、"刷"(或"饰")来表示;而大木、小木、石作等等,都是指某种三度空间的形式或特征,其局部定型作法用"造"来表示。这样的区分正可以和西方建筑理论中,对于"decoration"和"ornament"的区分相对应:

"ornament 来自拉丁文 ornamentum,为了修饰而增加些什么东西。在建筑中它倾向于意指一个三度空间的形式或特征。decoration 来自拉丁文 decor,意味着得体。在建筑中它用来表达一种适当的表面处理,无论涂料、纸或类似的东西,而且是与风格相关联的。"[1]

简而言之,"造作"表达局部的定型做法,可与"ornament"相对应,而"装饰"表达适当的表面处理,可与"decoration"相对应。由此中西方文化中的"装饰"概念,有了更多对话的可能性。

3.2　关于制度的术语

3.2.1　五彩遍装

"五彩遍装"是《营造法式》中最具代表性、最复杂、所占篇幅最多的彩画样式,也是本书重点阐述的部分。关于"五彩遍装"色彩、纹样与构图的分析,见于本书各章,于此不再详述。这里仅对

---

[1] ［英］大卫·史密斯·卡彭. 建筑理论. 王贵祥,译. 北京:中国建筑工业出版社,2007:223

《营造法式》有关"五彩遍装"的材料,以及"五彩遍装"的步骤、原料、历史演变作一概略的介绍,并对"五彩遍装"的主要特征进行总结。

3.2.1.1 《营造法式》中关于"五彩遍装"的材料

在《法式》中,关于"五彩遍装"的介绍主要有以下几个部分:

《法式》卷 14 第 2 篇"五彩遍装"(见 2.2 节[14.2]),共 2000 余字,从四个方面介绍了"五彩遍装"的形制和做法:

1. 构图:缘道做法,及其色彩和尺寸的规定(第四章之彩畫作制度圖二);
2. 色彩:用青、绿、红叠晕与间装的设色方法(第四章之彩畫作制度圖一);
3. 纹样:华文、琐文、龙凤走飞等名目、画法与用法(第四章之彩畫作制度圖二十九);
4. 装饰与构件的搭配关系(第四章之彩畫作制度圖三)。

《法式》卷 14 第 7 篇为"杂间装",记有"五彩间碾玉装"的做法,并提到"用间红青绿三晕棱间装与五彩遍装及画松文等相间装"的做法,可见"五彩遍装"在实际运用中,还可与"碾玉装"、"三晕带红棱间装"和"画松文装"搭配使用。

《法式》卷 25 第 3 篇的"彩画作"(见 2.3 节[25.3.1]–[25.3.3])中,又有"五彩间金"的名目。"五彩间金"和"五彩遍装"同属于上等彩画[①],其中"五彩间金"所用人工约为"五彩遍装"的 1.2 倍[②],因此更为昂贵(见 3.4.2.3 节"间金"条)。

《法式》卷 33、卷 34,有"五彩杂华第一"、"五彩琐文第二"、"飞仙及飞走等第三"、"骑跨仙真第四"、"五彩额柱第五"、"五彩平棊第六"、"五彩遍装名件第十一"共 7 篇 133 幅图样(参见表 1.3),从形象的角度表现了"五彩遍装"所用的各类纹样,以及各种构件的装饰方法。

3.2.1.2 "五彩遍装"的主要特征

总的来说,"五彩遍装"的主要特征可以概括为以下几点:

第一,在构图方面,各种木构件都划分为"缘道"和"身内"两部分。"缘道"又分为"外缘道"和"空缘"两段,内外缘道总尺寸占构件高度的 1/9 左右[③];以 4~6 层叠晕色阶作"缘道对晕",强调木构件丰富的轮廓线条;在"身内"填充各种纹样(参见本书 5.2 节)。

第二,在色彩方面,以青、绿、红三色为主,小面积点缀黑、白、黄等色。青、绿、红三色,采用石青、石绿、朱砂三种矿物颜料研漂得出的不同明度的色阶,根据纹样的结构由浅至深分层平涂作"叠晕",或深色在外浅色在内作"对晕",相邻的色域或相邻的构件须作"间装",即尽量采用不同的颜色和花样。由此,一方面可以通过色彩强调纹样的结构,另一方面则由强烈的冷暖对比和明度对比而达到"鲜丽"的视觉效果(关于"五彩遍装"色彩的详细分析,参见本书 5.3、5.4 节)。

第三,"五彩遍装"的纹样样式极其丰富,共有百余种(表 3.6),其中最主要的有两类,即以植物特征为主的"华文"和以几何特征为主的"琐文",在"华文"之内,还可以点缀"行龙"、"飞仙"、"飞禽"、"走兽"等,也有全用"龙凤走飞"装饰的,则以"云文"补空。不论是"华文"还是"琐文",其

---

① 《营造法式》卷 28·诸作等第·彩画作:"五彩装饰[间用金同。],青绿碾玉……为上等。"
② "五彩间金"4 尺 4 寸为一功,"五彩遍装"5 尺 5 寸为一功。
③ 据"五彩遍装之制"条:"梁栱之类,外棱四周皆留缘道……[梁栱之类缘道,其广二分。枓栱之类,其广一分。]外留空缘,与外缘道对晕。[其空缘之广,减外缘道三分之一。]"枓栱之类构件,按单材算,高 15 分,如果外缘广 1 分,空缘广 2/3 分,则合计 1.7 分,约占构件总高的 11%;梁栿之类构件,按"大木作·造梁之制",高 35~43 分,如果外缘广 2 分,空缘广 4/3 分,则合计 3.3 分,约占构件总高的 8%~9%。

表 3.6 五彩遍装纹样统计表

类别	名目		备注
华文 9品 19种	第1品,3种	海石榴华,宝牙华,太平华	又名"通用六等华"、"海石榴等华"。宜于梁、额、橑檐枋、椽、柱、枓、栱、材、昂、栱眼壁及白版内凡名件之上,皆可通用
	第2品,2种	宝相华,牡丹华	
	第3品,1种	莲荷华	
	第4品,3种	团科宝照,团科柿蒂,方胜合罗	宜于枋、桁、枓、栱内,飞子面相间用之
	第5品,1种	圈头合子	
	第6品,4种	豹脚合晕,梭身合晕,连珠合晕,偏晕	宜于枋、桁内,飞子及大小连檐相间用之
	第7品,2种	玛瑙地,玻璃地	宜于枋、桁、枓内相间用之
	第8品,1种	鱼鳞旗脚	宜于梁、栱下相间用之
	第9品,2种	圈头柿蒂,胡玛瑙	宜于枓内相间用之
琐文 6品 22种	第1品,4种	琐子,联环琐,玛瑙琐,叠环	宜于橑檐枋、槫、柱头及枓内。其四出、六出亦宜于栱头、椽头、方桁相间用之
	第2品,4种	簟文,金铤文,银铤,方环	
	第3品,3种	罗地龟文,六出龟文,交脚龟文	
	第4品,2种	四出,六出	
	第5品,1种	剑环	宜于枓内相间用之
	第6品,8种	曲水,王字,万字,斗底,钥匙头,天字,丁字,香印	宜于普拍枋内外用之 (后3种据图样补)
飞仙 2品 3种	第1品,1种	飞仙	凡华文施之于梁、额、柱者,间以行龙、飞禽、走兽之类于华内。……枓内间以化生或龙凤之类
	第2品,2种	嫔伽,共命鸟	
飞禽 3品 11种	第1品,4种	凤凰,鸾,孔雀,鹤	
	第2品,4种	鹦鹉,山鹧,练鹊,锦鸡	
	第3品,3种	鸳鸯,鸂鶒,鹅鸭	
骑跨飞禽人物 5品	第1品	真人	
	第2品	女真	
	第3品	仙童	
	第4品	玉女	
	第5品	化生	
走兽 4品 13种	第1品,4种	狮子,麒麟,狻猊,獬豸	
	第2品,3种	天马,海马,仙鹿	
	第3品,3种	羱羊,山羊,华羊	
	第4品,3种	白象,驯犀,黑熊	
骑跨、牵拽走兽人物 4品	第1品	拂菻	
	第2品	獠蛮	
	第3品	化生	
	第4品	真人	真人:牵天马、仙鹿、羱羊
云文 2品 4种	第1品,1种	吴云	枋桁之类全用龙凤走飞,遍地以云文补空
	第2品,3种	曹云,蕙草云,蛮云	
净地锦 5种		团科 方胜 两尖科 四入瓣科 四出尖科	椽飞、枓栱、梁栿之类("四出尖科"据图样补)
如意头角叶 3品 9种	两瓣如意头	合蝉燕尾,云头	檐额或大额及由额两头近柱处(名目根据图样补)
	三瓣如意头	豹脚,叠晕,剑环,簇三,牙脚	
	分脚如意头	三卷如意头,单卷如意头	
其他变体 2品 6种	莲华	叠晕莲华	槫、椽头面子
	宝珠	出焰明珠,簇七车钏明珠,叠晕宝珠 叠晕合螺 (叠晕)玛瑙	椽头面子
总计	45品,101种		

共同特征是形状圆润、饱满、色彩鲜丽、构图匀称、少留空隙。除此之外，还有饱满程度次之的"白地枝条华"和"五彩净地锦"，可灵活用于各类构件，但不在《法式》主要介绍之列(见本书 3.5 节)。

第四，"五彩遍装"的纹样和构件有一定的搭配关系，见于《法式》"五彩遍装"篇"华文有九品"、"琐文有六品"和"凡五彩遍装"条，另外在《法式》图样"五彩额柱"、"五彩遍装名件"中，也有所表现。这几处内容互相之间略有出入(表 3.7)，说明有的搭配关系只是举例，在实际运用中可能还有较大的变通余地。不同构件除了可以选用不同纹样之外，还可以选用不同的装饰类型，例如将"五彩遍装"和"碾玉装"、"叠晕棱间装"、"画松文装"合用等等(参见彩画作制度图十四、彩画作制度图十五，表 3.8)。

表 3.7　五彩遍装、碾玉装枓栱枋桁纹样表

		枋、桁等	枓	昂	栱身	栱及替木头
五彩遍装	制度	以下纹样通用于枋、桁、枓、栱(栱身)、昂： 卷成华叶(海石榴华、宝牙华、太平华、宝相华、牡丹华、莲荷华)； 团科宝照、团科柿蒂、方胜合罗				四出、六出
		以下纹样适通用于枋、桁、枓： 玛瑙地、玻璃地； 琐子、联环琐、玛瑙琐、叠环、簟文、金铤文、银铤文、方环、罗地龟文、六出龟文、交脚龟文、四出、六出			鱼鳞旗脚	
		圈头合子、豹脚合晕、梭身合晕、连珠合晕、偏晕； 曲水[或作王字及万字、或作斗底及钥匙头]	圈头柿蒂、胡玛瑙； 剑环； 五彩净地锦			
	图样	卷成华叶、团科柿蒂、交脚龟纹	卷成华叶、四入瓣科、四出尖科、柿蒂科、圆华科、叠晕莲华、胡玛瑙等	昂身：卷成华叶 昂面：连珠合晕	卷成华叶、偏晕、豹脚合晕	如意头，及类似"蝉肚"的纹样
碾玉装	制度	同五彩遍装，华文增一品，琐文减一品				
	图样	卷成华叶、四出、龙牙蕙草内间四入瓣科	卷成华叶、胡玛瑙、叠晕莲华	昂身：卷成华叶 昂面：梭身合晕	卷成华叶	如意头，及类似"蝉肚"的纹样

表 3.8　"五彩遍装"及"五彩间金"功限统计表

制度	项目		用功
五彩间金	描、画、装、染		1功/4.4 尺
		平棊华子之类系雕造者	1功/2.2 尺
	上颜色雕华版		1功/1.8 尺
	上粉、贴金、出褾		1.5 功/1 尺
五彩遍装	五彩遍装	亭子、廊屋、散舍之类	1功/5.5 尺
		殿宇、楼阁	1功/4.4 尺
	画晕锦	亭子、廊屋、散舍之类	1功/5 尺
		殿宇、楼阁	1功/4 尺
	描白地枝条华， 或装四出、六出锦	亭子、廊屋、散舍之类	1功/6 尺
		殿宇、楼阁	1功/4.9 尺

3.2.2　碾玉装

"碾玉装"是《营造法式》的上等彩画样式之一，规格仅次于"五彩遍装"和"五彩间金"，所用

人工相当于"五彩遍装"的一半左右①。

在《法式》中,关于"碾玉装"的介绍主要有以下几个部分:

《法式》卷 14 第 3 篇"碾玉装"(见 2.2 节[14.3]),共 300 余字,介绍了"碾玉装"的构图、色彩、纹样和搭配关系,在纹样的具体绘制中,又有"映粉碾玉"的变通方法。

《法式》卷 14 第 7 篇为"杂间装",记有"五彩间碾玉装"、"碾玉间画松文装"、"青绿三晕棱间及碾玉间画松文装"的做法,可见"碾玉装"在实际运用中,还可与"五彩遍装"、"青绿三晕棱间装"和"画松文装"搭配使用。

《法式》卷 25 第 3 篇的"彩画作"中,又有"抢金碾玉"和"红碾玉"的名目,所用人工和"碾玉装"相同②。(见 3.4.2.2 节"抢金"条)

《法式》卷 33、卷 34,有"碾玉杂华第七"、"碾玉琐文第八"、"碾玉额柱第九"、"碾玉平棊第十"、"碾玉装名件第十二"共 5 篇 58 幅图样(参见表 1.3),从形象的角度表现了"碾玉装"所用的各类纹样,以及各种构件的装饰方法。

3.2.2.1 "碾玉装"和"五彩遍装"的用色差异

从《法式》"卷 14·彩画作制度·碾玉装"一篇以及图样各篇可知,"碾玉装"的构图比例,"叠晕"、"间装"的画法,以及纹样图形和"五彩遍装"几乎完全相同,差异主要在于用色的不同,包括以下几个方面:

第一,衬地颜色不同。根据《法式》[14.1.1]"总制度·衬地之法"条,"五彩地"依次刷胶、白土和铅粉,完成面应该是明亮的暖白色。

而"碾玉装"的衬地有两种可能性。一种是"用青绿叠晕"的"碾玉装",衬地与"五彩地"相同;另一种是"碾玉装或青绿棱间者",则先刷胶,再刷青淀和茶土的混合物,完成面应该是淡青绿色(关于颜料色彩的考证参见本书 3.4 节)。在[14.3a]"碾玉装之制"条,亦提到先"于淡绿地上描华",再"用深青剔地"。

第二,"主色"不同。根据《法式》[14.2a]"五彩遍装之制"和[14.3a]"碾玉装之制"两条,"五彩遍装"的"缘道"和身内华文,均用青、绿、朱三色叠晕,"剔地"亦用"朱或青、绿";而"碾玉装"的"缘道"和身内华文均用青、绿二色叠晕,"剔地"用深青或大绿。

第三,点缀色除了近于黑色的深色,以及白色之外,都有黄色,但有所不同。"五彩遍装"用藤黄、深朱罩染"赤黄",或用金箔作"明金缘道",是偏暖的、明亮的纯黄色;"碾玉装"用藤黄、浅绿罩染"绿豆褐",则是偏冷的、暗淡柔和的黄绿色。从图样标注来看,"碾玉装"的点缀色,除了"绿豆褐"以外,在"团科宝照"和"圈头柿蒂"的花心部位也有"黄",可能是不罩浅绿的藤黄。

第四,色彩关系不同。由上面的几条可知,"五彩遍装"的色谱是一个具有强烈冷暖对比的互补色组合,总体效果鲜艳而明亮;而"碾玉装"的色谱则是冷色调的类似色组合,总体效果清新而柔和(参见图 5.2、图 5.4)。

3.2.2.2 "碾玉装"的变通类型

前面已经提到,"碾玉装"所用人工仅相当于"五彩遍装"的一半,说明"碾玉装"虽然华文样

---

① 见《营造法式》卷 25·诸作功限二·彩画作:"五彩遍装亭子、廊屋、散舍之类,五尺五寸……青绿碾玉 [红或抢金碾玉同。]亭子、廊屋、散舍之类,一十二尺……各一功。"
② 见《营造法式》卷 25·诸作功限二·彩画作:"青绿碾玉 [红或抢金碾玉同。]亭子、廊屋、散舍之类,一十二尺。"

式和"五彩遍装"相仿,复杂程度却远次于"五彩遍装"。"碾玉装"除了色谱较简单之外,画法上也有简化,主要体现在"叠晕"的简化上。

在"彩画之制"条提到"叠晕碾玉装"的名目,在"衬地之法"条又提到"碾玉装若用青绿叠晕者",均与笼统的"碾玉装"有所区别。可见"碾玉装"分为"用叠晕"和"不用叠晕"两种,"功限"并未对此区别对待,应是在实际操作中随宜掌握。

《法式》还规定,在面积较小的地方,可以作**映粉碾玉**,即是不用叠晕的碾玉装:

"亦有华文稍肥者,绿地以二青,其青地以二绿,随华斡淡后,以粉笔傍墨道描者,谓之映粉碾玉。宜小处用。"[①]

"映粉碾玉"将常规的4~6重叠晕变为 "斡淡——粉笔描道"(见彩畫作制度圖二:[3]、图3.1),其色阶简化见表3.9。

表3.9 "映粉碾玉"的用色情况

1 地色用绿的情况	2 地色用青的情况
二青随华斡淡(略有渐变) 以粉笔傍墨道描 墨道	二绿随华斡淡(略有渐变) 以粉笔傍墨道描 墨道
共 2 重色阶	

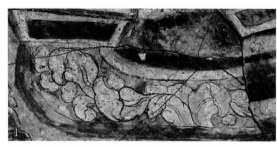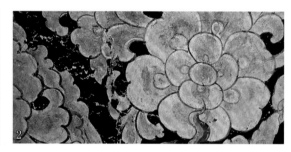

1 河北定州静志寺塔地宫枓栱彩画"映粉碾玉"
2 陕西彬县(现彬州市)五代冯晖墓甬道壁画单色花纹不用叠晕的画法

图 3.1 五代、北宋时期墓室地宫中类似"映粉碾玉"的彩画做法

在"碾玉装"中,除了"叠晕"可以变通以外,"青绿"的用色也可以变通。

如前所引的"彩画作功限"中,有"抢金碾玉"和"红碾玉"的名目,所用人工和"碾玉装"相同,而"卷33·彩画作制度图样一·五彩平棊第六"中还有一条图注:

"其华子,晕心墨者系青,晕外绿者系绿,**浑黑者系红,并系碾玉装**;不晕墨者,系五彩装造。"
应指有的平棊华子作红色的"碾玉装"。

关于"红碾玉"的具体样式,《法式》中没有介绍,从字面上理解,应指不用青绿的红色系叠晕,造成明暗相间的雕塑效果,如玉雕质感,与青绿碾玉相对(图3.2)。在高平开化寺大殿的枓栱彩画中,局部可以看到这类的彩画做法。

3.2.3　叠晕棱间装

"叠晕棱间装"是《营造法式》的基本彩画类型之一,属于中等彩画,所用人工相当于"五彩遍

---

① 《营造法式》卷 14,"碾玉装·其卷成华叶及琐文"条。

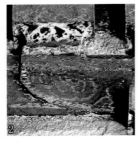

1 柱头铺作压跳用红白二色画蕙草文;2 补间铺作栱身用红色系作叠晕;3 柱头铺作散枓用红色系作叠晕

图 3.2　高平开化寺大殿内檐枓栱彩画作"红碾玉"的例子

装"的 1/4 左右①。在《法式》中,关于"叠晕棱间装"的介绍主要有以下几个部分:

《法式》卷 14 第 4 篇为"青绿叠晕棱间装"(见 2.2 节[144]),共 400 余字,介绍了"青绿叠晕棱间装"的构图、色彩、纹样和搭配关系;其中包括三种制度:"两晕棱间装"、"三晕(青绿)棱间装"和"三晕带红棱间装",其中"三晕带红棱间装"不属于"青绿叠晕棱间装"的范畴。《法式》在这里,以"典型"代替"类型",采取了"青绿叠晕棱间装"作为篇目的标题,因此,本书将这三种彩画类型统称为"叠晕棱间装",将其逻辑关系整理如表 3.10 所示。

表 3.10　叠晕棱间装的类型

```
                  ┌─────────────────┐
                  │ 两晕(青绿)棱间装 │──────────────────────┐
              ┌──▶│ (凡枓栱之类,外棱 │                      │
┌────────┐    │   │   缘广二分)     │                      ▼
│        │────┘   └─────────────────┘              ┌──────────┐
│ 叠晕棱  │                                         │ 青绿叠晕  │
│ 间装    │        ┌─────────────────┐  ┌─────────┐ │ 棱间装    │
│        │────┐   │                 │─▶│三晕(青绿)│─│          │
└────────┘    │   │  三晕棱间装      │  │  棱间装  │ └──────────┘
              └──▶│ (外缘广与五彩同) │  └─────────┘
                  │                 │  ┌─────────┐
                  └─────────────────┘─▶│三晕带红  │
                                       │  棱间装  │
                                       └─────────┘
```

《法式》卷 14 第 7 篇为"杂间装",记有"青绿三晕棱间及碾玉间画松文装"、"画松文、卓柏间三晕棱间装"、"用间红青绿三晕棱间装与五彩遍装及画松文等相间装"的做法,可见青绿或间红的"三晕棱间装"在实际运用中,还可与"五彩遍装"、"碾玉装"、"三晕带红棱间装"和"画松文装"、"卓柏装"搭配使用。

《法式》卷 25 第 3 篇的"彩画作功限"中,又有"青绿间红三晕棱间"和"青绿二晕棱间"的名目,应分别等同于"三晕带红棱间装"和"两晕棱间装"。另外,"功限"中"解绿画松青绿缘道"一条,还提到"如间红三晕"的变通方法,则应指按照"解绿装"的制度解青绿缘道之后,又在缘道之内作红色叠晕色阶的做法(表 3.11)。

《法式》卷 34,有"青绿叠晕棱间装名件第十三"、"三晕带红棱间装名件第十四"共 2 篇 24 幅图样,从形象的角度表现了"叠晕棱间装"所用的各类纹样,以及各种构件的装饰方法。

另有"两晕棱间内画松文装名件第十五"一篇 6 幅图样,是"杂间装"中所记的"画松文、卓柏间三晕棱间装"。

---

① 见《营造法式》卷 25·诸作功限二·彩画作:"五彩遍装亭子、廊屋、散舍之类,五尺五寸……青绿间红三晕棱间亭子、廊屋、散舍之类,二十尺……青绿二晕棱间亭子、廊屋、散舍之类,二十五尺……各一功。"

表 3.11 叠晕棱间装功限统计表

制度	项目		用功
青绿叠晕棱间装 三晕带红棱间装附	青绿间红三晕棱间	亭子、廊屋、散舍之类	1功/20 尺
		殿宇、楼阁	1功/15 尺
	青绿二晕棱间	亭子、廊屋、散舍之类	1功/25 尺
		殿宇、楼阁	1功/20 尺

以下分别介绍"两晕棱间装"、"三晕(青绿)棱间装"和"三晕带红棱间装"的制度及做法。

3.2.3.1 两晕(青绿)棱间装

根据"青绿叠晕棱间装"一篇的规定：

"青绿叠晕棱间装之制：凡枓栱之类，外棱缘广二分。"[14.4a]

关于这个"二分"，根据"五彩遍装"的规定，"梁栿之类缘道，其广二分。枓栱之类(缘道)，其广一分"；"三晕棱间装"一条又有"外缘广与五彩同"的规定，可见"凡枓栱之类，外棱缘广二分"的规定应该仅限于"两晕棱间装"，而不是"青绿叠晕棱间装"的普遍制度。

此外，"青绿叠晕棱间装"没有规定梁栿的缘道宽度，因此"青绿叠晕棱间装"的梁栿缘道宽度有两种可能：

其一，与"五彩遍装"制度相同，则取二分，与枓栱相同。

其二，从"青绿叠晕棱间装"的图样看来，其梁栿缘道明显宽于枓栱，也明显宽于"五彩遍装"图样的梁栿，则按照"五彩遍装"等制度，梁栿缘道为枓栱的 2 倍，则"两晕棱间装"的梁栿缘道取枓栱的 2 倍，即 4 分，与图样较为相符。

不管是哪一种情况，"青绿叠晕棱间装"的枓栱缘道都要比"五彩遍装"宽一倍，这可能是因为"青绿叠晕棱间装"心内不画华文，主要的装饰效果即来自缘道，所以缘道要做得宽一些，相应的，其缘道叠晕层数也多一些。

根据"五彩遍装"的规定，"枓栱之类(缘道)，其广一分"，则"三晕棱间装"枓栱的外缘为一分，与"两晕棱间装"的规定不同，而"两晕棱间装"的外缘色阶比"三晕棱间装"多一层，所以外缘每重色阶的宽度没有太大的差别。

"两晕棱间装"的叠晕次序见表 3.12(彩画作制度图四十二)。

表 3.12 "两晕棱间装"的叠晕次序(由外至内)

1 外缘用青的情况	2 外缘用绿的情况
外棱用青叠晕者，身内用绿叠晕	外棱用绿者，身内用青 若绿在外缘，不用三绿。如青在身内，更加三青
1 以墨压深	1 以草汁压深
2 大青	2 大绿
3 二青	3 二绿(不用三绿)
4 青华	4 绿华
5 (道压粉线)	5 (道压粉线)
6 绿华	6 青华
7 三绿	7 二青
8 二绿	8 三青(更加三青)
9 大绿	9 大青
10 以草汁压深	10 以墨压深
共 10 重叠晕色阶，外缘 4 重	

3.2.3.2 三晕棱间装

"三晕棱间装"的叠晕次序见表3.13。

表3.13 "三晕棱间装"的叠晕次序(由外至内)

1 外缘用青的情况	2 外缘用绿的情况
原文未介绍,据外缘用绿的情况推知	其外棱缘道用绿叠晕,[浅色在内。]次以青叠晕,[浅色在外。]当心又用绿叠晕[深色在内。] [皆不用二绿、三青。]
1 以墨压深 2 大青 3 青华 4 (道压粉线) 5 绿华 6 二绿 7 大绿 8 以草汁压深 9 (道压粉线?) 10 青华 11 大青 12 以墨压深	1 以草汁压深(用绿叠晕,浅色在内) 2 大绿 3 绿华(不用二绿) 4 (道压粉线) 5 青华(次以青叠晕,浅色在外) 6 二青(不用三青) 7 大青 8 以墨压深 9 (道压粉线) 10 绿华(当心又用绿叠晕,深色在内) 11 大绿(不用二绿) 12 以草汁压深
共12重叠晕色阶,外缘3重	

3.2.3.3 三晕带红棱间装

"三晕带红棱间装"叠晕方式与"三晕棱间装"完全相同,只是中间的一道"晕子"换成了红色,其外棱缘道的宽度也应该与"三晕棱间装"相同。其叠晕次序见表3.14。

表3.14 "三晕带红棱间装"的叠晕次序(由外至内)

1 外缘用青的情况	2 外缘用绿的情况
若外棱缘道用青叠晕, 次以红叠晕,[浅色在外] 当心用绿叠晕	若外缘用绿者,当心以青
1 以墨压深 2 大青 3 青华 4 (道压粉线) 5 朱华粉 6 二朱 7 深朱 8 以紫矿压深 9 (道压粉线?) 10 绿华 11 大绿 12 以草汁压深	1 以草汁压深 2 大绿 3 绿华 4 (道压粉线) 5 朱华粉 6 二朱 7 深朱 8 以紫矿压深 9 (道压粉线?) 10 青华 11 大青 12 以墨压深
共12重叠晕色阶,外缘3重	

3.2.4 解绿装饰

"解绿装饰"属于《营造法式》的中等彩画样式,分为"解绿刷饰"和"解绿结华装"两种,所用人工分别相当于"五彩遍装"的 1/25 和 1/20 左右①。其中"解绿刷饰"是不用装饰纹样的装饰方法，属于"刷饰"，而"解绿结华装"则可以使用一些简单的装饰纹样，属于"装銮"，因此二者统称"装饰"，这也是《营造法式》彩画作中唯一可以称为"装饰"的彩画类型，说明"解绿装饰"具有"装銮"和"刷饰"的双重属性。

"解绿刷饰"是所有刷饰类型中唯一使用了叠晕的，也是等级最高的"刷饰"。《营造法式》对于"解绿刷饰"的类型划分存在模糊之处，在"制度"中将其命名为"解绿刷饰"，在图样中又将其称为"解绿装"②，这说明"解绿刷饰"也具有双重属性，以及较易变通的特点。

《法式》卷 14 第 5 篇"解绿装饰屋舍"（见 2.2 节[14.5]），共 400 余字，介绍了"解绿装饰"的构图、色彩、纹样和搭配关系，并介绍了"画松文"、"卓柏装"、"解绿结华装"等变通做法。

《法式》卷 14 第 7 篇为"杂间装"，记有"画松文间解绿赤白装"，卷 25"功限"第 25 篇中亦记有"解绿画松青绿缘道"，应指同一种做法，所用人工是"解绿赤白"的 3 倍左右③（表 3.15）。

表 3.15　解绿装饰功限统计表

制度	项目		用功
解绿装饰屋舍 解绿结华装附	解绿画松文青绿缘道	厅堂、亭子、廊屋、散舍之类	1功/45 尺
		殿宇、楼阁	1功/40 尺
	解绿间红三晕画松文 青绿缘道	厅堂、亭子、廊屋、散舍之类	1功/36 尺
		殿宇、楼阁	1功/32 尺
	解绿赤白	廊屋、散舍、华架之类	1功/140 尺
		楼阁、亭子、厅堂、门楼及内中屋	1功/120 尺
		殿宇	1功/100 尺
	解绿赤白间结华或卓柏	廊屋、散舍、华架之类	1功/112 尺
		楼阁、亭子、厅堂、门楼及内中屋	1功/96 尺
		殿宇	1功/80 尺

《法式》卷 34，有"解绿结华装名件第十六"一篇 24 幅图样，从形象的角度表现了"解绿结华装"与"解绿装"的装饰方法（图 3.3~图 3.8）。

解绿装饰屋舍的缘道叠晕次序见表 3.16。

表 3.16　解绿装饰屋舍的缘道叠晕次序（由外至内）

1 外缘用青的情况	2 外缘用绿的情况
大青(在外)(次用)	大绿(在外)(次用)
青华(在中)(先用)	绿华(在中)(先用)
粉线(在内)(后用)	粉线(在内)(后用)
身内通刷土朱	身内通刷土朱
共 4 重叠晕色阶，外缘 3 重	

在古建筑彩画遗物中，可以见到大量介于"装銮"和"刷饰"之间的实例：在各构件上解缘道，缘道不用叠晕或只有极简单的叠晕；缘道之内通刷另一种颜色，或者画一些纹样（表 3.17）。纹样一般以墨线勾勒，间以浅色，有的还用粉笔随墨线勾勒，构图和画法都比较符合《法式》关于"解绿装饰"

---

① 见《营造法式》卷 25 · 诸作功限二 · 彩画作："五彩遍装亭子、廊屋、散舍之类，五尺五寸……解绿赤白廊屋、散舍、华架之类，一百四十尺……若间结华或卓柏，各减十分之二……各一功。"
② 见《营造法式》卷 34 · 解绿结华装名件第十六[解绿装附]。
③ 见《营造法式》卷 25 · 诸作功限二 · 彩画作："解绿画松青绿缘道厅堂、亭子、廊屋、散舍之类，四十五尺……各一功。"

表 3.17 "丹粉刷饰"不同材等缘道宽度表

材等	1等	2等	3等	4等	5等	6等	7等	8等
份值(寸)	0.6	0.55	0.5	0.48	0.44	0.4	0.35	0.3
材广(寸)	9	8.25	7.5	7.2	6.6	6	5.25	4.5
缘道宽度(寸)	1	1	0.9375	0.9	0.825	0.75	0.65625	0.5625
缘道宽度(份)	1.67	1.82	1.875	1.875	1.875	1.875	1.875	1.875

的规定。但是实例中对于缘道和身内的用色往往与《法式》规定相去甚远。(参见6.3.6、6.3.7节图)

3.2.5 刷饰

"丹粉刷饰"又名"丹粉赤白",属于《营造法式》的下等彩画样式。但作为"下等彩画","刷饰"并非仅用于低等级的建筑。不论等级高低的建筑,其小木作色彩,大多使用刷饰。如"总释下·彩画"中提到的"装銮"与"刷染"的区别,除了做法不同之外,还有施用对象的差别——"装銮"专用于"梁栋枓栱或素象什物",偏重于"大木作";而"刷染"则"为屋宇门窗之饰",偏重于"小木作"(表3.18、表3.19)。

表 3.18 大木作刷饰功限统计表

制度	项目		用功
丹粉刷饰	丹粉赤白	廊屋、散舍、诸营厅堂及鼓楼华架之类	1功/160 尺
		亭子、厅堂、门楼及皇城内屋	1功/140 尺
		殿宇、楼阁	1功/120 尺
黄土刷饰	刷土黄白缘道	廊屋、散舍之类	1功/180 尺
		厅堂、门楼、凉棚	1功/150 尺
	刷土黄墨缘道	廊屋、散舍之类	1功/162 尺
		厅堂、门楼、凉棚	1功/135 尺

表 3.19 小木作刷饰功限统计表

施用对象	彩画类型	细部做法	用功
版壁、平闇、门窗、叉子、钩阑、棵笼之类	土朱刷	间黄丹,或土黄刷带,或护缝、牙子抹绿	1功/180 尺
		护缝、牙子解染青绿	1功/120 尺
格子	合朱刷	或抹合绿方眼	1功/90 尺
		合绿刷毬文	1功/75 尺
		合朱画松,难子、壶门解压青绿	1功/45 尺
		抹合绿于障水版之上,刷青地描染戏兽云子之类	1功/80 尺
		朱红染难子,壶门牙子解染青绿	1功/60 尺
	土朱刷	间黄丹	1功/105 尺
平闇、软门、版壁之类	合朱刷	难子、壶门、牙头、护缝解染青绿	1功/120 尺
		抹绿牙头,护缝解染青华	1功/90 尺
		朱红染牙头,护缝等解染青绿	1功/60 尺
	通刷素绿		1功/120 尺
槛面钩阑	合朱刷	万字钩片版、难子上解染青绿;障水版之上描染戏兽云子之类	1功/108 尺
			1功/72 尺
	抹绿		1功/108 尺
	朱红染		1功/72 尺

续表3.19 小木作刷饰功限统计表

施用对象	彩画类型	细部做法	用功
叉子	合朱刷 抹绿 朱红染	云头望柱头五彩或碾玉装造	1功/55尺 1功/66尺 1功/44尺
棵笼子	合朱刷	间刷素绿牙子,难子等解压青绿	1功/65尺
乌头绰楔门	合朱刷	牙头、护缝、难子压染青绿,桯子抹绿 高广一丈以上	1功/100尺 1功/75尺
	土朱刷	间黄丹,牙头、护缝、难子压染青绿,桯子抹绿 高广一丈以上	1功/150尺 1功/112.5尺
窗	抹合绿	难子刷黄丹,颊串、地栿刷土朱	1功/100尺
华表柱,并装染柱头鹤子、日月版	土朱通造	须缚棚阁者	1功/125尺 1功/100尺
	绿筍通造	须缚棚阁者	1功/100尺 1功/80尺

《法式》卷14第6篇"丹粉刷饰屋舍"(见2.2节[14.6]),共800余字,介绍了"丹粉刷饰"的构图、色彩、纹样和搭配关系,并介绍了"黄土刷饰"的变体,"黄土刷饰"又分为"刷土黄白缘道"和"刷土黄解墨缘道"两种。"丹粉刷饰"和"黄土刷饰"可以统称为"刷饰",所用人工相当于"五彩遍装"的1/30左右①。"功限"还记有"土朱刷间黄丹或土黄"、"合朱刷间抹绿"、"抹合绿间黄丹土朱"、"刷土朱通造"、"绿筍通造"等用于门窗、钩阑、华表柱等小木作构件的刷饰方法。"刷饰"的类别关系见表3.20。从用色方法来看,这些刷饰类型已经不能归于"丹粉刷饰"或"黄土刷饰"等,而应另立类别。

1 张匡正墓(1093年)后室; 2 张文藻墓(1093年)后室; 3 张世卿墓(1116年)后室

图3.3 河北宣化辽墓直棂窗刷染的实例

---

① 见《营造法式》卷25·诸作功限二·彩画作:"五彩遍装亭子、廊屋、散舍之类,五尺五寸……丹粉赤白廊屋、散舍、诸营厅堂及鼓楼华架之类,一百六十尺……刷土黄白缘道廊屋、散舍之类,一百八十尺……若墨缘道,即减十分之一……各一功。"

表 3.20　刷饰的类型

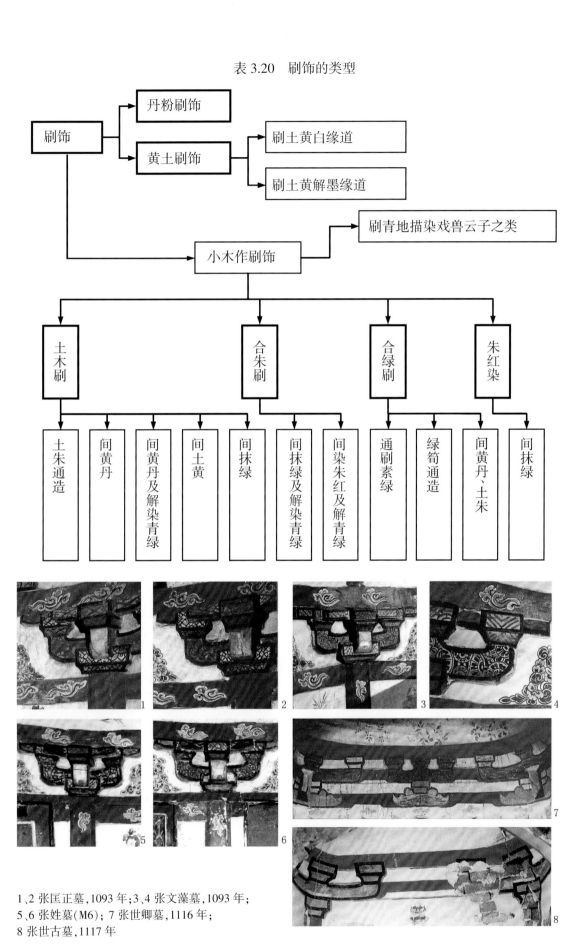

1、2 张匡正墓，1093 年；3、4 张文藻墓，1093 年；
5、6 张姓墓(M6)；7 张世卿墓，1116 年；
8 张世古墓，1117 年

图 3.4　河北宣化辽墓科栱刷饰

1、2 山西侯马大李村金墓(1180 年)、新绛南范庄金墓砖雕格子门

3、4、7 山西侯马董海墓(1196 年)砖雕格子门、版门刷饰

5 白沙宋墓 1 号墓墓室北壁砖雕版门刷饰

6、9 宣化辽张文藻墓、张恭诱墓墓室砖雕或壁画版门刷饰

8 山西稷山马村 1 号金墓砖雕版门刷饰

10 宋画百子嬉春图(北京故宫博物院藏)格子门刷饰

11-15 高平开化寺壁画城楼图格子门刷饰

图 3.5 宋辽金时期仿木构建筑及绘画中的门窗刷染实例

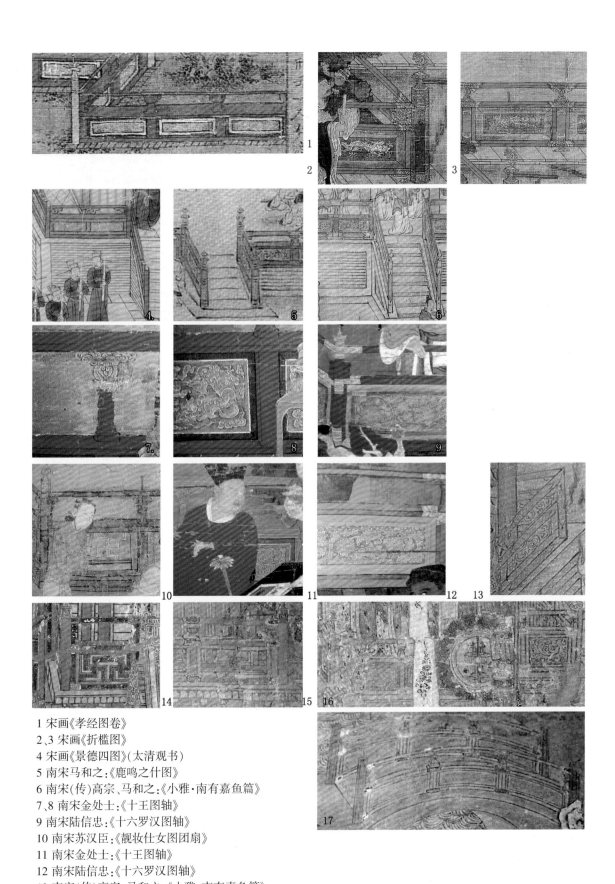

1 宋画《孝经图卷》
2、3 宋画《折槛图》
4 宋画《景德四图》(太清观书)
5 南宋马和之:《鹿鸣之什图》
6 南宋(传)高宗、马和之:《小雅·南有嘉鱼篇》
7、8 南宋金处士:《十王图轴》
9 南宋陆信忠:《十六罗汉图轴》
10 南宋苏汉臣:《靓妆仕女图团扇》
11 南宋金处士:《十王图轴》
12 南宋陆信忠:《十六罗汉图轴》
13 南宋(传)高宗、马和之:《小雅·南有嘉鱼篇》
14–17 山西繁峙严山寺金代壁画

图 3.6 宋辽金时期绘画中钩阑刷染的实例:以朱、绿为主色

1 宋画《百子嬉春图》(北京故宫博物院藏)
2 南宋(传)高宗、马和之:《小雅·南有嘉鱼篇》

图 3.7　宋辽金时期绘画中钩阑刷染的实例:以黑、黄为主色

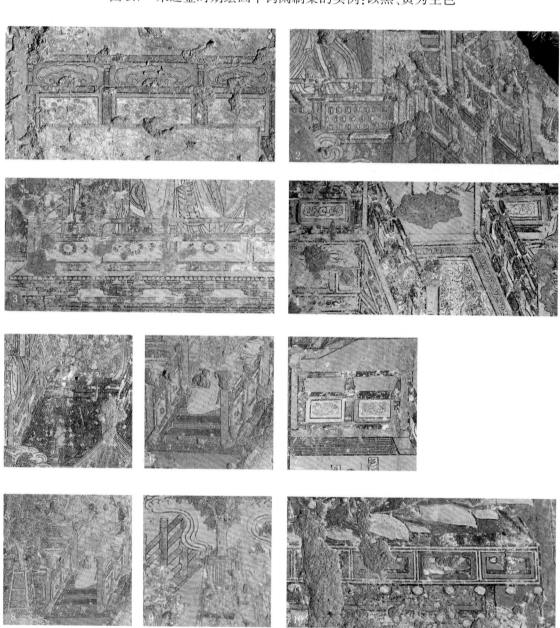

1-7 钩阑、踏道　8,9 楝笼子　10 须弥座

图 3.8　山西高平开化寺壁画钩阑及杂件青绿红相间刷染

3.3 关于绘制工艺的术语

3.3.1 着色方法和原则

3.3.1.1 叠晕、对晕

在《营造法式》的"彩画作总制度"中提到衬色以后"布细色","或叠晕,或分间剔填"。也就是说,"叠晕"和"分间剔填"是《营造法式》的两种主要的着色方法。

在《营造法式》中,还有很多描述着色动作的词汇,如描、画、装、染、压、抹、刷、剔、填,等等。其中"描"指用细笔描画纹样的轮廓线或结构线;"染"、"抹"、"刷"指用同一种颜色大面积快速平涂;"压"、"剔"和"填",或"分间剔填",都是沿着已有的轮廓线或结构线精细地平涂;只有"装"和"画"是比较复杂的概念,其结果往往是一种很复杂的色彩组合效果,例如"装画晕锦"、"装四出、六出锦"[①]。"画"的对象比较宽泛,有时候等同于"描"。但"装"的对象基本上都需要用叠晕来完成。

前面已经提到,《营造法式》彩画按等级和难易,有"装銮"和"刷染"之分。这两种形制的区别,一方面在于有无纹样,另一方面就在于有无叠晕。可见叠晕在《营造法式》彩画中的重要地位。

《营造法式》中关于"叠晕"和"对晕"画法的原文如下:

五彩遍装之制:……用朱或青、绿剔地,外留空缘,与外缘道**对晕**。

叠晕之法:自浅色起,先以青华,[绿以绿华、红以朱华粉。]次以三青,[绿以三绿、红以三朱。]次以二青,[绿以二绿、红以二朱。]次以大青,[绿以大绿、红以深朱。]大青之内,用深墨压心,[绿以深色草汁罩心,朱以深色紫矿罩心。]青华之外,留粉地一晕。[红绿准此。其晕内二绿华,或用藤黄汁罩。如华文、缘道等狭小或在高远处,即不用三青等及深色压罩。]凡染赤黄,先布粉地,次以朱华合粉压晕,次用藤黄通罩,次以深朱压心。

用叠晕之法……其华内别地色,并浅色在外,与外棱**对晕**,令浅色相对。(卷14·彩画作制度·五彩遍装)

碾玉装之制……用青或绿**叠晕**。如绿缘内于淡绿地上描华,用深青剔地,外留空缘,与外缘道**对晕**。[青缘内者,用绿处以青,用青处以绿。]……[内有青绿不可隔间处,于绿浅晕中用藤黄汁罩,谓之绿(菉)豆褐。](卷14·彩画作制度·碾玉装)

除此之外,如"青绿叠晕棱间装"、"解绿装饰屋舍"等,凡用到叠晕之处,均提到了相似的着色原则。

由上述文字可知,"**叠晕**"即用同一种颜料研漂而成的不同色阶,根据纹样的结构由浅至深分层平涂。也可以用两种颜色作"**对晕**",即两色相邻作叠晕,深色在外,浅色在内相对,造成一种中央凸起受光的视错觉。"五彩遍装"以石青、石绿、朱砂为主色,用少量黄橙色(赤黄)点缀;"碾玉装"则以石青、石绿为主色,用少量浅黄绿色(绿豆褐)点缀(图3.9 [1]、[2])。

按照《法式》的规定,各色的叠晕次序如表3.21。

"叠晕"和"对晕"的画法本是古印度的壁画技法,至迟在公元6世纪已随佛教传入中国,称

---

① 《营造法式》卷25·诸作功限二·彩画作:"五彩遍装亭子、廊屋、散舍之类,五尺五寸:[殿宇、楼阁,各减数五分之一。如**装画晕锦**,即各减数十分之一。若描白地枝条华,即各加数十分之一。或**装四出、六出锦**者同。]"

表 3.21　叠晕次序表

1. 一般的情况

青	绿	红
1　青华之外,留粉地一晕	1　留粉地一晕	1　留粉地一晕
2　青华	2　绿华	2　朱华粉
3　三青	3　三绿	3　三朱
4　二青	4　二绿	4　二朱
5　大青	5　大绿	5　深朱
6　用深墨压心	6　以深色草汁罩心	6　以深色紫矿罩心
共 6 重叠晕色阶		

2. 叠晕面积过小的情况

"如华文,缘道等狭小或在高远处,即不用三青等及深色压罩。"

青	绿	红
1　粉地一晕	1　留粉地一晕	1　留粉地一晕
2　青华	2　绿华	2　朱华粉
3　二青	3　二绿	3　二朱
4　大青	4　大绿	4　深朱
共 4 重叠晕色阶		

为"凹凸法"或"天竺遗法"。《建康实录》记载了南梁的"凹凸寺","寺门遍画凹凸花,代称张僧繇手迹。其花乃天竺遗法,朱及青绿所成。远望眼晕如凹凸,就视即平"[1]。可见当时这种色彩技巧在中国还并不常见,见到的人都为之感到惊异,而在 5 个世纪以后的北宋,这种技巧已经发展成为一种"制度",广泛运用在建筑装饰之中。

在唐以后的壁画和宋以后的建筑彩画中,也可以看到大量关于"叠晕"和"对晕"的实例,但这些实例与《营造法式》的制度并非完全吻合。

首先,叠晕色阶的层数(包括最深色和最浅色)很少能够达到《营造法式》所规定的 6 层,而以 3~4 层为多。事实上,我们未能得到真正高等级北宋皇家建筑彩色装饰的实例,而实物所见与《营造法式》规定的差距,也在某种程度上体现了民间与皇家的等级差距(图 3.9)。

其次,关于"对晕"的作法,在实例中并非全是"浅色在内相对",而是同时存在另外几种方式,例如"深色相对"(图 3.9 [1]),或"深色相对,分界处以粉线提亮"(图 3.9 [2]),或"浅色相对,分界处勾勒深色细线"(图 3.9 [3]、[4]、[6]);第三种对晕方法在明代的官式彩画中还能够见到(图 3.9 [6])。这些变通的画法实际上是削弱了突起受光的错觉而加强了"线"的意味,这也表明,在中国传统装饰艺术中,对于"线"的偏爱要远远高于对"体积"(即"凹凸")和"光"的偏爱,并依照这样的偏爱来改造着外来的美术技法。

如果说在"五彩遍装"和"碾玉装"中,"叠晕"是用来美化和凸显已有的装饰纹样,那么"叠晕棱间装"则摒弃了复杂生动的装饰纹样,加大了叠晕色带的宽度,专注于表现叠晕的色阶之美,同时又借助色阶来强化建筑构件的轮廓线条。

"叠晕"的画法在明代还有保留,但是在清式彩画中,叠晕层数减少、"对晕"基本上消失,色

---

① [唐] 许嵩. 建康实录. 北京:中华书局,1986:686

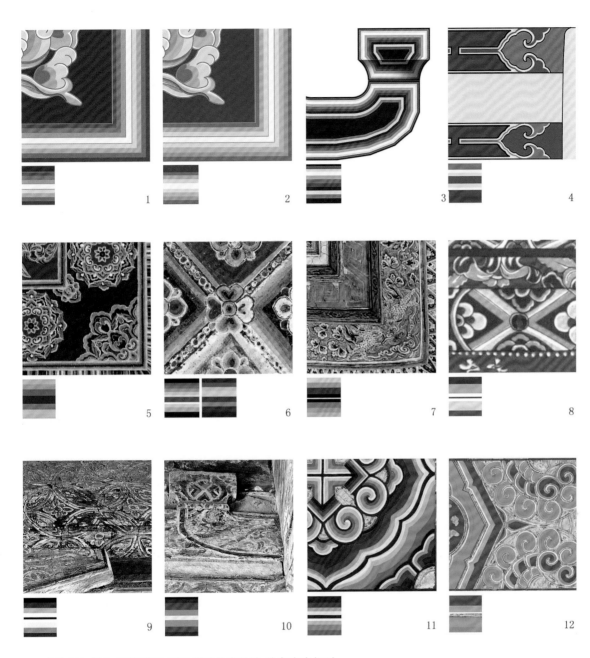

1、2《营造法式》"五彩遍装"、"碾玉装"外缘对晕：浅色在内相对
3《营造法式》"三晕带红棱间装"外缘对晕：浅色在内相对，深色又压浅晕
4 《营造法式》"解绿装饰"外缘对晕：浅色在内，深色压浅晕
5 莫高窟盛唐第217窟藻井边饰叠晕：深色在内
6 莫高窟盛唐第217窟佛龛上沿边饰叠晕：浅色在内，叠晕层数较多的例子
7 莫高窟五代第61窟藻井深色在内，转折处以粉线提亮
8 庆陵辽代彩画：浅色在内，分界处勾黑线
9 高平开化寺北宋大殿内檐四椽栿彩画：浅色在内，分界处勾黑色细线
10 高平开化寺北宋大殿内檐铺作彩画：浅色在内
11 牛街清真寺明代彩画浅色在内，分界处勾黑色细线
12 清式彩画中的"叠晕"：叠晕层数减少，"对晕"完全消失，被金线或墨线取代

图 3.9 "叠晕"实例与《营造法式》的对比

彩的变化完全从属于建筑体量的构图与光影之下，虽然还存在少量的色阶变化，却仅仅起到缓和色相对比的作用，而不再产生"眼晕"的错觉了。

3.3.1.2 退晕

"退晕"在《营造法式》中出现 2 次：

"凡碾玉装……飞子正面作合晕，两旁并**退晕**，或素绿。"[14.3b]

"柱头作四合青绿**退晕**如意头。"([14.4b]凡青绿叠晕棱间装)

"退晕"一词，未见于其他古籍，据今人的解释，是"用同一色由浅至深比列"[1]，或"用同一种类的颜色根据纹样的结构分层平涂，表现色阶之美"[2]。这两种解释皆与"叠晕"的含义没有分别，另外，梁思成先生将"叠晕"解释为"不同深浅同一颜色由浅到深或由深到浅地排列使用，清代称'退晕'"[3]，更是将"叠晕"和"退晕"等同了起来。

因此，"退晕"一词应该属于北宋时期民间已经形成习惯的俗语，是"叠晕"的俗称。这个"俗称"，到清代便演化成了"官式"的正规术语。这和"彩画作制度"中出现的"小额"、"大额"等词属于同样的情况(参见 3.6.1.1 节)。

3.3.1.3 分间剔填

"分间剔填"，见《营造法式》卷 14·彩画作制度·总制度：

"其衬色上方布细色，或叠晕，或分间剔填。"

可见"分间剔填"与"叠晕"同属"布细色"的范畴，应指根据已有的轮廓线("分间")进行平涂。在现代山水画中，仍有"填嵌"的技法，为工笔重彩画，以粉质颜色填或嵌入，获得浓艳醒目的效果[4]，应与此相似。在甘肃安西榆林窟西夏第 3 窟壁画边饰中有此做法。

3.3.1.4 间装

在确定色谱以及着色的基本方式(叠晕、分间剔填)之后，还有一个着色原则，对《营造法式》彩画的最终效果起着至关重要的作用——"间装"。

《营造法式》"间装"的具体规定如下：

"间装之法：青地上华文，以赤黄、红、绿相间，外棱用红叠晕。红地上华文青、绿，心内以红相间，外棱用青或绿叠晕。绿地上华文，以赤黄、红、青相间，外棱用青、红、赤黄叠晕。"(卷 14·彩画作制度·五彩遍装)

"间装"规定的实质，就是要尽量不让同一色相的色域相邻，以实现最大限度的邻色对比。当装饰样式可选择的颜色过少时，还可以为了"间装"的需要而加入新的颜色，如：

"(华文及琐文)内有青绿不可隔间处，于绿浅晕中用藤黄汁罩，谓之绿(菉)豆褐。"(卷 14·彩画作制度·碾玉装)

"间装"不仅是"五彩遍装"和"碾玉装"纹样的着色原则，同样也是其他样式的着色原则，例如"叠晕棱间装"。虽然在"制度"中没有出现"间装"一词，但其"制度"和"图样"规定的着色顺序

---

① 梁思成. 清式营造则例. 北京：中国建筑工业出版社，1981：43

② 李家旭，刘静宜. 装饰画技法. 北京：中国美术学院出版社，1990：30

③ 梁思成全集(第 7 卷). 北京：中国建筑工业出版社，2001：34

④ 吴敦木. 中国画基础技法. 修订本. 北京：朝华出版社，1996：17

却完全符合"间装"的原则,甚至相邻的构件(如枓和栱)或同一构件的两个面(如栱的正面和栱的底面),也要用不同的颜色间隔开来(图 3.10 [1]、[2]、[3])。

这样的"间隔",显然对建筑构件的体形塑造,以及结构逻辑的清晰化有着积极的作用,但不仅限于此,在某些规定中,某些朝向的块面有着固定的着色要求,不能因为仅仅符合"间装"而互换。例如在"丹粉刷饰"和"解绿刷饰"的制度中,规定构件的垂直面以土朱为主色,而下表面却要涂刷明度和彩度都略高于土朱的"合朱"或"黄丹"①,这样的规定恐怕必须考虑构件受光的因素才能加以理解:

这些规定的典型对象——枓栱、梁、枋,都是承托屋檐的构件,由于出挑屋檐的遮挡,不论是室内还是室外,照亮这些构件的自然光线主要来自地面对日光的漫反射,都是从斜下方照射过来的,这和我们常规思维中从斜上方射过来的日光效果有所区别。在这样的光线下,构件的下表面恰恰是受光面。在建筑空间中,梁栱等构件的下表面也正是人眼首先看到的面。此时这种特殊的着色方式便有了显著的效果——光线感和距离感被加强了(图 3.10 [4]–[9])。

色彩"间装"的做法一直延续到明清彩画制度中,称为"串色"②。

3.3.1.5 描、描画、白画

"描"、"描画"和"白画",见于"彩画作制度"的"总制度"篇和"五彩遍装"篇:

应用五彩装及叠晕、碾玉装者,并以赭笔**描画**。浅色之外,并旁**描道**,量留粉晕。其余并以墨笔**描画**。(卷 14·彩画作制度·总制度)

凡华文施之于梁、额、柱者,或间以行龙、飞禽、走兽之类于华内。其飞走之物用赭笔描之于白粉地上,或更以浅色拂淡。(卷 14·彩画作制度·五彩遍装)

该段讲述了彩画纹样轮廓的处理,一种是用叠晕的样式,"以赭笔描画。浅色之外,并旁描道,量留粉晕",而不用叠晕的样式则"以墨笔描画。浅色之外,并用粉笔盖压墨道"。我们很容易辨别这两种边界处理的区别,前者"留粉晕",即透出底色,描道时需要兼顾图底的形状,强调精致透明、层次丰富的色彩效果;而后者"用粉笔盖压墨道",施工较快捷,而可以得到对比鲜明的色彩效果。"以赭笔描画,量留粉晕"的做法,在实例中所见极少,但"以墨笔描画,并用粉笔盖压"的做法却能够找到很多例子,并且沿用至明清,称为"行粉"。

我们在实例中还没有发现既有丰富的叠晕层次,又用赭笔描画的建筑彩画。南唐二陵,属于先染朱红,再用赭笔描画,未用叠晕。敦煌莫高窟 427 窟北宋窟檐的彩画也是如此。而高平开化寺的栱眼壁彩画,虽然出现了 3~4 个色阶的叠晕,却也用了"粉笔盖压墨道"的手法,而且连深色之上也盖以粉笔的线条,以此增强图案的对比与层次,不仅限于"浅色之外"。辽代的应县木塔、元代的永乐宫重阳殿、广胜寺后佛殿,则都是不带叠晕的彩画,用"粉笔盖压墨道",如此,以单色平涂为主的画面才不显得死板。

此外,在壁画的实例中可以发现,北魏时人们就已经用赭笔起稿,而《营造法式》却没有明确提到"起稿"的方式。关于《营造法式》彩画的起稿方式,一种可能是用"草色"大略描绘"所画之

---

① 《营造法式》卷 14·彩画作制度·丹粉刷饰屋舍:"丹粉刷饰屋舍之制:应材木之类,面上用土朱通刷,下棱用白粉阑界缘道,下面用黄丹通刷。"

《营造法式》卷 14·彩画作制度·解绿装饰屋舍:"解绿刷饰屋舍之制:应材昂枓栱之类,身内通刷土朱,其缘道及燕尾、八白等并用青绿叠晕相间。……栱梁等下面用合朱通刷。"

② 关于"串色"的具体制度,参见:中国科学院自然科学史研究所. 中国古代建筑技术史. 北京:科学出版社,1985:294

A 青绿叠晕棱间装　　　　B 解绿刷饰　　　　C 丹粉刷饰

1　　　　2　　　　3

1–3 不考虑光线因素的色彩效果

4　　　　5　　　　6

4–6 假设光线为正面斜向下射入时的色彩效果(常规设计的思维方式)

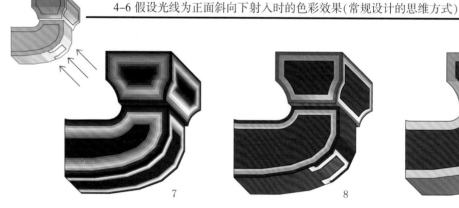

7　　　　8　　　　9

7–9 假设光线为侧面斜向上时的色彩效果(更加接近室内的自然光实际效果)

图 3.10　《营造法式》彩画不用装饰纹样时的"间装"作法

物"的轮廓,还有一种可能就是继承北魏以来的传统,用赭笔起稿。

　　以赭笔描绘图像轮廓的画法,在实物中并不一律,例如高平开化寺和晋祠圣母殿西立面的"五彩遍装",即是用黑笔描道;而南唐二陵的"五彩遍装",以及敦煌莫高窟西魏第 285 窟,北周第 290、296 窟,隋代第 62、276 窟的壁画中,则均有赭笔描绘轮廓的痕迹(图 3.11)。

3.3.1.6　拂淡

　　"拂淡"见于"彩画作制度·五彩遍装·凡华文施之于梁、额、柱"条:

　　凡华文施之于梁、额、柱者,或间以行龙、飞禽、走兽之类于华内。其飞走之物用赭笔描之于

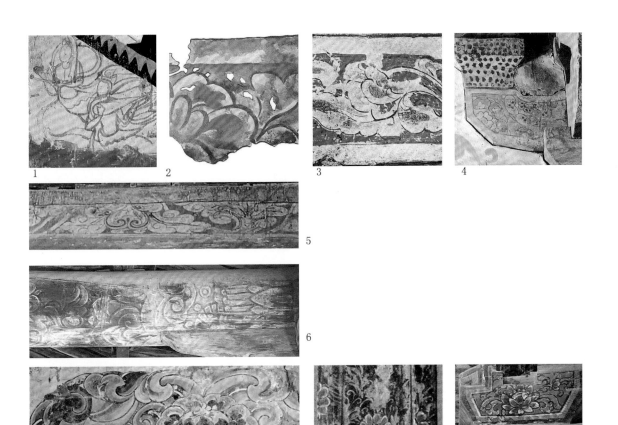

A 赭笔描画或起稿的实例
1 敦煌西千佛洞北魏第 7 窟西壁壁画草稿;2、3 南唐李昇陵和李璟陵墓室彩画;
4、5 敦煌 427 窟北宋窟檐梁栿、枓栱彩画
B 墨笔描画、粉笔盖压墨道的实例
6 永乐宫重阳殿梁栿彩画;7 高平开化寺宋代栱眼壁彩画;8 应县木塔一层内槽南门门额立枋辽代彩画;
9 洪洞广胜寺后佛殿梁栿及枓栱彩画

图 3.11 现存彩画实例中的"赭笔描画"与"墨笔描画"

白粉地上,或更以浅色**拂淡**。[若五彩及碾玉装,华内宜用白画。其碾玉华内者,亦宜用浅色**拂淡**,或以五彩装饰。]

描述用笔方式的"拂",最早见于南北朝,如:"(陆绥)一点一**拂**,动笔皆奇。"[1]"(王羲之等下笔)或横牵竖掣,或浓点轻**拂**。"[2]张彦远记顾恺之论画病眼,有"明点瞳子,飞白**拂**上,使如轻云蔽月"[3]。郭若虚评吴道子画风,则是"落笔雄劲而傅彩简淡……轻**拂**丹青"[4]。

由此可见,"拂"指的是用笔蘸淡墨(或色)轻而快地掠过,上薄薄的一层颜色,可以透出底色和轮廓线。

① [南齐] 谢赫. 古画品录. 北京:人民美术出版社,1963:10
② [梁] 庾肩吾. 书品. 四库本,第 3 页
③ [唐] 张彦远. 历代名画记·卷 5. 秦仲文,黄苗子,点校. 北京:人民出版社,1963:112
④ [宋] 郭若虚. 图画见闻志·卷 1. 秦仲文,黄苗子,点校. 北京:人民出版社,1963:18

在宋朝的画论中，已经可以见到"拂淡"一词（或作"拂澹"），如：

"（陈皓、彭坚）笔力相似，观者莫能升降。大约宗师吴道玄之笔，而傅采、**拂澹**过之。"①

"（杜子环）擅于傅采、**拂澹**，偏长唯攻佛像。……（妆此圆光）浅深莹然，无笔玷之迹。"②

"烟色就缣素本色，**紫拂以淡水**，而痕之不可见笔墨迹。"③

根据上面几句话的意思，"拂淡"应该是指在线描画稿上敷淡彩，要求过渡均匀，不留笔触，不妨碍底稿线条的表现；或不用线描起稿，直接"拂淡"，用于表现烟气、圆光等缥缈之物，相当于现代国画技法中的"飞色"；"整幅画设色完毕后，为增强颜色变化，以多种不同的水质颜色，迅速在其表面刷之。"④

3.3.1.7 斡淡

"斡淡"，见于"彩画作制度·总制度·调色之法·紫矿"条及"彩画作制度·碾玉装·卷成华叶及琐文"条：

紫矿……若于华心内**斡淡**或朱地内压深用者，熬令色深浅得所用之。

亦有华文稍肥者，绿地以二青，其青地以二绿，随华**斡淡**后，以粉笔傍墨道描者，谓之映粉碾玉。宜小处用。

其中"斡"，意为扭转。"斡淡"，见于《林泉高致集》：

"淡墨重叠，旋旋而取之，谓之**斡淡**。以锐笔横卧，重重而取之，谓之皴擦。以水墨再三而淋之，谓之渲。"⑤

另外，古代画论还提到"斡染"的画法，用来表现脸部细腻的色彩变化：

"凡面色，先用三朱、腻粉、方粉、藤黄、檀子、土黄、京墨合和衬底，上面仍用底粉薄笼，然后用檀子、墨水**斡染**。"⑥

比照"皴擦"和"渲"的词义可知，"斡淡"是指用较软的笔蘸色，笔锋转动着湿接或叠加，形成浓淡之间的自然过渡。

3.3.1.8 节淡

"节淡"，见于"彩画作制度·五彩遍装·间装之法"条：

其牙头，青、绿地用赤黄牙，朱地以二绿。若枝条，绿地用藤黄汁罩，以丹华或薄矿水**节淡**；青、红地如白地上单枝条，用二绿，随墨以绿华合粉罩，以三绿、二绿**节淡**。

"节淡"一词未见于其他古代文献，据上文提到同时使用三绿、二绿来推测，应有浓淡之变化，但又与均匀渐变的"斡淡"、"拂淡"有所区别。因此"节淡"可能指用浅色作简单叠晕，产生柔和的色阶效果。

3.3.2 着色步骤

《营造法式》"彩画作制度·总制度"介绍了彩画的着色步骤：

---

① [宋] 黄休复. 益州名画录·卷上. 北京：人民美术出版社，1964：18

② [宋] 黄休复. 益州名画录·卷中. 北京：人民美术出版社，1964：32

③ [宋] 郭熙. 林泉高致集. 四库本. 第18页

④ 见吴救木. 中国画基础技法. 修订本. 北京：朝华出版社，1996：17

⑤ [宋] 郭熙. 林泉高致集. 四库本. 第17页

⑥ [元] 陶宗仪. 南村辍耕录·采绘法. 卷11. 北京：中华书局，1959：132

彩画之制：先遍衬地。次以草色和粉，分衬所画之物。其衬色上方布细色，或叠晕，或分间剔填。应用五彩装及叠晕碾玉装者，并以赭笔描画。浅色之外，并旁描道，量留粉晕。其余并以墨笔描画。浅色之外，并用粉笔盖压墨道。[14.1a]

据此可知，彩画绘制主要可以分为四个步骤：衬地、衬色(上草色)、布细色(叠晕或分间剔填)、描画(用赭笔或墨笔加强轮廓和细节)，见表3.22。

表3.22　彩画步骤简表

3.3.2.1 衬地

《营造法式》"彩画作制度·总制度"专列一节介绍了彩画的第一步，衬地的程序：

衬地之法：[14.1.1]

凡枓栱梁柱及画壁，皆先以胶水遍刷。[其贴金地以鳔胶水。][14.1.1.1]

贴真金地：候鳔胶水干，刷白铅粉，候干又刷，凡五遍。次又刷土朱铅粉，[同上。]亦五遍。[上用熟薄胶水贴金，以绵按，令着实。候干，以玉或玛瑙或生狗牙研令光。][14.1.1.2]

五彩地：[其碾玉装若用青绿叠晕者同。]候胶水干，先以白土遍刷。候干，又以铅粉刷之。[14.1.1.3]

碾玉装或青绿棱间者：[刷雌黄合绿者同。]候胶水干，用青淀和茶土刷之。[每三分中，一分青淀，二分茶土。][14.1.1.4]

沙泥画壁：亦候胶水干，以好白土纵横刷之。[先立刷，候干，次横刷，各一遍。][14.1.1.5]

上文分出四种不同的情况，介绍了不同彩画类型对应的不同衬地做法，等级越高的彩画类型，其衬地做法也越复杂，衬地材料也越考究，但先刷胶再刷粉剂的次序大体是相同的。可列出衬地次序如表3.23所示。

表3.23　衬地步骤简表

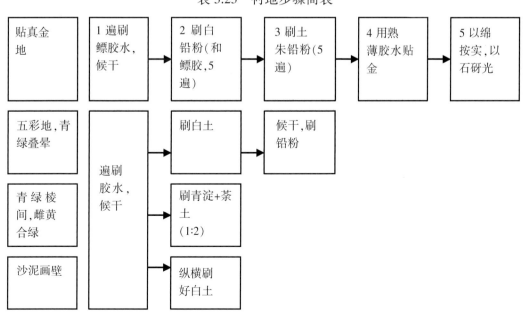

3.3.2.2 取石色、调色

在《营造法式》"彩画作制度·总制度"有"调色之法"一节,介绍了颜料的调制方法,其中石青、石绿、朱砂三种矿物颜料被作为"主色",专列一节:

取石色之法:生青[层青同。]、石绿、朱砂:并各先捣,令略细,[若浮淘青,但研令细。]用汤淘出向上土、石、恶水,不用,收取近下水内浅色,[入别器中。]然后研令极细,以汤淘澄,分色轻重,各入别器中。先取水内色淡者,谓之青华;[石绿谓之绿华,朱砂者谓之朱华。]次色稍深者,谓之三青;[石绿谓之三绿,朱砂谓之三朱。]又色渐深者,谓之二青;[石绿谓之二绿,朱砂谓之二朱。]其下色最重者,谓之大青。[石绿谓之大绿,朱砂谓之深朱。]澄定,倾去清水,候干收之。如用时,量度入胶水用之。[14.1.2.1]

关于"取石色"的步骤,参见表 3.24、图 3.12。

表 3.24 取石色步骤简表

| 1 捣或研:令细 | 2 淘:用汤,去除土、石、恶水 | 3 研:令极细 | 4 澄:用汤,分色轻重,各入别器中。澄定,倾去清水,候干收之 | 5 入胶:如用时,量度入胶水用之 |

澄定

先取水内色淡者,谓之青华
次色稍深者,谓之三青
又色渐深者,谓之二青
其下色最重者,谓之大青

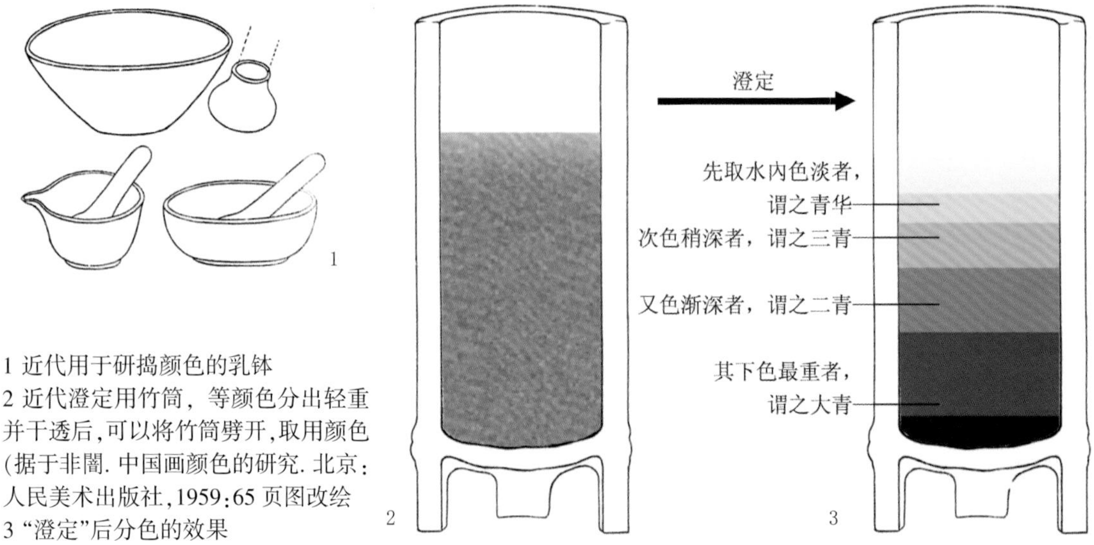

1 近代用于研捣颜色的乳钵
2 近代澄定用竹筒,等颜色分出轻重并干透后,可以将竹筒劈开,取用颜色(据于非闇.中国画颜色的研究.北京:人民美术出版社,1959;65 页图改绘
3 "澄定"后分色的效果

图 3.12 取石色步骤示意图

"调色之法"一节主要介绍几种常用颜色的调制方法与用色禁忌,以化学颜料、植物颜料为主,也介绍了一些不作为"主色"的矿物颜料。其中很多经验,不但在历代画论中时有论及,而且一直沿用至今,千余年来没有太大的变化。

国画颜料的加工,依颜色特性和个人爱好,各有差别。到了晚清,则基本概括为"淘、澄、飞、跌"四个步骤①。"淘",是说把可以洗涤的原料,先淘洗一遍,然后研磨,有大块的,还要先捣碎。

---

① 《红楼梦》第四十二回提到了这四个步骤。

"澄"，是淘洗研细之后，兑入胶水，经过一段时间的沉淀，清轻的部分上浮，重浊的部分下沉，形成清晰的颜色层。然后"飞"，就是把上浮的部分撇到另一碗碟中。剩下下沉的部分，再研，再"跌"，即搅荡颜料，使剩下相对清轻的颜色上浮。(这一步可有可无)重复这四个步骤，便可以将矿物颜料漂出 3~5 个色阶的颜色，这便是所谓"叠晕"的物质基础。

在《营造法式》的"调色之法"和"取石色之法"中，矿物颜料(包括石青、石绿、朱砂、白土、代赭石、雌黄)的制法基本就是以上的步骤，唯不曾提到"跌"。而化学颜料和植物颜料(包括铅粉、藤黄、黄丹、螺青、紫粉)的加工则相对简单，一般经过淘洗研磨，再用"汤"或"热汤"(即胶溶液或热水)调制即可，不再分出色阶。

3.3.2.3 草色、细色

"草色"、"细色"的概念，见于"彩画作制度·总制度·彩画之制"条：

彩画之制：先遍衬地。次以**草色**和粉，分衬所画之物。其衬色上方布**细色**，或叠晕，或分间剔填。

"草"，可解为"起草、拟稿"或"底稿"之意。见杜甫《奉汉中王手劄》："从容草奏罢"；韩愈《张中丞传后叙》："未尝起草"。

由"彩画之制"条的文字可知，"草色"是"布细色"之前布下的底色。

"总制度·衬色之法"记载了青、绿、红分别所用衬色的配比。"料例·草色"、"用胶料例·草色"条分别记载了 5 种"草色"的调制原料及比例，分别为绿华、深绿、绿、红粉、衬金粉。

由这三处描述可知，"草色"的成分，青、绿色系用螺青、槐华等植物颜料与铅粉调和而成，红色系则用紫粉、黄丹等化学颜料调和而成。这些颜料的优点是价格较便宜、容易调制、固着性较好，缺点是日久褪色，不如矿物颜料(即后文所称的"石色"或"主色")之鲜艳持久。

因此，"草色"的作用主要是加强矿物颜料的固着性，使之浓厚沉着。现代山水画中仍有"铺底"①一法，系以水质颜色打底而使石色浓厚，与《营造法式》的记载相一致。

此外，"衬色"的步骤可能还包括用"草色"大略描绘"所画之物"的轮廓，即"起稿"(彩畫作制度圖一)。

3.4 关于颜料和颜色的术语

3.4.1 《营造法式》彩画颜料和颜色的类型和特点

据笔者统计，《营造法式》全书一共出现了 119 种颜色名称(见表 3.26)，其中存在如下规律：

第一，这些名称的界定方法是多元的。按照名称所指的对象，可以分为颜料名和颜色名，例如"生青"专指一种经过研漂可以分解成不同颜色的颜料，而"大青"则专指用"生青"研漂得出的最深颜色。有的名称既可以指颜料，又可指颜色，例如"黄丹"。其中颜色名又分几种情况：有的名称特指某种原料显现的颜色，如"胭脂"；有的名称包含了色相和明度两重含义；而有的颜色名称却泛指一个色系，如"红、绿、青"。

---

① "山水画 10 种基本技法：点染、烘晕、钩擦、铺底、罩色、托底、渗化、填嵌、背敷、飞色。"见：吴牧木. 中国画基础技法. 修订本. 北京：朝华出版社，1996：17

第二,存在"一物而数名各异",即同色不同名的情况。

第三,颜色名称的词语结构主要为两个语素所组成的偏正结构:一个语素表示色相,例如"红"、"绿"、"青"、"黄"等;另一个语素表示程度、性状、有色物,表程度如"深朱"、"大青"等,表性状如"生青"、"层青",表有色物如"土朱"、"绿豆褐"等。

基于以上认识,笔者参考古代画论和科技史料的记载,对《营造法式》中出现的颜色名称进行了初步的清理,判断出 41 种单色,25 种合色,10 种相近色(也就是代用色)(见表 3.25)。把一些由同一种原料分拣出来的单色合并为"原料色";而"原料色"又可以分为矿物颜料、有机颜料、

表 3.25 《营造法式》中的原料、单色及色彩统计[①]

原料色		单色	孟塞尔参考值		相近色	
			H	V/C		
金属颜料	金(Au)	金漆	5YR	6.5/11.0		
		金箔				
矿物颜料	主色 一般不可相合	生青,层青,浮淘青(石青) $[2CuCO_3 \cdot Cu(OH)_2]$	青华		生青华	
			三青	5B	7.0/8.0	
			二青	5B	6.5/5.0	生二青	梓州熟二青
			大青,深青	5B	3.5/10.0	生大青	梓州熟大青
		石绿 $[CuCO_3 \cdot Cu(OH)_2]$	绿华		生绿华	
			三绿	2.5G	5.0/9.0	
			二绿	5BG	7.5/5.0	生二绿	梓州熟二绿
			大绿				梓州熟大绿
		朱砂,朱红 (HgS)	心子朱红			
			常使朱红	10R	5.5/14.0	
			朱华	7.5R	7.0/3.0	
			三朱			
矿物颜料	可和合颜色	代赭石,土朱 (Fe_2O_3)	二朱			
			深朱,深朱红			
			颗块土朱	7.5R	3.5/6.0	
			赤土			
		雌黄(As_2S_3)	雌黄	5YR	5.0/5.0	
		土黄$(Fe_2O_3、Fe(OH)_3)$	土黄	2.5Y	6.5/6.0	
			黄土			
		墨(Cn)	墨煤			
			粗墨			
			细墨,好墨	N	2.0-4.0	描画细墨
			深墨			

---

① 本表格颜料化学成分,主要参照以下资料:

[英]李约瑟. 中国之科学与文明·第 14 册:炼丹术和化学. 陈立夫,主译. 第 4 版. 台北:台湾商务印书馆,1985;
夏湘蓉,李仲均,王根元. 中国古代矿业开发史. 北京:地质出版社,1980
本表格各颜色的色度值,主要参考以下资料:
尹泳龙. 中国颜色名称. 北京:地质出版社,1997
李亚璋 等·GB/T 18934—2003 中国古典建筑色彩. 北京:中国标准出版社,2003
不同色度体系,使用瑞士的 GretagMacbeth 公司开发的免费软件 Munsell Conversion 进行换算。下载地址:http://www.munsell.com/
目前这些色度值的确定还有相当大的局限性。根据《中国颜色名称》还原的结果与实际见到的传统颜料色彩存在相当大的偏差,参见图 0.10,而《中国古典建筑色彩》仅列出 21 种颜料的色度值,其中大部分颜料都是到明清以后才出现或大量使用的,仅"胶调铅粉"的色度可供参考。因此本书绘制彩画图样所用的色谱在此基础上参照一些颜料样品和绘画实例进行了调整。

原料色			单色	孟塞尔参考值 H	V/C	相近色
有机颜料	可和合颜色	白土(CaCO₃)	白土,好白土 茶土	7.5YR	8.5/1.0	
		石灰(Ca(OH)₂)	石灰	N	8.25–6.25	
		胭脂	中绵胭脂	7.5R	5.5/12.0	
			苏木	2.5R	5.0/2.0	
		青淀(靛蓝)	青黛	5PB	5.5/8.0	
			螺青华			
			淀,青淀	5PB	4.0/9.0	
			螺青			
		藤黄	藤黄,藤黄汁	5Y	8.5/12.0	
		槐花	槐华(汁),槐花	5Y	7.5/10.0	
		紫矿	薄矿水			
			紫矿,矿汁	与"朱华"近似		
化学颜料		紫粉(HgS)	常使紫粉	5R	4.5/11.0	
		黄丹(PbO)	黄丹	10R	5.5/12.0	
		铅粉(2PbCO₃·Pb(OH)₂)	定粉,白铅粉,铅粉	10YR	9.5/1.0	
胶矾	辅料	白矾	白矾			
		桐油	应使桐油			
			应煎合桐油			
		松脂	松脂			
		胶	鳔胶水			
			熟薄胶水			
			(薄胶)汤			
			稍浓(胶)水			
		热汤	热汤			

表 3.26 《营造法式》中的颜色(颜料)名称统计

颜色名称	频次	颜色名称	频次	颜色名称	频次
青色类,共23种		**绿色类,共25种**		**红色类,共24种**	
生青	1	石绿	4	代赭石	1
层青	1	绿(衬色)	1	土朱	27
青(衬色)	1	绿(草色)	2	颗块土朱	1
深青	1	合碧粉	1	赤土	3
深青(合色)	1	合绿	7	红	30
深青(草色)	2	大绿	6	朱	25
大青	10	梓州熟大绿	2	朱砂	5
生大青	2	合深绿	1	朱红	5
梓州熟大青	2	深绿(草色)	2	常使朱红	2
二青	4	二绿	9	心子朱红	2
生二青	2	生二绿	1	红(衬色)	1
梓州熟二青	2	梓州熟二绿	2	深朱红	2
三青	4	三绿	5	深朱	5
青华	8	绿华	7	二朱	3
浮淘青	2	生绿华	1	三朱	1
生青华	1	合绿华	1	合朱	6
青华(合色)	3	绿华(合色)	2	丹华	1
青华(草色)	2	绿华(草色)	2	朱华	2
淀	5	槐华汁	1	朱华粉	2

颜色名称	频次	颜色名称	频次	颜色名称	频次
青淀	2	槐华	7	朱华合粉	1
青黛	1	槐花	2	红粉(合色)	3
螺青	5	草汁	1	红粉(草色)	2
螺青华	1	草绿	1	中绵胭脂	1
		深色草汁	1	胭脂(合色)	1
		绿豆褐	1		
紫色类,共8种		**黄色类,共8种**		**金色类,共5种**	
苏木	1	土黄	10	贴金地	1
紫粉	3	黄土	8	贴真金地	2
常使紫粉	4	藤黄	4	衬金粉(草色)	2
紫檀	4	藤黄汁	3	金漆	2
紫檀(合色)	2	黄丹	27	金箔	1
紫矿	3	雌黄	7		
矿汁	1	合雌黄	1		
薄矿水	1	赤黄	5		
黑色类,共7种		**白色类,共10种**		**辅料类,共9种**	
墨	9	白土	4	白矾	
麁(麤)墨	6	好白土	1	应使桐油	
墨煤	13	茶土	11	应煎合桐油	
好墨	1	石灰	32	松脂	
深墨	2	粉		鳔胶水	
细墨	2	粉分	10	熟薄胶水	
描画细墨	1	定粉	1	(薄胶)汤	
		白铅粉	1	稍浓(胶)水	
		土朱铅粉	6	热汤	
		铅粉			

化学颜料和金属颜料。每一种单色,通过查阅国家标准,可以找到它的孟塞尔颜色值[1]。

基于上述的类型研究,本节对于颜色术语的考辨按照"主色"、"矿物颜料"、"化学颜料"、"有机颜料"的顺序进行,其中"同色异名"的(例如"深朱"和"深朱红"),或者同类原料在不同产地或不同阶段的名称(例如"石青"、"层青"、"生青"、"大青"、"二青"等)合并为一条。关于金属颜料,《法式》提到关于金的用法若干种,本书也专辟一节来讨论。

3.4.2 与"金"有关的术语

《营造法式》的"彩画作制度"和"彩画作图样"介绍了6种基本彩画类型,其中没有用金的类别;在"取石色之法"和"调色之法"中,介绍了16种主要颜料的调制方法,其中也没有金色。但是从《法式》的"功限"、"料例",以及"衬地之法"中,却可以零星地找到一些彩画用金的名目和方法:

《法式》卷25第3篇的"彩画作"提到**五彩间金**和**抢金碾玉**的名目,卷28"诸作等第·彩画作"中,亦提到"五彩装饰[间用金]"的装饰类型,属于上等彩画。

《法式》卷14的"彩画作制度"中,提到"外缘道用**明金**"的做法。

---

① 理论上讲,通过孟塞尔值的计算可以还原每个单色的准确颜色,但如此还原的效果却与我们能够看到的古代绘画、壁画的效果相去甚远。更加准确的国家标准有待研制。参见 0.5.5.2 节。

《法式》的"制度"、"功限"和"料例"都提到了"**贴金**"的做法，记述甚详。"彩画作制度·炼桐油"一篇，还附带提到了"**金漆**"，记熟桐油为"合金漆用"①。

由上可知，《法式》一共提到 5 种用金的方式，即"间金"、"抢金"、"贴金"、"明金"和"金漆"，可见在建筑装饰中用金的做法，在《法式》中有诸多需要规定之处，但又不能明立制度。这样的矛盾，无疑和北宋时期的多次销金禁令有关。宋真宗大中祥符元年(1008 年)颁布《大内宫院苑囿今后止用丹白不得五彩装饰幡胜不得用罗诏》，开篇便说"朕忧勤视政，清净保邦，将俭德以是遵，庶淳源而可复"②；对照《进新修营造法式序》中的"丹楹刻桷，淫巧既除；菲食卑宫，淳风斯复"，口气如出一辙。

可见《法式》虽然已经明文记载了诸多奢侈华丽的做法，却又不得不作些"表面文章"，和北宋一贯的提倡节俭、实则奢侈的作风保持一致。其中没有正式地介绍"五彩间金"和"抢金碾玉"等用金的彩画类型，应属"知而不言"的无奈之举。

《说苑·反质》引墨子的话，描述商纣王的宫殿"宫墙文画，雕琢刻镂，锦绣被堂，金玉珍玮"③，其中"金玉珍玮"，便是指用金玉镶嵌的建筑装饰。《汉书》又有"壁带往往为黄金釭"④的记载。可见在建筑装饰中用金，可以追溯到先秦时期，而黄金镶嵌建筑构件的手法，在汉代已经比较常见了。

据明人的统计，《唐六典》已经出现 14 种用金的装饰方法：

"曰销金，曰拍金，曰镀金，曰织金，曰研金，曰披金，曰泥金，曰镂金，曰捻金，曰**戗金**，曰圈金，曰**贴金**，曰嵌金，曰裹金。"⑤

《旧唐书》记唐敬宗于宝历年间(825—826 年)修清思院新殿，用去"铜镜三千片、黄白金薄十万翻"⑥，可见唐代建筑的用金量已经十分可观。

在宋代，一方面工艺进步，对金的加工方式更趋丰富精微；另一方面，由于奢靡之风日盛，对政权的消极影响日趋严重，用金的装饰多次成为宫廷明令禁止的对象。据统计，宋代见诸各种文献记载有明确纪年的这类禁令共达 62 条之多⑦，其中最具代表性的是宋真宗大中祥符八年(1015 年)颁布的《禁销金诏》，其中禁止 17 种用金的装饰，从侧面反映了宋代用金装饰的盛行程度：

"其乘舆法物，除大礼各有旧制外，内庭自中宫以下，并不依销金、**贴金**、缕金、**间金**、**戗金**、圈金、解金、剔金、陷金、**明金**、泥金、榜金、背金、影金、栏金、盘金、织捻金线等。但系装着衣服，并不得以金为饰。"⑧

以上的金饰主要是针对服饰、乘舆、器物而言，没有提及建筑的装饰。实际上，北宋建筑装饰的用金量比前代有过之而无不及。《宋史·食货志》有一条记载，可以表明《营造法式》海行后不久

① 《营造法式》卷 14·彩画作制度·炼桐油。
② 宋大诏令集·卷 199·禁约. 北京：中华书局影印清抄本，1962：734
③ [汉] 刘向. 向宗鲁，校证. 说苑校证·卷 20. 北京：中华书局，1987：515~516
④ [汉] 班固.《汉书》卷 97 下，第 3989 页。
⑤ [明] 杨慎.《丹铅总录》卷 7，四库本，第 8 页。
⑥ 《旧唐书》卷 17 上《敬宗本纪》，第 516 页；《旧唐书》卷 153《廷老传》，第 4090 页。
⑦ 柴勇. 宋代奢侈禁令与奢侈消费：[硕士学位论文]. 石家庄：河北大学，2004：12~14
⑧ 宋大诏令集·卷 199·禁销金诏. 北京：中华书局影印清抄本，1962：740
《燕翼诒谋录》有类似记载，名目略有出入："(大中祥符)八年三月庚子，又诏：自中宫以下，衣服并不得以金为饰，应销金、贴金、缕金、间金、戗金、圈金、解金、剔金、捻金、陷金、明金、泥金、榜金、背金、影金、阑金、盘金、织金、金线，皆不许金。"其中"织捻金线"分为三条："捻金、织金、金线"。([宋] 王栐. 燕翼诒谋录·卷 2. 北京：中华书局，1981：18)

的用金情况：

（宋徽宗宣和元年，即 1119 年）"后苑尝计增葺殿宇计用金箔五十六万七千。帝曰：'用金为箔以饰土木，一坏不可复收，甚亡谓也。'"①

《法式》的"制度"和"料例"没有记载彩画用金的比例，但从上面的数字可以大略推知，在北宋的建筑彩画中，对金的使用是相当频繁的。

金饰的做法一直延续到明清，并有所发展。清代专设"油作"，与"彩画作"并重，而"油作"的主要工作之一就是"金饰"。在清代主要彩画类型"和玺彩画"中，金色明确成为主色之一，占到整个画面的四分之一左右②。

从历史的角度来看，金一直是一种受到尊崇和喜爱的装饰材料，从先秦到明清，建筑对金饰的运用是一个不断丰富和成熟的过程。但《法式》所在的宋代，可能是历史上最矛盾的一个时代：一方面市民经济和手工业发展迅速，致使金饰的使用不仅在宫苑中数量巨大，而且在民间也甚为流行。另一方面，国家军事失利，为蛮夷所困，巨大的"纳贡"和军费开支，使得国家财政经常入不敷出。因此君主不得不提倡节约，或者至少在表面上提倡节约。这就使得《法式》中关于用金的制度，处在一种被掩饰或弱化的状态，需要仔细搜索方能略知其概貌。

以下分别对《法式》中的 5 种用金方式作一初步的考证。

3.4.2.1 贴金

《法式》详细地记载了"**贴金**"的步骤、原料和功限。贴金所用人工是所有彩画品种中最高的，相当于"五彩间金"的 6.6 倍、"五彩遍装"的 8.3 倍③。"贴金"主要有四个步骤："刷胶"、"上粉"、"贴金"和"出褫"④。

首先，刷一遍"鳔胶水"，即"衬地"。

干透后，依次刷"白铅粉"、"土朱铅粉"各五遍。每次都要等干透后再刷，"白铅粉"和"土朱铅粉"统称"衬金粉"。

然后"用熟薄胶水贴金"，用丝绵按压，使金箔粘牢。

最后，用光滑的硬物（玉或玛瑙或生狗牙）碾压（"研"），使其有光泽⑤。"彩画作功限"称此步为"出褫"，其中"褫"，有"夺、扯、剥"⑥等意思，可能是形容贴金后隔着丝绵按压，将丝绵抽去再用硬物碾压的动作。

"贴金"的"上粉"、"贴金"、"出褫"三个步骤，共计人工"每一尺一功五分"⑦，是所有彩画做法中最高的。

关于贴金所用的铅粉，《法式》记述甚详。据《法式》卷 27 的"诸作料例二·彩画作·应使金箔"

---

① 《宋史》卷 179《食货志》，第 4360 页。
② 王仲杰. 试论和玺彩画的形成与发展. 故宫博物院院刊，1990(03)
③ 《营造法式》卷 25·诸作功限二·彩画作："五彩间金描、画、装、染，四尺四寸……五彩遍装亭子、廊屋、散舍之类，五尺五寸……各一功。"
④ 《营造法式》卷 25·诸作功限二·彩画作："上粉、贴金、出褫：每一尺一功五分。"
⑤ 《营造法式》卷 14·诸作功限二·彩画作制度·总制度·衬地之法：
"凡枓栱梁柱及画壁，皆先以胶水遍刷。[其贴金地以鳔胶水。]
贴真金地：候鳔胶水干，刷白铅粉，候干又刷，凡五遍。次又刷土朱铅粉，[同上。]亦五遍。[上用熟薄胶水贴金，以绵按，令着实。候干，以玉或玛瑙或生狗牙研令光。]"
⑥ 《说文解字》卷 8 上："褫，夺衣也。从衣，虒声。读若池。直离切。"《六书故》卷 31："褫，敕止切。扯剥也。"
⑦ 《营造法式》卷 25·诸作功限二·彩画作。

条，每平方尺金箔用"衬金粉"4两，其中"颗块土朱"1钱①，可知土朱占衬金粉的1/40；但"彩画作料例·衬金粉"条又指出其配比为铅粉1斤、土朱8钱②，则土朱所占配比为1/20，二者相差一倍。考虑贴金衬地的次序，需要刷等量的"白铅粉"和"土朱铅粉"，其中应该只有"土朱铅粉"需要加入土朱，因此土朱占"衬金粉"总量的1/40，但在与铅粉混合时，却是按1/20的比例。由此，"衬金粉"的配比应该是：每平方尺金箔用4两，其中"白铅粉"2两，"土朱铅粉"2两，"土朱铅粉"按照1/20的配比掺入土朱。

衬金用的铅粉需要先研细、用生白绢过滤、用炭火烘烤③，再用鳔胶水调和④（鳔胶所占配比为3/16⑤）。

"贴金"的名目，在前引的《唐六典》和北宋《禁销金诏》中均已出现，而且一直延续到明清，但工序与《法式》有所不同。

江南民间还保存一部分明式彩画的贴金做法，主要有两个步骤，即"打金胶"和"贴金"。"贴金"又分为"贴油金"和"贴活金"两种；金胶分胶质、油质和漆质三种⑥，其中要加入一些石英或银朱，使它的颜色略为发黄，一方面可以衬托所贴的金色，即"养益金色"，一方面可以和地色有所差别⑦。由此可知，《法式》在"衬金粉"中加入土朱，也有"养益金色"和提示位置的效果。

清式彩画由于"地仗"的产生，"衬地"做法发生变化，贴金的工序也与宋、明更加不同，在地仗、起稿之后，主要有"沥大小粉"、"包黄胶"、"打金胶油"、"贴金"四步。其中黄胶系用石黄与骨胶相合，加入适量水调制而成，要包满所有大小沥粉处，以免金胶油渗透，贴金不亮。金胶油即熟桐油加入炒过的铅粉⑧，与《法式》用来"合金漆"的桐油相近。

明清彩画贴金，常与"沥粉"相结合。"沥粉"的作用，主要是突出图案结构（线路）、分清纹样主次，其次是衬托金的光泽。"沥粉"的做法未载于《法式》，在宋以前的建筑彩画遗物中也未见，但是在敦煌初唐57窟和盛唐45窟的壁画上都已出现，此时的沥粉材料用白土粉，沥出线条扁粗，尚处于初期阶段。敦煌宋初的壁画中已出现比较成熟的沥粉方法，所用的灰色沥粉，可能是烧过的香灰、绿豆面和细高岭土粉调制而成，沥出线条圆润光洁，经数百年不坏⑨，后世彩画沥粉的成分，大体也是这几种。清式彩画的"沥粉"做法，是将香灰、豆面或土粉子、大白粉过细箩，除去杂质后，倒入瓦盆内，然后入胶水，用木棒捣匀，加入温水泻开过滤后，即可灌入专用的"沥粉器"，沥出粉线⑩（图3.13）。

与"沥粉贴金"相比，《法式》的贴金方法可以称为"堆粉贴金"，因为要多遍涂刷铅粉，要多费些功⑪。

① 《营造法式》卷27·诸作料例二·彩画作："应使金箔，每面方一尺：使衬粉四两，颗块土朱一钱。"
② 《营造法式》卷27·诸作料例二·彩画作："衬金粉：定粉：一斤。土朱：八钱。[颗块者。]"
③ 《营造法式》卷27·诸作料例二·彩画作："应使金箔，每面方一尺：使衬粉四两，颗块土朱一钱。每粉三十斤，仍用生白绢一尺，[滤粉。]木炭一十斤，[燸粉。]绵半两。[揾金。]"
④ 《营造法式》卷14·诸作料例二·彩画作制度·总制度·调色之法："铅粉：先研令极细，用稍浓胶水和成剂，[如贴真金地，并以鳔胶水和之。]再以热汤浸少时，候稍温，倾去，再用汤研化，令稀稠得所用之。"
⑤ 《营造法式》卷28·诸作料例二·诸作用胶料例："应使颜色，每一斤用下项：[拢窨在内。]……衬金粉：三两。[用鳔。]"
⑥ 陈薇. 江南明式彩画制作工序. 古建园林技术，1989(03)
⑦ 王世襄. 髹饰录解说. 北京：文物出版社，1983：76~79
⑧ 中国科学院自然科学史研究所. 中国古代建筑技术史. 北京：科学出版社，1985：302
⑨ 中国科学院自然科学史研究所. 中国古代建筑技术史. 北京：科学出版社，1985：280
⑩ 中国科学院自然科学史研究所. 中国古代建筑技术史. 北京：科学出版社，1985：302
⑪ 中国科学院自然科学史研究所. 中国古代建筑技术史. 北京：科学出版社，1985：280

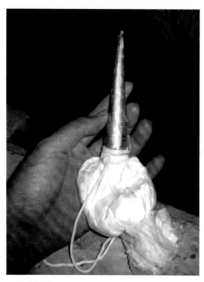

1 沥粉器　　　　　　　　　　2 在地仗层打好的"谱子"上沥出粉线

图 3.13　天坛祈年殿彩画维修的"沥粉"过程

3.4.2.2　抢金

《法式》所记的"抢金",是自唐以后对"戗金"的俗称[1],也出现在上述两处文献中。据王世襄的考证,"戗金"做法起源于"鸽金",在《诗经》中已有记载[2];而关于"戗金"的具体做法,最早见于元人陶宗仪的《辍耕录·鎗[3]金银法》:

"凡器用什物,先用黑漆为地,以针刻画。或山水树石,或花竹翎毛,或亭台屋宇,或人物故事,一一完整,然后用新罗漆。若鎗金则调雌黄,若鎗银则调韶粉,日晒后,角挑挑嵌所刻缝罅,以金薄或银薄,依银匠所用,纸糊笼罩,置金银薄在内,遂旋细切取,铺已施漆上。新绵揩拭牢实,但着漆者自然黏住,其余金银都在绵上,于熨斗中烧灰,甘锅内镕锻,浑不走失。"[4]

根据陶宗仪的解释,"戗金"是指先在装饰面上雕镂花纹,然后填入金漆的做法。由此,关于《法式》所记的"抢金碾玉",有两种可能的解释:

一是先在彩画的"衬地"上雕刻花纹,再填嵌金漆,但在"衬地"上刻划的做法,未见于《法式》,也未见于后世的彩画,甚为可疑;

二是与"五彩间金"中的"间金"同义,仅仅表示用金色与其他颜色相间,由于最后的完成面厚度大致相同,也会产生填嵌的视觉效果,因此亦借用了"戗金"之名。

笔者倾向于后一种解释。

此外,《法式》"彩画作"中多次提到"剔地"、"剔填"等做法,其中的"剔"与这里的"抢"可能具有相近的意思,具体意思还有待进一步考证。

3.4.2.3　间金、明金

"间金"和"明金"未载于《唐六典》,但见于北宋大中祥符《禁销金诏》,可能是产生于五代或

---

[1] [明] 方以智:《通雅》卷33《器用》,四库本,第28页:"(唐)张怀瑾《书录》言:三代钿金,今之所谓抢金。"
[2] 王世襄. 髹饰录解说. 北京:文物出版社,1983:136
　　《诗经·周颂·载见》:"鞗革有鸧,休有烈光。"郑玄笺云:"鸧,金饰貌。"(《毛诗注疏》卷27,十三经注疏本)
[3] 鎗,作髹漆工艺解时,读作[qiàng]。
[4] [元] 陶宗仪. 南村辍耕录(卷30). 北京:中华书局,1959:379~380

宋代的名目。

"五彩间金"的名称,见于《法式》卷25第3篇的"彩画作功限",在《法式》卷28的"诸作等第·彩画作"中,亦提到"五彩装饰[间用金]"的装饰类型,属于上等彩画。

关于"五彩间金"的做法,在"彩画作制度"中没有具体的解释,从字面上理解,应该是在"五彩遍装"的基础上,加入了金色。

在宋代史料中亦有"彩画间金"的记载,例如《东京梦华录》记金明池争标时所用的飞鱼船,"彩画间金,最为精巧"[①]。"间金"用于服饰时,还可以解释为"织物上绣织有间断的金线花纹"[②]。

因此,结合《法式》对于"间装"、"隔间"等词的用法,"五彩间金"的彩画应指在"五彩遍装"彩画中隔间使用金色,有两种可能的样式:一是构件"缘道"用金,即"外缘道用明金";二是构件"身内"所画的华文或琐文中间以金色。在五代、宋辽时期的建筑实例中可以见到这两种用金的方式(图3.14)。

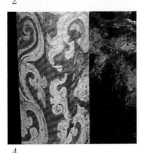

1、2 [辽] 山西大同下华严寺薄迦教藏殿辽代壁藏枓栱彩画:缘道贴金,或整个枓贴金的做法
3 [五代] 浙江临安吴越国康陵垂幔彩画,缘道贴金
4 [五代] 浙江临安吴越国康陵石坊柱子彩画,内间凤凰贴金

图3.14　五代、宋辽时期建筑彩画用金的实例

在《法式》"五彩遍装·用叠晕之法"条,提到"外缘道用明金"的做法。

"明金"用于服饰时,可解释为"以扁而宽阔的金缕绣织衣物"[③],在近代,又成为"贴金、上金、泥金"的统称,与"金箔罩漆"相对[④],泛指表层不罩漆的用金方法。

根据《法式》对"外缘道用明金"的规定:"金缘之广与叠晕同,金缘内用青或绿压之。其青绿广比外缘五分之一"[⑤](见彩畫作制度圖一),"明金缘道"是指线条较为宽阔的,而且表面没有罩

① [宋] 孟元老. 邓之诚,注. 东京梦华录注(卷7). 北京:中华书局,1982:184~185
② 周汛,高春明. 中国衣冠服饰大辞典. 上海:上海辞书出版社,1996:672
③ 周汛,高春明. 中国衣冠服饰大辞典. 上海:上海辞书出版社,1996:670
④ 王世襄. 髹饰录解说. 北京:文物出版社,1983:76~79
⑤ 《营造法式》卷14·彩画作制度·五彩遍装·用叠晕之法。

漆的贴金做法。

3.4.2.4 金漆

《法式》所载的"**金漆**",做法不详,仅记桐油炼熟后可以"合金漆用"。而桐油需先"用文武火煎"令清,先后在热油中加入胶(焦后即取出)、松脂、铅粉和黄丹。[①]其中,松脂、铅粉和黄丹都是干燥剂,既可以防止桐油因潮湿而发霉,又可以衬托金色[②]。

关于"金漆",可有两种理解:

其一,相当于明代所称的"罩金髹"或"金漆"[③],是用"贴金"、"泥金"等法做地子,上面再罩一层透明漆(或可用桐油)的做法。

其二,是用来为贴金衬地的漆,即近代漆店所卖的"金漆"[④]。

如果说"金漆"指衬地用漆的话,则又存在两种可能的理解:

一是认为"金漆"就是用来调制"衬金粉"的熟桐油[⑤]。但《法式》的"衬地之法·贴真金地"一条仅提到刷"鳔胶"和"铅粉",而铅粉也是用胶来调和,并没有提到用油。

一是认为用桐油作衬地的方法,可能是另一种"贴真金地"的方法,和江南明式彩画的贴金衬地先用漆或油"打金胶"的方法类似(参见"贴金"条),在《法式》中没有详述。

从《法式》"炼桐油"一条看来,桐油可以"乱丝揩搌","施之于彩画之上",则作为贴金的罩漆是可能性比较大的。

在宋代的史料中,还有"**漆金**"的名目,亦曾被禁止。宋仁宗景祐三年(1036 年)曾下诏"凡器用毋得表里用朱漆、金漆"[⑥],但"漆金"由于等级稍低,有时可以免于禁令,甚至成为"销金"的替代做法。如南宋绍兴二十七年(1157 年),宋高宗由于"禁销金铺翠甚严",将帝后生辰所用"铺翠缕金花"用"药玉叶**漆金**纸"代替[⑦]。淳熙四年(1177 年),装銮"太武学神像",按照制度应该用金装饰,宋孝宗诏令"禁销金指挥甚严,令用**漆金**可也"[⑧]。

3.4.3 与矿物颜料有关的术语

3.4.3.1 青:生青,层青,浮淘青(石青);青华、三青、二青、大青、深青

石青以及成分类似的矿物颜料,在《营造法式》中出现了多种名目,其名称可能因矿物产地、矿物形态的不同而略有差别。例如"总制度·取石色之法"条提到青色时用"生青 [层青同]",说明生青和层青都可作为"主色"中的"青色"来使用,其加工方法也一样。生青一般指未经加工的石青,矿物名称为蓝铜矿,或碱式碳酸铜$[2CuCO_3 \cdot Cu(OH)_2]$,分空青和曾青二种,其结晶形式略有区

① 《营造法式》卷 14·彩画作制度·炼桐油。
② 中国科学院自然科学史研究所. 中国古代建筑技术史. 北京:科学出版社,1985:280
③ 《髹饰录》第 91 条:"罩金髹,一名金漆,即金底漆也。"王世襄注:"罩金髹,即用贴金或泥金等法做池子,上面罩透明的罩漆。"见:王世襄. 髹饰录解说. 北京:文物出版社,1983:82
④ 见:王世襄. 髹饰录解说. 北京:文物出版社,1983:76~79,"金髹"条:"所谓金漆,就是为打金胶用的漆,性质与笼罩漆很相似。"
⑤ 中国科学院自然科学史研究所. 中国古代建筑技术史. 北京:科学出版社,1985:280,注 2:"衬金粉(即土朱铅粉)作法:……先将定粉研细过滤,晾干,用木炭烘烤,待粉烘到焦黄的程度,再用桐油调合使用。"
⑥ [宋] 李焘. 续资治通鉴长编·卷 119. 北京:中华书局,1985:2798
⑦ [宋] 李心传. 建炎以来系年要录·卷 177. 北京:中华书局,1988:2927
⑧ [宋] 留正,等,《增入名儒讲义》卷 55《皇宋中兴两朝圣政》,影印上海古籍出版社藏影宋抄本,第 11 页。

别,呈偏绿的蓝色。

"层青"是"曾青"的异名,见《本草纲目》:"曾音层,其青层层而生,故名"[1]。

根据"总制度·取石色之法",青华、三青、二青、大青是由生青加工研漂得来的四个色阶,其色相一致,明度依次降低。

此外,"料例·彩画作"又提到生大青、生二青、浮淘青、梓州[2]熟大青绿、二青绿等名目,未见于其他文献的记载,可能是当时市面可以得到的一些不同成色、不同产地的颜料,主要成分应该都是石青。

关于《法式》中的"深青"一词,则有两种可能的解释,一种是用植物颜料调和而成的深青颜色,例如"诸作料例二·彩画作"和"诸作用胶料例·彩画作"就记载了"合深青"的配比和用量:每平方尺用四钱,每一斤颜料用淀(即靛青)一斤,胶三两。

另一种用法见于"碾玉装之制":

梁栱之类……如绿缘内于淡绿地上描华,用**深青**别地,外留空缘,与外缘道对晕。[青缘内者,用绿处以青,用青处以绿。]

这里的"深青"应指青色中之最深色阶,不一定是上述方法调制的"深青",也可能是矿物颜料研漂而成的"大青"。

3.4.3.2 绿:石绿;绿华、三绿、二绿、大绿

石绿的矿物名称为石绿或孔雀石,分子式为 $CuCO_3 \cdot Cu(OH)_2$,呈偏蓝的绿色。绿华、三绿、二绿、大绿是由石绿研漂得来的四个色阶。"料例·彩画作"还提到生大绿、梓州熟大青绿、二青绿、生二绿等名目,可能是当时市面可以得到的一些不同成色、不同产地的颜料,主要成分应该都是石绿。

3.4.3.3 红:朱砂,朱红;心子朱红、常使朱红、朱华、三朱、二朱、深朱、深朱红

朱砂的矿物名称为朱砂或辰砂,分子式为 HgS,呈深红色。朱华、三朱、二朱、深朱是由朱砂研漂得来的四个色阶。其中二朱最接近现在所说的红色,深朱略偏紫,朱华、三朱略偏黄。

"诸作料例二·彩画作"还提到心子朱红、常使朱红、深朱红等名目。虽然一般现在所说的"朱红"就指的是"朱砂红",但是在"总制度·调色之法"条中,已经避开石青、石绿、朱砂三种主色,又专门介绍了"朱红"的调制方法:

朱红[黄丹同。]:以胶水调令稀稠得所用之。[其黄丹用之多涩燥者,调时入生油一点。]

"总制度·调色之法"条以介绍化学颜料和植物颜料的调制方法为主,此处出现的"朱红",应与"朱砂"有所区别。再有,朱砂的研漂方法比较复杂,向有"朱砂四两,需人工一日"之说,并不能直接用胶水调制。

宋人所著的《墨池编》,记造"朱墨"的方法:"上好朱砂细研飞过,好朱红亦可"[3],说明"朱红"和经过研飞加工的朱砂基本相同,对照"诸作料例二·彩画作"提到的"梓州熟大青绿、二青绿",说明在《营造法式》的时期,人们已经用到成品的颜料。"朱红"在这里,应相当于用朱砂研飞制成

---

① [明] 李时珍,《本草纲目》卷10,上海古籍出版社影印四部精要本,第575页。
② 梓州位于四川地区,见《宋史》卷89《地理志》,第2216页:"剑南东川节度,本梓州"。梓州产石绿,见于《宋史》·卷179《食货志》,第4354页:"金州岁贡斑竹帘……梓州市碌二千斤。帝皆以道远扰民,亟命停罢。"
③ [宋] 朱长文,《墨池编》卷6,四库本,第130页。

的"朱磦",色泽比朱砂略黄。

3.4.3.4　代赭石,土朱;颗块土朱、赤土

代赭石,见于"彩画作制度·总制度·调色之法"条:

代赭石 [**土朱**。土黄同。如块小者不捣]:先捣令极细,次研,以汤淘取华,次取细者,及澄去砂石麤脚不用。

据《本草纲目》载:

"**代赭石**,释名须丸、血师、**土朱**、铁朱。 [别录曰:出代郡者名代赭,出姑幕者名须丸。]"[①]

由此可知,"代赭石",因出于代县而名,另名"土朱"。而"代赭石"一词在《营造法式》中只出现一次,在详细做法、功限、料例中只出现"土朱",可见在《营造法式》中,这两个概念是等同的。

从今天对矿物的认识来看,赭石即赤铁矿,主要成分为氧化铁(Fe_2O_3)。产于山西代县的"代赭石"是一种粉末赤铁矿,其中混杂有少量粘土[②],是一种较廉价的颜料,色彩能够持久不变。保存至今的敦煌壁画,上面的土红(或称铁红)色彩,不论早中晚期,其成分均有赭石[③]。

除了"土朱"以外,"诸作料例二·彩画作"又记有"颗块土朱","泥作制度"还记有"赤土",应该也是指的赭石颜料,不过纯度和品级有所差别。"颗块土朱"可能成结晶体状,纯度较高,专用于"衬金粉",而"赤土"纯度较低,专用于和红色石灰。

3.4.3.5　雌黄

雌黄,见于"彩画作制度·总制度·调色之法"条:

雌黄:先捣,次研,皆要极细。用热汤淘细华于别器中,澄去清水,方入胶水用之。[其淘澄下麤者,再研,再淘细华,方可用。]忌铅粉、黄丹地上用。恶石灰及油,不得相近。[亦不可施之于缣素。]

雌黄的主要成分为硫化砷(As_2S_3),在唐代的《历代名画记》中便记有"忌胡粉(即铅粉)同用"的禁忌,在《营造法式》中,进一步总结了雌黄的各种禁忌:"忌铅粉、黄丹地上用。恶石灰及油,不得相近"。从现代化学的角度解释这些禁忌,可列反应式如下:

$$2As_2S_3(雌黄)+2[PbCO_3·Pb(OH)_2](铅粉)+2H_2O \rightarrow 6PbS(黑色)+4H_3AsO_3+3H_2CO_3$$

$$2As_2S_3(雌黄)+PbO(黄丹)+3H_2O \rightarrow 3PbS(黑色)+2H_3AsO_3$$

此外,As_2S_3溶于强碱,所以不能接近石灰;而且硫元素会使干性油交连、固化,使油膜变硬、变脆,从而降低了桐油的性能,因此雌黄不能与桐油相近[④]。

雌黄在《营造法式》中,主要用于较低等级的彩画,例如用来调制"合绿",或用于"解绿装饰屋舍",在"柱头及脚"用雌黄"画方胜及团华"。

3.4.3.6　土黄、黄土

土黄见于"彩画作制度·总制度·调色之法"条,制法与"代赭石"相同,在"丹粉刷饰·黄土刷饰"篇,又称为"黄土"。

土黄也属矿物颜料,一般与雄黄、雌黄等共生。土黄生于矿石的表层,主要成分为氧化铁及

---

① 《本草纲目》卷10,第573页。

② 夏湘蓉,李仲均,王根元. 中国古代矿业开发史. 北京:地质出版社,1980:227

③ 李最雄. 敦煌莫高窟唐代绘画颜料分析研究. 敦煌研究,2002(04)

④ 郭黛姮. 中国古代建筑史(第3卷). 北京:中国建筑工业出版社,2003:712

氢氧化铁(Fe_2O_3、$Fe(OH)_3$)。许多地区的黄土的成分与此类似,亦可作为土黄颜料。

3.4.3.7 墨、墨煤、粗墨、细墨、好墨、深墨

《营造法式》并未详述"墨"的调制方法。在《营造法式》彩画中,墨的使用面积较小,主要用于"描画"、"界画"、"点节",或"压深"、"压心",仅在"黄土刷饰"中有"解墨缘道"的做法:

应用五彩装及叠晕碾玉装者,并以赭笔描画。……其余并以**墨笔**描画。浅色之外,并用粉笔盖压**墨**道。(彩画作制度·总制度·彩画之制)

且如用青,自大青至青华,外晕用白……大青之内,用**墨**或矿汁**压深**。(总制度·取石色之法)

(两晕棱间装)[外棱用青华、二青、大青,以**墨压深**。](彩画作制度·青绿叠晕棱间装·两晕棱间装)

自浅色起,先以青华……次以大青,大青之内,用**深墨压心**。(五彩遍装·叠晕之法)

若画松文,即身内通刷土黄,先以**墨笔界画**,次以紫檀间刷,[其紫檀,用**深墨**合土朱,令紫色。]心内用**墨点节**。(彩画作制度·解绿装饰屋舍·缘道叠晕)

此外,在"五彩遍装·叠晕之法"条还提到"好墨",用来合草绿汁;在"诸作料例二·彩画作"中,提到"细墨",用来合紫檀,以及"描画细墨",应该是专门用于"描画",这些名目应该都是指经过精研、成分较纯、颗粒较细的墨。

在"诸作料例二·彩画作"中还提到"墨煤"的名目。"墨煤"在"泥作制度"中可与"麄墨"或"软石炭"互相替代,与石灰相合,制作"青灰"[1],因此"墨煤"应与"麄墨"(即粗墨)一样,属于颗粒较粗,纯度较低的墨。

3.4.3.8 白土、好白土、茶土

白土、茶土,见"彩画作制度·总制度·调色之法":

白土[茶土同。]:先拣择令净,用薄胶汤浸少时,候化尽,淘出细华,入别器中,澄定,倾去清水,量度再入胶水用之。

白土和茶土都用于衬地,但施用对象有所不同,白土可以和铅粉合用,做五彩遍装及青绿叠晕碾玉装的衬地[2],或可做壁画的衬地,但需用"好白土"[3],可能是经过更加精细加工的白土。而茶土则可与青淀相合,做青绿色调彩画的衬地[4]。

据《本草纲目》,"白垩……释名白善土、白土粉、画粉[白土处处有之,用烧白瓷器坯者]"[5],可知"白土"即"白垩",亦即烧制瓷器所用的高岭土,主要成分为硅酸盐,是一种廉价的白色颜料,色微偏黄。

从《四库全书》的检索情况来看,"茶土"未见于《法式》以外的古籍。在"衬地之法"中用法和"白土"相近,唯一的区别在于"茶土"可与"青淀"合用,专用于"碾玉装"或"青绿棱间装"的衬地;

---

① 《营造法式》卷13·泥作制度·用泥:"合青灰:用石灰及软石炭各一半。如无软石炭,每石灰一十斤用麄墨一斤,或墨煤一十一两,胶七钱。"

② "彩画作制度·总制度·衬地之法":"五彩地:[其碾玉装若用青绿叠晕者同。]候胶水干,先以白土遍刷。候干,又以铅粉刷之。"

③ "彩画作制度·总制度·衬地之法":"沙泥画壁:亦候胶水干,以好白土纵横刷之。[先立刷,候干,次横刷,各一遍。]"

④ "彩画作制度·总制度·衬地之法":碾玉装或青绿棱间者:[刷雌黄合绿者同。]候胶水干,用青淀和茶土刷之。[每三分中,一分青淀,二分茶土。]

⑤ [明]李时珍,《本草纲目》卷7,上海古籍出版社影印四部精要本,第535页。

而"白土"皆为单用,用于"五彩地"和"沙泥画壁"。另外在"瓦作制度"中,茶土还是制作青掍瓦的重要原料。在彩画作的"料例"中,仅有"白土"而无"茶土"。而"茶"的本意,有"白花"或"烂泥"的意思。所以,"茶土"的质地可能较白土更为疏松、较易合色;由它与"青淀"合用作碾玉衬地来看,其颜色可能略偏青绿。

在"叠晕之法"中有"量留粉晕"的做法,因此"衬地"的颜色也可能在叠晕的浅色之外,作为"白色"透出来。所以"白土"和"茶土"的区分使用,应是考虑到了暖调的"白色"和冷调的"白色"。由此可以看出,《营造法式》的用色规定,已经考虑了色彩的冷暖倾向,即使是在"无彩色"的运用方面,也考虑其与相邻颜色的关系,通过微妙的色彩倾向来消除"同时对比"的不稳定感,从而达到和谐的效果[①]。

3.4.3.9 石灰

在"彩画作制度·总制度·调色之法"中,没有出现石灰,但是从全文看来,石灰在《营造法式》彩画中可以作为一种廉价的白颜料使用。

在"调色之法·雌黄"条提到雌黄不可与石灰相近;在"料例·彩画作"中,在提到"白土"的同时提到了"石灰"[②];在"合草绿"的成分中亦有石灰[③]。

3.4.4 与有机颜料有关的术语

3.4.4.1 胭脂、中绵胭脂、苏木

"胭脂"未见于彩画作制度部分。在"料例·彩画作"中,有"中绵胭脂"的名目,并指出可用合色代替,而合色的主要成分为"苏木"。

应刷染木植每面方一尺各使下项……**中绵胭脂**:四片。[若合色,以**苏木**五钱二分,白矾一钱三分煎合充。]("诸作料例二·彩画作")

胭脂又名"燕脂"、"臙脂"等,是用红蓝花、茜草等制成的植物颜料[④]。"中绵胭脂"一词未见于史籍,但元代王思善的《采绘法》,载有"颗绵臙脂"[⑤];明代官书《礼部志稿》记有"绵胭脂",与之相对的胭脂品种还有"蜡胭脂"、"金花胭脂"等[⑥]。于非闇《中国画颜色的研究》记杭州尚有"棉花胭脂",熬水绞汁后使用[⑦],是偏紫的红色。

苏木见于《本草纲目》的记载:"苏木(苏枋木)自南海昆仑来,而交州爱州亦有之……其木,人用染绛色。"[⑧]于非闇《中国画颜色的研究》记"檀木又叫苏木……色深紫,也可熬水收膏使用"[⑨],其中将"檀木"与"苏木"相等同,似与《本草纲目》不符。但不论怎样,"苏木"的色彩应与胭脂相似,为紫红的颜色。

---

① 参见本书 5.3 节关于色彩的分析。
② "诸作料例二·彩画作":"应刷染木植每面方一尺各使下项:……白土:八钱。[石灰同。]"
③ "诸作料例二·彩画作":"应合和颜色每斤各使下项……(草色)绿:淀一十四两。石灰二两。槐华二两。白矾二钱。"
④ 《证类本草》卷 9,第 48 页:"红蓝花,味辛温,无毒……堪作燕脂。"
⑤ [元] 王思善:《采绘法》,辑录于:[元] 陶宗仪. 南村辍耕录·卷 11. 北京:中华书局,1959:132~134
⑥ [明] 俞汝楫:《礼部志稿》,四库本,卷 20,第 4~19 页。
⑦ 于非闇. 中国画颜色的研究. 北京:朝花美术出版社,1955:8,56
⑧ 《本草纲目》卷 35 下,第 901 页。
⑨ 于非闇. 中国画颜色的研究. 北京:朝花美术出版社,1955:8

3.4.4.2　青淀（靛蓝）、淀、青黛、螺青华、螺青

在《营造法式》中，还有一些青色系的植物颜色，其中最主要的是青淀，用于衬地与合色。在"诸作料例二·彩画作"中又出现了"淀"、"青黛"的名目。青淀是用蓝草叶片发酵制成的颜料，"青黛"是其最轻的一层颜色，见于《本草纲目》的记载：

"**蓝淀**……亦作**淀**，俗作**靛**。南人掘地作坑，以蓝浸水一宿，入石灰搅至千下，澄去水，则青黑色，亦可干收，用染青碧。其搅起浮沫掠出阴干谓之**靛花**，即**青黛**。"①

螺青，见于"彩画作制度·总制度·调色之法"：

"**螺青**[紫粉同。]：先研令细，以汤调取清用。[**螺青**澄去浅脚充合碧粉用，紫粉浅脚充合朱用。]"

"彩画作制度·总制度·衬地之法"条又提到青、绿的衬色用螺青与铅粉相合。"彩画作制度·五彩遍装·叠晕之法"条还提到"螺青华汁"，用来调制"草绿汁"。

"螺青"未见于画论或医书的记载，但是在诗文、医书、画论中时有出现，例如陆游的"瓦屋螺青披雾出，锦江鸭绿抱山来"②，金君卿的"波漾晴光入户庭，隔湖烟扫髻螺青"③。"螺青"既然用来形容屋瓦和佛髻，则应指青黑的颜色。

从"彩画作制度·总制度·衬色之法"看来，螺青是一种大量用于衬色的廉价颜料，但是在"功限"和"料例"中没有出现。考虑螺青的加工方式（研、淘、取清，不须澄飞）和色彩均与"淀"（靛蓝）相近，很可能"螺青"就是"淀"之异名。

3.4.4.3　藤黄、藤黄汁

藤黄，见于"彩画作制度·总制度·调色之法"：

"**藤黄**：量度所用研细，以热汤化，淘去砂脚，不得用胶。[笔罩粉地用之。]"

五彩遍装篇的"间装之法"、"叠晕之法"条均提到"藤黄汁"：

若枝条，绿地用**藤黄汁**罩，以丹华或薄矿水节淡。……其晕内二绿华，或用**藤黄汁**罩。……凡染赤黄，先布粉地，次以朱华合粉压晕，次用**藤黄**通罩，次以深朱压心。

热带植物海藤树的胶质黄液，干透后即为藤黄，以越南所产为佳，唐代以前输入我国④。由于藤黄本为胶质，所以使用时不需调胶，用笔蘸水使用即可，若调胶则滞笔。藤黄色彩鲜艳透明，故可用于罩染。

3.4.4.4　槐花、槐华（汁）

槐华，见于"彩画作制度·总制度·衬色之法"：

绿：以槐华汁合螺青、铅粉为地。[粉、青同上。用槐华一钱熬汁。]

"诸作料例二·彩画作"记"合绿华"、"草绿华"、"草深绿"、"草绿"的成分，其中均有"槐华"⑤，有时候又写作"槐花"。

---

① [明] 李时珍，《本草纲目》卷16，第689页。
② [南宋]陆游：《快晴》，《剑南诗稿》卷4，四库本，第31页。
③ [北宋]金君卿：《偶书茭湖院》，《金氏文集》卷上，四库本，第40页。
④ 于非闇. 中国画颜色的研究. 北京：朝花美术出版社，1995：8
⑤ 诸作料例二·彩画作："应合和颜色每斤各使下项：（合色）绿华：定粉一十三两。青黛三两。槐华一两。白矾一钱。……（草色）绿华：淀一十二两。定粉四两。槐花一两。白矾一钱。"

槐华（槐花），可制为黄色染料。宋代医书《证类本草》记有其制法："折其未开花,煮一沸,出之釜中有所澄下稠黄浑,渗漉为饼,染色更鲜明。"这种熬制成饼的做法和《营造法式》中直接用槐花熬汁的做法略有区别①。槐花和靛蓝套染可得绿色。阿斯塔那唐墓出土的"绿地狩猎纹纱",即为槐花、靛蓝套染②。

3.4.4.5 紫矿、薄矿水、矿汁

"紫矿",据《酉阳杂俎》,"树出真腊国……蚁运土于树端作窠,蚁壤得雨露凝结而成**紫矿**"③。《本草纲目》指出其特征"是虫造……色紫,状如矿石,破开乃红"④。《历代名画记》则指出紫矿可以"造粉、燕脂（即胭脂）、吴绿"。据现代学者的考证,紫矿是一种胶蛤科寄生动物在树上分泌的胶质,含红色素,可做染料,用明矾媒染可得赤紫色⑤。

《营造法式》的[14.1.25]"彩画作制度·总制度·调色之法·紫矿"条目中详细阐述了紫矿的调制方法：

"先擘开,拣去心内绵无色者,次将面上色深者以 热汤撚取汁,入少汤用之。若于华心内斡淡或朱地内压深用者,熬令色深浅得所用之。"

据[14.2.9]叠晕之法,在朱红晕中用紫矿或矿汁"压深"。由此可见在《营造法式》的用色规定中,即使是近黑的颜色,也有暖调和冷调之分。

3.4.5 与化学颜料有关的术语

3.4.5.1 紫粉、常使紫粉

紫粉,就是现在所说的银朱,成分为硫化汞（HgS）,是我国传统的人造颜料,至少在公元前2世纪已能制造。色彩比朱砂鲜亮。制作银朱用的原料是朱砂与雄黄（分别加工成硫磺和水银）。但是银朱耐旋光性差,化学性质也不稳定,和铅粉可发生氧化反应变成黑色。五代至元的敦煌壁画,"由于敦煌与中原交通隔绝,因此壁画上的朱砂全用银朱来代替,至今大部分已变成黑色,色调寒冷"⑥。

3.4.5.2 黄丹

黄丹是经化学反应制造出的粉状颜料,分子式为Pb_3O_4,《本草纲目》中记有用铅粉炒制黄丹的做法⑦。黄丹色泽近似现在的橘红,比朱砂偏黄,其细度和色彩艳丽程度是其他红色矿物颜料所不及的。敦煌壁画中常用黄丹来晕染人物肤色,或以黄丹加白色调成肉色,用量较大。黄丹的化学性质不稳定,在长期强光、高温、高湿度下会变成黑色（即PbO_2）,这种现象在敦煌等地的壁画中极为常见⑧。

---

① [宋] 唐慎微,《证类本草》卷12,第22页。
② 武敏. 吐鲁番出土丝织物中的唐代印染. 文物,1973(10)
③ [唐] 段成式. 酉阳杂俎·卷18. 北京:中华书局,1981:178
④ [明] 李时珍,《本草纲目》卷39,第940页。
⑤ 陈维稷. 中国纺织科学技术史（古代部分）. 北京:科学出版社,1984:251~252
⑥ 常书鸿. 漫谈古代壁画技术. 文物参考资料,1958(11)
⑦ [明] 李时珍,《本草纲目》卷8,上海古籍出版社影印四部精要本,第546页。
⑧ 吴荣鉴. 敦煌壁画色彩应用与变色原因. 敦煌研究,2003(05)

3.4.5.3 铅粉(粉、定粉、白铅粉)

铅粉,在《营造法式》中或称"粉"、"定粉"、"白铅粉"。

《本草纲目》"粉锡"条有:

"粉锡:解锡、鈆(铅)粉、铅华、胡粉、定粉、瓦粉、光粉、白粉……[时珍曰:鈆、锡一类也。古人名鈆为黑锡,故名粉锡……定、瓦,言其形;光、白,言其色。]"[①]

可见"定粉"、"铅粉"、"白铅粉"实为一物,其成分为碱式碳酸铅($2PbCO_3 \cdot Pb(OH)_2$),其色近于纯白。

"粉",系"铅粉"的古称。见《本草纲目》引墨子言:"禹造粉",并引《博物志》:"纣烧鈆锡作粉"[②],可见铅粉在我国的历史十分悠久。

《营造法式》[148]"炼桐油"一条所称"研细定粉",以及"料例"中多次提到的"定粉",皆应指此。

3.4.6 与混合颜料或套染色有关的术语

3.4.6.1 赤黄

赤黄,见于《营造法式》的"彩画作制度·五彩遍装·叠晕之法":

"凡染赤黄,先布粉地,次以朱华合粉压晕,次用藤黄通罩,次以深朱压心。"

由此可知,"赤黄"不是一个均匀的颜色,而是一种叠晕的效果,最后形成的色阶如表 3.27(色彩效果参见彩畫作制度圖一)。

表 3.27 赤黄色阶

套染次序	色彩
共 3 重色阶	**共 3 重色阶**
1 粉地	白色
2 粉地上晕"朱华合粉",罩藤黄	浅橙黄色
3 粉地上晕"朱华合粉",罩藤黄,以深朱压心	比深朱略黄的红色

3.4.6.2 草绿、草绿汁、草汁

"草绿汁",见于"彩画作制度·五彩遍装·叠晕之法":

若合草绿汁,以螺青华汁用藤黄相和,量宜入好墨数点及胶少许用之。

又作"草汁"或"深色草汁",如:

"绿以深色草汁罩心,朱以深色紫矿罩心。"(彩画作制度·五彩遍装·叠晕之法)

"身内用绿华、三绿、二绿、大绿,以草汁压深。"(彩画作制度·青绿叠晕棱间装·两晕棱间装)

据文意可知,"草汁"即"草绿汁"和"深色草汁"的简称,是绿色叠晕中最接近黑色的色阶,其中的"草"字,和"草色"的"草"并非同义,而是指"青草"的"草"。值得注意的是,"草绿汁"的制法,同时运用了藤黄和胶,与"调色之法"中"藤黄"一条"不得用胶"的禁忌相矛盾。不过考虑到藤黄"不得用胶",实际上是因为颜料本身含有胶质,而非化学性质的冲突,所以当藤黄与其他颜色相合时需要加入少量的胶,也是可以理解的。

"草绿",见于"诸作料例二·彩画作":

(应合和颜色……草色)绿华:淀:一十二两。定粉:四两。槐花:一两。白矾:一钱。

(草)深绿:淀:一斤。槐华:一两。白矾:一钱。

(草)绿:淀:一十四两。石灰:二两。槐华:二两。白矾:二钱。

"料例"所述的"草绿",和"制度"中的"草绿汁"有着明显的不同,后者介绍比较详细,分出了"绿华"、"深绿"和"绿"的色阶,并注出了各种成分的用量,而且成分也与前者大有不同。由"彩画之制"一条可知,"料例"中的"草绿"应属于"草色",指用来打草稿、衬色的绿色,其中的"草",相当于"草稿"、"草图"的"草"(见3.3.2.3节关于"草色"的考释)。

3.4.7　与辅料有关的术语

3.4.7.1　桐油:应使桐油、应煎合桐油

关于"桐油"的提炼及工料,《营造法式》中所述甚详:

(应刷染木植每面方一尺)熟**桐油**:一钱六分。[若在闇处不见风日者,加十分之一。]

(**应煎合桐油**每一斤)松脂、定粉、黄丹:各四钱;木札:二斤。

(**应使桐油**每一斤)用乱丝四钱。(料例)

(胶)**煎合桐油**:每一斤用四钱。(用胶料例)

用**桐油**,每一斤:[煎合在内。](各一功)(功限)

由此可以得出桐油的炼制、使用步骤及用量如表3.28所示。

表3.28　桐油的炼制和使用

	制作及使用桐油的步骤	桐油每1斤用料		每1斤用功
炼桐油	1 用文武火煎桐油令清	木札(炭?)	2斤	1功
	2 先煤胶令焦,取出不用	胶	4钱	
	3 次下松脂,搅候化	松脂	4钱	
	4 又次下研细定粉	定粉	4钱	
	5 粉色黄,滴油于水内成珠,以手试之黏指处有丝缕,然后下黄丹。渐次去火,搅令冷	黄丹	4钱	
用桐油	a 合金漆用			
	b 如施之于彩画之上者,以乱丝揩擦用之	乱丝	4钱	

在这里,《营造法式》并没有明确说出桐油的用途,似乎桐油的主要用途是用来"合金漆"(这也从一个侧面说明金漆在宋代普遍用于建筑的装饰),但"施之于彩画之上"、"乱丝揩擦"又暗示着桐油可能还有待彩画干后整体笼罩一遍,使彩画光亮持久的用途。"闇处不见风日"处用量增加,则暗示了桐油的防腐、防蛀作用。

此外,桐油还可以用来调色,如:

"其黄丹用之多涩燥者,调时入**生油**一点。"(彩画作制度·总制度·调色之法)

但并不是所有地方都能用桐油,如果用了雌黄颜料,便不能用桐油,如:

"(雌黄)忌铅粉、黄丹地上用。恶石灰及**油**,不得相近。"(彩画作制度·总制度·调色之法)

据王世襄的考证,"油桐"植物最早见于唐代医书《本草拾遗》的著录,宋代医术《本草衍义》始述及"桐油"。而"桐油"取代其他的油成为油漆的主要原料,应不会过多地早于南宋。早期髹漆配色用油,多为荏油,或有大麻子油、乌桕子油、核桃油等。而黄丹入油,主要起到促进干燥的作用,最早见于三国"有言密陀僧漆画事"("密陀僧"即黄丹的别称),日本正仓院的许多"密陀绘"

漆器也用了此种工艺①。

清官式的"画作"(即"彩画作")用料中,专有"贴金油"一项,其中用金最多的"沥粉满贴金",每一尺见方用贴金油也仅一钱二分七厘,尚低于《营造法式》的规定(一钱六分),也就是说,《营造法式》所规定的桐油若专用于贴金,已经足够将木构件表面贴满黄金了。

此外,清官式还辟"油作",专事上地仗、油皮、贴金,使用朱红、紫朱等用油调制的颜料,也有刷色以后,罩一道清油的做法②。

3.4.7.2 胶:鳔胶水、熟薄胶水、(薄胶)汤、稍浓(胶)水

中国画的矿物颜料不溶于水,胶水的作用主要在于加强这些颜料的固着性。中国古代绘画的用胶,主要由牛马的皮、筋、骨、角熬制而成。在《历代名画记》中记有"云中之鹿胶,吴中之鳔胶,东阿之牛胶[采章之用也。]",并云"百年传致之胶,千载不剥"③,可见胶在中国颜料中的重要性。

胶在彩画中的使用,除用胶水衬地以外,还用来调制颜色,其具体的用法与用量,详见[14.1.2]调色之法,以及[28.2.1]彩画作(诸作用胶料例)。

关于胶的制法和类型,《营造法式》并没有专述,只是零星地提到"胶水"、"鳔胶水"、"熟薄胶水"、"薄胶汤"(简称"汤")、"稍浓胶水"等。"汤",本有熬煮取汁之义。一般画家用胶时,以胶加清水,微火融化,只取用上层清轻的部分。这部分应该就是所谓"薄胶汤"。由此"稍浓胶水"的含义也很容易理解。但是"胶水"、"熟薄胶水"、"薄胶汤"三者究竟是各有区别,还是同物异名,待考。

鳔胶,唐代已有使用,产于今之江苏地区。前引《历代名画记》所载着色用的三种胶,其中即有"吴中之鳔胶",《元丰九域志》记通州(今江苏南通)特产"土贡鳔胶"④,《宋史》亦有类似记载⑤。

据《本草纲目》,"鳔即诸鱼之白脬,其中空如泡,故曰鳔,可治为胶……粘物甚固"⑥,又《墨法集要》述"鱼鳔胶不可纯用,止可用九分牛胶一分鱼鳔,若二分便缠笔难写"⑦。可见鳔胶系由鱼鳔炼制而成,黏性比一般的胶要强。

3.4.7.3 热汤

热汤,见"彩画作制度·总制度·调色之法·白土"条:

"……薄胶汤[凡下云用汤者同。其称**热汤**者非。后同。]"

可见,"热汤"和"胶汤"、"汤"的意思是不同的。

又由"总制度·调色之法·藤黄"条:

"以**热汤**化,淘去砂脚,不得用胶。"

可知,《营造法式》所指的"热汤"是不含胶的。又由《论语·季氏》:"见不善如探汤",可知"汤"本有沸水之义。所以"藤黄"一条中的"热汤"应指沸水。"以热汤浸",相当于现在所谓的"水浴加热"。

---

① 王世襄. 中国古代漆工杂述. 文物. 1979(03)
② 王璞子. 工程做法注释. 北京:中国建筑工业出版社,1995:43,301~305
③ [唐] 张彦远. 历代名画记. 秦仲文,黄苗子,点校. 北京:人民美术出版社,1995:26~27
④ [宋] 王存,等. 元丰九域志·卷5. 北京:中华书局,1984:199
⑤ 《宋史》卷88《地理志》,第2181页。
⑥ [明] 李时珍:《本草纲目》卷44,上海古籍出版社影印四部精要本,第988页。
⑦ [明] 沈继孙:《墨法集要》,四库本,第16页。

3.5 关于纹样的术语

3.5.1 关于纹样类型的几个关键术语

《营造法式》彩画作的纹样名目繁多,而且"制度"各部分及"功限"的前后文字中对纹样的分类及描述不尽统一。因此需要联系全文,对《营造法式》的纹样类型进行重新整理。其中涉及几个关键性的术语:华文、琐文、地、科、锦。

在《法式》卷14的"五彩遍装"一篇,提出了两种最基本的纹样类型——"华文"和"琐文"。其中"华文"是结合了植物形态(华)的纹样类型的总称,最为复杂多样;"琐文"则是各类几何形体进行连锁复制(琐)而形成的纹样。

《法式》中的华文和琐文,虽然与不同形状的构件存在一定的搭配关系,但这一关系并不十分明确。例如在"华文有九品"、"琐文有六品"和"凡五彩遍装"条,以及图样中出现的搭配关系常常前后不一致,说明这一关系在《法式》中并不固定(参见表3.7、表4.1、表4.2)。因此《法式》中的"华文"和"琐文"均可看做"通用纹样",能够通过少许变形而适合各种形状的木构件。

作为"华文"的点缀,《法式》还记载了"行龙"、"飞仙"(分二品)、"飞禽"(分三品)、"走兽"(分四品)、"骑跨飞禽人物"(分五品)、"牵拽走兽人物"(分三品)、"云文"(分二品)。这些纹样除点缀之外,亦可单独使用[①],但在《法式》中,主要还是用作"华文"的点缀。由于这类纹样和构件之间亦无固定的搭配关系,因此在此将其归为"通用纹样"的大类。

3.5.1.1 "华文"的概念

"华",本义是草木的花朵,与"花"同;后又引申为繁茂、华美[②]。古代汉族自称"华夏",即取"华"的"华美"之意[③]。

《营造法式》彩画作"五彩遍装"记"华文"九品,"碾玉装"又增"龙牙蕙草"一品,共10品20种纹样,每种纹样都有相应的图样,载于《法式》卷33的"五彩杂华第一"和"碾玉杂华第七"两篇中。从图样看来,"彩画作"所称的"华文",就是以植物花叶(华)为母题的纹样总称,即使有少数纹样使用了植物以外的母题,例如玛瑙(玛瑙地、胡玛瑙)、鱼鳞(鱼鳞旗脚),仍以植物华叶纹样作为装饰,填补空隙。

但"华"在《法式》中,除了特指植物纹样之外,还可指代其他纹样。例如石作和雕木作制度中,有"华版"、"华盘",即泛指雕镌了装饰纹样的版件;"石作制度"、"小木作制度"和"雕木作制度"均有关于"华文"的专门规定,现将有关文字摘录如下:

卷3·石作制度·造作次序:"其所造华文制度有十一品:一曰海石榴华,二曰宝相华,三曰牡丹华,四曰蕙草,五曰云文,六曰水浪,[七曰宝山,八曰宝阶,以上并通用。]九曰铺地莲华,十曰仰

---

① "凡华文施之于梁、额、柱者,或间以行龙、飞禽、走兽之类于华内。……如方桁之类全用龙凤走飞者,则遍地以云文补空。"在《法式》卷34的栱眼壁图样中,还有仅作人物画的例子。

② 《说文解字》卷6下:"𠌶,艸木华也。𤇾,荣也。从艸。"
《六书故》卷24:"华,草木华也。[别作花、蕐、荂、蘤。] 又,胡瓜切,华之精采曰华。引而申之,凡荣华、文华、华美,皆曰华。又,借为'华夏'之华。"

③ 《左传·襄公二十六年》:"楚失华夏。"又《左传·定公十年》:"裔不谋夏,夷不乱华。"孔颖达疏:"夏,大也。中国有礼仪之大,故称夏,有服章之美,谓之华。"(《春秋左传注疏》卷37、卷56,十三经注疏本)

覆莲华,十一曰宝装莲华。"

卷8·小木作制度三·平棊:"其中贴络华文有十三品:一曰盘毬,二曰斗八,三曰叠胜,四曰锁子,五曰簇六毬文,六曰罗文,七曰柿蒂,八曰龟背,九曰斗二十四,十曰簇三簇四毬文,十一曰六入圜华,十二曰簇六雪华,十三曰车钏毬文。"

卷12·雕作制度·雕插写生华:"雕插写生华之制有五品:一曰牡丹华,二曰芍药华,三曰黄葵华,四曰芙蓉华,五曰莲荷华。……雕剔地起突[或透突]卷叶华之制有三品:一曰海石榴华,二曰宝牙华,三曰宝相华。[谓皆卷叶者。牡丹华之类同。]……雕剔地[或透突]洼叶[或平卷叶]华之制有七品:一曰海石榴,二曰牡丹华,[芍药华、宝相华之类,卷叶或写生者并同。]三曰莲荷华,四曰万岁藤,五曰卷头蕙草,[长生草及蛮云、蕙草之类同。]六曰蛮云。[胡云及蕙草云之类同。]"

由以上文字可知,石作华文以植物卷草纹样为主,但还包括云文、水浪、宝山、宝阶等非植物母题的纹样;小木作制度"平棊·贴络华文"则以毬文、龟文、叠胜等非植物母题的几何纹样为主;雕木作华文以植物卷草纹样为主,但还包括云文。由此可见,《法式》关于华文的类型界定,存在较大的模糊性,在此暂以"彩画作"对"华文"的界定为准,将"华文"看做以植物母题为主的纹样。

《营造法式》"彩画作·五彩遍装·华文有九品"的前三品华文共6种,均为花卉卷叶纹样,可称为"卷成华叶"。后六品华文与前三品相比,不写仿整株植物的形态,而是抽取植物的片断,如花、叶、蒂等进行组合排列,具有较高的规则性和对称性。后六品华文按照名称和纹样构成,又可以分为"科"类和"地"类。

以下对《营造法式》彩画作中各类"华文"的特征进行初步探讨。

3.5.1.2 华文:卷成华叶

"五彩遍装·华文有九品"的前三品华文共6种,均为花卉卷叶纹样。

这类纹样可作波状的线性生长,用于边饰或长条形构件,如栱、枋等;又可作多向的二维生长,用于较大面积的构件,如梁栿、栱眼壁等。按照其枝叶画法的区别,可以分为"枝条卷成"、"铺地卷成"①和"写生华"②三类,按照华头和叶片的样式,又可以分为"海石榴华"、"宝牙华"、"太平华"、"宝相华"、"牡丹华"、"莲荷华"6种。由于这类纹样直接写仿植物的生长形态,因此具有无穷的变化和灵活性,可以通用于各类构件表面,又称"通用六等华"③。由于其重点表现植物叶片肥大和翻卷的形态,因此又称"卷成华叶"④。

在6种名目的"卷成华叶"中,仅有第二品的牡丹华和第三品的莲荷华与植物原型有着较多的关联,其余4种(包括海石榴华、宝牙华、太平华、宝相华)皆为"异花",即寻常人难以见到的花卉(这几种花卉现已难觅踪迹,仅零星见于古代诗文的描述)。这些花卉的图案纹样有着更多的创作空间,也有着更强的适应性。目前笔者所知的有关实例,皆为吸取了多种植物装饰元素并加以提炼综合而创作的。这类"异花"纹样,在现在的装饰研究中,常常被统称为"宝相花",从《营造

---

① "彩画作制度·五彩遍装·华文有九品"条:"其海石榴,若华叶肥大不见枝条者,谓之**铺地卷成**;如华叶肥大而微露枝条者,谓之**枝条卷成**;并亦通用。"
② "彩画作制度·五彩遍装·华文有九品"条:"其牡丹华及莲荷华或作写生画者,施之于梁、额或栱眼壁内。"
③ 见彩画作制度·"五彩遍装·华文有九品"条:"以上(前三品华文)宜于梁、额、檐檐枋、椽、柱、枓栱、材昂、栱眼壁及白版内。凡名件之上,皆可**通用**。"
    "彩画作制度·五彩遍装·凡五彩遍装"条:"(椽)身内作**通用六等华**外,或用青、绿、红地作团科……"
④ "彩画作制度·碾玉装·其卷成华叶及琐文"条:"其**卷成华叶**及琐文,并旁赭笔量留粉道,从浅色起晕至深色。其地以大青大绿剔之。"

法式》看来,这一名称是特指某种华头样式,并不能泛指所有的"异花"。

从图样看来,各色"卷成华叶"的主要区别在于"华头",即花卉部分,除莲华以外,其余几种枝条和叶片画法基本相同。比较6种卷成华文的图样可以发现,如果剔除少数几个特征不明显的图样,则这几种花卉实际上就是花瓣(大卷瓣、莲瓣、牡丹瓣)和花心(石榴花心、如意花心)以不同方式的组合(参见彩畫作制度圖二十九)。

现将每色"卷成华文"的主要特征列表如3.29。

表 3.29 每色"卷成华文"的主要特征

名称	花瓣形式	花心形式
1 海石榴华	大卷瓣(肥大翻卷)	石榴形状
2 宝牙华	类似莲瓣(细瘦不翻卷)	石榴形状
3 太平华	类似牡丹瓣(肥大而不翻卷)	如意形状
4 宝相华	类似莲瓣(细瘦不翻卷)	如意形状
5 牡丹华	类似牡丹瓣(肥大而略带翻卷)	簇生的花瓣
6 莲荷华	类似莲瓣(细瘦不翻卷)	莲蓬,或有"重台莲花"的画法

3.5.1.3 华文:单枝条华

"卷成华叶"纹样还有一类较低等级的变体,称为"单枝条华"或"白地枝条华",如:

卷14"五彩遍装·间装之法"条:"青、红地如**白地上单枝条**,用二绿,随墨以绿华合粉罩,以三绿、二绿节淡。"

卷25"诸作功限二·彩画作·五彩遍装"条:"五彩遍装亭子、廊屋、散舍之类,五尺五寸。[……若描**白地枝条华**,即各加数十分之一。]"

另外,在卷34"彩画作图样·解绿结华装名件第十六"中,有"栱眼壁内画**单枝条华**"一节,共4幅图样。

可见"单枝条华"主要用于"五彩遍装"、"碾玉装",以及"解绿结华装"。从图样看来,相对于与"铺地卷成"的"华叶肥大不见枝条"和"枝条卷成"的"华叶肥大而微露枝条","单枝条华"的纹样特点可以归纳为"华叶略瘦而枝条毕露"。"单枝条华"的"地色"可作青、红、白三种,其中"白地枝条华"由于减去了用深色"剔地"的步骤,因此所用人工比五彩遍装的其他做法略少。(彩畫作制度圖九、彩畫作制度圖十、彩畫作制度圖十一)

从北宋时期的文献看来,此种较为细瘦的植物纹样在当时应属常见纹样,但可能并不是最流行的纹样。如《宋史·輿服志》载:"景祐元年(1034年),诏:禁锦背、绣背、遍地密花、透背、采段。其稀花、团窠、斜窠、杂花不相连者非。"[1]如此看来,"枝条卷成"和"铺地卷成"应属"遍地密花"一类,而"单枝条华"则属"稀花",不如前者华丽,因此也不在被禁之列。

在五代、宋、辽墓室彩画中,存有一些在梁枋构件或栱眼壁类构件上画"单枝条华"的例子,但不如"卷成华叶"常见。其地色有青、红、白三种,纹样符合"华叶略瘦而枝条毕露"的特征(图3.15)。

碾玉装华文在五彩遍装华文的基础上又增加了"龙牙蕙草"一品[2],从纹样形态看来,也应属于"单枝条华",不同点是没有花卉形态的"华头",而仅表现植物茎叶的要素。

---

① 《宋史》卷153《輿服志》,第3575页。
② "卷14·彩画作制度·碾玉装·华文及琐文等"条:"并同五彩所用。华文内唯无写生及豹脚合晕、偏晕、玻璃地、鱼鳞旗脚。外增**龙牙蕙草**一品。"

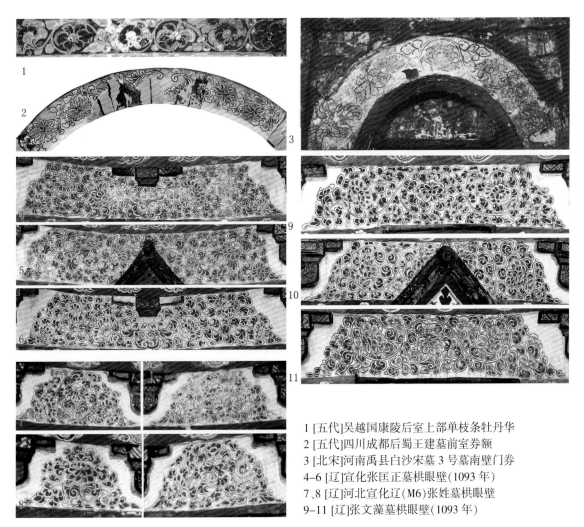

1 [五代]吴越国康陵后室上部单枝条牡丹华
2 [五代]四川成都后蜀王建墓前室券额
3 [北宋]河南禹县白沙宋墓 3 号墓南壁门券
4-6 [辽]宣化张匡正墓栱眼壁(1093 年)
7、8 [辽]河北宣化辽(M6)张姓墓栱眼壁
9-11 [辽]张文藻墓栱眼壁(1093 年)

图 3.15 宋辽金墓室彩画中的单枝条华

3.5.1.4 华文：科、晕、锦

从图样看来，"华文有九品"的后六品与前三品"卷成华叶"相比，不写仿整株植物的形态，而是抽取植物的片断，例如花、叶、蒂等进行组合排列，具有较高的规则性和对称性。这类纹样既可以截取其中的一半或四分之一用于小面积的装饰，又可以通过简单的一维或二维复制来适合长条形或较大面积的构件表面。

这 6 品华文共 13 种，可以分为 3 类。这三个类别在《法式》中没有作出明确的区分，而且与《法式》对于"品"的划分不合，但是图案构成和纹样名称存在明显的差别，在此也将其列出，作为"分析类型"。

第一类纹样称为"科"、"合晕"等，包括"团科宝照"、"团科柿蒂"、"圈头合子"、"豹脚合晕"、"梭身合晕"、"连珠合晕"、"偏晕"、"圈头柿蒂"8 种，是植物华叶母题与封闭几何形(包括圆形、方形、菱形、五边形、梭形、如意形等)相结合，进行对称处理和适合变形之后产生的纹样。

这类纹样有一个较低等级的变体，称为"净地锦"，又称"海锦"，见"凡五彩遍装"条：

(椽身)或用青、绿、红地作**团科**，或**方胜**，或**两尖**，或**四入瓣**；白地外用浅色，[青以青华，绿以绿华，朱以朱彩圈之。]白地内随瓣之方圆[或两尖，四入瓣同。]描华，用五彩浅色间装之。[其青、绿、红地作团科、方胜等,亦施之枓栱、梁栿之类者,谓之**海锦**,亦曰**净地锦**。]

结合《法式》卷34"五彩装净地锦"的图样(圖4.16)来看,"团科"指圆形,"方胜"指方形,"两尖"指梭形,"四入瓣"指四瓣花形。其中"团科"又称"团华"①;四瓣花形除了"四入瓣"外,还有"四出尖"②的变体,在《法式》卷33的"五彩额柱"和"碾玉额柱"图样中,将"四入瓣"和"四出尖"两种轮廓类型分别称为"四入圈华科"和"柿蒂科",并增加了"六入圈华科"(六瓣花形)的变体。

由此可知,"五彩净地锦"即是在青、绿、红平涂的"地色"上,画圆形、方形、梭形、四瓣花形、六瓣花形的"科",沿着"科"的外边缘作叠晕,使"科"的图形产生从画面上凸起或凹入的错觉。其中"两尖科"和"团科"还可以组合成"毬文锦"③。在《法式》全文中,还出现了"素地锦"、"细锦"、"束锦"、"五彩锦"等名称,如:

1. "卷14·彩画作制度·五彩遍装·凡五彩遍装"条:"(飞子两侧壁)若下面**素地锦**,作三晕或两晕青绿棱间……如飞子遍地华,即椽用**素地锦**。[若椽作遍地华,即飞子用**素地锦**。]白版或作红、青、绿地内两尖科**素地锦**。"

2. "卷14·彩画作制度·五彩遍装·凡五彩遍装"条:"柱头作**细锦**或琐文。柱身自柱櫍上亦作**细锦**,与柱头相应。"

3. "卷28·诸作等第·彩画作":"柱头脚及槫画**束锦**……为中等。"

4. "卷14·彩画作制度·碾玉装·凡碾玉装"条:"柱头用**五彩锦**。"

5. "卷14·彩画作制度·青绿叠晕棱间装·凡青绿叠晕棱间装"条:"櫍作青晕莲华,或作**五彩锦**,或团科、方胜、**素地锦**。"

从文意上看,这些"锦"应与"净地锦"同义。"锦"类纹样有着较强的几何性和秩序感,显得纤细素雅,与饱满肥厚、不留空隙的"卷成华叶"形成鲜明对比。因此,在以上引文第1条中,"卷成华叶"相对于"净地锦",又可称为"遍地华"(彩畫作制度圖二十二、彩畫作制度圖二十三)。

"科"类、"锦"类纹样和"卷成华叶"一样,可以进行多种方式的复制和生长,有着广泛的适应性。但是与"卷成华叶"相比,"锦"类纹样的纹样单元较小且缺乏变化,大面积使用将导致单调;但这类纹样若用于截面为圆形的构件,却可以使观者从不同的角度均看到较为完整的纹样单元,特别适用。因此"锦"类纹样在《法式》中多用于柱、椽等构件,在实例中也是如此(图3.16)。

3.5.1.5 华文:地

"彩画作制度·五彩遍装·华文有九品"后六品的第二类称为"地",包括"玛瑙地"、"鱼鳞旗脚"、"胡玛瑙"3种。

这类纹样的特点是运用某种具有特殊纹理,或者便于复制和连接的母题(玛瑙和鱼鳞),创造一种模糊的图底关系。这类纹样既可以作为"图"(即"文"),又可以作为"底"(即"地")。

"地"在《营造法式》彩画中,是一个重要的概念。彩画之前,首先有复杂的"衬地"工序,画完纹样之后,又往往要用深色"剔地"④。因此"地"在彩画的工序上,是预先做好、位于下层的"底色";而在纹样构图上,又是图形(即"文"或"华")之间的空隙。"剔地"的工序,是在纹样的图形完

---

① "彩画作制度·卷14·解绿刷饰屋舍·柱头及脚"条:"并刷朱,用雌黄画方胜及**团华**。"
② "彩画作制度·卷14·五彩遍装·凡五彩遍装"条:"(柱身)或于碾玉华内间以五彩飞凤之类,或间四入瓣科,或**四出尖科**。"
③ "彩画作制度·卷14·解绿装饰屋舍·解绿结华装"条:"柱头及脚……或以五彩画**四斜或簇六毬文锦**。"
④ "卷14·彩画作制度·五彩遍装·五彩遍装之制"条:"(梁栱之类)内施五彩诸华间杂,用朱或青、绿**剔地**,外留空缘,与外缘道对晕。"

1、2 [北宋]少林寺初祖庵外檐柱头彩画作细锦和琐文
3 [辽]河北新城开善寺大殿柱头彩画,作团科锦,上下各两道"晕子"
4 [辽]河北涞源阁院寺大殿辽代柱头彩画云、水、华叶等纹样
5 [宋]山西壶关下好牢宋墓墓室西壁柱头彩画"银铤文"
6 [北宋]河南禹县白沙宋墓 M1 前室柱头彩画,作方胜锦、柿蒂锦
7 [北宋]慈圣光献曹皇后陵(1080 年)西列望柱顶部雕刻方胜锦
8 [南宋] 福建泰宁甘露庵南安阁南宋时期柱头彩画,作柿蒂锦

图 3.16　宋辽时期柱头作细锦文的实例

成之后,再用深色将"地"的形状填出来,可见在纹样绘制时,"地"的形状是被作为一个重要的审美要素来考虑的。

在"彩画作制度·五彩遍装·凡五彩遍装"条中,还区分了两种不同的图底关系:

一是"遍地华"。华叶饱满繁茂,几乎不留空隙地填满整个画面,此时"图"与"地"的形状上互为阴阳、互相渗透。

一是"净地锦"。以封闭图形作为纹样单元,进行均匀的排列,此时封闭图形的轮廓特征得到了充分的强调,经过叠晕的处理之后,"图形"在视觉上与"地"形成强烈的对比,从"地"上浮出。

《法式》常将上述两类纹样相间使用。但是通过复原制图可以发现,这样的"相间",虽然达到了丰富而"鲜丽"的效果,但是过于强调局部和对比,在整体上缺乏秩序感,令人眼花缭乱。(彩畫作制度圖十八)

3.5.1.6　华文:混合型纹样

除了"科"类华文和"地"类华文之外,华文后六品还存在一类混合型纹样,即以"科"为"图",以"地"为"底"的做法,包括"方胜合罗"和"玻璃地"。其中"方胜合罗"是"方胜"(科)和"罗地"(地)的结合;"玻璃地"则是"方胜"(地)和"龙牙蕙草"(华)的结合。在此需要注意,某些几何形,例如"方胜"(即方形或菱形),由于形状本身可以无限连接的特性,既可以加工成"科",又可以加工成"地"。

3.5.1.7 琐文

"琐"的本义是玉件相击发出的细碎声音①或玉屑②,引申为细小、琐碎之意③;又指镂玉为连环④,泛指连锁状的图形或纹样⑤。"琐"在战国以来对装饰的描绘中频频出现⑥;而回文、连环等简单的连锁图形,在新石器时代的彩陶纹样中已经出现了(图3.17)。因此,对连锁纹样的创造和喜好,应是基于人类的视觉本能,而在中国传统装饰艺术中,是一种延续性很强的纹样类型。

1 马家窑文化万字纹彩陶;2、3 马家窑文化回纹彩陶;4 大汶口文化连环纹彩陶

图 3.17 新石器彩陶纹样中的连锁图形

从图样看来,《营造法式》彩画作中的"琐文"六品共 24 种纹样,是以一些对称性很强的母题作为纹样单元("环"、"玛瑙"、"铤"、"卍字"等)进行带状一维复制,或按照正方形或六边形网格进行二维复制而成,纹样单元之间形成"连锁"的关系,是经过装饰化处理的几何纹样(彩畫作制度圖三十九)。

在《法式》中,琐文有时也可称为"锦",如卷 25 的"彩画作功限"中,有"四出、六出锦"的说法,其中"四出"和"六出"都是"琐文六品"中的名目,因此"四出、六出锦"应该泛指琐文,或指琐文中与"四出"、"六出"相近的纹样。

此外,《法式》对于"琐文"的命名和分类还存在一定的模糊性,例如第三品"六出龟纹"和第四品"六出",无论纹样骨架还是纹样单元都极为相似,可以视为同一纹样(彩畫作制度圖三十九[10]、[13],圖 4.36[10]、[13])。

基于此,可以按照不同的纹样单元和纹样骨架,将《营造法式》彩画作的"琐文"分类见表 3.30。

3.5.1.8 适合纹样

在《营造法式》彩画作中,还有一类纹样专为某些装饰表面而设计,用于强调装饰对象的位置、构造和形状。这类纹样在《法式》中没有专列类别,在此参照图案学的惯例,将其统称为"适合纹样"⑦。

《法式》彩画作的"适合纹样"主要有三类:

---

① 《说文解字》:"琐,玉声也。"
② 《正韵》:"琐,玉屑。"
③ 《后汉书·刘梁传》注:"琐,碎也。"
④ 《后汉书·仲长统传·述志诗》:"古来绕绕,委曲如琐。"
⑤ 《韵会》:"凡物刻镂冒结交加为连琐文者,皆曰琐。"
⑥ 屈原《离骚》:"欲少留此灵琐兮,日忽忽其将暮"。注:"琐,门镂也,文如连琐。"《汉书·元后传》:"僭上赤墀青琐"。颜师古注:"青琐者,刻为连锁文而以青涂之也。"《吴都赋》:"青琐丹楹"。注:"青琐,画为琐文,染以青色。"
⑦ 参见:吴淑生. 图案设计基础. 北京:人民美术出版社,1986.该书将图案分为四类:单独纹样、适合纹样、连续纹样、综合纹样。其中"适合纹样"按其适合对象又分为三种:形体适合、角隅适合、边缘适合。这三种适合对象与《营造法式》大木作构件相对应,便主要是"端头"(角隅)、"边缘"和"圆形"(形体)三类。

表 3.30　"琐文"构图分类

纹样单元 (母题)	一维格点	二维格点		
		正方形	矩形	六边形
圆环	叠环	—	—	联环
方环	—	方环	—	—
六边形环	—	—	交脚龟文	六出、六出龟文
如意形	剑环	—	—	—
玛瑙形环	—	—	—	玛瑙
席	—	簟文	—	—
绳	—	四出	—	琐子
双股绳(金铤)	—	金铤文	—	—
银铤	—	银铤文	—	—
乇字、四斗底、双钥匙头、单钥 匙头、丁字、王字、天字、香印	曲水			

其一是端头适合,一般用于额端、柱头、柱脚、柱櫍、飞子端头、枓底,专用纹样主要包括如意头角叶、燕尾、莲华等。纹样单元较小的"琐文"或"净地锦",也可用于此类部位(彩畫作制度圖十一、彩畫作制度圖十二、彩畫作制度圖十三、彩畫作制度圖四十五)。

其二是边缘适合,一般用于连檐等在视觉上标志立面段落结束的带状构件,纹样轮廓主要为顶点朝下的钝角三角形(偏晕、三角柿蒂、霞光)(彩畫作制度圖十六)。

其三是圆形适合,一般用于椽面,专用纹样主要包括莲华、宝珠等。在各类"琐文"中,纹样单元作四向或六向对称的图案,如四出、六出、玛瑙等,经过剪裁亦可适合于圆形表面(彩畫作制度圖十七、彩畫作制度圖二十、彩畫作制度圖二十一)。

总的来说,这类单独设计的部位,都标志某个构件或某个造型段落的开始或结束,在视觉上需要停顿,以产生稳固感和节奏感。因此这些部位在纹样的选择上,避免使用富于动感的卷成华叶,而通过强烈的规则性和对称性来达到稳固的效果。

3.5.1.9 《营造法式》纹样的类型

综合以上分析,《营造法式》彩画纹样的类型,可如表 3.31 所示。

以下各节按照上述分类,对各类型纹样所涉及的术语分别进行辨析。

3.5.2 通用纹样:华文及琐文等

3.5.2.1 海石榴华

《营造法式》"彩画作制度"的条目,大体按照品级由高到低,工艺由复杂到简单的顺序,"海石榴"位居华文之首,是最为繁复的一种卷草纹样。"海石榴"在《营造法式》中,除了用于彩画华文(五彩遍装、碾玉装、柱身、额身)以外,还用于石刻华文、棍头、望柱头、雕作华文,适用范围极广。在唐宋时期的装饰纹样实例中,同样可以发现大量与《图样》中"海石榴华"构图相近的石榴纹样。在北宋皇陵的石雕中,海石榴华更是大量的出现,其精美程度超过了所有其他植物纹样(图 3.18、图 3.19)。"海石榴"在宋代装饰图案中的地位几乎相当于魏晋南北朝的"莲花"和唐朝的"宝相花",成为这一时期最重要的植物纹样。这一现象有其文化上的根源,值得深入研究。

表 3.31　《营造法式》彩画的纹样类型

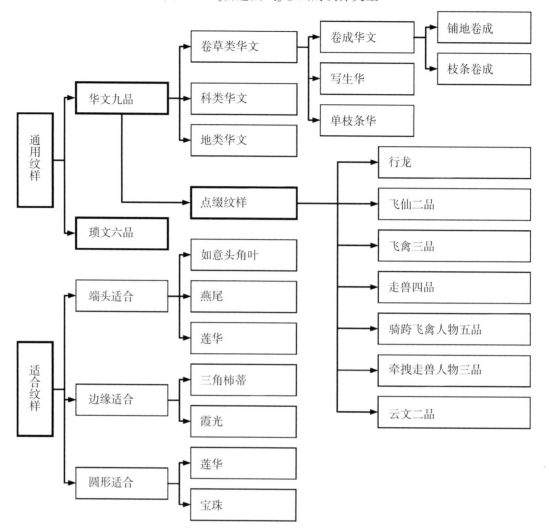

比较各本图样"海石榴华",可以发现两个基本特征:

第一,花心为石榴。"故宫本"、"四库本"和"永乐大典本"的"海石榴华"的花心部位均有清晰的石榴图形,而"陶本"则已经失去了这一特征。考虑"海石榴"的名称,这种石榴状的花心应该是"海石榴华"区别于其他华文的基本特征。

第二,卷叶、枝条相互映衬。各本的构图均以波状的枝条为骨架(郭黛姮先生重绘的图只见卷叶不见枝条,在这一点上是不准确的),但是叶片画法有较大差异——"故宫本五彩遍装"、"四库本五彩遍装"和"永乐大典本"的叶片翻卷与枝条走向相切,加强了图案的整体感和装饰性;其余几种图样的叶片走向没有特殊规律,显得零乱无序,其中"陶本五彩遍装"的叶片已经变成了云朵形状,与"海石榴华"的装饰效果大异其趣(图 1.1、图 1.3)。

然而不管是哪个版本的图样,其细节绘制都相当粗糙,难以辨认。分析唐宋时期的"海石榴华"实例,我们可以进一步探讨关于海石榴华风格特征的几个问题:

第一,线条:所有唐宋时期的海石榴形象,其线条均松紧适度、疏密有致,也有时代特征的差别。初唐、盛唐时期的线条,曲率变化大,"张力"感觉强;北宋时期的线条曲率变化小,"张力"感觉弱,比较柔软、精致。但中岳庙宋碑是个例外,这件石刻不管从哪个方面来讲都有很浓烈的"唐风"。

第二,叶片:所有唐宋时期的海石榴形象,其叶片的向背均有清晰的逻辑。叶片卷曲的侧面常常被抽象为"小勾子"和"如意"的图形,但是这两种图形元素和叶片的特征紧紧结合在一起,

A 植物原型

1

C 宋、金时期海石榴形象

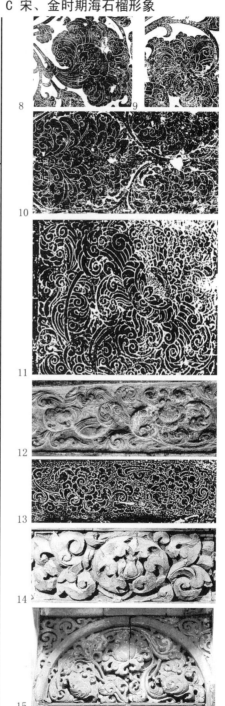

B 唐代海石榴形象

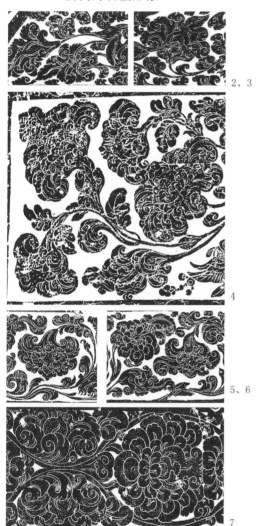

A 植物原型:1 [清]《植物名实图考》中的"石榴"图形
B 唐代海石榴形象:2、3 [初唐]杨执一墓志盖(8 世纪初);4 [盛唐]大智禅师碑侧(736 年);5、6 [盛唐]石台孝经碑座(745 年);7 [中唐]慧坚禅师碑(792 年);
C 宋、金时期海石榴形象:8、9 [北宋]登封中岳庙宋碑(973 年);10 [北宋]孝惠贺皇后陵(964 年)西列望柱底部;11 [北宋]慈圣光献曹皇后陵(1080 年)西列望柱;12 [北宋]少林寺初祖庵大殿石柱(1125 年);13 [北宋]少林寺舍利石函(1126 年);14 [金]侯马董明墓(1211 年)须弥座;15 [金]稷山砖雕墓 M2 门额砖雕

图 3.18　历代石刻线画中海石榴的典型形象

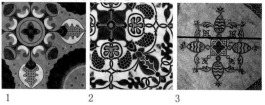

A "石榴"的初始形态

B 中唐以前较为细瘦的石榴卷草

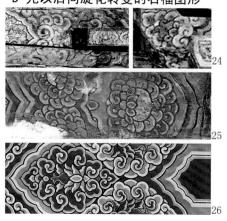

D 元以后向旋花转变的石榴图形

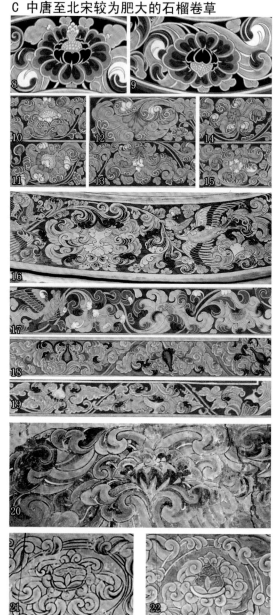

C 中唐至北宋较为肥大的石榴卷草

A "石榴"的初始形态:1 [隋]莫高窟 373 窟藻井中的石榴形态;2 [初唐]莫高窟 209 窟藻井中的石榴形态;3 伊斯坦布尔圣索菲亚大教堂穹顶壁画的石榴图形(约 15 世纪)

B 中唐以前较为细瘦的石榴卷草:4、5 [初唐]莫高窟 46 窟边饰中的 3 种海石榴;6 [盛唐]莫高窟 217 窟藻井边饰中的海石榴;7 [盛唐]莫高窟 126 窟边饰中的石榴形态

C 中唐至北宋较为肥大的石榴卷草:8、9 [中唐]莫高窟 188 窟圆光中的海石榴形态;10-15 [中唐]莫高窟 201 窟藻井边饰 6 种海石榴;16 [晚唐]莫高窟 196 窟边饰;17 [晚唐]莫高窟 85 窟藻井边饰;18 [五代]莫高窟 55 窟藻井边饰;19 [五代]莫高窟 146 窟藻井边饰;20 [北宋]高平开化寺大殿内檐栱眼壁彩画;21、22 [北宋] 晋祠圣母殿西立面栱眼壁彩画

D 元以后向旋花转变的石榴图形:23、24 [元]永乐宫三清殿梁底及斗栱彩画;25 [明]大同兴国寺大殿内檐梁底彩画;26 [明]北京昌平定陵明楼外檐明间彩画

图 3.19 历代壁画及彩画中海石榴的典型形象

而非单独存在(这也是"陶本"图样常犯的"错误")。在壁画和彩画中,还会用不同的颜色相间,来区分叶片的向背,更加强了图案的立体感和装饰效果。

第三,图底关系:唐代图案(也包括中岳庙宋碑)多有形状连续而考究的"留白",线条有疏密的对比;而宋代图案(包括《营造法式》各本图样)几乎用零碎的叶片填满了所有的空隙,整个画面的线条疏密程度几乎完全一致，没有刻意的"留白"。

第四，非石榴的花心处理：各本图样的海石榴华均有两朵主花，"四库本"两朵花心均为石榴，故宫本一朵作"榴"形，另一朵作含苞状。含苞状的花形在敦煌壁画的资料中也可以看到(图3.19[4]、[5])，但形态和"故宫本"图样有较大差异。更多的实例是描绘一个海石榴背面的形象。(图3.18[9]，图3.19[14]、[15])所以也存在一种可能，即经过多次传抄，将海石榴背面的图形误作了"含苞"的石榴，失去了原来的特征。

综上，以"故宫本""五彩遍装海石榴华"的构图为蓝本，吸收唐宋时期实物的华头、枝叶细节表现方法，将图中形状模糊的勾卷"转译"成翻卷的叶片，最终可以绘制出一种《营造法式》"海石榴华"的可能形态(彩画作制度图三十、三十一)。

3.5.2.2 宝牙华

"宝牙华"，是"五彩遍装·华文有九品"中的第一品第二种。从各本图样的"宝牙华"看来，该图形的花心也有石榴形状，但花瓣呈齿状，细瘦而不翻卷，与某些莲花相类；其叶片与海石榴华略同，似乎是吸收了莲花特征的海石榴华变体。而"华文有九品"将"宝牙华"归为"海石榴华"一品，可能正是表明了这两种纹样的亲缘关系①。"宝牙华"一词未见于历代诗文，也未见于历代舆服制度，说明这个纹样名称在后世可能没有流传，但并不说明这种纹样不存在于中国古代的装饰艺术中。在北宋皇陵石刻，以及元、明瓷器纹样中均可见到类似《营造法式》"宝牙华"的花纹，但在唐代石刻和敦煌壁画中见不到这种纹样，说明这可能是北宋时期的创造。

3.5.2.3 太平华

"太平华"，是"彩画作制度·五彩遍装·华文有九品"中的第一品第三种，可以用于任何构件。据《宋史·舆服》的记载，"校具"装饰中有"太平华"的样式。在《宣和画谱》中也记有"太平花图"和"写生太平花图"，说明"太平花"是宋朝流行的绘画和装饰题材。宋代诗人陆游有《太平花》诗，注云：

(太平花)"花出剑南，似桃四出，千百包駢萃成朵，天圣中，献至京师，仁宗赐名太平花。"②

《益部方物略记》则记载：

"瑞圣花出青城山中，干不条，高者乃寻丈，花率秋开，四出与桃花类。然数十蚸共为一花，繁密若缀，先后相继，新蕊开而旧未萎也，蜀人号丰瑞花。故程相画图以闻，更号瑞圣花"。③

从上面的记载看来，"太平花"系宋仁宗时始得名，并从四川地区传向全国，其特征为：花瓣四出似桃花，一朵花有数十个花萼(即"蚸")，花开繁密，花期长。从"故宫本"的太平华图样看来，该花花瓣翻卷繁密，然而看不出"数十蚸共为一花"的特征。这种"数十蚸共为一花"的纹样，在宋金时期的石刻纹样中时有出现(彩畫作制度圖二十九[3])。

3.5.2.4 宝相华

"宝相华"是"五彩遍装·华文有九品"中的第二品。从图样看来，其叶片与"海石榴华"类似，华头为"宝牙华"和"牡丹华"的混合样式。在现在的装饰研究中，常常把结合了多种植物特征创

---

① 王其亨先生认为，"宝牙华"的"牙"字，可能就是指植物发芽但未完全绽放之状态，因此"宝牙华"可能是"海石榴华"的幼年样式。得王先生惠允录于此，供参考。
② 《剑南诗稿》卷5。
③ 转引自[清] 汪灏 等，《御定佩文斋广群芳谱》卷53《太平瑞圣花》，四库本。

作而成的"异花"纹样统称为"宝相花",从《营造法式》看来,这一名称是特指某种华头样式,并不能泛指所有的"异花"(彩畫作制度圖二十九[4])。

3.5.2.5　牡丹华

"牡丹华"是"五彩遍装·华文有九品"中的第二品第二种,并有"写生牡丹华"的变体。牡丹纹样富丽华贵,是我国艺术史中应用历史最悠久的纹样之一,唐宋时期广泛流行(图 3.20、图 3.21、彩画作制度图三十二)。

3.5.2.6　莲荷华

"莲荷华"是"五彩遍装·华文有九品"中的第三品,并有"写生莲荷华"的变体。莲荷在我国有很长的种植历史,兼具实用、意义和形式的优点,魏晋时期又与佛教精神契合,因此在中国历史上长盛不衰,魏晋南北朝时期臻于极盛。但莲荷与石榴、牡丹相比,对称性较强而变化较少,形态也不如石榴、牡丹饱满,因此在宋代的流行程度比不上石榴和牡丹。在《营造法式》彩画中,莲荷纹样除了作卷草纹样之外,更多地用于柱櫊、椽面等限制性较强的构件表面(图 3.22、图 3.23、彩画作制度图三十三)。

3.5.2.7　蕙草、龙牙蕙草

各式"蕙草",在《营造法式》中出现 9 次,除了在彩画作中有"龙牙蕙草"一品之外,还见于石作华纹,以及雕作制度中的"剔地洼叶华"[①],雕作和五彩遍装云文中又有"蕙草云"纹样,可见蕙草与云文的特征可能有互相渗透的现象,在北魏墓志雕刻中亦可以见到形态介于蕙草纹和云纹之间的纹样(图 3.24[4]、[5])。此外,在"小木作功限"中的"平棊华版功限"中,还载有"长生蕙草间羊鹿鸳鸯之类"的纹样;"雕木作功限"的"贴络事件"中载有"香草"纹样。根据植物类书的记载,"蕙草"是一种貌似兰花而气味芳香的植物,其形态"方茎,叶如麻,相对生,七月中旬开赤花,甚香,黑实"[②],因此"蕙草"可能也称"香草"。

"卷头蕙草"、"龙牙蕙草"、"长生蕙草"诸种名目,均未见于植物类书的记载。但另有"龙牙草","龙牙,因穗取名",其特征为"穗类鞭鞘",或"节生紫花如马鞭节"[③],又名"马鞭草",是一种生有牙状小穗的植物。牙状小穗的特征,与"龙牙蕙草"图样相符(见图 3.24[2])。

"卷头蕙草"和"长生蕙草"没有图样。"卷头"可能指植物叶片末端的卷须,而"长生"可能指纹样组合形式为波状二方连续,产生生命回转不息的寓意,这一点和中国早期织锦纹样的"长命纹"是相通的。《图样》中的"龙牙蕙草",为一个左右对称卷草构图,草型类似藤蔓,叶片(或穗?)细小翻卷。在实物的卷草纹样中能找到不少形态类似的例证,但是图案骨架左右对称者少见,仅在永昭陵西面上马石上的卷草纹浮雕中部可以看到类似的图案骨架(图 3.24[10])。

"龙牙蕙草"的图案,从骨架结构上看,是一种以波状线为基础,无限向内生长,最终填满所有空隙的图形。其枝叶的细节画法与各式"枝条华"有相近之处,不过枝条和叶片的处理更加概念化,不再着重强调叶片翻卷的三维效果。关于龙牙蕙草的色彩处理,在"图样"中没有详细注明,但可以作出两种设色的可能性:一种用青绿间色,略为表现叶片翻卷的三维效果(目前笔者

---

① 称为"卷头蕙草",另有"长生草"和"蛮云蕙草"的纹样,都属于"蕙草"的大类。
② [清] 汪灏,等:《御定佩文斋广群芳谱》卷 44《花谱》,四库本。
③ 《本草纲目》卷 16,第 685 页。

A 植物原型

B 宋以前的牡丹纹样

D 金代民间石刻的牡丹
纹样

C. 北宋陵墓中的石刻牡丹纹样

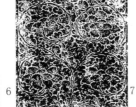

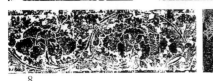

E 宋元瓷器上的牡丹纹
样

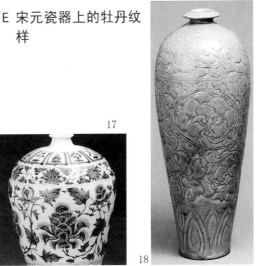

A 植物原型:1《植物名实图考》中的牡丹形象
B 宋以前的牡丹纹样:2 [唐] 牡丹莲花纹镜
C 北宋陵墓中的石刻牡丹纹样:3-6 永昭陵下宫(1063 年)上马石雕镌牡丹华;7 慈圣光献曹皇后陵(1080 年)西
列望柱底部;8 洛阳张君墓画像石棺(1106 年)墓志边饰;9 [北宋]少林寺舍利石函(1126 年)雕镌
D 金代民间石刻的牡丹纹样:10-12 [金]晋城泽州岱庙大殿门框石刻(1187 年);13 [金]晋城青莲寺重修佛殿记碑
(1167 年)碑边;14、15 [金]山西稷山马村 5 号墓砖雕;16 [金]山西侯马董明墓(1211 年)砖雕
E 宋元瓷器上的牡丹纹样:17 [北宋]青瓷牡丹萱草纹梅瓶;18 [元]青花缠枝牡丹纹梅瓶

图 3.20 历代雕刻线画中牡丹的典型形象

A 彩画与壁画

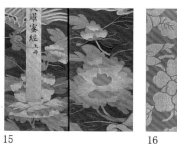

B 织绣纹样

A 彩画与壁画：1 [盛唐]莫高窟 225 窟圆光的牡丹彩绘边饰；2、3 [北宋]苏州虎丘塔内檐栱眼壁壁塑写生牡丹华；4 [北宋]白沙宋墓 M3 南壁门券及栱眼壁彩画写生牡丹华；5–9 [辽]大同华严寺薄迦教藏殿平棊彩画(照片)及梁栿彩画牡丹华(摹本)；10、11 [辽]河北涞源阁院寺外檐栱眼壁及枓栱彩画写生牡丹华；12 [元]芮城永乐宫三清殿梁底彩画牡丹华；13 [元]永乐宫纯阳殿栱眼壁彩画牡丹华；
B 织绣纹样：14 [南宋]褐色牡丹花罗；15 [明]翔鸾牡丹纹缂丝；16 [明]红地穿枝花卉纹织金绸：结合了如意纹样的牡丹花变体

图 3.21 历代壁画及彩画中牡丹的典型形象

A 植物原型

B 南北朝图案化的莲花形象

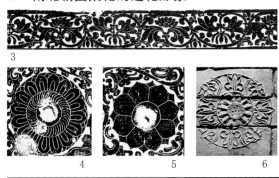

C 唐宋时期强调动态和变化的莲花纹样

A 植物原型:1、2《中国高等植物图鉴》中的莲荷形象
B 南北朝图案化的莲花形象:3 [北魏] 侯刚墓志盖莲花忍冬卷草纹样;4 [北魏] 尔朱袭墓志盖四角团莲纹样;
5 [北魏]侯刚墓志盖四角团莲纹样;6 [南朝] "羽人戏虎"模印砖画局部团莲纹样
C 唐宋时期强调动态和变化的莲花纹样:7 [初唐]长安县唐韦洞墓(706 年)线刻写生莲华;8 [盛唐] 吴文残碑侧
(721 年);9 [北宋] 白地黑花莲花纹瓷枕;10 [北宋]浙江慧光塔出土描金堆漆函顶盖;11、12 [北宋]苏州罗汉院宋
代石柱雕刻;13、14 [北宋]少林寺初祖庵大殿(1125 年)石柱雕镌;15 [南宋]《三官图轴》所绘神台雕镌;16 [金]山西
晋城青莲寺上寺敕建钟楼台基碑(1167 年)莲荷华边饰;17、18 [金]晋城泽州岱庙大殿门框石刻;19 [金]山西侯马
董海墓(1196 年)前室南壁墓门上部砖雕;20 [金]侯马董明墓(1211 年)栱眼壁砖雕;21 [金]稷山马村 M5 须弥座
北壁砖雕

图 3.22 历代雕刻线画中莲荷的典型形象

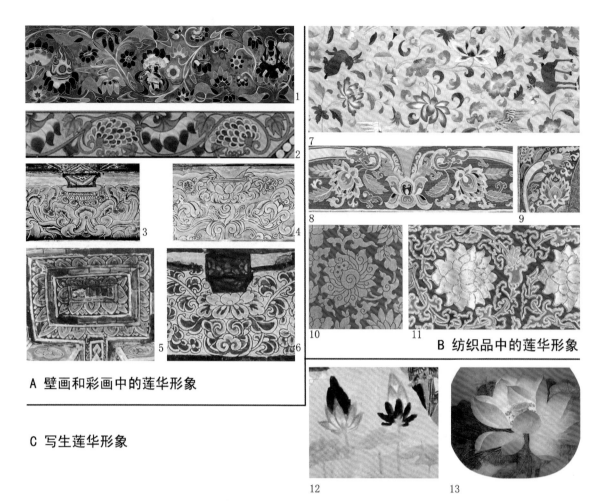

A 壁画和彩画中的莲华形象

C 写生莲华形象

B 纺织品中的莲华形象

A 壁画和彩画中的莲华形象：1 [隋]莫高窟 427 窟莲花伎乐边饰；2 [初唐]莫高窟 329 窟藻井边饰；3 [北宋]高平开化寺内檐栱眼壁莲华承枓；4 [北宋]晋祠圣母殿西立面栱眼壁莲华承枓；5 [北宋]白沙宋墓 M1 前室过道顶藻井边饰；6 [辽]宣化张匡正墓(1093 年)后室西壁栱眼壁莲华承枓

B 纺织品中的莲华形象：7 [南宋] 刺绣莲荷纹样；8、9 [南宋] 缂丝帕玛顿月珠巴像边饰；10 [明] 红地穿枝花卉纹织金绸；11 [明] 明式西番莲彩画

C 写生莲华形象：12 [唐]莫高窟 158 窟壁画水池莲花；13 [北宋]出水芙蓉图

图 3.23　历代壁画及彩画中莲荷的典型形象

在实例中没有找到这种做法，但鉴于《营造法式》的图样普遍比现存实物更加华丽的事实，仅根据"图样"作这样一种推测)；一种用单色叠晕，强调平面化的装饰效果(与高平开化寺的枓栱彩画做法相近)(图 3.24、图 3.25、彩画作制度图三十四)。

3.5.2.8　柿蒂①：团科柿蒂、圈头柿蒂等

在"华文有九品"的后六品"团科华"中，有两种名色("团科柿蒂"、"圈头柿蒂")的名称中包含"柿蒂"一词，"柿蒂"在《营造法式》中是一个重要的"团科"原型，诸如"四入圜华科"、"四入瓣科"等名色，皆由此变化而来。柿蒂纹样至迟出现于汉代，在宋代趋于丰富和成熟，在明清仍有沿

---

① 在"华文有九品"的后六品"团科华"中，有两种名色("团科柿蒂"、"圈头柿蒂")的名称中包含"柿蒂"一词。实际上，"柿蒂"在《营造法式》中是一个重要的"团科"原型，诸如"四入圜华科"、"四入瓣科"等名色，皆由此变化而来；而且柿蒂纹样至迟出现于汉代，在宋代趋于丰富和成熟，在明清仍有沿用，故在此选取"柿蒂"纹样进行重点分析，其余团科纹样暂从略。

A 植物原型
1   2

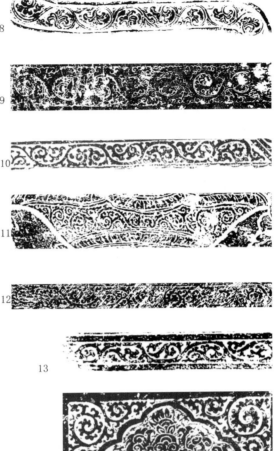

8

9

10

11

12

13

14

C 北宋皇陵石刻中的卷草纹样

B 宋以前的卷草纹样

3

4   5

6

7

D 金元时期的石刻卷草纹样

17

15

16

18

A 植物原型:1《植物名实图考》所载的"蕙草"一种;2 宋代医书《证类本草》所载的"龙牙草"(马鞭草)图像
B 宋以前的卷草纹样:3 [汉] 山东沂南画像石墓前室上部,有卷草特征的云纹;4、5 [北魏] 范阳王墓志盖(531年),有卷草特征的云纹;6 [唐] 安阳修定寺塔塔身雕砖卷草纹样;7 [晚唐五代时期] 越窑粉盒上的卷草纹样
C 北宋皇陵石刻中的卷草纹样:8 永熙陵(997 年)客使背面卷草纹;9 元德李皇后陵(1000 年)东列望柱底部;10 永昭陵(1063 年)西列上马石上面南部;11 永昭陵下宫(1063 年)东列上马石南面浮雕花盆
12 慈圣光献曹皇后陵(1080 年)西列望柱底座北面;13 永厚陵(1067 年)东列石象鞯褥南面;14 永泰陵(1100 年)西列望柱底部
D 金元时期的石刻卷草纹样:15 [金] 晋城青莲寺金大定七年(1167 年)碑边;16 [金] 晋城玉皇庙金泰和重修碑(1207 年)碑边;17 [南宋] 水陆画《三官图轴》所绘的神台雕镌卷草纹;18 [元] 宋德方元代石椁(1247 年)边饰

图 3.24 　历代雕刻线画中蕙草的典型形象

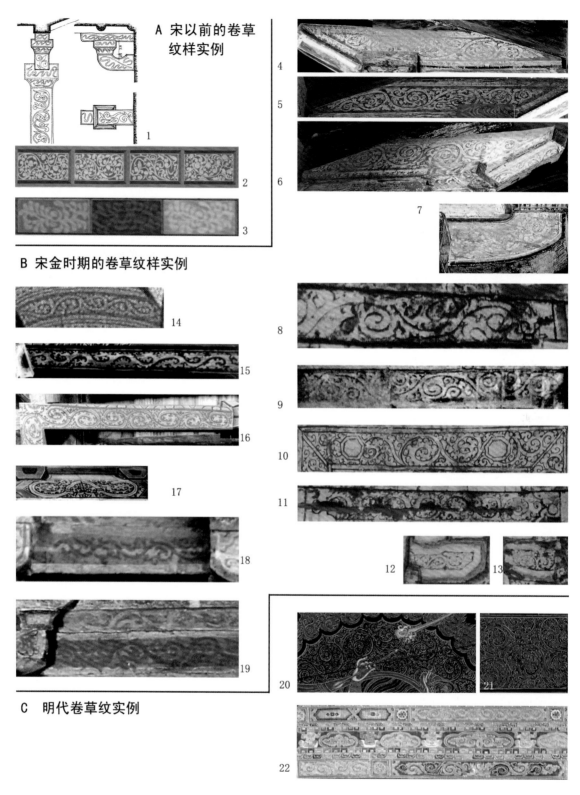

A 宋以前的卷草纹样实例：1 [北魏]莫高窟 251 窟插栱彩画；2 [初唐]莫高窟 322 窟壁画栏楣卷草纹；3 [初唐]莫高窟 331 窟藻井边饰卷草纹；

B 宋金时期的卷草纹样实例：4-7 [北宋] 高平开化寺科栱彩画卷草纹；8、9 [北宋] 白沙宋墓 M1 前室柱额彩画；10 [北宋] 白沙宋墓 M2 南壁门额彩画；11-13 [北宋] 白沙宋墓 M2 东南壁科栱及阑额彩画；14 [南宋] 五百罗汉图轴所绘服饰纹样；15 [辽] 大同华严寺薄迦教藏殿外槽梁底彩画卷草纹；16、17 [辽] 河北易县开元寺药师殿内檐转角梁栿及栱眼壁彩画卷草纹样；18、19 [金] 山西沁县南里乡砖雕壁画墓柱头枋彩画卷草纹样

C 明代卷草纹实例：20、21 [明] 泥金写本扉画纹样；22 [明] 刺绣金刚像

图 3.25 历代壁画及彩画中蕙草的典型形象

用,故在此选取"柿蒂"纹样进行重点分析。

"柿蒂"在《营造法式》中出现 5 次,见于平棊贴络华文及五彩遍装华文。彩画制度中的"柿蒂"见于"华文有九品·团科柿蒂",归于第四品"团科宝照";另有"圈头柿蒂",为第九品。

从图样和实例来看,柿蒂纹的出现是较为频繁的。

唐代诗人白居易有"红袖织绫夸柿蒂"的诗句,注云"杭州出,柿蒂花者尤佳也"[①],说明"柿蒂"纹样至迟在唐代已经用作织绣的花纹。从习见的柿科植物看来,柿蒂的主要特征是:萼分四瓣,作花瓣状,中央有梗(图 3.26、图 3.27、图 3.28、圖 4.34、圖 4.35)。

如果将具有以上特征的图案纹样归结为"柿蒂"的话,则至迟在汉代的实物中已经可以找到"柿蒂"的花纹了,这种花纹的运用在宋代达到顶峰,具有最强的装饰性和最多的变化。虽然不同时代的柿蒂纹样具有共同的特征,却有着截然不同的艺术风格。从这些实物可以看出,汉魏时期的柿蒂纹样强调"线"的韵味,纹样刚劲有力;唐代的柿蒂纹样则趋于圆柔,色彩的运用也渐趋丰富;宋代柿蒂纹样的造型更趋几何化和折中化,并出现了丰富的装饰和多种"变体"。《营造法式》的图样中共出现了 7 种柿蒂纹样,其轮廓造型和细部装饰基本上可以代表这个时期柿蒂纹样的各种类型(圖 4.34、圖 4.35[C])。

3.5.2.9　筍文、绿地筍文、绿筍

"筍文",未见于图样,但是在"彩画作制度"中多次出现,如:

"其柱身内通刷合绿,画作**筍文**。[或只用素绿。……若椽身通刷合绿者,其槫亦作**绿地筍文**或素绿。]"(解绿装饰屋舍·柱头及脚)

"华表柱并装染柱头鹤子、日月版:……**绿筍**通造,一百尺(一功)。"(功限)

由上可见,"筍文"往往可以和"刷素绿"相互替代,或先"刷合绿",再"画筍文",而且"绿筍通造"100 尺为一分功,仅比"刷土朱通造"略高一等,所以"筍文"应该是一种以绿色为基调的简单纹样。

考究"筍"的本义,音 [sǔn](通"笋")或 [yún](通"筠"),意为竹子的幼芽或青皮。宋代僧人释赞宁撰有《筍谱》,对"筍"进行了全面的考证,据此,"筍文"在宋代,有两种可能的含义:

其一,如《尚书·顾命》:"敷重筍席","筍席"指"用筍皮殻破而编簟"[②]。簟,意为竹席,则"筍文"应与《营造法式》"琐文有六品"中的"簟文"相同,可用于"椽檐枋、槫、柱头及枓内",与本条所述用于"柱身内"有出入。

其二,如《周礼·梓人》:"梓人为筍虡 [jù]",其中"筍"指悬挂钟磬的横木,"饰以鳞属若筍文然,故谓之筍"[③]。则"筍文"为一种类似竹筍表面的鳞状纹样。类似的鳞状纹样可以找到一些实例,如天水麦积山北周石窟,宋、辽、金墓室地宫等,甚至在辽代壁画中对于树干的表现中也可以发现类似的处理。解绿结华装图样中的椽身彩画类似覆莲瓣者,也接近于"筍壳"的形象。但是不能简单地将鳞状纹样全部归为"筍文",因为我们所见的部分鳞状纹样,包括静志寺塔地宫枓栱、宣化辽墓的直楞窗,《营造法式》解绿结华装图样中的椽身彩画,以及吴梅对"筍文"柱身的复原(图 3.29[1]–[5],[10],[12]),均使用了 3 种以上的颜色,甚至使用了叠晕,这些都过于复杂,不可能符合"100 尺为一分功"的规定。据此试作筍文略图(图 3.29[20])。

---

① [唐] 白居易. 杭州春望 . 见:白居易集. 北京:中华书局,1979:443
② [宋] 释赞宁:《筍谱》,四库本,第 31 页。
③ [宋] 陈祥道:《礼书》,四库本,卷 119,第 4 页。

A 植物原型

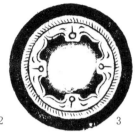

B 汉魏柿蒂纹形象

C 唐五代时期柿蒂形象

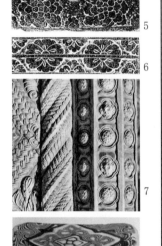

D 宋金时期柿蒂形象

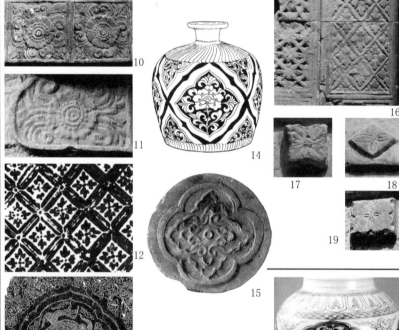

E 宋以后的柿蒂形象

A 植物原型:1《中国植物志》中的"柿科植物"形象

B 汉魏柿蒂纹形象:2 [汉] 彩绘贴银箔云兽纹奁顶盖柿蒂纹样;3 [汉] 龙虎纹镜上的柿蒂图形;4 [北魏] 五蒂纹镜上的柿蒂图形

C 唐五代时期柿蒂形象:5 [唐]懿德太子石椁边饰;6 [唐]云居寺石经边饰;7 [唐]安阳修定寺塔角柱柱身柿蒂纹样;8 [唐]绞胎陶枕;9 [五代]莫高窟146窟窟顶角部壁画几案上面"柿蒂方胜"纹样

D 宋金时期柿蒂形象:10、11 [北宋]永定陵(1022年)石刻将军腰带柿蒂纹样;12 [北宋]永泰陵(1100年)西列上马石上面纹样;13 [宋]少林寺舍利石函顶盖纹样;14 [宋]磁州窑系短颈矮瓶柿蒂纹样;15 [宋]河南洛阳衙署庭园遗址出土瓦当纹样;16-19 [金]少林寺塔林崇公塔、悟公塔、端禅师塔、西堂老师塔门砧雕镌

E 宋以后的柿蒂形象:20 [元] 釉里红开光花鸟纹罐

图 3.26　历代雕刻线画中柿蒂的典型形象

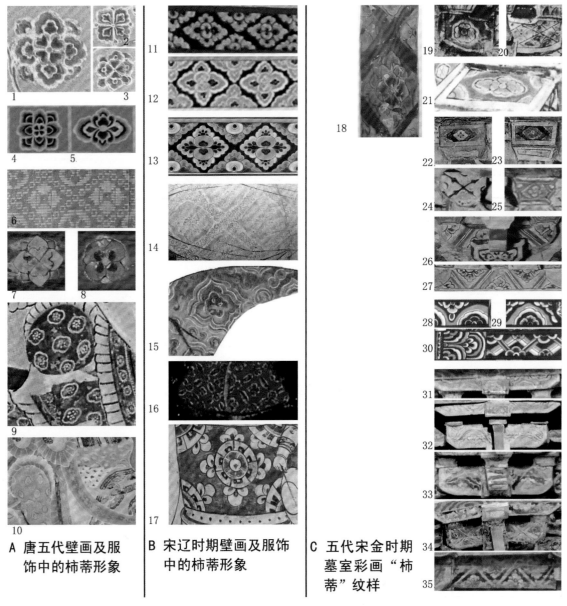

A 唐五代壁画及服饰中的柿蒂形象

B 宋辽时期壁画及服饰中的柿蒂形象

C 五代宋金时期墓室彩画"柿蒂"纹样

A 唐五代壁画及服饰中的柿蒂形象：1–3 [初唐]莫高窟 321 窟壁画柿蒂形花；4、5 [初唐]莫高窟 334 窟藻井边饰柿蒂花；6 [唐]吐鲁番阿斯塔那出土织锦的"团科柿蒂"纹样；7、8 [唐]绿松石镶嵌的四瓣花纹样(吐鲁番阿斯塔那206 号墓出土木质棋盘)；9 [五代]莫高窟第 146 窟壁画服饰纹样；10 [五代]莫高窟第 100 窟壁画服饰纹样

B 宋辽时期壁画及服饰中的柿蒂形象：11、12 [北宋] 莫高窟 76 窟边饰柿蒂纹样；13 [北宋] 榆林窟 26 窟边饰；14 [北宋] 服饰纹样中的"团科柿蒂"(宋徽宗《摹张萱捣练图卷》)；15 [北宋]绘画中表现的椅背柿蒂纹样(《无准师范像》)；16 [辽]宝山辽墓 M1 壁画中的服饰纹样；17 [辽]宣化辽张匡正墓壁画中大鼓侧面纹样

C 五代宋金时期墓室彩画"柿蒂"纹样：18 [五代]南唐李昇墓柱身彩画；19、20 [北宋]白沙宋墓 M1 前室枓栱彩画；21 [北宋]白沙宋墓 M1 前室过道顶彩画；22、23 [北宋]定州静志寺塔地宫枓栱彩画；24–27 [北宋]壶关下好牢宋墓枓栱彩画；28–30 [辽]庆东陵中室枋额彩画；31–35 [金]沁县南里乡砖雕壁画墓枓栱

图 3.27 历代壁画及彩画中柿蒂的典型形象

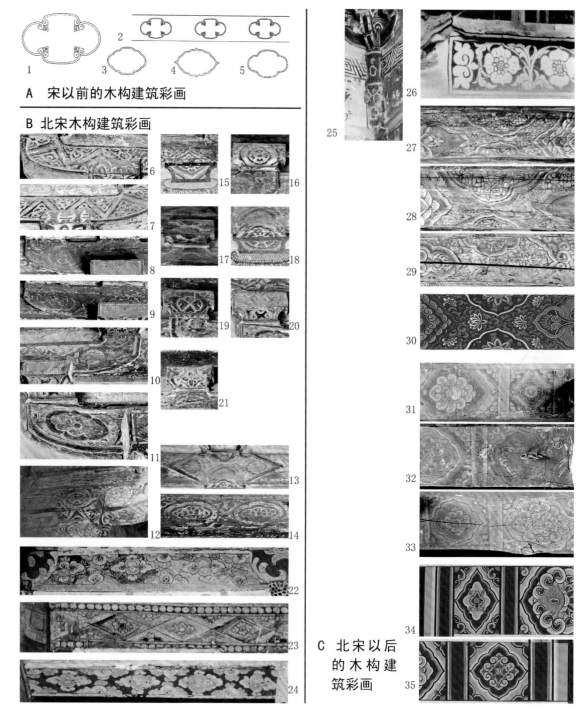

A 宋以前的木构建筑彩画

B 北宋木构建筑彩画

C 北宋以后的木构建筑彩画

A 宋以前的木构建筑彩画:1-5 [五代] 福州华林寺枋额彩画中的柿蒂纹样

B 北宋木构建筑彩画:6-21 [北宋] 高平开化寺内檐枓、栱、枋上的柿蒂纹样;22 [北宋] 莫高窟 427 窟木构窟檐柱头枋彩画柿蒂纹样;23 [北宋] 莫高窟 431 窟木构窟檐枋身彩画方胜柿蒂纹样;24 [北宋] 莫高窟 444 窟木构窟檐梁底彩画的柿蒂纹样

C 北宋以后的木构建筑彩画:25、26 [南宋]泰宁甘露庵南安阁内檐柱身及搭檐屋脊彩绘纹样;27-30 [元]芮城永乐宫三清殿梁栿彩画中的柿蒂纹样及摹本;31-33 [明]大同善化寺大殿梁栿彩画纹样;34、35 [明]北京智化寺大殿外檐由额端头彩画

图 3.28 木构建筑彩画中柿蒂的典型形象

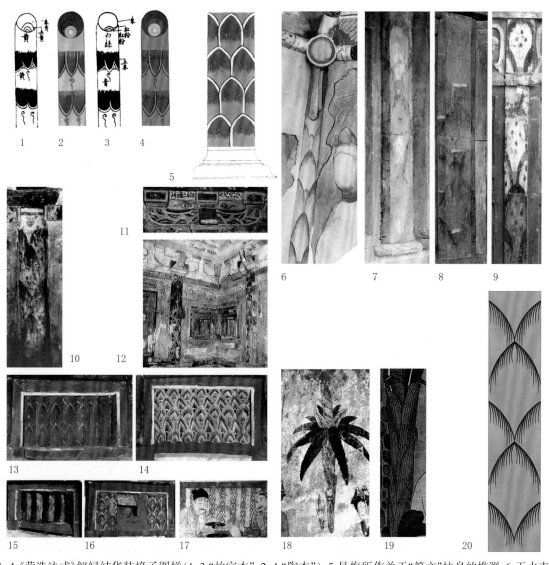

1-4《营造法式》解绿结华装椽子图样(1、3."故宫本";2、4."陶本");5 吴梅所作关于"筍文"柱身的推测;6 天水麦积山石窟 27 窟彩画 (北周，傅熹年摹本);7 侯马大李村金墓柱身彩画 (1180 年);8 侯马董海墓后室柱身彩画 (1196 年);9 新绛南范庄金墓柱身彩画;10、11 河北定州静志寺塔北宋地宫拱身及柱身彩画;12 山西临猗双塔寺北宋地宫柱身彩画;13-17 河北宣化辽墓直棱窗彩画;18 内蒙古宝山辽墓壁画中的树木形象;19 宋画《十八学士图》中的芭蕉树形象;20 笔者关于"筍文"的推测

图 3.29　关于"筍文"的实例及推测

3.5.2.10　松文、卓柏

关于"松文"与"卓柏装"的具体形式,由于文字不甚详细,又仅有一张"两晕棱间内画松文装名件"的图样可资佐证,历来学者对此解释不一。

比较通行的解释,认为"松文"是木理纹的复杂化[1],吴梅的论文对此提出了新的见解,认为"画松文装"是"一种以细小松叶朵文为图形单元,按不同方式进行组合的纹样"[2]。

从古代文献看来,"松文"的词义与木纹有着密切的关系,如:

---

① 宿白. 白沙宋墓. 北京:文物出版社,2007:78
② 吴梅.《营造法式》彩画作制度研究和北宋建筑彩画考察:[博士学位论文]. 南京:东南大学,2004:78

"康干河有松木,入水一二年乃化为石……其松为石以后,仍似**松文**。"(《通典》)①

"古剑有沈卢、鱼肠之名。……**鱼肠**即今燔钢剑也。又谓之**松文**,取诸鱼,燔熟,褫去胁,视见其肠,正如今之燔钢剑文也。"(《梦溪笔谈》)②

《通典》所记的"松文"指松木变成化石后的纹理,其为木纹无疑;《梦溪笔谈》所记的"松文"则被用来描述金属经过处理得到的纹理,与鱼肠的形象相似,应该是一种回转的曲线纹理,亦与木纹有相似之处。

而柏木用于木构件,亦见于古代文献,如:

"宗楚客造一新宅成,皆是**文柏为梁**,沉香和红粉以泥壁,开门则香气蓬勃。"③"张易之初造一大堂,甚壮丽,计用数百万。红粉泥壁,**文柏帖柱**,琉璃沉香为饰。"④(《朝野佥载》)

这种以柏木制作木构件的做法在唐代可能已经蔚然成风,白居易的律诗《文柏床》借物喻人,可以清楚地反映"柏木"一物在当时受人喜爱的原因:

陵上有老柏,柯叶寒苍苍。朝为风烟树,暮为宴寝床。以其多**奇文**,宜升君子堂。刮削露**节目**,拂拭生**辉光**。**玄斑**状狸首,**素质**如截肪。虽充悦日眼,终乏周身防。华彩诚可爱,生理苦已伤。方知自残者,为有好**文章**。⑤

诗中点明,柏木之所以常用于高贵的建筑,其原因主要有三:其一,纹理奇美:"多奇文"、"好文章"。"文章"一语双关,既表物之纹理,又表人之作文。其二,有美丽的节疤和斑点:"刮削露节目"、"玄斑状狸首"。其三,材质细腻有光泽:"拂拭生辉光"、"素质如截肪"。

由此返观《营造法式》中对"松文"和"卓柏"的描述,可略知其模仿木纹的意图:

"若画**松文**,即身内通刷土黄,先以墨笔界画,次以紫檀间刷,心内用墨点节。……又有于丹地内用墨或紫檀点簇六毬文与**松文**名件相杂者,谓之**卓柏装**。"(解绿装饰屋舍·缘道叠晕)

其中"身内通刷土黄"是模仿木材的色彩,"先以墨笔界画,次以紫檀间刷"则是模仿木材的纹理,而"心内用墨点节"则是描绘木材的节疤,使其更为逼真。在木构件或仿木构件上画木纹,是一种较为常见的装饰方式,见于白沙宋墓 M2 普拍枋彩画、内蒙古宝山辽墓 M1 石房石门彩画、登封黑山沟宋墓墓室彩画等,并且在山西、陕西、甘肃地区一直沿用到近代,即所谓"云秋木"⑥的作法(图 3.30)。

但是《法式》中的"松文"与实例中所见的"木纹"仍有较大的不同:"松文"需用"墨笔**界画**",形成直线条纹,"两晕棱间内画松文装"图样显示的"松文"也以直线条纹为主。目前实例中还没有发现这种直线条纹的彩画。因此,"松文"、"卓柏装"出现的时间可能很短,或者是在当时流行的样式基础上经过提炼和抽象化的样式,不为后世所流行。

① [唐] 杜佑. 通典·卷 199. 北京:中华书局,1984:1081
② 胡道静. 梦溪笔谈校证. 上海:上海古籍出版社,1987:629
③ [唐] 张鷟. 朝野佥载·卷 3. 北京:中华书局,2005:70
④ [唐] 张鷟. 朝野佥载·卷 6. 北京:中华书局,2005:146
⑤ [唐] 白居易. 白居易集. 北京:中华书局,1979:26
⑥ 宿白. 白沙宋墓. 北京:文物出版社,2007:78

1 [宋]河南登封黑山沟宋墓栱枋彩画
2 [宋]河南禹县白沙宋墓 2 号墓南壁普拍枋彩画
3 [辽]内蒙古宝山 1 号墓石门彩画
4 [金]山西沁县南里乡砖雕壁画墓枓栱彩画
5 [晚唐]敦煌莫高窟第 85 窟壁画柱子上的彩画

图 3.30　宋辽金时期仿木构建筑中彩画木纹的实例

3.5.3　点缀纹样：飞仙及飞走（图 3.31~图 3.34）

3.5.4　适合纹样

3.5.4.1　如意：如意头角叶、四合如意、如意牙头

"如意"的形象，从唐至清的实物及《营造法式》的柱额图样看来，其基本形态是三瓣卷云，在中国古代装饰艺术中运用极为广泛。

关于"如意"一词的较早记载，见于《汉书·京房传》："臣疑陛下行此道，尤不得如意。"据统计，汉朝王室名为"刘如意"者便有四位，可见"如意"在汉朝已经是一个很流行的吉祥词语。

此外，在汉代的织锦纹样中，还有用文字直白地表达"如意"含义的例子。例如东汉的"万世如意锦"纹样（图 3.35[1]）。这种纹样除了文字以外，还有着三瓣卷云的形象，证明在中国古代文化中，"如意"的意义和三瓣卷云图形之间根深蒂固的关联。

随着历史的演变，"如意"持续地流行，其含义和形象被大大地丰富，甚至神异化了。这其中一个重要的因素便是佛教传入中国，佛经翻译家借用"如意"来翻译梵文中的某些词语。例如：

Atta-mani：意为"称心如意"（[北凉]昙无谶 译：《优婆塞戒经》卷 5）；

Rddhi：意为"某种超自然的不可思议之力"，由此又衍生出"如意智"、"如意通"等概念（[后秦]鸠摩罗什 译：《大智度论》卷 5）；

Cintā-mani：音译"摩尼珠"，意为"如意宝珠"（敦煌经文《双恩记》）；

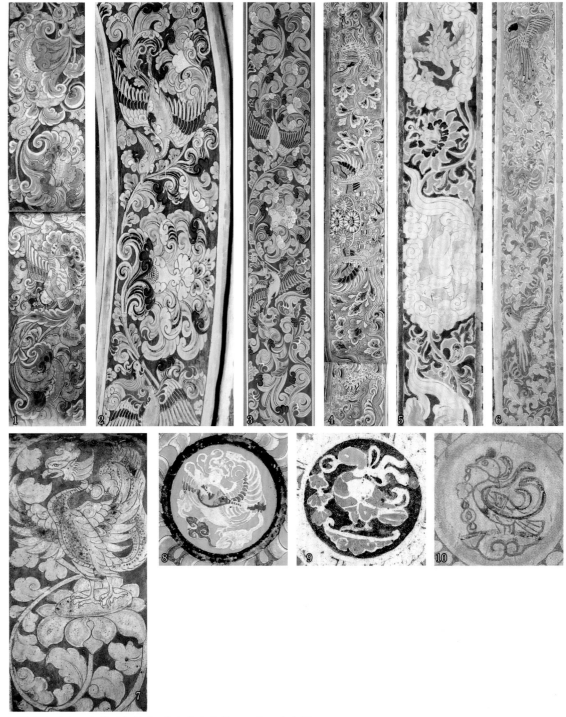

1 枝条卷成海石榴华内间嫔伽：莫高窟中唐第 159 窟西龛内沿
2、3 枝条卷成海石榴华内间飞凤：晚唐 196 窟背光边饰及摹本
4 单枝条华内间飞凤、狮子：莫高窟五代第 61 窟藻井边饰
5、6 枝条卷成宝牙华内间飞凤等，用云朵或云形轮廓相间：榆林窟西夏第 3 窟、第 10 窟藻井边饰
7 单枝条华内间飞凤：莫高窟晚唐 147 窟西龛边饰
8 团科内间嫔伽：莫高窟中唐 360 窟藻井顶心
9 团科内间飞禽：莫高窟中唐 361 窟西壁龛顶平棊格内
10 团科内间飞禽：莫高窟中唐 158 窟西壁

图 3.31　敦煌壁画中动物纹样与植物华文相结合的几种方式

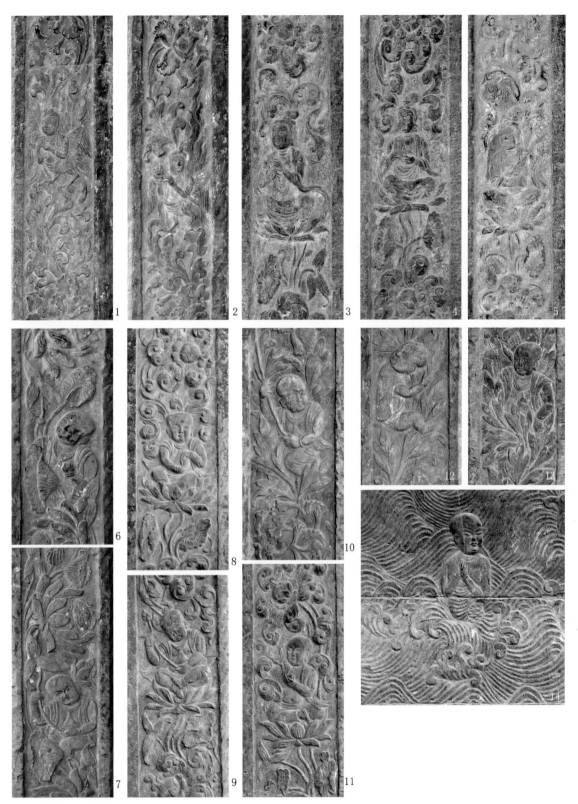

1、2 牡丹华内间嫔伽
3-5 莲荷华、海石榴华内间鼓乐人
6-13 莲荷华、牡丹华、海石榴华内间化生童子
14 水浪内间化生童子(1-13 为檐柱石刻,14 为墙基石刻)

图 3.32　河南少林寺初祖庵大殿檐柱北宋石刻：

枝条卷成海石榴华、莲荷华、牡丹华内间嫔伽、鼓乐人、化生童子等

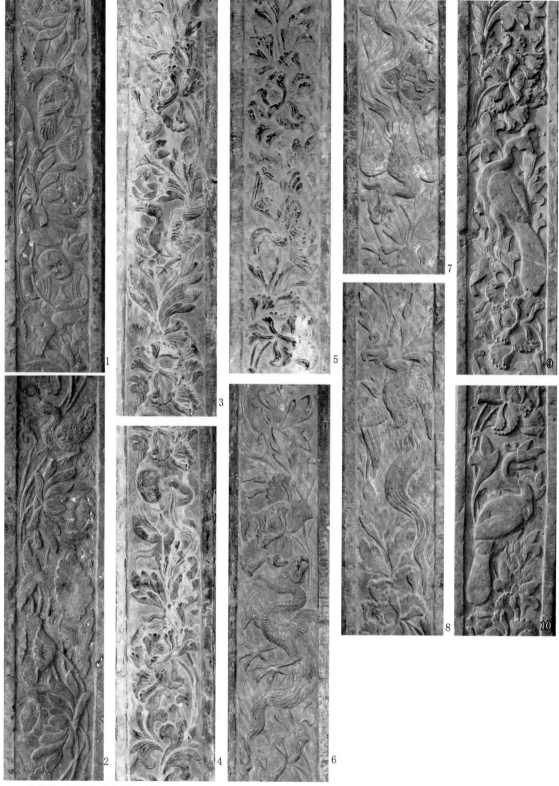

1–4 莲荷华、牡丹华内间鹅、鸭等

5、6 牡丹华内间鸾鸟、猛禽

7、8 牡丹华内间飞凤、鸾

9、10 牡丹华内间孔雀或练鹊

图 3.33　河南少林寺初祖庵大殿檐柱北宋石刻：

枝条卷成海石榴华、莲荷华、牡丹华内间飞凤、孔雀、练鹊等

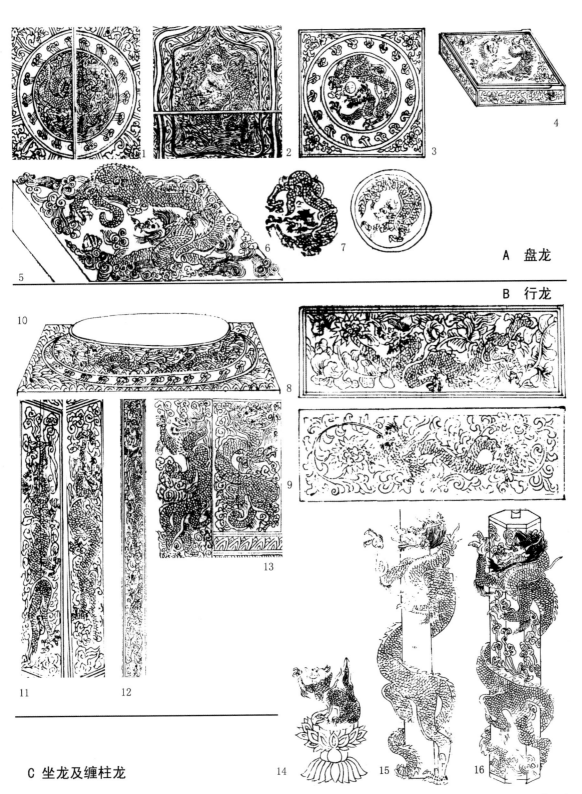

A 盘龙

B 行龙

C 坐龙及缠柱龙

A 盘龙：1 石作殿堂内地面心斗八，中央；2 石作流杯渠，中央；3 雕木作平棊华盘；4 石作门砧，上表面；5 石作，甬石·剔地起突云龙；6 石作，流杯渠，华内；7 雕木作，椽头盘子

B 行龙：8 石作，压阑石·压地隐起华；9 雕木作，钩阑华版；10 石作，柱础·龙水；11 石作，角柱·剔地起突云龙；12 石作，望柱·压地隐起华；13 石作，阶基叠涩坐角柱

C 坐龙及缠柱龙：14 雕木作，混作·坐龙；15 雕木作，混作缠柱龙；16 石作，望柱·剔地起突缠柱云龙

图 3.34　《营造法式》图样中的龙

Anuruddha：音译"阿那律"，北宋佛书解为古之爪杖，用以搔抓痒处，如人之意；又解为讲僧用于私记节文祝辞以备忘之物，手执目对，如人之意，后世演化为"笏"。（[北宋] 道诚：《释氏要览》）①

近年考古发现的早期实物证明，我国在汉代以前确有"爪杖"一物：山东曲阜鲁国故城出土两件东周牙雕残器，一端为写实的手掌，指尖弯曲，下连圆柱形长柄，与习见的搔背用爪杖非常相似，应为我国最早的同类实物遗存②。

但从汉至宋的史料和实物中大量出现的"如意"看来，"如意"的功能已经远远地超越了"爪杖"（即痒痒挠）和"笏"的范畴，成为历代上层人物的重要道具，可用来装饰（象征权力和身份）、抚弄、指点、甚至打斗，或者相互赠送以表吉祥。此时的"如意"形象也逐渐脱开了痒痒挠的手爪造型，正式与云文结合，向"云头如意"转变（图3.35[3]–[7]），同时出现了一些新词专指"爪杖"，例如"和痒子"，在绘画形象中，持"爪杖"者也变成了侍者下人（图3.35[8]），与作为宝物的"如意"基本脱开了关系。在明清时期，作为器物的"如意"形象已经不拘于云头、手爪等格式，而趋向于装饰化和多元化，但此时用于织锦纹样、建筑装饰纹样的"如意头"、"如意纹"虽然出现了一些变体，却仍然保持了三卷云头的基本形态。

关于《营造法式》的"如意"图形，在"彩画作"和"小木作"中均有提到，共有如下几处：

1. "檐额或大额及由额两头近柱处作**三瓣或两瓣如意头角叶**……[或随两边缘道作**分脚如意头**。]"（彩画作制度·五彩遍装·凡五彩遍装）

2. "柱头作**四合青绿退晕如意头**。"（彩画作制度·青绿叠晕棱间装·凡青绿叠晕棱间装）

3. "唯檐额或梁栿之类并四周各用缘道，两头相对作**如意头**。"（解绿装饰屋舍·缘道叠晕）

4. "（乌头门牙头护缝）下牙头或用**如意头**造。"（小木作制度一·乌头门）

5. "乌头门上**如意牙头**，每长五寸（用钉一枚）。"（诸作用钉料例·用钉料例·小木作）

由上述引文可知，在《法式》中的"如意头"根据装饰对象的不同，主要有三种变体：

如意头角叶：用于五彩遍装或解绿装饰的额端，又有三瓣、两瓣、分脚的类型。

四合如意：用于叠晕棱间装的柱头。

如意牙头：是小木作中压缝条板的端头做法。从小木作图样所见的"如意牙头"（图3.35[9]），应与"五彩额柱"图样中的"牙脚"样式相对应，属于"三瓣如意头"。

三瓣或两瓣如意头角叶，见"五彩额柱"图样，有9种如意头的样式：豹脚、合蝉燕尾、叠晕、单卷如意头、剑环、云头、三卷如意头、簇三、牙脚。（图3.36）分析这9种如意头角叶的轮廓形式，大致可以进行如下对应：

Ⅰ. V型（两瓣如意头）："合蝉燕尾"、"云头"（图3.37、图3.38、图3.39、图3.40、图3.41）；

Ⅱ. ∧型（分脚如意头）："单卷如意头"、"三卷如意头"、"簇三"（图3.42）；

Ⅲ. W型（三瓣如意头）："豹脚"、"叠晕"、"剑环"、"牙脚"（图3.43）。

若分析"如意头"之间的关系，则可以将这9种形式分为4种：

a. 互补式："合蝉燕尾"、"三卷如意头"

b. 相切式："云头"、"簇三"、"豹脚"

c. 连锁式："剑环"

d. 独立式："单卷如意头"、"叠晕"、"牙脚"

---

① 转引自：白化文. 试释如意. 中国文化，1996(01)：84~93

② 刘岳. 身世纷纭话如意. 紫禁城，2004(01)：7~16

A　宋以前的如意形象

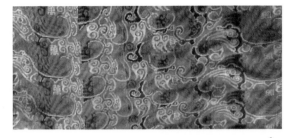

1

2

3

4

5

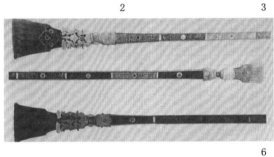
6

7

8

B　时代风格的演变

南北朝（2）　　　　唐（3、4、5、6）　　　　　　五代（7、8）

C　宋代及以后的"如意头"和"如意云"

9

10

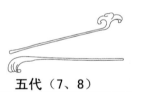
11

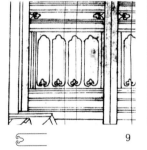
12

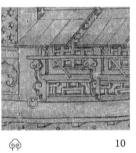

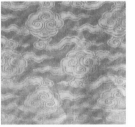

A 宋以前的如意形象：1 [东汉]万世如意锦：用文字表达"如意"的含义，纹样已见三卷云头的形象；2 南朝：清谈家手持如意形象；3-5 [唐]清谈家、帝王手持如意形象；6 [唐]犀角雕黄金钿装如意；7 [五代]文殊菩萨手持如意形象；8 [五代]侍者所持的"爪杖"形象
B 时代风格的演变
C 宋代及以后的"如意头"和"如意云"：9 [北宋]"故宫本"小木作图样中的如意头(乌头门)；10 [五代]绘画表现木钩阑所用"如意头"；11、12 [明]织锦中的如意云

图 3.35　"如意"形象的发展与演变

图形关系	轮 廓 形 式		
	Ⅰ.V型 两瓣如意头	Ⅱ.∧型 分脚如意头	Ⅲ.W型 三瓣如意头
a.互补式	合蝉燕尾	三卷如意头	
b.相切式	云头	簇三	豹脚
c.连锁式			剑环
d.独立式		单卷如意头	牙脚 叠晕

图 3.36　《营造法式》中"如意头角叶"构图分析

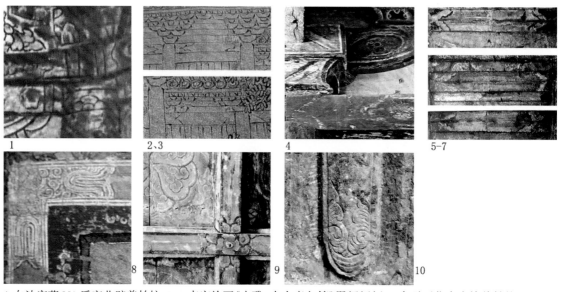

1 白沙宋墓 M1 后室北壁普拍枋；2、3 南宋绘画《小雅·南有嘉鱼篇》殿阁阑额；4 高平开化寺内檐普拍枋；5–7 河南新密平陌北宋壁画墓阑额；8 宋画《十王图轴》屏风边梃；9 芮城永乐宫三清殿元代平棊；10 北宋永昭陵石刻佩剑剑鞘端部

图 3.37　实例中"两瓣如意头"的几何化变体，以及具有植物卷瓣特征的变体

1、2 定州静志寺塔地宫普拍枋

3 榆林宋代 21 窟壁画橑檐枋端头及束腰

图 3.38　实例中"两瓣如意头"与莲瓣纹样结合的变体

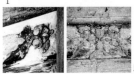

1-3 永乐宫三清殿元代枓栱、梁栿彩画
4 宋画《折槛图》中木钩阑蜀柱两端包镶
5、6 苏州虎丘塔北宋壁塑阑额端头

图 3.39 实例中"两瓣如意头"与植物纹样相结合的复杂化变体

此外,值得注意的是,水平构件两端作"如意头"的做法,在"五彩遍装"制度中,仅用于"檐额或大额及由额",未涉及梁栿等,而在"解绿结华装"中却可以用于"檐额或梁栿之类"。从如意头的图形本身看来,这种端头处理似乎更适合于阑额之类的方形构件,而不太适合月梁一类不规则构件。洪洞广胜寺下寺后佛殿尽间梁架彩画为略带弯曲的二椽栿两端作如意头,是现存"月梁"作如意头的极端例子,从中亦可看出明显的粗率与随意(图 3.40 [9]-[12])。"解绿结华装"和"五彩遍装"对如意头的区别,是否意味着"解绿结华装"作为等级较低的装饰制度,会更多地搭配直梁而不是月梁?

"四合"即四方,《周礼》郑玄注:"四合,象宫室,曰帷王所居之帐也。""凡青绿叠晕棱间装"记载的"四合青绿退晕如意头"没有相关图样,但在明清运用甚广,为四个如意头作十字组合的纹样。北京智化寺如来殿明代柱头彩画有四个如意头相对,并作青绿叠晕的装饰,不过色阶只有 2 层(图 3.44[9]-[12]);清式彩画里亦有出现(图 3.44[13])。

在汉代织锦纹样中,已经可以看到四个如意头作放射状对称连接在一起的纹样(图 3.44[1]);在宋代的"四合如意"纹样中,四个如意头除了并列连接之外,还出现了连锁的样式(图 3.44[2]);这几种样式一直沿用到明清,晚期还出现了多边形骨架线与如意头相套连的"六出如意"变体(图 3.44[13]、图 3.45[9]-[10]),在构图上有了较大的不同,在此命名为"附加式"。

从图案学的角度来看,"四合如意"与"如意头角叶"之间存在对应的转换关系。每一个"如意头"的单元都可以作两种方式的重复:一种是水平带状重复,可以转化为带状边饰(图 3.40[8]、图 3.46[c-4]);另一种是放射状重复,可以转化为封闭图形的纹样。这种变化和统一的关系,在瓷罐肩部的纹样(图 3.46[a-6])中可以清楚地展现:由一组"合蝉燕尾"或"三卷如意头"的图案单元作带状重复构成的边饰,因为施于球形的表面,从而在具有一个"带状边饰"的侧面外观的同时(图 3.46[a-3]),还具有一个"四合如意"的俯视外观(图 3.46[a-5])。

运用这种方法,可以将《法式》"五彩额柱"图样中的"如意头角叶"转变为不同样式的"四合如意"。前面已经分析过,"如意头角叶"的图形,按其"如意"图形之间的关系,可以分为 4 种类型,因此至少可以作出 4 种不同类型的"四合如意"(图 3.46[a-5][b-3][c-3][d-3])。

3.5.4.2 宝珠:出焰明珠、叠晕宝珠、簇七车钏明珠

"宝珠"在《营造法式》中,是椽面纹样的一种,在"五彩遍装"、"碾玉装"、"青绿叠晕棱间装"和"解绿装饰"中均可使用,并有"出焰明珠"、"叠晕宝珠"、"簇七车钏明珠"等变体。《营造法式》

1 宋画《五百罗汉图轴》脚榻底部端头；2 白沙宋墓 M2 墓室东南壁普拍枋、阑额；
3 平阳金墓须弥座砖雕 3 种；4 南宋泰宁甘露庵由额端头；5 苏州虎丘塔北宋时期壁塑阑额端头；
6 繁峙严山寺金代壁画天宫台基上沿；7 莫高窟西夏第 61 窟壁画车轮金属包叶；
8 洪洞广胜寺水神庙元代壁画上沿"帷幕"；9–12 洪洞广胜寺下寺后佛殿元代梁栿彩画；
13 涞源阁院寺阑额辽代彩画；14 元加圣号诏碑边端头；15 北京牛街清真寺明代彩画檐额垫板彩画；
16 景山万春亭清代平棊彩画

图 3.40　实例中"两瓣如意头"与云文结合，有"如意"特征的变体

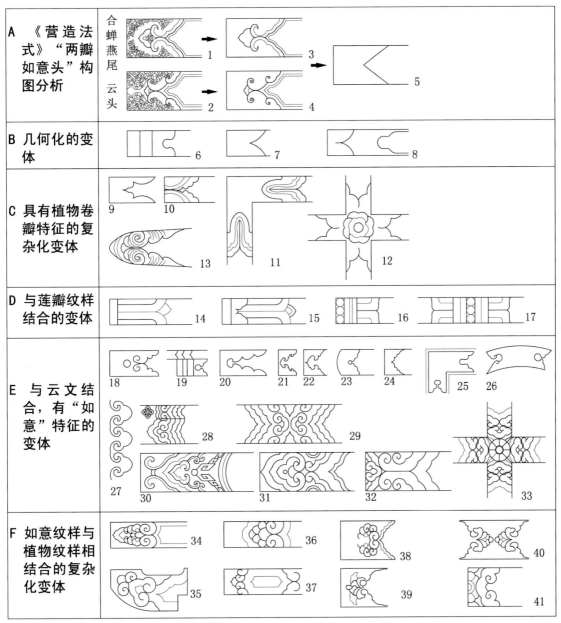

A 《营造法式》"两瓣如意头"构图分析：1、2 结合了卷叶纹样的如意头；3、4 如意图形骨架；5 轮廓样式

B 几何化的变体：6 白沙宋墓 M1 普拍枋；7 南宋绘画《小雅·南有嘉鱼篇》殿阁阑额；8 高平开化寺内檐普拍枋

C 具有植物卷瓣特征的复杂化变体：9 宋画《小雅·南有嘉鱼篇》殿阁阑额；10 河南新密平陌北宋壁画墓阑额；11 宋画《十王图轴》屏风边梃；12 芮城永乐宫三清殿元代平棊；13 北宋永昭陵石刻佩剑剑鞘端部

D 与莲瓣纹样结合的变体：14、15 定州静志寺塔地宫普拍枋；16、17 榆林宋代 21 窟壁画橑檐枋端头及束腰

E 与云文结合，有"如意"特征的变体：18 宋画《五百罗汉图轴》脚榻底部端头；19 白沙宋墓 M2 墓室东南壁普拍枋、阑额；20~22 平阳金墓须弥座砖雕 3 种；23 南宋泰宁甘露庵由额端头；24 苏州虎丘塔北宋时期壁塑阑额端头；25 繁峙严山寺金代壁画天宫台基上沿；26 莫高窟西夏第 61 窟壁画车轮金属包叶；27 洪洞广胜寺水神庙元代壁画上沿"帷幕"；28、29 洪洞广胜寺下寺后佛殿元代梁栿彩画；30 涞源阁院寺阑额辽代彩画；31 元加圣号诏碑边端头；32 北京牛街清真寺明代彩画檐额垫板彩画；33 景山万春亭清代平棊彩画

F 如意纹样与植物纹样相结合的复杂化变体：34~37 永乐宫三清殿元代科拱彩画；38 永乐宫三清殿元代梁栿彩画；39、40 苏州虎丘塔北宋壁塑阑额端头；41 宋画《折槛图》中木钩阑蜀柱两端包镶

图 3.41 "两瓣如意头"相关实例构图分析

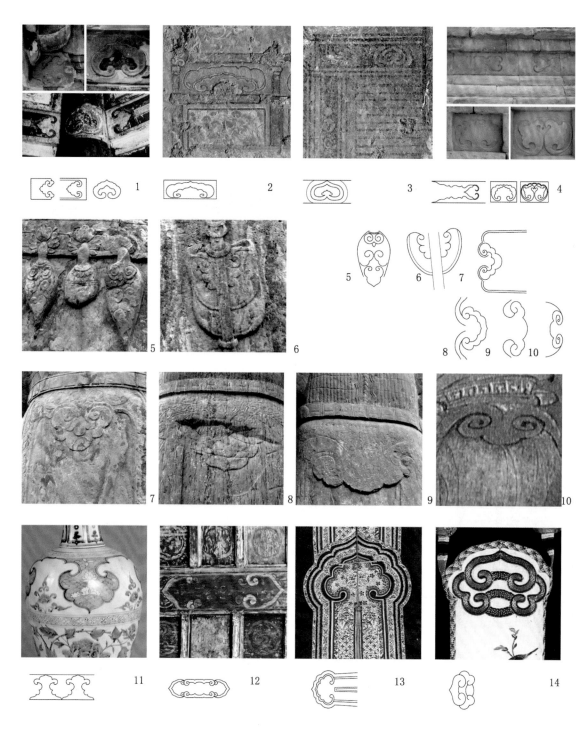

1 苏州虎丘塔回廊内壁塑;2 高平开化寺壁画木钩阑;3 繁峙严山寺壁画;4 少林寺塔林金代西堂老师塔
5-9 北宋皇陵石刻中,类似"单卷如意头"、"合蝉燕尾"、"三卷如意头"的端头处理;
10 南宋绘画中,人物束裙背部的处理:类似"单卷如意头";11 元代瓷器肩部类似"三卷如意头"的做法;
12 芮城永乐宫三清殿元代梁栿彩画中的端头处理:"单卷如意头"的变体;
13 清代服饰对襟处理:类似"单卷如意头";14 清代扇套端头的处理:类似"簇三"的端头处理

图 3.42 分脚如意头实例比较

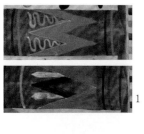

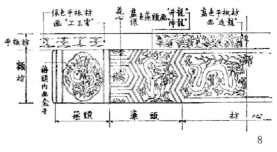

1 北魏壁画中,W 型的端头处理(敦煌莫高窟北魏 431 窟窟顶人字披);
2 北宋皇陵石雕中,W 型的端头处理(永昌陵武官像佩剑剑鞘根部,977 年);
3 北宋皇陵石雕中,类似"豹脚"的端头处理(永昭陵武官像佩剑剑鞘根部,1063 年);
4 北宋皇陵石雕中,类似"牙脚"的端头处理(永熙陵石象鞍鞯,997 年);
5 宋代绘画中,石雕须弥座底部并列排布的如意头(《折槛图》);
6 宁波保国寺大殿佛坛石雕中,"豹脚"的变体;
7、8 清式和玺彩画箍头
[注] 在《营造法式》的"五彩柱额"中,W 型的花色是最多的,但是相关的实例也最少。从纹样的轮廓结构看来,这可能也是后来发展成清式"和玺彩画"W 型箍头的原型,在宋代可能因为等级过高而在民间少见遗存。

图 3.43 三瓣如意头实例分析

1 汉代织锦"四合如意"纹样；2 北宋瓦当的"四合如意"雕刻；3 北宋皇陵石刻中，类似"四合如意"的端头处理；
4 金代金属工艺品中，3 种"四合如意"；5 宋代如意山茶花纹绮纹样；6 中亚元代缂丝纹样；
7 明刊《大藏经》封面蓝地方格如意绢纹样；8 清玄青缎云肩对襟大镶边女棉褂领口纹样；
9–12 北京智化寺如来殿外檐柱头、大额端头、檐檩彩画"四合如意"；13 清加金六出如意瑞花重锦纹样；
14 清式"雄黄玉"彩画小额端头彩画"四合如意"

图 3.44　四合如意相关实例

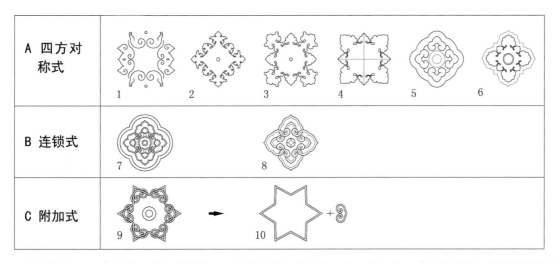

A 四方对称式：1 汉代织锦四合如意纹样；2-4 金代金属工艺品的 3 种四合如意；5 北京智化寺如来殿外檐柱头明代彩画四合如意；6 清玄青缎云肩对襟大镶边女棉褂领口纹样
B 连锁式：7 北宋衙署庭园遗址出土瓦当的四合如意雕刻；8 明代刊印的《大藏经》封面四合如意纹样
C 附加式：9 清加金六出如意瑞花重锦纹样；10 六出如意构图分析：引入了六角星形骨架

图 3.45　四合如意实例构图分析

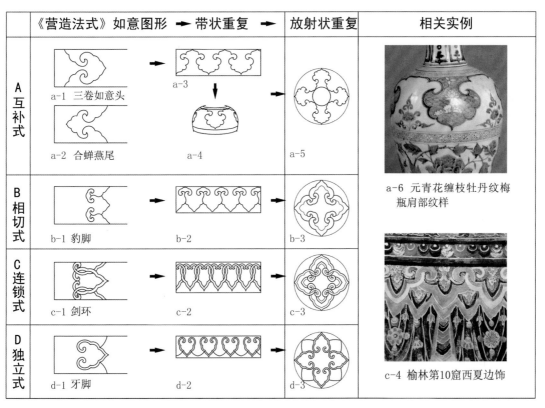

图 3.46　从"如意头角叶"生成"四合如意"的方法

中关于"宝珠"的文字如下：

1. "橑头面子随径之圜……或作**出焰明珠**，或作**簇七车钏明珠**，[皆浅色在外。]或作**叠晕宝珠**，深色在外，令近上叠晕，向下棱当中点粉，为宝珠心。"（彩画作制度·五彩遍装·凡五彩遍装）

2. "橑头作**出焰明珠**，或**簇七明珠**……"（彩画作制度·碾玉装·凡碾玉装）

3. "橑……其头作**明珠**、莲华。"（彩画作制度·青绿叠晕棱间装·凡青绿叠晕棱间装）

4. "橑头或作**青绿晕明珠**。"（彩画作制度·解绿装饰屋舍·柱头及脚）

"宝珠"应是佛经中的"七宝珠"，是禅观的重要内容。据《观佛三昧海经》：

"亿亿光照乃至西方无量世界，其光杂色如月如星。众星月间有七宝珠。一珠出水，一珠出火，一珠生树，其树七宝金刚为果。一珠生华，于月光中有梵宫殿。梵王眷属及梵众宝皆悉具足……"①

由以上经文可知，"宝珠"可出水、出火或生树，因此"出焰明珠"，或称"火珠"，是从"宝珠"衍生而来。火珠图像在敦煌北朝至宋的壁画和像幡中都是常见题材，用于佛项光、头光、宝冠、华盖之中，还饰于楼阁顶部、香炉顶部，或点缀于画面的任意空处，亦有用手托或用器物盛放者；并有三珠火焰、莲花宝珠火焰等变体。据 10 世纪左右的敦煌文献记载，火珠还可以作为供养具，有木火珠、金轮火珠等类型②。据笔者目前所知，在建筑实例中用火珠作为装饰的仅见于北朝。在河南登封嵩岳寺塔立面柱头有"火珠垂莲"的造型，这种造型还大量出现在北朝后期石窟中③（图 3.47[4]）。

在《法式》"五彩遍装"和"碾玉装"橑面图样中可以找到宝珠与如意图形相结合，并用细线勾画火焰纹理的样式。（圖 4.14、圖 4.15[2]）此种样式未见于敦煌壁画，但是在山西芮城永乐宫的元代梁栿彩画中可以找到"出焰明珠"与如意头相结合的画法（图 3.47[11][12]、图 3.48），在南宋绘画中则可以找到用细线条表示火焰的画法（图 3.47[6]）。据此可以作出色彩复原（彩畫作制度圖二十一[1]-[2]）。

所谓"**叠晕宝珠**"，从字面上理解，应是通过叠晕的方法表现"宝珠"的光泽，一般外深内浅，中心用白色表现"高光"。类似的"叠晕宝珠"在敦煌唐代以后的壁画和像幡中常见，并沿用至明清的橑面彩画之中。关于"宝珠心"的位置，《法式》规定在"下棱当中"，图样也是如此，但实物与此不一致，一般位于中央、两侧（图 3.47[7]）或上方（图 3.47[1]-[3]、图 3.49），目前还未发现位于"下棱当中"的例子。甘肃安西榆林窟西夏第 10 窟的藻井边饰中成排地运用"叠晕宝珠"，并以青、绿、红、赭四色相间，其视觉效果应与成排的橑面彩画相似（图 3.47[1]-[3]，彩畫作制度圖二十一[3]-[8]）。

"**簇七车钏明珠**"，不见于其他古籍的记载，可从字面上推知其形象。"钏"指女子臂上的手镯④，"车钏"见于《魏书·灵征志》记载：

"高祖太和五年六月……于营南千水中得玉车钏三枚，二青一赤，制状甚精。"⑤

可见"车钏"应该也是环形的工艺品，"车"在这里可能是"圆形"的意思。在《营造法式》中，除

---

① 《大正藏》，第 15 册，第 666 页。
② 郭俊叶. 敦煌火珠图像探微. 敦煌研究, 2001(04)
③ 傅熹年. 中国古代建筑史(第 2 卷). 北京：中国建筑工业出版社, 2001：189
④ [唐] 李延寿：《南史》卷 16《王玄象传》，中华书局点校本，第 468 页："剖棺见一女子年可二十，姿质若生，卧而言曰：'我东海王家女，应生，资财相奉，幸勿见害。'女臂有玉钏，破家者斩臂取之，于是女复死。"
⑤ [齐] 魏收：《魏书》卷 112 下《灵征志》，中华书局点校本，第 2957 页。

1-3 甘肃安西榆林窟西夏第 10 窟藻井边饰叠晕宝珠纹样；4 河南登封北魏嵩岳寺塔立面柱头"火珠垂莲"造型；
5、8 世纪后半叶水陆画中的火珠；6 南宋绘画《小雅·南有嘉鱼篇》钟架上的"出焰明珠"，用细线表示火焰；
7、9 世纪水陆画菩萨华盖中的火珠；8、9 世纪水陆画菩萨华盖中的火珠与叠晕宝珠；
9、10 甘肃安西榆林窟西夏第 10 窟藻井边饰出焰明珠纹样；
11、12 山西芮城永乐宫三清殿梁栿底面元代彩画，与"四合如意"及"方胜"纹样相结合的"出焰明珠"

图 3.47　元以前实例中"叠晕宝珠"和"出焰明珠"的形象

了椽头彩画可用"簇七车钏明珠"外，"小木作制度"中还记载有"填瓣车钏毯文"和"平钏毯文"，为"平棊贴络华文"中的两种(图 3.50)。

　　通过研究"填瓣车钏毯文"、"平钏毯文"和"毯文"图案的转变关系，可以发现这几种纹样都有同样的六边形骨架线，亦即"毯文"的特征；"车钏"或"平钏"将纹样的对称单元由单线的圆形改成了环形，符合"钏"的意义；"填瓣车钏毯文"是将环形单元生成的图形进行进一步剪切整理，强调"毯文"的结构线，产生结构线从平面上凸起，而六边形从平面上凹进的效果；而"平钏毯文"则将"毯文"结构线去除，产生平面化的均匀效果(图 3.51[1]–[4])。

　　"簇七车钏明珠"是从环形单元生成的"车钏"纹样中，用圆形轮廓(即"明珠"轮廓)截取 7 个

1 山西芮城永乐宫三清殿梁底元代彩画"四合如意"构图分析；
2 永乐宫三清殿梁底彩画色彩复原

图 3.48　山西芮城永乐宫梁底彩画"四合如意"及"出焰明珠"分析及复原

1 北京智化寺智化殿椽头明式彩画；
2 清式彩画"押乌墨老檐椽头"、"小点金老檐椽头"

图 3.49　明清彩画中的"叠晕宝珠"

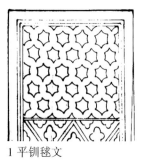
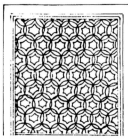
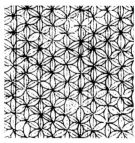
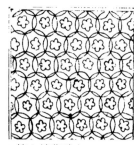

1 平钏毬文　　2 填瓣车钏毬文　　3 簇六毬文　　4 簇六填华毬文

图 3.50　"故宫本"小木作平棊图样中与"钏"有关的毬文图样

纹样单元构成的图案片断。由"车钏"纹样中的圆环有"相交"和"相离"两种位置关系，从而"簇七车钏明珠"也有两种可能的情况。(图 3.51[5]、[8])《营造法式》"青绿叠晕三晕棱间装"和"两晕棱间内画松文装"的椽面图样为"簇七车钏明珠"(图 4.14、图 4.15[5]-[8])，属于上述的第二种情况。另外，在敦煌像幡中的宝珠，也有宝珠心位于四周，表示可以向不同方向发射光芒的画法，其构图与"车钏明珠"亦有相似之处，据此可作出另一种"车钏明珠"设色的可能性(彩畫作制度圖二十一[9]-[13])。

3.5.4.3　莲华：叠晕莲华、红晕莲华、青晕莲华

"叠晕莲华"和"华文有九品"中的"莲荷华"，虽然同属由莲花提炼演化的纹样，却由于装饰位置的不同，有着各自的发展轨迹："莲荷华"表现莲花植株整体的特征，一般以莲茎作波状骨架，其中穿插莲花、莲叶、莲蓬等，从多角度表现莲花的特征，有较强的写实性；而"叠晕莲华"则截取了莲瓣的局部特征，以莲瓣作为基本单元，作带状重复或放射状重复，形成带状的莲瓣边饰

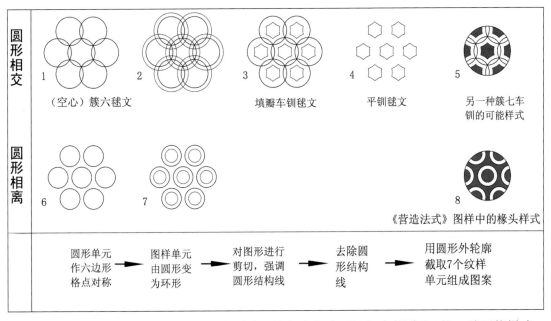

图 3.51 "毬文"、"车钏毬文"和"平钏毬文"的生成方法,以及"车钏毬文"的 2 种可能样式

或圆盘状的莲花图形,有更强的对称性和几何性。

"莲瓣"纹样单元和上述的"如意"纹样单元有一定的共性,即可以作带状重复或放射状重复。这两种纹样都适用于带状表面和圆形表面。而由于这类纹样可以同时适应两个方向的视角,因此特别适用于凸起的表面,常用于柱础、柱櫍、枓底,或球状的器物肩部(图 3.46[a–6])。

在《营造法式》彩画作中,关于"叠晕莲华"的图样仅有几处椽头纹样(圖 4.12[12]),关于"叠晕莲华"的文字如下:

1. "櫍作**青瓣或红瓣叠晕莲华**……椽头面子随径之圜作**叠晕莲华**,青红相间用之……"(彩画作制度·五彩遍装·凡五彩遍装)

2. "櫍作红晕或**青晕莲华**。椽头作出焰明珠……或**莲华**。"(彩画作制度·碾玉装·凡碾玉装)

3. "櫍作**青晕莲华**……椽素绿身,其头作明珠、**莲华**。"(彩画作制度·青绿叠晕棱间装·凡青绿叠晕棱间装)

4. "额上壁内画影作于当心。其上先画枓,以**莲华**承之。[……若身内刷朱,则**莲华**用丹刷。若身内刷丹,则**莲华**用朱刷。皆以粉笔描出华瓣。]"(彩画作制度·丹粉刷饰屋舍·额上壁)

5. "凡额上壁内影作……枓下**莲华**并以青晕。"(彩画作制度·解绿装饰屋舍·凡额上壁内影作)

从上面的文字可以找到"叠晕莲华"的两种基本用法:一种是以莲瓣为单元作带状重复,用于柱櫍;一种是以莲瓣为单元作放射状重复,用于椽头。还有一种比"叠晕莲华"更写实的做法,即在影作枓栱中画一整朵莲花,承托影作人字栱顶端的枓。(图 4.12[3])在《法式》的石作华文中,又有"铺地莲华"(即覆莲)、"仰覆莲华"、"宝装莲华"三种,都是莲瓣作带状重复的例子,均有图样,并可通用于角柱、须弥座等(图 4.12[4]–[8]);在雕木作"平棊华盘"和"椽头盘子"中,有莲瓣作放射状重复的样式(图 4.12[9]–[10])。类似"额上壁内影作"中莲华承枓的做法,在石作和雕木作中也用于望柱头,承托各种动物、人物形象(图 4.12[1]–[2])。

我国种植莲花的历史可以追溯到新石器时代，将莲花作为观赏物可以追溯到春秋战国时期①；将莲瓣作重复排列用于装饰，最早见于春秋时期的青铜器"莲鹤方壶"②（图3.52[1]）；将圆形或方形莲花纹样用于装饰藻井，则在汉代已经出现③（图3.52[2]）。南北朝时期，随着佛教的兴盛，莲华纹样亦极大丰富。除了写生莲华与莲花卷草以外，圆形的莲花形象大量地出现在瓦当、平棊格子、藻井顶心、地砖上（图3.52[3]-[4]）；束莲柱身和覆莲柱础也随之出现④（图3.52[6]-[8]）。

隋唐以后，莲花图形不再占据绝对的主流，但在形式上却得到了进一步的发展，倾向于装饰化、精微化。圆形的莲花形象仍然出现，但多用于瓦当等较小的表面，构图与南北朝没有大的差别，只是花瓣略饱满些（图3.52[5]）；藻井顶心、地砖等较大面积的表面，则更多地施用复杂化的团花。至迟在盛唐时期，出现了《法式》所记的"仰覆莲华"和"宝装莲华"，并且形式相当成熟。（图3.52[10]-[11]）

在宋代，莲花纹样未有类型上的创新，只是进一步与其他植物纹样相结合，趋向装饰化和精微化。在北宋皇陵的石刻望柱中，除了柱础作覆莲之外，在柱础之上的"柱脚"部位亦可见到线刻的仰莲、覆莲和宝装莲华几种样式。这些线刻的莲瓣纹样又可以分为两种类型：一种着重表现莲瓣的写生特征，甚至在莲瓣之间点缀莲蕊，一般用于皇后陵寝的望柱（图3.53[1]、[2]、[5]）；另一种仅表现莲瓣的外轮廓，并将之几何化，在莲瓣之内或莲瓣之间又填充植物纹或云文，可算作一种平面化的"宝装莲瓣"（图3.53[3]、[4]、[6]）。这样的"宝装莲瓣"变成彩色边饰的做法，在甘肃安西榆林窟西夏第3窟的窟顶纹样中亦可见到。

然而，要复原《法式》"叠晕莲华"的形象，仍然存在困难。其主要原因，一方面在于没有详细的彩画图样；另一方面在于《法式》所提到的装饰对象——"柱櫍"和"椽面"，由于都是最易朽坏的部位，几乎找不到相关实物的遗存。

关于"柱櫍"，《法式》卷1引《说文》解释："櫍，柎也……柱砥也。古用木，今以石。"宋元时期的南方实例中有带櫍的石础（图3.54），但《法式》"大木作制度"却仍记木櫍的做法。在"梁本"的注释中提到，櫍是一块垫在柱础与柱脚之间的圆木板，其木纹一般与柱成90度角，有利于防阻水分上升，朽坏后并可撤换⑤。但考虑柱櫍是受压构件，如木纹横放则承压强度大大降低，受潮则变形更剧，对结构不利⑥。因此从防腐的角度讲，石櫍比较有利。

由于木櫍的遗物难于保存至今，因此目前也未能在实物中找到柱櫍的彩画，但是柱头和柱脚用莲瓣纹样的做法却常见于五代、宋辽时期的墓室或石窟壁画中（图3.55）。在唐宋时期的绘画作品中，还可以看到运用鲜活生动的覆莲瓣来做菩萨或动物脚下所踏之物（图3.56）。在这些实例中，又以定州静志寺塔地宫的柱头纹样最接近《法式》的"叠晕"做法，并且尺度较小，适合于"柱櫍"的形状和比例（图3.55[13]）。据此可以对柱櫍部位的"叠晕莲华"作出复原（彩畫作制度圖二十[9]-[10]）。

---

① 在距今7000年的河姆渡文化遗址中发现了荷、菱等花粉化石；《楚辞》中有"集芙蓉以为裳"的诗句。见：田自秉，吴淑生，田青. 中国纹样史. 北京：高等教育出版社，2003：191

② 春秋中期，1923年河南新郑李家楼出土，故宫博物院藏。

③ [汉]张衡.《西京赋》："蒂倒茄于藻井，披红葩之狎猎。"注："茄，藕茎也。以其茎倒殖于藻井，其华下向，反披。狎猎，重接貌。"（高步瀛. 文选李注义疏. 北京：中华书局，1985：278）

④ 傅熹年. 中国古代建筑史（第2卷）. 北京：中国建筑工业出版社，2001：252

⑤ 梁思成全集（第7卷）. 北京：中国建筑工业出版社，2001：137

⑥ 潘谷西，何建中.《营造法式》解读. 南京：东南大学出版社，2005：67

关于"椽面"的装饰,从目前的资料只能见到与椽身刷饰不同颜色的例子,未见画莲瓣的实例。但在《法式》中,不但有椽面画莲华的做法(圖4.12、圖4.13),还有用木雕作莲华状"椽头盘子"的做法(圖4.12[10]),其构图与实例中的莲花瓦当十分相似(图3.52[3]–[5])。

从敦煌石窟壁画的实例看来,圆形的"叠晕莲华"一般用于藻井顶心、圆光中央或平棊格子中央。北朝的莲花纹样不用叠晕,仅用赭笔勾画莲瓣和莲蓬的轮廓(图3.57[1]–[2]);隋唐的莲瓣纹样开始出现叠晕,但由于纹样尺度较大,往往用2~3种颜色叠晕,形成"宝装莲瓣"的效果(图3.57[3]–[4]、[6]、[9]–[13]),盛唐时期还出现了用红色轻点瓣尖的写实画法(图3.57[5])。在盛唐以后的壁画中,圆形的"叠晕莲华"开始点缀在边饰中,这类莲瓣纹样由于尺度较小,仅用一种颜色作叠晕(图3.57[7]–[8])。

在西夏晚期的石窟边饰中,出现了以叠晕莲华填充的小团科,构图与《法式》椽面图样几乎完全一致,只是外围多了一圈"缘道"的处理。莲华用墨笔勾画,有的还在中央点出莲子,莲瓣用绿色、红色、青色或黑白(图3.57[17]),黑色纹样明显浮出于地色之上,疑为后人补绘,颜色不可靠)作2~3

1 [春秋]青铜器莲鹤方壶顶部莲瓣纹样;2 [汉]山东沂南画像石墓藻井纹样;3 [三国—北齐]河北临漳邺北城遗址出土瓦当;4 [南朝]江苏南京出土莲花瓦当复原图;5 [唐]陕西西安大明宫遗址出土莲花瓦当;6 [北魏]河南洛阳龙门石窟古阳洞龛柱束莲;7 [北魏]大同司马金龙墓出土帐柱石跌覆莲纹样;8 [北魏]河南洛阳龙门石窟宾阳中洞地面雕刻重台覆莲;9 [唐,一说北齐]安阳修定寺塔角柱柱础雕镌宝装莲华;10 [唐]陕西临潼朝元阁龙朔二年老君像座仰覆及宝装莲华;11 [唐]陕西临潼朝元阁龙朔二年佛座宝装莲华

图 3.52 五代以前的莲华纹样实例

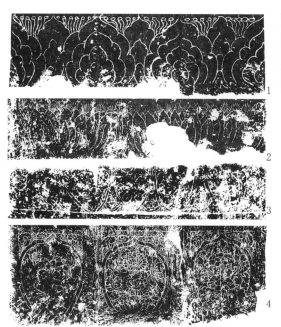

1 孝惠贺皇后陵西列望柱,964年;
2 元德李皇后陵东列望柱,1000年;
3 永定陵西列望柱顶部,莲瓣内间植物纹样,1022年;
4 永昭陵西列望柱底部,莲瓣内间植物纹样,莲瓣之间刻云文,1063年;
5 宣仁圣烈高皇后陵西列望柱,1094年;
6 永裕陵西列望柱,莲瓣轮廓几何化,内间植物纹样,1085年

图3.53 北宋皇陵望柱底部雕刻仰莲的实例

1 [元]櫍形柱础(浙江武义延福寺大殿);
2、3 [宋]素覆盆带八角櫍柱础(江苏苏州罗汉院大殿);
4 [宋]覆盆用压地隐起华带圆形櫍柱础(江苏苏州罗汉院大殿)

图3.54 宋元时期石櫍实例

重色阶的叠晕,并在墨线旁边留出(或勾出)白道,地色用绿色,或青色、白色(图3.57[14]-[17])。

在宣化辽墓的墓室顶部,亦可看到构图与《法式》"叠晕莲华"相近的莲花图形,不过是以红色填嵌,未用叠晕(图3.57[18])。

从目前所知的实例看来,大部分用于圆形装饰面的"叠晕莲华",在外围还要作一重缘道;《法式》"小木作"中的"椽头盘子"也是如此。但是"彩画作"图样中的椽头却没有"缘道"的处理,因此可能也存在有"缘道"做法的椽面彩画①。据此可以对椽面部位的"叠晕莲华"作出复原,并分出"有缘道"和"无缘道"两种情况(彩畫作制度圖二十[1]-[8])。

3.5.4.4 霞光

"霞光"用于"五彩遍装"彩画的大连檐装饰,没有相关图样,见《营造法式》"彩画作制度·五彩遍装·凡五彩遍装"条:

"大连檐立面作三角叠晕柿蒂华。[或作**霞光**。]"

---

① 这一点在吴梅的论文中也曾论及,作者判断《法式》的椽面彩画是有缘道的。见:吴梅.《营造法式》彩画作制度研究和北宋建筑彩画考察:[博士学位论文].南京:东南大学,2004:67~68

1、2 [五代] 南唐李昪墓前室柱头彩画；
3-7 [北宋] 敦煌宋代窟檐彩画，及壁画中表现的建筑彩画中的柱头彩画；3 莫高窟 427 窟；4 莫高窟 431 窟；
5 莫高窟 444 窟佛龛；6 榆林窟宋代(一说五代)；7 莫高窟 454 窟壁画 21 窟前室壁画；
8、9 [北宋]河南禹县白沙宋墓 M2 墓室柱头彩画；10-12 [北宋]白沙宋墓 M1 前室南壁柱子彩画；
13 [北宋]定州静志寺塔地宫柱头彩画；14 [北宋]洛阳宋四郎墓柱头彩画；15 [北宋]登封黑山沟宋墓柱櫇彩画；
16、17 [辽]宝山辽墓石柱彩画，柱头、柱脚及束腰作莲瓣；18、19 [辽]内蒙古辽庆陵东陵中室柱头彩画

图 3.55 五代宋辽金时期柱头、柱櫇作叠晕莲华的有关实例

1 8 世纪后半叶水陆画中白象脚踏叠晕莲华；
2 8 世纪后半叶水陆画中像座用红晕莲华；
3 10 世纪末—11 世纪初水陆画中菩萨脚踏红晕莲华

图 3.56 唐宋绘画中的叠晕覆莲瓣

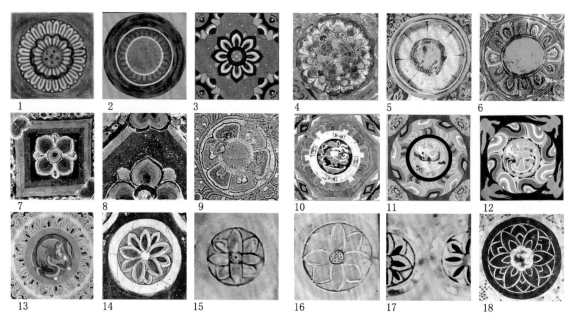

1 [北周]莫高窟 428 窟；2 [西魏]莫高窟 249 窟；3 [隋]莫高窟 386 窟；4 [初唐]莫高窟 329 窟；
5 [盛唐]莫高窟 225 窟；6 [盛唐]莫高窟 217 窟；7、8 [盛唐]莫高窟 217 窟；9 [中唐]莫高窟 201 窟；
10 [中唐]莫高窟 361 窟；11 [中唐]莫高窟 360 窟；12 [晚唐]莫高窟 369 窟；13 [五代]莫高窟 146 窟；
14–17 [西夏]榆林窟第 2 窟边饰小团科；18 [辽]宣化张匡正墓

图 3.57　历代壁画及彩画中圆形叠晕莲华的形象

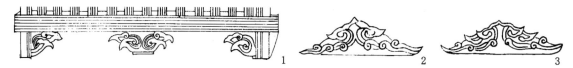

1 小木作图样·叉子底部用地霞；2 雕木作图样·单地霞；3 雕木作图样·重台地霞

图 3.58　《营造法式》小木作及雕木作图样中的"地霞""故宫本"

在《营造法式》的石作及小木作制度中，钩阑、叉子等构件有"地霞"的做法，在"功限"部分还称为"霞子"或"云霞"，如：

"叉子……造作功：[下并用三瓣**霞子**。]"（卷 21·小木作功限二·叉子）

"重台钩阑……华盆**霞子**：每一枚一功。"（卷 21·小木作功限二·钩阑·重台钩阑）

"半混：贴络香草山子**云霞**。"（卷 28·诸作等第·混作）

从《法式》图样看来，"地霞"是一种云文的变体，纹样轮廓为钝角三角形，与"偏晕"类似，亦适合用于连檐等狭长的构件，据此可作出连檐用"霞光"的推测（彩畫作制度圖十八）（图 3.58 ）。

除此之外，关于"霞光"的形象还有另一种可能性，即与《法式》彩画作图样中的椽面"焰光"纹样有关，用放射状曲线表现"光"的效果，目前未见相关实例，姑存一说[①]。

3.5.4.5　华子、平棊华子

"法式"的"彩画作制度"分述了建筑各类构件的彩画作法，但缺"平棊"一类，仅功限部分提到"平棊华子之类系雕造者"。在"彩画作制度图样上·五彩平棊第六"、"碾玉平棊第十"中各有平

---

① 吴梅的论文持此观点，见：吴梅.《营造法式》彩画作制度研究和北宋建筑彩画考察：[博士学位论文]. 南京：东南大学，2004：54~55

綦图样 4 种,但无名称,参照"小木作图样",其骨架形式应分别属于"斗十二"(或穿心斗八)、"斗二十四"、"叠胜"、"斗十八"。

关于平綦的做法,见于"《营造法式卷》8·小木作制度第三·平綦"篇:

"造殿内平綦之制:于背版之上四边用桯,桯内用贴,贴内留转道缠难子,分布隔截,或长或方。其中贴络华文有十三品……其华文皆间杂互用。[华品或更随宜用之。]或于云盘华盘内施明镜,或施隐起龙凤及雕华。每段以长一丈四尺广五尺五寸为率。其名件广厚若间架虽长广更不加减,唯盝顶敧斜处其桯量所宜减之。

背版:长随间广。其广随材合缝计数,令足一架之广,厚六分。

桯:长随背版四周之广。其广四寸,厚二寸。

贴:长随桯四周之内。其广二寸,厚同背版。

难子并贴华:厚同贴。每方一尺用华子十六枚。[华子先用胶贴,候干,划削令平,乃用钉。]

凡平綦施之于殿内铺作算桯方之上。其背版后皆施护缝及楅。护缝广二寸,厚六分;楅广三寸五分,厚二寸五分;长皆随其所用。"

这段文字讲述了平綦的几个主要构件及其尺寸和位置,但是语义不够明确。在"梁本"附徐伯安先生所作的小木作图中,对这段话作出了 5 种复原推测,其矛盾的焦点主要关于"桯"的位置。据《法式》中所述,是"于背版之上四边用桯",则"桯"是位于背版后面(绝对位置在"上"),还是在背版前面(仰望时视觉感受在"上")?如果将"桯"放在背版后面(如图 3.59[1]徐图第二、三种理解),则"贴"的位置不可能置于"桯内";如果将"桯"放在背版前面,则与"贴"的关系比较符合逻辑(图 3.59[1]徐图第一、五种理解)。这两种做法在元以前的木构建筑实例中都可以找到,其中以第五种情况较多见[1];另外,徐先生还作了一种"桯"与"背版"在同一标高的情况(图 3.59[1]第四种理解),但从"背版……其广随材合缝计数"看来,背版边缘应该压算桯枋的中缝,与第四种情况不符。由此,根据较常见的第五种情况,可作《营造法式》平綦示意图(图 3.60)。

"平綦"条还记载了"华子"的用法:"先用胶贴,候干,划削令平,乃用钉",其用量为"每方一尺用华子二十五枚或十六枚"可见"华子"应指贴络雕作华文的独立单元,雕制好后安装于平綦之上,平面尺寸约为 2 寸或 2.5 寸见方,厚 6 分。

此外,"卷 25·诸作功限二·彩画作"还记有"描画装染……平綦华子之类系雕造者,即各减数之半",可见平綦"华子"彩画,就是在贴络华子上"描画装染"。贴络华子的平綦,其彩画效果在很大程度上取决于华子的着色。遗憾的是,在现存实例中,没有发现一例用"贴络华文"装饰平綦的,我们只能从《营造法式》的文本和图样中推测平綦贴络彩画的概貌。

关于"华子"的彩画,在各本图样"五彩平綦第六"和"碾玉平綦第十"的第一幅图边各有两行小注:

其华子,晕心墨者系青,晕外绿者系绿,浑黑者系红,并系碾玉装;不晕墨者,系五彩装造。(五彩平綦第六)

其华子,晕心墨者系青,晕外绿者系绿,并系碾玉装;其不晕者,白上描檀,叠青绿。(碾玉平綦第十)

<hr>

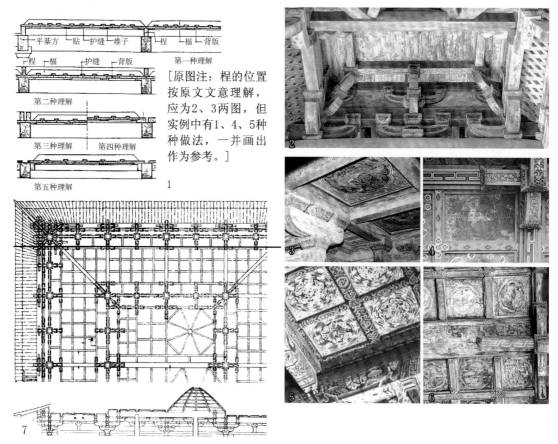

[原图注：桯的位置按原文文意理解，应为2、3两图，但实例中有1、4、5种做法，一并画出作为参考。]

1 徐伯安先生关于平棊做法的5种推测；2 宁波保国寺(北宋)的平棊做法：未用"桯"、"贴"等，直接用平棊方承托背版；3 山西应县佛宫寺木塔(辽代)，符合徐氏第一种推测；4–6 山西大同下华严寺薄迦教藏殿(辽代)、上华严寺大雄宝殿(金代)、芮城永乐宫三清殿(元代)，符合徐氏第五种推测；7 山西大同下华严寺薄迦教藏殿(辽代)平棊实测图

图 3.59　前人关于平棊做法的推测，及元以前的平棊实例

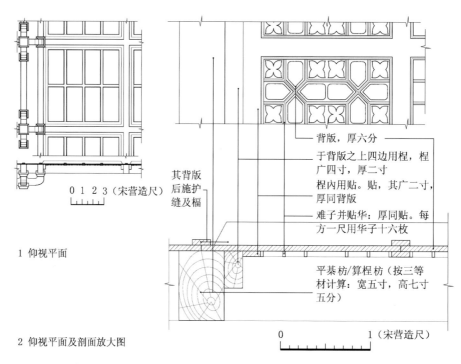

图 3.60　根据《营造法式》原文，及徐氏第五种理解绘出的营造法式平棊复原图

小注中提到的"晕心墨者"、"晕外绿者"、"浑黑者"、"不晕者",似乎跟原图线条的颜色和画法有关,但是北宋时尚未发明套色印刷①,原图中应不会出现绿色的线条,考虑 "绿"有"缘"字之误的可能(参见第 2 章[145]校注),则"晕外绿者系绿"似应作"晕外缘者系绿",指经过粗线勾边的"华子"图样染绿色。

从"故宫本"图样看来,平棊"华子"纹样分为两种明显不同的类型:

A. 周围有叠晕线的团窠纹样。

B. 无叠晕线的植物纹样。图样绘制的表现方法又有四种明显不同的类型:a. 心内以墨剔地;b. 心内以墨剔地,而且外缘以墨加粗;c. 外缘以墨加粗;d. 单线白描("故宫本"以外的版本均无墨道描边的画法)。

由此可以推测,B 型属于"不晕者"的情况;而 A 型的 4 种画法则分别代表"晕心墨者"、"晕外缘者"和"浑黑者"。

考虑这三种画法中,"晕心墨者"和"晕外缘者"均见于"五彩平棊"与"碾玉平棊",而"浑黑者"仅见于"五彩平棊"。"浑黑者"从字面理解,似乎应该将"华子"全部涂黑,但是这样无疑会影响纹样图形的表达,在图样中也没有这样的表现方式。那么,图样肯定是选取了一种方式象征"浑黑"。

通过对"故宫本"图样的统计分析可以发现,b、c 二类均仅见于"五彩平棊",则其中必有一种应属于"浑黑者"。考虑 a、b 二式过于相近,暂设 c 型(外缘以墨加粗者)代表"浑黑者"。

另外值得注意的是,"五彩平棊"和"碾玉平棊"都有"……并系碾玉装"的用色方式,似乎暗示着,"碾玉装"不是专用青绿二色,而是同一色系的叠晕,区别于使用不同色系的"五彩装",红色也可作"碾玉装"(详见第 3.2.2.2 节"碾玉装"的变通类型)。

根据"五彩杂华第一"的图样可知,华子的每一道"叠晕线"代表一种色相的几个色阶。

关于"贴"的彩画细节,可以参照"五彩杂华第一"中的华文第六品:"方胜合罗"、"梭身合晕"、"偏晕"和"连珠合晕"。

由此可作出平棊图样(彩画作制度图二十四至二十八)。

3.5.4.6 燕尾

"燕尾"是一种专用于栱、替木、绰幕枋、角梁等截面较小的构件端头的装饰做法,适合弯曲的表面。通观全文可知,"燕尾"除了用于丹粉刷饰之外,还可以用于"解绿(结华)装"的类似构件,如:

应材昂枓栱之类,身内通刷土朱,其缘道及燕尾、八白等并用青绿叠晕相间。(解绿刷饰屋舍·解绿刷饰屋舍之制)

从"故宫本"及"永乐大典本"图样看来,"解绿装"、"解绿结华装",以及"五彩净地锦"的五铺作华栱栱头,都有"横白"和"尾"的特征,可以视为标准的"燕尾";而"丹粉刷饰"和"三晕棱间装"的栱头则简化了"尾"部的造型,使之更接近"缘道"的做法;"五彩遍装"和"碾玉装"的栱头,则在"标准燕尾"的基础上,增加了"如意头"的成分,使之复杂化,更接近

---

① 关于宋版《营造法式》是否使用套色印刷,还存在另一个疑点,即《营造法式》卷 30 第 8 页,"大木作图样上·举折屋舍分数第四"有图注三行:"朱弦为第一折,青弦为第二折,黄弦为第三折。"这是否说明原图有三种颜色的线条?暂存疑。

"五彩柱额"图样中"合蝉燕尾"的形式。

在一些实例中,也可以发现一些"燕尾"的复杂化做法,这些做法往往和如意头的形状相结合,类似于"五彩柱额"中的"合蝉燕尾"。从字面上,不难看出"燕尾"与"合蝉燕尾"的亲缘关系,以如意头构成的"燕尾"纹样,一直沿用到清代,经常出现在平棊彩画之中(图3.61、图3.62)。

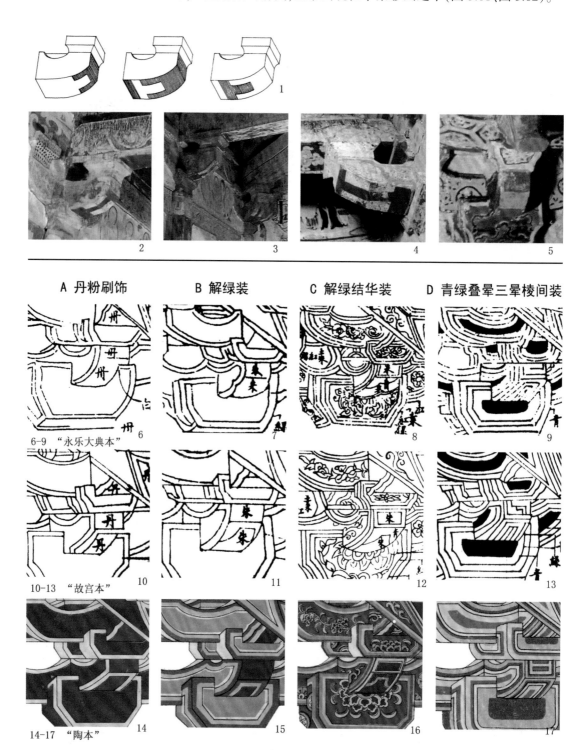

1 南禅寺、佛光寺唐代斗栱彩画燕尾三则;2~4 敦煌莫高窟北宋窟檐栱头彩画(2. 427窟;3. 431窟;4. 444窟);
5 山西壶关下好牢宋墓墓室北壁枓栱栱头;6~17 各本图样中栱头作燕尾的画法

图3.61 栱头作燕尾的有关图样及实例

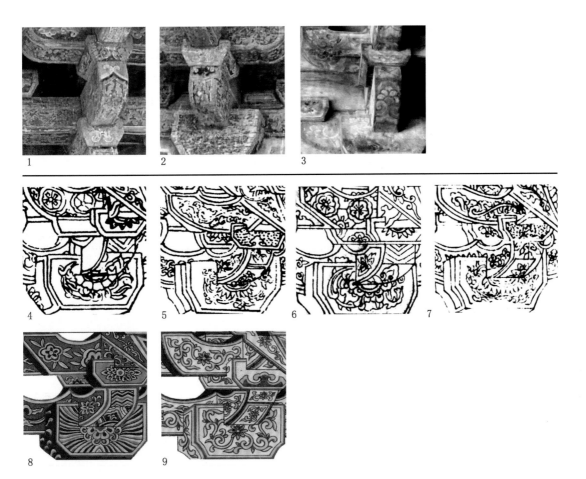

1、2 [辽] 涞源阁院寺外檐栱头彩画,类似"豹脚"、"合蝉燕尾"的处理;3 [元] 芮城永乐宫三清殿内檐栱头彩画,类似"合蝉燕尾"的处理;4 "永乐大典本"五彩遍装栱头彩画,类似"合蝉燕尾";5 "永乐大典本"碾玉装栱头彩画,先作缘道,在缘道内画华叶纹样;6 "故宫本"五彩遍装栱头彩画,类似"合蝉燕尾";7 "故宫本"碾玉装栱头彩画,类似"合蝉燕尾",内画华叶纹样;8 "陶本"五彩遍装栱头彩画的色彩复原;9 "陶本"碾玉装栱头彩画的色彩复原

图 3.62 栱头作燕尾的复杂化图样及实例

3.5.4.7 八白、七朱八白

"八白"又称"七朱八白"。其制度见"丹粉刷饰屋舍"篇:

> 檐额或大额:刷**八白**者 [如里面。]随额之广。若广一尺以下者,分为五分;一尺五寸以下者,分为六分;二尺以上者分为七分。各当中以一分为八白,[其八白,两头近柱,更不用朱阑断,谓之入柱白。]于额身内均之作七隔。其隔之长随白之广。[俗谓之**七朱八白**。]

此处的额之"广",从涉及的尺度(一、二尺)来看,应为额的高度,而非长度。按"卷5·大木作制度二·阑额"的规定,檐额(厅堂用)广两材一栔至三材,殿阁檐额广三材一栔,或加至三材三栔,阑额(大额)广加材一倍。由此,可以得出不同材等的檐额、大额构件尺寸(表3.30)。

表 3.30 檐额、大额构件尺寸表(单位:寸)

	材等	一	二	三	四	五	六	七	八
材广		9	8.25	7.5	7.2	6.6	6	5.25	4.5
阑额广 2 材		18	16.5	15	14.4	13.2	12	10.5	9
檐额广	小殿、亭榭 2.4~3 材						14.4~18	12.6~15.7	10.8~13.5
	厅堂 2.4~3 材			18~22.5	17.3~21.6	15.9~19.8	14.4~18		

材等	一	二	三	四	五	六	七	八
殿阁 3.4~4.2 材	30.6~37.8	28.1~34.6	25.5~31.5	24.5~30.2	22.5~27.7			

丹粉刷饰的七朱八白制度,在取"白"时将檐额、大额分为三档:

1. 一尺以下者,分为五分;

2. 一尺五寸以下者,分为六分;

3. 二尺以上者分为七分。

其中缺一尺五寸至二尺的一档,姑且认为其属于第二档。

由上表可知,仅八等材(用于藻井或亭榭)的阑额广一尺以下,而一般的阑额及厅堂檐额之广大多在一尺与两尺之间,殿堂檐额则在两尺以上。

由此,则取"白"时将檐额、大额分为三档的制度,是和建筑物的等级有直接关系的。这个规定实际上是:

1. 藻井或亭榭阑额,分为五分;

2. 一般阑额及厅堂檐额,分为六分;

3. 殿堂檐额,分为七分。

在"八白"(俗称"七朱八白")的做法中,"入柱白"的做法未见于实例,仅榆林北宋第21窟前室壁画所反映的阑额彩画有一侧未用朱阑断,可以勉强看做"入柱白",但也可能是作画时未能妥善布局所致(图 3.63、彩畫作制度圖五十四)。

1 乾县永泰公主墓,706 年;
2 苏州虎丘塔,961 年;
3 莫高窟第 427 窟,970 年;
4 莫高窟第 431 窟,980 年;
5 榆林窟宋代(一说五代)第 21 窟前室壁画;
6 内蒙古宝山辽墓,923 年;
7、8 宁波保国寺大殿,1013 年;
9 北京大兴青云店辽墓

图 3.63　额、枋作"七朱八白"的有关实例

3.5.4.8 望山子

"望山子"的图形,未见于其他古籍记载,据"故宫本"图样《丹粉刷饰名件》,有两种耍头的样式,皆是在耍头原本的斜面造型基础上,略加斜线或曲线的分割,形成类似"山"的图形(图3.64、彩画作制度图五十一)。

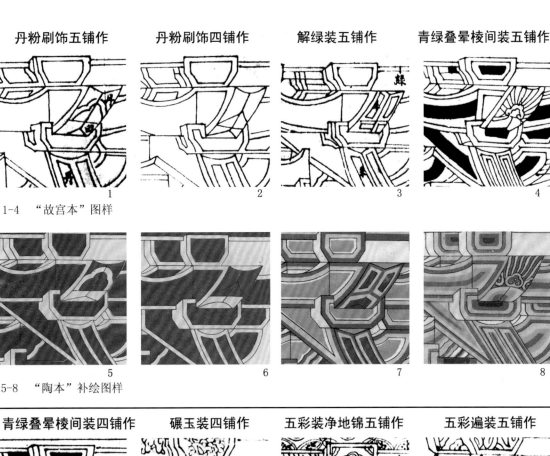

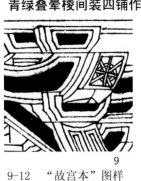

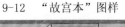

图 3.64 《营造法式》图样中的几种耍头彩画的典型形象

3.6　与大木作、小木作构建有关的术语

3.6.1　檐额、大额、由额、小额

"檐额"，见于《营造法式》卷 5·大木作制度二·阑额篇：

"凡**檐额**两头并出柱口，其广两材一栔至三材……**檐额**下绰幕方广减檐额三分之一……"

陈明达对此有较详细的阐述，认为"檐额"用于一种特殊的结构形式，即用檐额、绰幕枋承托部分横向屋架，可能是北宋或者更早的纵架结构的残余[①]。

"大额"一词未见于"大木作制度"，若以清式做法中的"大额枋"推测，则与宋式的"阑额"属于同一构件。

"由额"，见于《营造法式》卷 5·大木作制度二·阑额篇："凡**由额**施之于阑额之下，广减阑额二分至三分……如有副阶，即于峻脚椽下安之"，为施于"阑额"之下的横向联系构件，用材比"阑额"小，相当于清式做法的"小额枋"。

"小额"，未见于"大木作制度"，由清式做法的"小额枋"推测，小额用于大额之下，在位置上，相当于宋式的"绰幕枋"。

从《彩画作制度》中出现的"大额"、"小额"等词语可以看出，这些后来演化为清式大木作术语的词语可能在宋朝已经成为习惯，可能只是因为不够"正规"而在"大木作制度"中被剔除，却又不经意地出现在"彩画作制度"中。这一方面可能是不同工匠所用术语不同所致，一方面也为我们研究"宋式"和"清式"之间的关系提供了语言上的线索。

3.6.2　额上壁

《营造法式》的"解绿装饰屋舍"和"丹粉刷饰屋舍"的制度中提到"额上壁内影作"的彩画：

解绿装饰屋舍："**凡额上壁内影作**，长广制度与丹粉刷饰同。身内上棱及两头亦以青绿叠晕为缘，或作翻卷华叶。[身内通刷土朱，其翻卷华叶并以青绿叠晕。]枓下莲华并以青晕。"[14.5b]

丹粉刷饰屋舍："**额上壁**内[或有补间铺作远者，亦于栱眼壁内。]画影作于当心。其上先画枓，以莲华承之。[身内刷朱或丹，隔间用之。若身内刷朱，则莲华用丹刷。若身内刷丹，则莲华用朱刷。皆以粉笔解出华瓣。]中作项子，其广随宜。[至五寸止]下分两脚，长取壁内五分之三，[两头各空一分。]身内广随项，两头收斜尖向内五寸。若影作华脚者，身内刷丹，则翻卷叶用土朱。或身内刷土朱，则翻卷叶用丹。[皆以粉笔压棱。]"[14.6.5]

据文意，"额上壁"是与"栱眼壁"略有不同的两个概念。吴梅由此推断，"额上壁是指没有补间铺作的情况下，柱头铺作间枋下额上所界定的板壁面……当有补间铺作的时候，补间铺作间的板壁才称为'栱眼壁'。"[②]这个说法是值得商榷的。

关于"栱眼壁"，"小木作制度"及"功限"有详细的规定：

"造栱眼壁版之制：于材下额上两栱头相对处凿池槽，随其曲直安版于池槽之内……重栱眼

---

① 陈明达. 营造法式大木作研究. 北京：文物出版社，1981：43
② 吴梅.《营造法式》彩画作制度研究和北宋建筑彩画考察：[博士学位论文]. 南京：东南大学，2004：92

壁版：长随补间铺作，其广五十四分……单栱眼壁版：长同上。其广三十四分①。凡栱眼壁版施之于铺作檐额之上。"（卷7·小木作制度二·栱眼壁版）

"栱眼壁版：一片，长五尺，广二尺六寸。[于第一等材栱内用。]"（卷21·小木作功限二·栱眼壁版）

"功限"所提到的栱眼壁尺寸，如以单栱眼壁广34分计，即使是一等材（1分=0.6寸）也仅2尺，达不到2尺6寸，所以应该是重栱眼壁，按54分=2尺6寸计算，应以四等材（1分=0.48寸）为妥，则栱眼壁长5尺，折合104分，略长于一朵补间铺作的标准宽度（96分）。如此折算，两朵补间铺作之间的空隙为8分②。可见"制度"中所说的"长随补间铺作"并不是指栱眼壁的长度和补间铺作相同，可能也并不意味着栱眼壁必须要和补间铺作搭配使用。那么栱眼壁的长度究竟与补间铺作有什么关系呢？从"大木作制度"对补间铺作的规定，可以找到线索：

"凡于阑额上坐栌枓安铺作者，谓之补间铺作。当心间须用补间铺作两朵，次间及梢间各用一朵。其铺作分布令远近皆匀。[若逐间皆用双补间，则每间之广丈尺皆同。如只心间用双补间者，假如心间用一丈五尺，则次间用一丈之类。或间广不匀，即每补间铺作一朵不得过一尺。]"（卷4·大木作制度一·总铺作次序）

从这段文字看来，用两朵补间铺作则间广一丈五尺，用一朵补间铺作则间广一丈，意味着每一朵铺作（包括柱头铺作在内）折间广五尺；即每增加一朵补间铺作，间广增加五尺；或者说，每两个铺作之间的轴线距离为五尺。这个"五尺"也正是栱眼壁的长度。这样便能够解释栱眼壁"长随补间铺作"的真正含义——栱眼壁的长度等于一朵补间铺作折合的间广。在这里，"补间铺作"成为一个度量的单位，而不是专指铺作本身。仅仅是因为一般的殿堂"须用"补间铺作，所以"栱眼壁"才和"补间铺作"联系在一起。

由此可知，所谓"补间铺作远者，亦于栱眼壁内"，意思是"一朵补间铺作折合的间广"足够长，也就是栱眼壁足够长的时候，可以做"影作"。从栱眼壁彩画的图样可以看出，"重栱内用"的栱眼壁上边（也就是补间铺作间的空隙）也是比较短的，接近于上文所述8分/104分的关系。

从"小木作制度"可知，"栱眼壁"是位于"材下额上两栱头相对处"的板壁，论位置也算是在"额上"，那么，"额上壁"是否还有其他的所指呢？

在大木作中，"额"包括檐额、由额（小额）、阑额（大额）、屋内额和地栿，其中由额的位置在阑额之下，由额和阑额之间还可能有一块"照壁板"，在清官式中称为"由额垫板"，则"额上壁"的所指是否也包括"照壁板"在内？从实例中看，"照壁板"一般面积比较大，多用来作较复杂的华文或壁画，未有用影作者，姑存一说（图3.65、彩畫作制度圖四十四、彩畫作制度圖五十五、彩畫作制度圖五十六）。

---

① 关于"三十四分"，各版本有较大出入，且目前难以定论。"四库本"作"三十三分"，"陶本"、"梁本"作"三寸四分"，"丁本"和"故宫本"作"三十四分"，这里采用"丁本"和"故宫本"。

② 这个结论与陈明达先生以六等材为准计算的结果相左，其原因有待进一步探讨。见陈明达.营造法式大木作研究.北京:文物出版社,1981:6~15

A 关于"额上壁"的实例

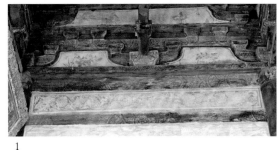 

1　　　　　　　　　　　　　　　　　　　　　2

B 栱眼壁彩画中，莲华承枓的形象

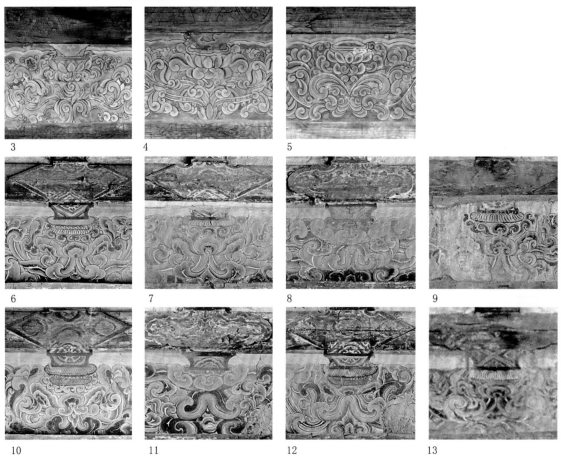

3　　　　　　　　4　　　　　　　　5

6　　　　　　7　　　　　　8　　　　　　9

10　　　　　　11　　　　　　12　　　　　　13

A 关于"额上壁"的实例：1 晋祠圣母殿殿身檐下由额上壁内彩画；2 应县木塔首层门额上壁内彩画
B 栱眼壁彩画中，莲华承枓的形象：3–5 晋祠圣母殿西立面栱眼壁内彩画 3 种：莲华承枓的形象；6–13 高平开化寺内檐栱眼壁彩画 8 种：影作与影栱相结合的例子——莲华承枓，枓上为补间铺作影栱

图 3.65　关于"额上壁"与"影作"的实例

第四章 《营造法式》
彩画作制度图释

　　《营造法式》作为一部建筑学文献,图像具有与文字等同的重要性。在采用传统的注释方法之外,梁思成先生曾经系统采用的图解方法,对于本书仍然不可或缺。本章对《营造法式》彩画的大部分图样进行了复原和补绘,并针对一些建筑学或装饰艺术层面的问题,补充了若干简图和分析图(参见本书0.5.4节、0.5.5节)。

　　"复原图"的绘制,仍以梁思成图解所体现的"规范"、"直观"和"客观"为基本原则,考虑彩画作部分色彩和纹样的因素,并结合目前运用计算机制图的特点,对制图方法进行以下调整:

　　第一,制图规范化。凡是原来有图的样式,尽可能画出立面图、仰视图或轴测图,并制定色标,采用计算机上色,尽可能准确表达《营造法式》彩画的色彩效果;凡原图中比例不准确的,按各作"制度"的规定修正,并按照原文的尺寸规定,尽量在图上附以尺、寸或材、絜为单位的缩尺。此外,为了较准确地表达纹样形状,目前阶段的图纸尚未考虑月梁、柱等构件的曲面变形问题。

　　第二,表达直观化。《营造法式》文字中表述得明确清楚,可以画出图来而没有图样的,补画图样,并在图上加以必要的尺寸和文字说明,主要是摘录诸作"制度"中的文字说明(尽量沿用原文的繁体字形),《营造法式》原图中用文字标明了色彩的,本书推测原有标注的准确指向,并将色彩标记保留在最终的图纸中。

　　第三,保持客观性。凡是按照《营造法式》制度画出来而存在疑问或无法交代的,就把这部分"虚"掉,并加"?"号,注明问题的症结所在;在必要之处,将《营造法式》原图有较大参考价值的版本附于图解之中,或作出多种推测的可能性,以备比较;只绘制各种样式的比例、形式和构图,或一些"法式"、"做法",目前阶段不试图超出《营造法式》原书范围之外,"创造"一些完整的建筑物的全貌图。

　　最后,为保持本部分与《营造法式》原文的一致性,本章图文全用繁体字编排。

彩畫作制度圖一　彩畫之制：襯地、襯色；五彩遍裝：叠暈、用叠暈①

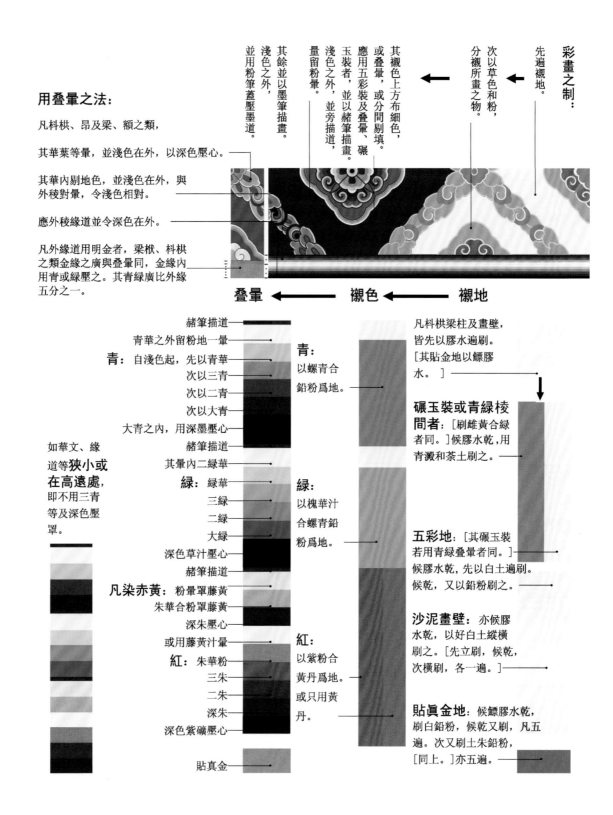

彩畫之制：
先遍襯地。

次以草色和粉，分襯所畫之物。

其襯色上方布細色，或叠暈，或分間剔填。應用五彩裝及叠暈、碾玉裝者，並以赭筆描畫，淺色之外，並旁描道，量留粉暈。

其餘並以墨筆描畫。淺色之外，並用粉筆蓋壓墨道。

用叠暈之法：

凡科栱、昂及梁、額之類，

其華葉等暈，並淺色在外，以深色壓心。

其華內剔地色，並淺色在外，與外稜對暈，令淺色相對。

應外稜緣道並令深色在外。

凡外緣道用明金者，梁栿、科栱之類金緣之廣與叠暈同，金緣內用青或綠壓之。其青綠廣比外緣五分之一。

叠暈 ← 襯色 ← 襯地

如華文、緣道等**狹小或在高遠處，**即不用三青等及深色壓罩。

赭筆描道
青華之外留粉地一暈
青：自淺色起，先以青華
次以三青
次以二青
次以大青
大青之內，用深墨壓心
赭筆描道
其暈內二綠華
綠： 綠華
三綠
二綠
大綠
深色草汁壓心
赭筆描道
凡染赤黃： 粉暈罩藤黃
朱華合粉罩藤黃
深朱壓心
或用藤黃汁暈
紅： 朱華粉
三朱
二朱
深朱
深色紫礦壓心
貼真金

青：
以螺青合鉛粉爲地。

綠：
以槐華汁合螺青鉛粉爲地。

紅：
以紫粉合黃丹爲地。或只用黃丹。

凡科栱梁柱及畫壁，皆先以膠水遍刷。[其貼金地以鰾膠水。]

碾玉裝或青綠棱間者：[刷雌黃合綠者同。]候膠水乾，用青澱和茶土刷之。

五彩地：[其碾玉裝若用青綠叠暈者同。]候膠水乾，先以白土遍刷。候乾，又以鉛粉刷之。

沙泥畫壁：亦候膠水乾，以好白土縱橫刷之。[先立刷，候乾，次橫刷，各一遍。]

貼眞金地：候鰾膠水乾，刷白鉛粉，候乾又刷，凡五遍。次又刷土朱鉛粉，[同上。]亦五遍。

① 《營造法式》原無此圖，據"制度"相關文字補繪。

彩畫作制度圖二 五彩遍裝之制、碾玉裝之制①

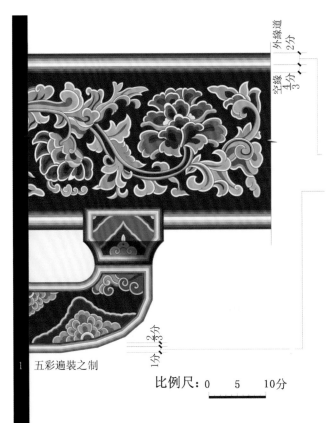

外緣道 2分

空緣 4/3

1 五彩遍裝之制

比例尺：0　5　10分

2分 4/3

2 碾玉裝之制

1分 2/3

3 附：映粉碾玉

1分 2/3

五彩遍裝之制：
梁栱之類，外棱四周皆留緣道，
用青綠或朱疊暈，

[梁栱之類緣道，其廣二分。
枓栱之類，其廣一分。]

內施五彩諸華間雜，
用朱或青、綠剔地，
外留空緣，與外緣道對暈。

[其空緣之廣，減外緣道三分之一。]

碾玉裝之制：
梁栱之類，外棱四周皆留緣道，

[緣道之廣並同五彩之制。]

用青或綠疊暈。

如綠緣內於淡綠地上描華，
用深青剔地，外留空緣，
與外緣道對暈。

[綠緣內者，用綠處以青，
用青處以綠。]
……

其卷成華葉及瑣文：並旁赭筆暈
留粉道，從淺色起暈至深色。其
地以大青大綠剔之。

[亦有華文稍肥者，綠地以二青，
其青地以二綠，隨華幹淡後，以粉
筆傍墨道描者，謂之映粉碾玉。宜
小處用。]

---

① 據《營造法式》卷34第2頁圖《五彩遍裝名件第十一·五鋪作枓栱》、第7頁圖《碾玉裝名件第十二·五鋪作枓
栱》簡化繪製。

彩畫作制度圖三　五彩遍裝：柱身作海石榴等華內間四入瓣科等①

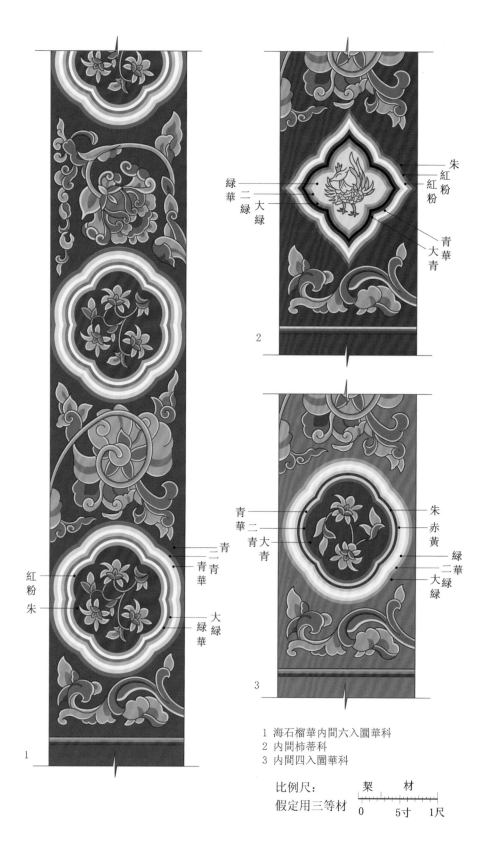

1　海石榴華內間六入圜華科
2　內間柿蒂科
3　內間四入圜華科

比例尺：　　　　　　　　　　　棸　　　材
假定用三等材　　　　0　　　5寸　　1尺

① 據《營造法式》卷33 第16 頁圖《五彩額柱第五》繪製。

彩畫作制度圖四 碾玉裝：柱身作海石榴等華內間四入瓣科等①

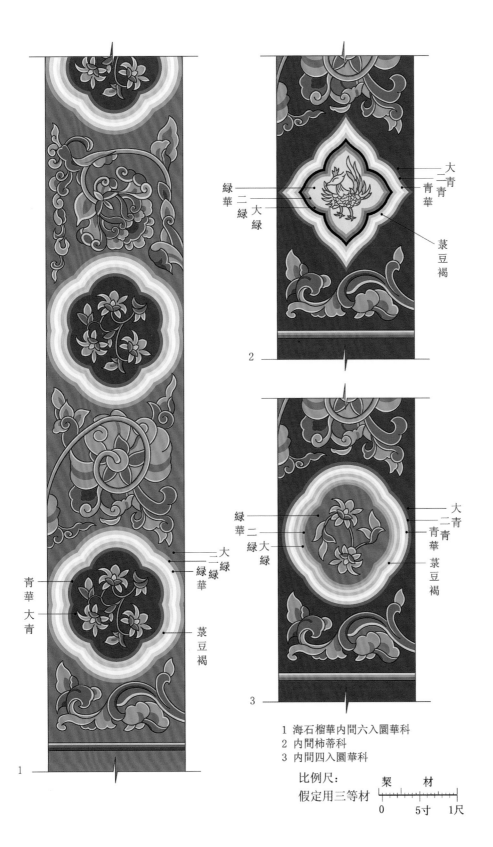

1　海石榴華內間六入圜華科
2　內間柿蒂科
3　內間四入圜華科

比例尺：
假定用三等材

0　　5寸　　1尺

① 據《營造法式》卷33第25頁圖《碾玉額柱第九》繪製。

按：

1. 以上二圖之《法式》原圖除了"科"的樣式不同之外，填充的華文也各不相同，在此一律簡化繪製爲海石榴華，並根據圖樣標注，重點表達"科"的樣式與設色。

2. 第2圖的"柿蒂科"内作鳳鳥，按照"五彩遍裝"的規定，先用赭色作白描，再略施淺色。

《營造法式》相關文字、圖樣：

柱……**身內**作海石榴等華，[或於華內間以飛鳳之類。]或於碾玉華內間以五彩飛鳳之類，或間四入瓣科，或四出尖科。[科內間以化生或龍鳳之類。]（五彩遍裝·凡五彩遍裝[14.2b]）

其**飛走之物**用赭筆描之於白粉地上，或更以淺色拂淡。[若五彩及碾玉裝，華內宜用白畫。其碾玉華內者，亦宜用淺色拂淡，或以五彩裝飾。]（五彩遍裝·凡華文施之于梁、額、柱者[14.2.3]）

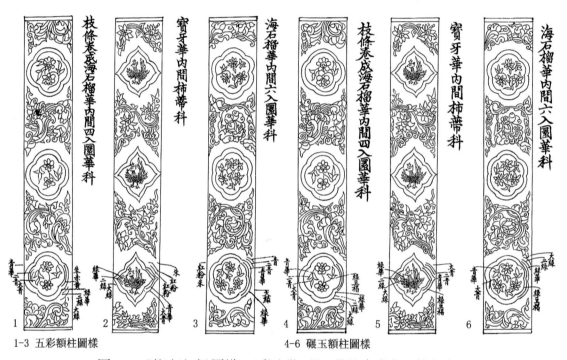

1-3 五彩額柱圖樣　　　　4-6 碾玉額柱圖樣

圖4.1　《營造法式》圖樣：五彩遍裝、碾玉裝柱身彩畫（"故宮本"）

彩畫作制度圖五 五彩遍裝、碾玉裝:額端作如意頭,內間卷成華葉

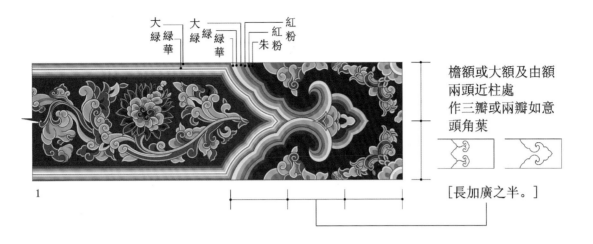

大綠 綠華
大綠 綠華
綠華
朱粉
紅粉
紅粉

檐額或大額及由額
兩頭近柱處
作三瓣或兩瓣如意
頭角葉

[長加廣之半。]

1

如身內紅地
即以青地作碾玉

2

或亦用五彩裝

[或隨兩邊緣道作
分腳如意頭。]

3

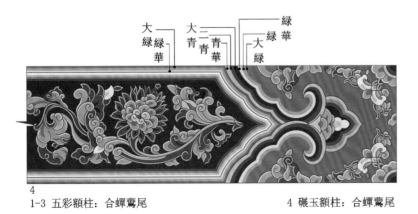

大綠 綠華
大青 二青 青華
二青
綠華
綠華
大綠

4

1-3 五彩額柱:合蟬鸞尾   4 碾玉額柱:合蟬鸞尾

比例尺:
假定用三等材

栔   材

0   5寸   1尺

彩畫作制度圖六　五彩遍裝:額端作如意頭角葉①

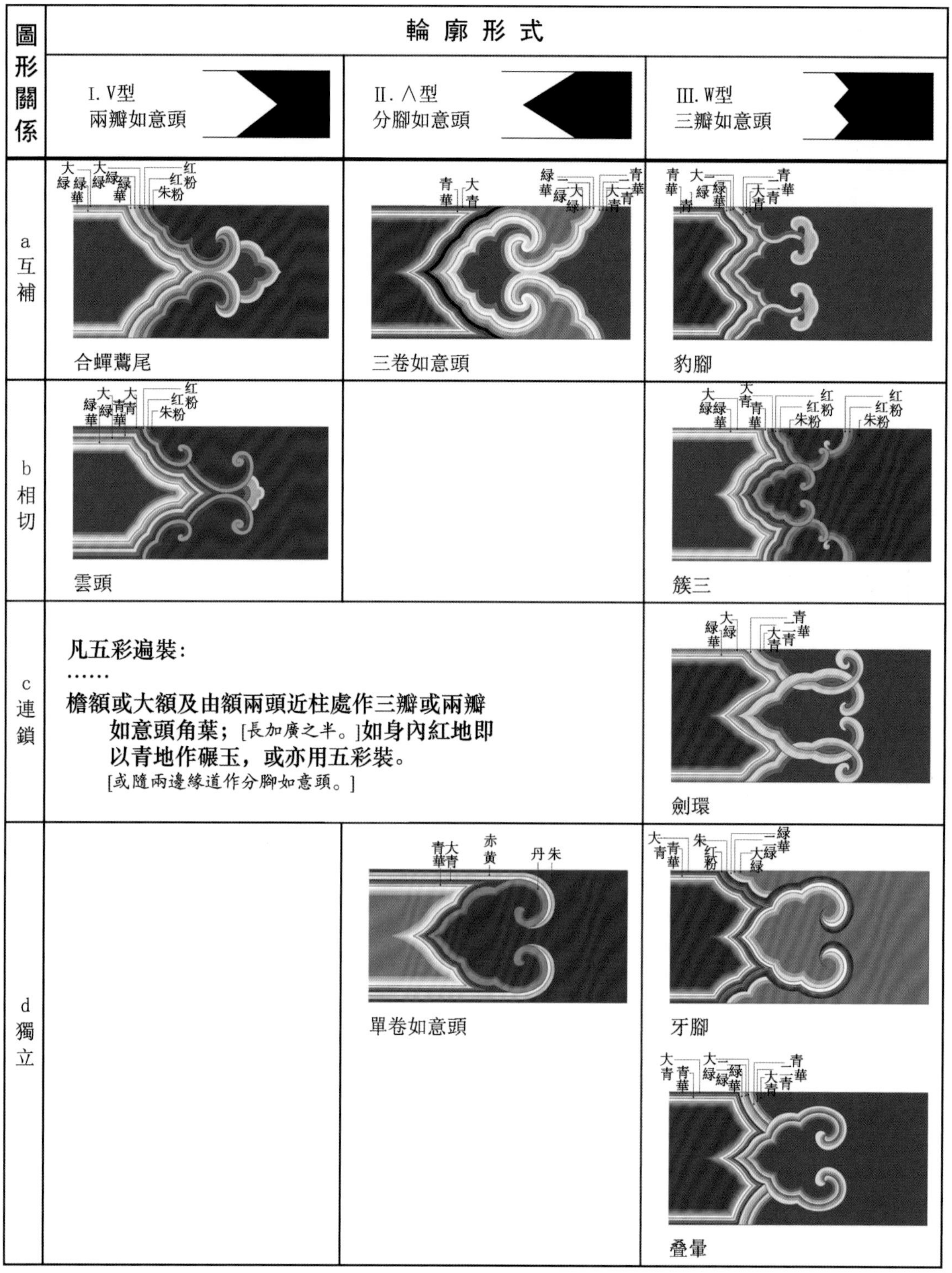

圖形關係	輪　廓　形　式		
	I.V型 兩瓣如意頭	II.∧型 分腳如意頭	III.W型 三瓣如意頭
a 互補	大綠　綠華　大綠　綠華　紅粉　紅粉　朱粉 合蟬鷰尾	青華　大青　綠華　大綠　青華　大青 三卷如意頭	青華　大綠　綠華　青華　大青　二青 豹腳
b 相切	大綠　綠華　大青　青華　紅粉　紅粉　朱粉 雲頭		大綠　綠華　大青　青華　紅粉　朱粉　紅粉　朱粉 簇三
c 連鎖	凡五彩遍裝： …… 檐額或大額及由額兩頭近柱處作三瓣或兩瓣 　　如意頭角葉；[長加廣之半。]如身內紅地即 　　以青地作碾玉，或亦用五彩裝。 [或隨兩邊緣道作分腳如意頭。]		綠華　大綠　綠華　二青　大青 劍環
d 獨立		青華　大青　赤黃　丹朱 單卷如意頭	大青　青華　朱粉　紅粉　大綠　綠 牙腳 大青　青華　大綠　綠華　二青　大青　青華 叠暈

---

① 據《營造法式》卷33第15頁、第16頁上半頁圖《五彩額柱第五》簡化繪製。

彩畫作制度圖七 碾玉裝：額端作如意頭角葉①

圖形關係	輪廓形式		
	I. V型 兩瓣如意頭	II. ∧型 分腳如意頭	III. W型 三瓣如意頭
a 互補	 合蟬鷰尾	 三卷如意頭	 豹腳
b 相切	 雲頭		 簇三
c 連鎖			 劍環
d 獨立		 單卷如意頭	 牙腳 叠暈

① 據《營造法式》卷33第24頁、第25頁上半頁圖《碾玉額柱第九》簡化繪製。

按：

　　1.《營造法式》額端圖樣雖然在"如意頭"周圍填充了複雜的卷成華文，但是色彩標注僅僅指向"如意頭"的緣道。因此繪製該復原圖時，將華文略去，僅僅表達如意頭的色彩關係。

　　2. 按照"制度"文字中提到的三種"如意"構圖類型，即"兩瓣如意頭"、"三瓣如意頭"和"分腳如意頭"對圖樣中的 9 種如意樣式進行劃分。

《營造法式》相關圖樣：

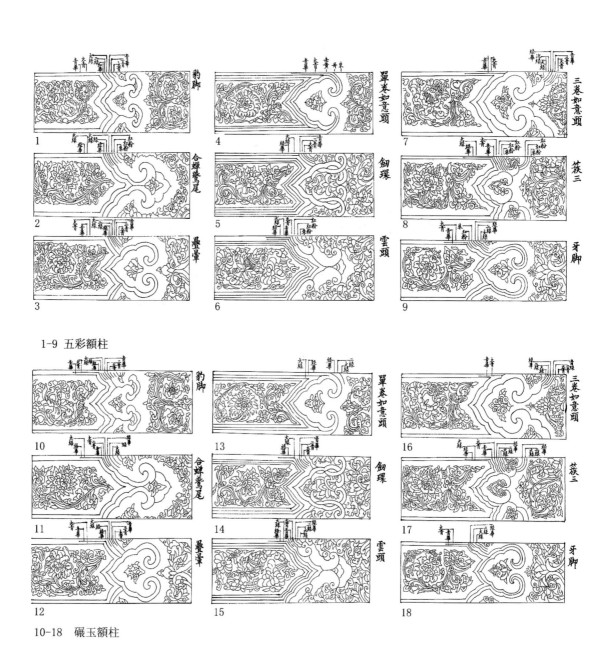

圖 4.2　《營造法式》圖樣：五彩遍裝、碾玉裝額端彩畫（"故宮本"）

彩畫作制度圖八　五彩遍裝、碾玉裝：栱眼壁內畫海石榴等華①

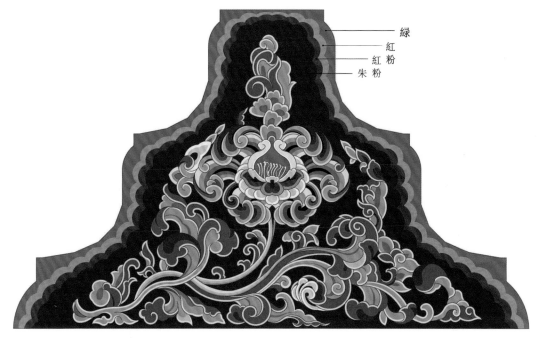

綠
紅 粉
紅 粉
朱 粉

1 五彩遍裝重栱眼壁內畫海石榴華色彩及紋樣復原

大 青 白
青 華 綠

2 碾玉裝重栱眼壁內畫海石榴華色彩及紋樣復原

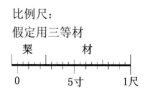

比例尺：
假定用三等材

栔　　　材

0　　　　5寸　　　1尺

① 據《營造法式》卷34第6頁上半頁圖《五彩裝栱眼壁》、第8頁上半頁圖《碾玉裝栱眼壁》繪製。

彩畫作制度圖九 五彩遍裝:栱眼壁緣道設色①

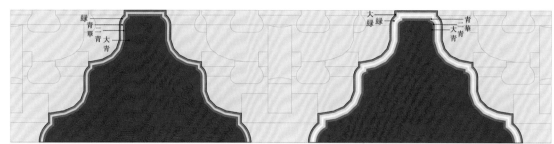

1 重栱眼内畫真人,大青剔地,外緣大綠壓暈
（重栱眼内畫女真設色與此相同）

2 重栱眼内畫寫生華盆,大青剔地,外緣大綠對暈
（重栱眼内畫寫生華盆還有另一圖樣,設色與此相同）

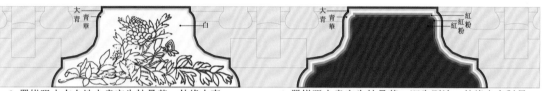

3 單栱眼内在白地上畫寫生牡丹華,外緣大青

4 單栱眼内畫寫生牡丹華,深朱剔地,外緣大青對暈

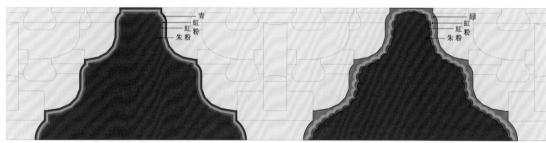

5 重栱眼内畫海石榴華,深朱剔地,外緣大青壓暈

6 重栱眼内畫海石榴華,深朱剔地,外綠大綠壓暈
（緣道作雲形曲線）

7 單栱眼内畫蓮荷華,青色剔地,外緣大綠壓暈

8 單栱眼内畫寶牙華,大綠剔地,外緣大青壓暈

9 單栱眼内畫女真,青色剔地,外緣紅色
（單栱眼内畫化生設色與此相同）

比例尺: 栔 材
0 5寸 1尺
假定用三等材

① 據《營造法式》卷34第4~6頁圖《五彩裝栱眼壁》繪製。凡原圖中注"青"或"綠"或"朱"者,根据用色規律選用
"大青"、"大綠"和"深朱"。

彩畫作制度圖十 碾玉裝：栱眼壁緣道設色①

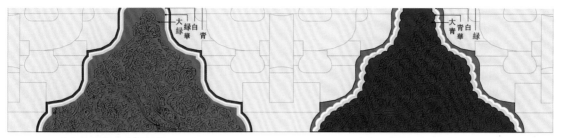

1 重栱眼內畫寶相華，大綠剔地，外緣大青壓暈　　2 重栱眼內畫海石榴華，大青剔地，外緣大綠壓暈

3 單栱眼內畫寫生蓮荷華，大青剔地，外緣大綠壓暈　　4 單栱眼內畫寶相華，大綠剔地，外緣大青壓暈

比例尺：契材
0　5寸 1尺
假定用三等材

《營造法式》相關圖樣：

1 重栱眼內畫真人　　　　2 重栱眼內畫女真
3 單栱眼內畫女真　　　　4 單栱眼內畫化生

圖 4.3　《營造法式》圖樣：五彩裝栱眼壁內畫人物（"故宮本"）

---

① 據《營造法式》卷 34 第 8 頁圖《碾玉裝栱眼壁》繪製。

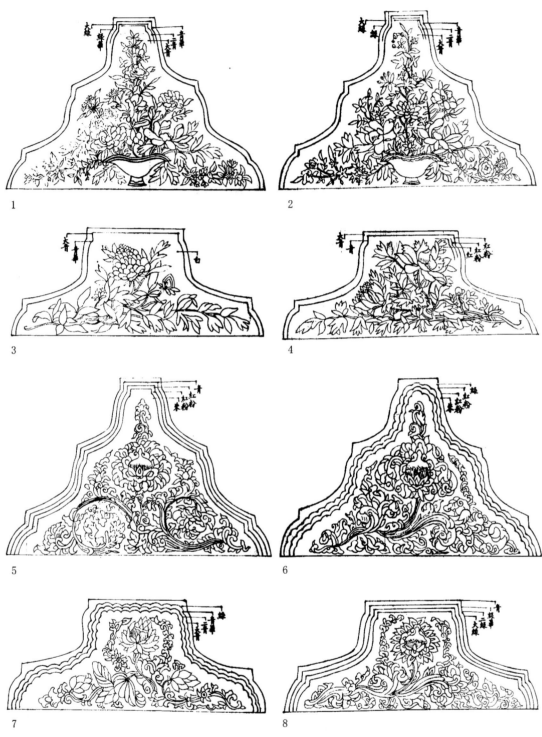

1 重栱眼內畫寫生華盆　　2 重栱眼內畫寫生華盆
3 單栱眼內畫寫生牡丹華　4 單栱眼內畫寫生牡丹華
5 重栱眼內畫枝條卷成海石榴華　6 重栱眼內畫枝條卷成海石榴華
7 單栱眼內畫蓮荷華　　8 單栱眼內畫寶牙華

圖 4.4　《營造法式》圖樣:五彩裝栱眼壁內畫華文("故宮本")

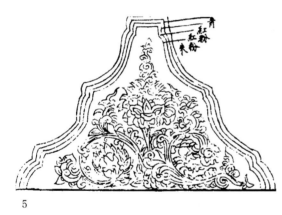

1　重栱眼內畫寫生華盆　　　　2　重栱眼內畫寫生華盆
3　單栱眼內畫寫生牡丹華　　　4　單栱眼內畫寫生牡丹華
5　重栱眼內畫枝條卷成海石榴華　6　重栱眼內畫枝條卷成海石榴華
7　單栱眼內畫蓮荷華　　　　　8　單栱眼內畫寶牙華

圖 4.5 　《營造法式》圖樣：五彩裝栱眼壁內畫華文（"永樂大典本"）

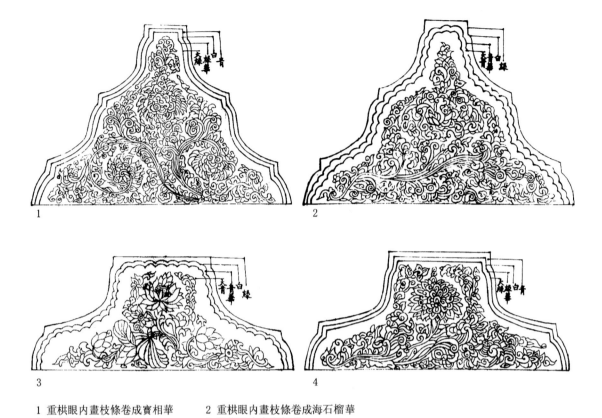

1 重栱眼內畫枝條卷成寶相華　　　2 重栱眼內畫枝條卷成海石榴華
3 單栱眼內畫蓮荷華　　　　　　　4 單栱眼內畫寶相華

圖4.6　《營造法式》圖樣:碾玉裝栱眼壁內畫華文("故宮本")

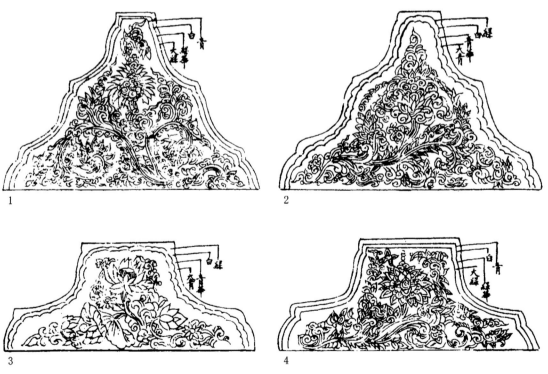

1 重栱眼內畫枝條卷成寶相華　　　2 重栱眼內畫枝條卷成海石榴華
3 單栱眼內畫蓮荷華　　　　　　　4 單栱眼內畫寶相華

圖4.7　《營造法式》圖樣:碾玉裝栱眼壁內畫華文("永樂大典本")

彩畫作制度圖十一 五彩遍裝、碾玉裝:栱眼壁內畫單枝條華^①

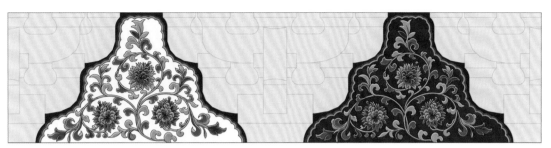

1. 重栱眼內在白地上畫單枝條,外緣用紅
　（五彩遍裝）

2. 重栱眼內在青地上畫單枝條,外緣用紅
　（五彩遍裝）

3. 單栱眼內在白地上畫單枝條,外緣用青
　（碾玉裝）

4. 單栱眼內在青地上畫單枝條,外緣用綠
　（五彩遍裝）

5. 重栱眼內在青地上畫單枝條,外緣用綠
　（碾玉裝）

6. 重栱眼內在紅地上畫單枝條,外緣用青
　（五彩遍裝）

7. 單栱眼內在青地上畫單枝條,外緣用綠
　（碾玉裝）

8. 單栱眼內在紅地上畫單枝條,外緣用綠
　（五彩遍裝）

比例尺:
栔　材
0　5寸　1尺
假定用三等材

---

① 據《營造法式》卷 34 第 15 頁圖《栱眼壁內畫單枝條華》繪製。原圖屬于《解綠結華裝名件》一篇,並未標地色。
由于"五彩遍裝制度"提到"青、紅地如白地上單枝條",因此作出"白地"、"紅地"、"青地",以及五彩裝、碾玉裝
諸種設色情況的探討。關于"單枝條華"的紋樣及設色復原,參見彩畫作制度圖四十八、彩畫作制度圖四十九。

彩畫作制度圖十二　五彩遍裝：柱、額、栱眼壁①

柱頭[謂額入處。]
作細錦或瑣文。

柱身自柱櫍上亦
作細錦，與柱頭
相應；

錦之上下作青、
紅或綠疊暈一道；

其身內作海石榴
等華，[或於華內
間以飛鳳之類。]
或於碾玉華內間
以五彩飛鳳之類，
或間四入瓣科，
或四出尖科。[科
內間以化生或龍
鳳之類。]

櫍作青瓣或紅瓣
疊暈蓮華。

1 栱眼壁畫海石榴華，闌額入柱處作兩瓣如意頭
　（合蟬鴛尾）；柱頭及腳畫瑣子，柱身畫海石
　榴華內間六入圓華科，科內間畫華文；櫍作青
　紅相間疊暈蓮華。
2 柱頭及腳畫細錦（淨地錦）；櫍作青暈蓮華。

比例尺：
栔　材
0　5寸 1尺
假定用三等材

第四章　《營造法式》彩畫作制度圖釋　《營造法式》彩畫研究

① 據《營造法式》卷33第16頁圖《五彩額柱第五》繪製，圖樣未表達柱頭、柱櫍部分，據文字及實例補繪。

彩畫作制度圖十三　碾玉裝:柱、額、栱眼壁①

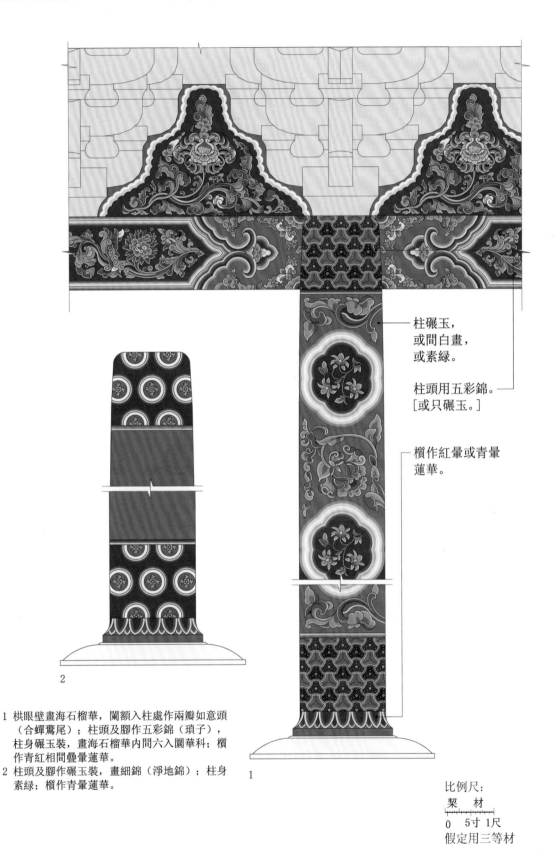

柱碾玉，
或間白畫，
或素綠。

柱頭用五彩錦。
[或只碾玉。]

額作紅暈或青暈
蓮華。

1

2

1　栱眼壁畫海石榴華，闌額入柱處作兩瓣如意頭
　　（合蟬鸞尾）；柱頭及腳作五彩錦（瑣子），
　　柱身碾玉裝，畫海石榴華內間六入圜華科；額
　　作青紅相間疊暈蓮華。
2　柱頭及腳作碾玉裝，畫細錦（淨地錦）；柱身
　　素綠；額作青暈蓮華。

比例尺:
栔　材
├─────┤
0　5寸 1尺
假定用三等材

① 據《營造法式》卷33 第25 頁圖《碾玉額柱第九》繪製，圖樣未表達柱頭、柱額部分，據文字及實例補繪。

第四章

《營造法式》彩画作制度图释

《營造法式》彩画研究

圖樣整理	紋樣類型	位置
 橑檐枋	1 内：卷成華葉 外：交腳龜紋	五彩遍裝 四鋪作
	2 内：卷成華葉 外：四出	碾玉裝 五鋪作
	3 内：卷成華葉 外：團科柿蒂	五彩遍裝 五鋪作
	4 内：龍牙蕙草 内間四入瓣科 外：卷成華葉	碾玉裝 四鋪作
栱 碾玉裝栱身全用此類紋樣，五彩遍裝見於泥道栱。 華頭子身内紋樣不清晰：五彩遍裝四鋪作類似瑪瑙；碾玉裝四鋪作類似華葉。 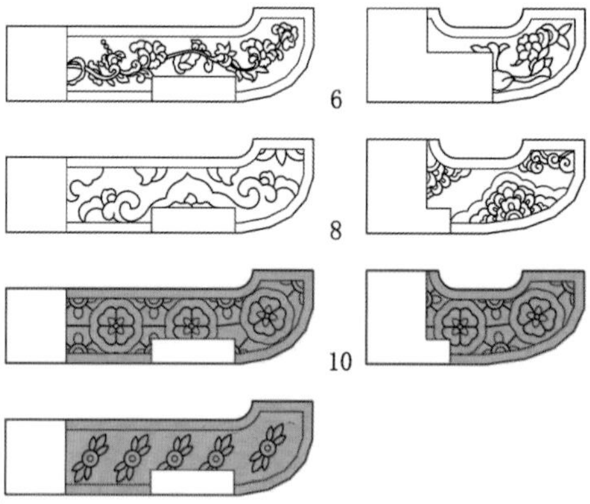 	5、6 卷成華葉	各類栱身
	7、8 偏暈	慢栱、令栱
	9、10 某四方連續紋樣（四出變體）	泥道栱、慢栱
	11 某散點華葉（團科變體）	五彩遍裝五鋪作慢栱
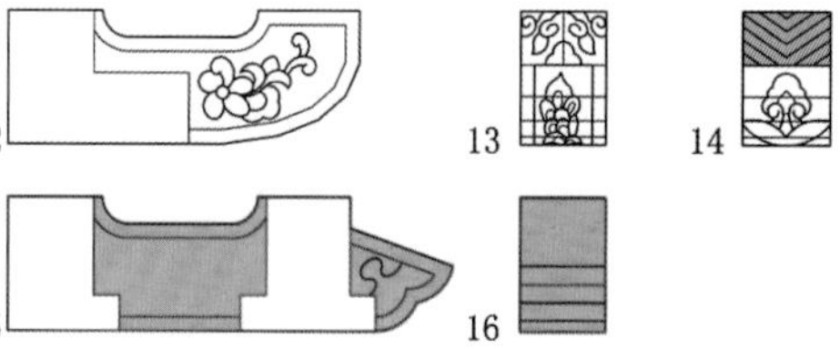	12-14 身：卷成華葉 頭：燕尾、如意、卷成華葉	華栱
	15、16 身：華葉或瑪瑙 頭：類似蟬肚	華頭子
耍頭 昂	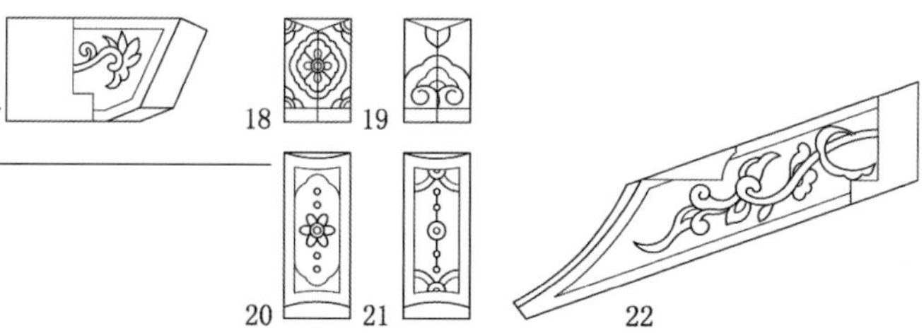 17-19 身：卷成華葉 頭：柿蒂或如意	耍頭
	20-22 身：卷成華葉 面：連珠合暈	昂

彩畫作制度圖十五　　五彩遍裝、碾玉裝：枓栱紋樣二①

枓	圖樣整理			紋樣類型	位置
枓	1	2　3　4　　3、4 為同一齊心枓，"故宫本"和"永樂大典本"的差異		1、4 蓮荷華	櫨枓、交互枓、齊心枓
		5　6		5、6 卷成華葉	齊心枓、散枓多處
	7	8　9　10		7 瑪瑙	交互枓
				8-10 柿蒂枓	散枓多處
	比例尺：0　10　20分	11　12　13　　12、13 為同一散枓，"故宫本"和"永樂大典本"的差異		11-13 瑣文：四出、龜紋	散枓多處

按：

1. 枓栱彩畫部分，可以找到"永樂大典本"圖樣，與"故宫本"基本一致，細節略有不同，在此一並進行整理，兩個版本相異處，另作圖標明。

2. "故宫本"五彩遍裝和碾玉裝圖樣的橑檐枋只畫出上邊緣道（"永樂大典本"五彩遍裝上下皆無緣道，碾玉裝同于"故宫本"），與疊暈棱間裝、解綠裝等類型彩畫皆不相同，且與"制度"文字中"梁栱之類，外棱四周皆留緣道"相矛盾，因此製圖時改爲上下皆有緣道，並按左右對稱處理。

3. 五彩遍裝及碾玉裝枓栱紋樣，大體可以看做"華文有九品"和"瑣文有六品"的簡化，在統計時按照"華文有九品"和"瑣文有六品"命名，其中卷成華文的樣式，在簡化後大多看不出華頭的特徵，一律命名爲"卷成華葉"；也有少數紋樣難以歸入《營造法式》列出的樣式，用紅色（陰影）標出，暫按"××變體"或"類似××"命名。

4.《營造法式》"制度"對枓栱彩畫紋樣的規定見于"華文有九品"及"瑣文有六品"條。其中幾乎所有的紋樣都可以用于枓栱，但能夠用于栱頭的紋樣比較少，僅有"四出"和"六出"，而且圖樣中顯示的，並不是這兩種紋樣。圖樣和文字規定略有出入，證明文字只是舉例，並未涵蓋所有情況（見表3.7）。

---

① 以上二圖根據《營造法式》卷34第2頁前半頁圖、第7頁前半頁圖繪製。

《營造法式》相關圖樣：

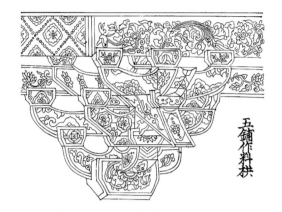
1 五彩遍裝名件·五鋪作科栱

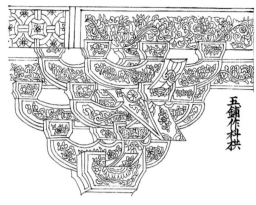
2 碾玉裝名件·五鋪作科栱

3 五彩遍裝名件·四鋪作科栱

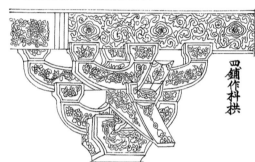
4 碾玉裝名件·四鋪作科栱

圖4.8 《營造法式》圖樣：五彩遍裝、碾玉裝科栱彩畫("故宮本")

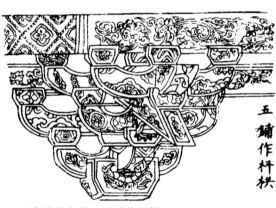
1 五彩遍裝名件·五鋪作科栱

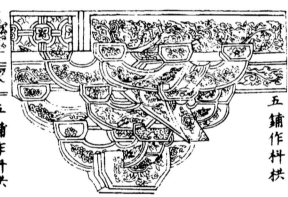
2 碾玉裝名件·五鋪作科栱

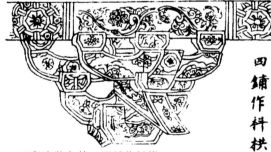
3 五彩遍裝名件·四鋪作科栱

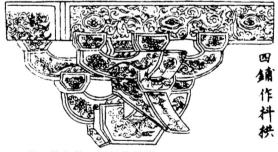
4 碾玉裝名件·四鋪作科栱

圖4.9 《營造法式》圖樣：五彩遍裝、碾玉裝科栱彩畫("永樂大典本")

彩畫作制度圖十六 五彩遍裝、碾玉裝：椽飛白版連檐紋樣分析①

圖樣整理	紋樣類型	圖樣出處
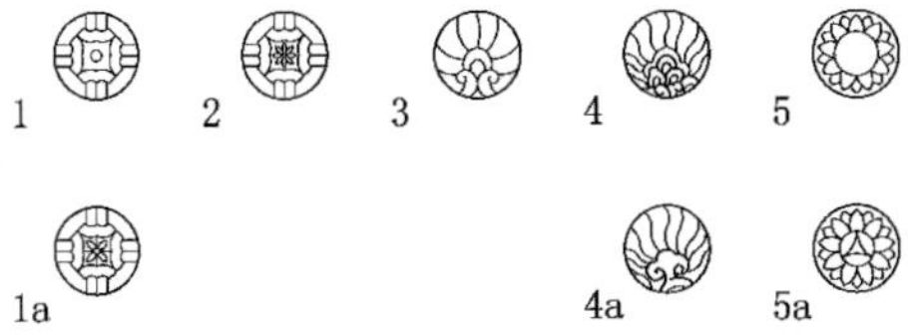 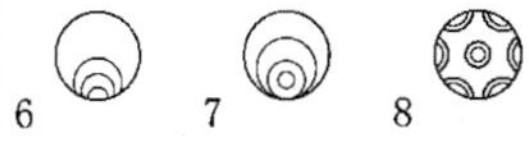 **椽** **椽頭** 1 2 3 4 5 / 1a 4a 5a / 6 7 8 　1a、4a、5a，為同一椽頭，"永樂大典本"和"故宮本"的差異	1、2 四出 3、4 出焰明珠 5 疊暈蓮華 6、7 疊暈寶珠 8 簇七車釧明珠	五彩遍裝、碾玉裝 五彩遍裝、碾玉裝 五彩裝淨地錦 疊暈棱間裝、解綠裝 疊暈棱間裝
椽身 9 10 11 9b	 9 瑪瑙 9b 瑪瑙展開圖 10 魚鱗旗腳 11 卷成華葉	五彩遍裝 五彩遍裝 碾玉裝
飛子 **飛子頭** 12 13 14 15	 12 方勝合羅 13、15 四角柿蒂 14 蓮華	五彩遍裝 五彩遍裝、碾玉裝 碾玉裝
飛子身 16 17 18 19	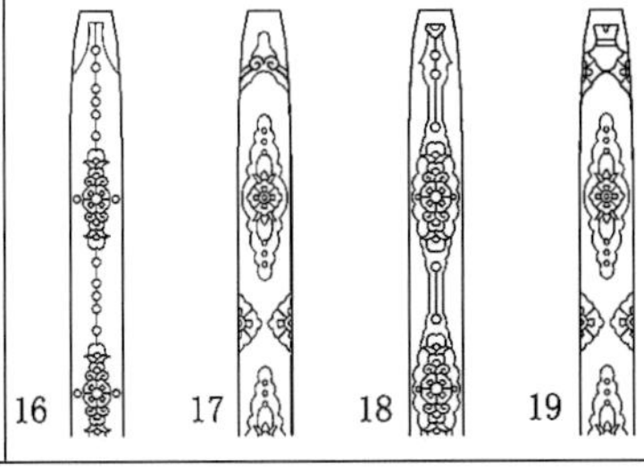 16、18 連珠合暈 17、19 梭身合暈	五彩遍裝、碾玉裝 五彩遍裝、碾玉裝

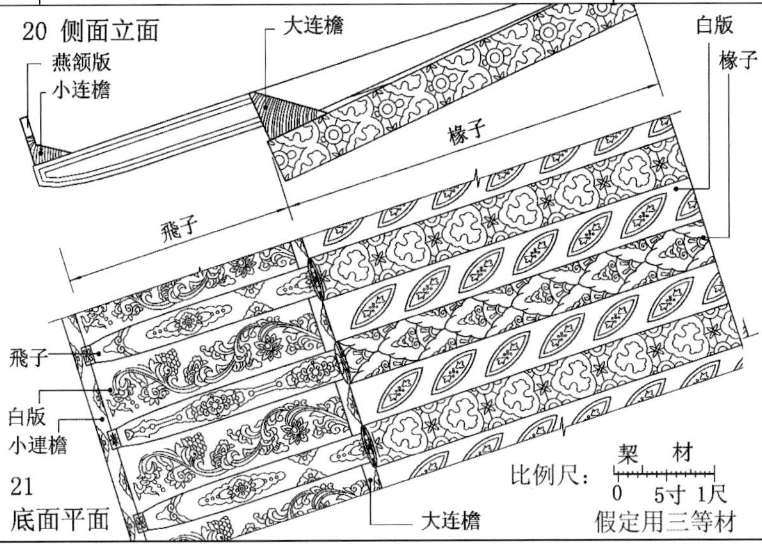

20 側面立面
燕頷版
小連檐
大連檐
椽子
飛子
飛子
白版
小連檐
21 底面平面
大连檐

組合示意

白版

比例尺：　栔　材
0　5寸 1尺
假定用三等材

椽頭用"四出"、椽子"出焰明珠"相間；椽身用"瑪瑙"、"魚鱗旗腳"相間；

飛子頭用"四角柿蒂"與"疊暈蓮華"相間；飛子身用"連珠合暈"、"梭身合暈"相間；飛子兩側壁用兩暈青綠棱間；

白版用卷成華葉、淨地錦；

大小連檐用三角疊暈柿蒂。

---

① 據《營造法式》卷34第2頁後半頁圖、第7頁後半頁圖繪製。參見圖4.10、圖4.11、圖4.12、圖4.13、圖4.14、圖4.15。

彩畫作制度圖十七 五彩遍裝：椽飛

比例尺：
假定用三等材

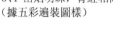

1、2 疊暈蓮華，青紅相間
（據五彩裝淨地錦圖樣）

3、4 出焰明珠，青紅相間
（據五彩遍裝圖樣）

5、6 簇七車釧明珠，青紅相間
（據兩暈棱間內畫松文裝圖樣）

7、8 疊暈寶珠，青紅相間
（據青綠疊暈棱間裝圖樣）

椽頭面子隨徑之圓
作疊暈蓮華，
青紅相間用之，
或作出焰（燄）明珠，
或作簇七車釧明珠，
〔皆淺色在外。〕

或作疊暈寶珠，深色在外，令近上
疊暈，向下棱當中點粉，爲寶珠心；
或作疊暈合螺、瑪瑙。

9、10 疊暈合螺
（據方勝合羅圖樣補）

11、12 瑪瑙
（據瑪瑙地圖樣補）

13、14 出焰明珠，身內作通
用六等華（據碾玉裝圖樣補）

15、16 四出
（據五彩遍裝圖樣）

近頭處作青、綠、紅暈子三道，
每道廣不過一寸。

身內作通用六等華外，
或用青、綠、紅地作團科，
或方勝，或兩尖，或四入瓣；
白地外用淺色，白地內隨瓣之方圓
描華，用五彩淺色間裝之。

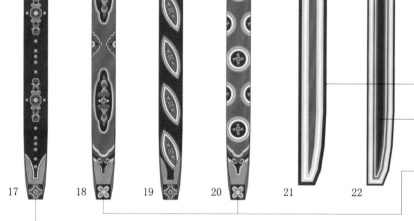

17   18   19   20   21   22

飛子
作青綠連珠及梭身暈，
或作方勝，或兩尖，
或團科。

兩側壁
如下面用遍地華，即作
兩暈青綠棱間；
若下面素地錦，作三暈
或兩暈青綠棱間。

飛子頭
作四角柿蒂。
〔或作瑪瑙。〕

17 飛子作連珠合暈   19 飛子作兩尖科   21 飛子側壁作兩暈青綠棱間
18 飛子作梭身合暈   20 飛子作團科   20 飛子側壁作三暈青綠棱間
（據五彩遍裝圖樣）   （據五彩裝淨地錦圖樣補）   （據青綠棱間裝圖樣補）

彩畫作制度圖十八　　五彩遍裝:椽飛、白版、連檐

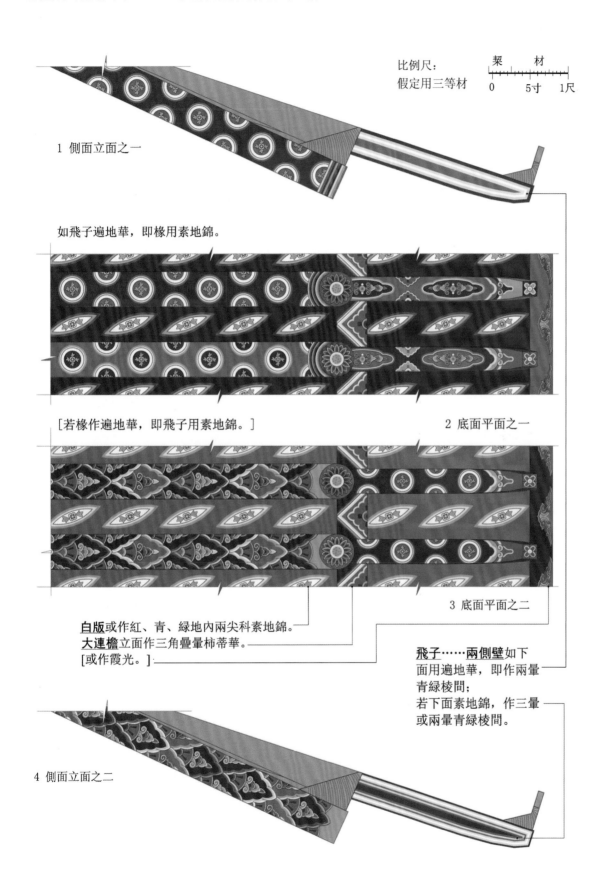

比例尺:
假定用三等材

栔　　材

0　　5寸　　1尺

1　側面立面之一

如飛子遍地華，即椽用素地錦。

[若椽作遍地華，即飛子用素地錦。]

2　底面平面之一

3　底面平面之二

白版或作紅、青、綠地內兩尖科素地錦。
大連檐立面作三角疊暈柿蒂華。
[或作霞光。]

飛子……兩側壁如下
面用遍地華，即作兩暈
青綠棱間;
若下面素地錦，作三暈
或兩暈青綠棱間。

4　側面立面之二

彩畫作制度圖十九 碾玉裝：椽飛、白版、連檐

椽頭作出焰明珠，或簇七明珠，或蓮華。

1　2　3　4

身內碾玉
或素綠。

1 椽頭作出焰明珠，椽身碾玉
（據碾玉裝圖樣）
2 椽頭作簇七明珠，椽身素綠
（據兩暈棱間內畫松文裝圖樣）
3 椽頭作蓮華，椽身素綠
（據五彩裝淨地錦圖樣）
4 椽頭作四出，椽身素綠
（據碾玉裝圖樣）

飛子正面作合暈，
兩旁並退暈，或素綠。

5 飛子側面作退暈

6 飛子側面作素綠

仰版素紅。
[或亦碾玉裝。]

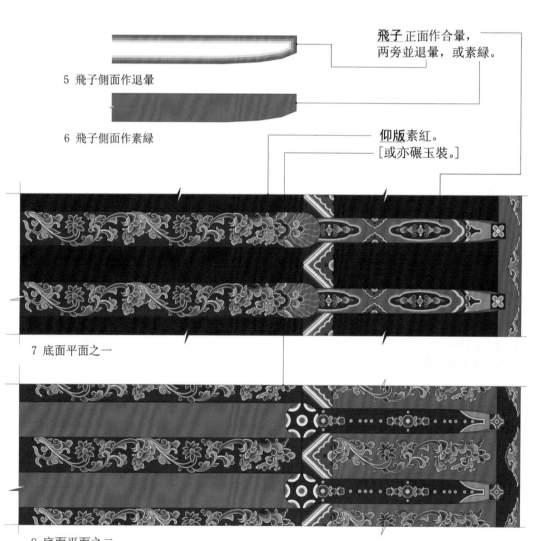

7 底面平面之一

8 底面平面之二

比例尺：
假定用三等材

栔　材

0　　5寸　　1尺

第四章　《營造法式》彩畫作制度圖釋　《營造法式》彩畫研究

216

彩畫作制度圖二十　椽頭及柱櫍作叠暈蓮華①

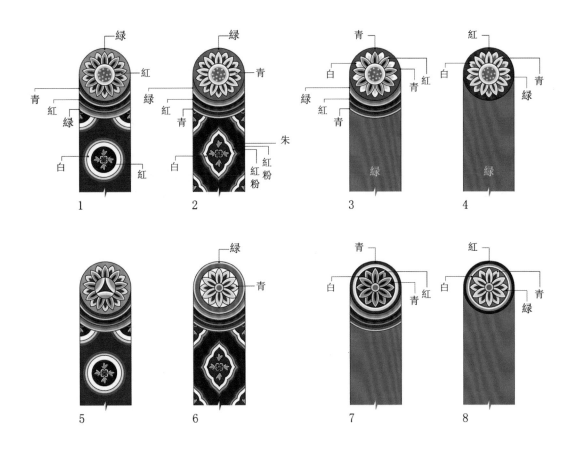

1、2　五彩裝淨地錦椽頭圖樣復原
3、4　三暈帶紅棱間裝椽頭圖樣復原

5　按"永樂大典本"圖樣繪製的椽頭蓮華變體
6-8　關於椽頭作緣道處理的推測

9　根據永定陵望柱頂部蓮瓣構圖作出的柱櫍叠暈蓮華造型推測，用青暈暈
10　根據《營造法式》"鋪地蓮華"柱礎作出的柱櫍叠暈蓮華造型推測，用紅叠暈

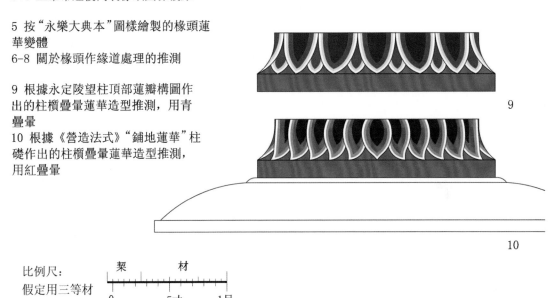

比例尺：
假定用三等材

栔　材
0　　5寸　　1尺

① 椽面蓮華紋樣，據《營造法式》卷 34 第 3 頁後半頁圖、第 11 頁後半頁圖繪製，考慮椽面"用緣道"和"不用緣道"兩種情況；柱櫍蓮華紋樣，《營造法式》無相關圖樣，據文字、石作圖及實例補繪。參見圖 4.12、圖 4.13。

彩畫作制度圖二十一　椽頭作寶珠①

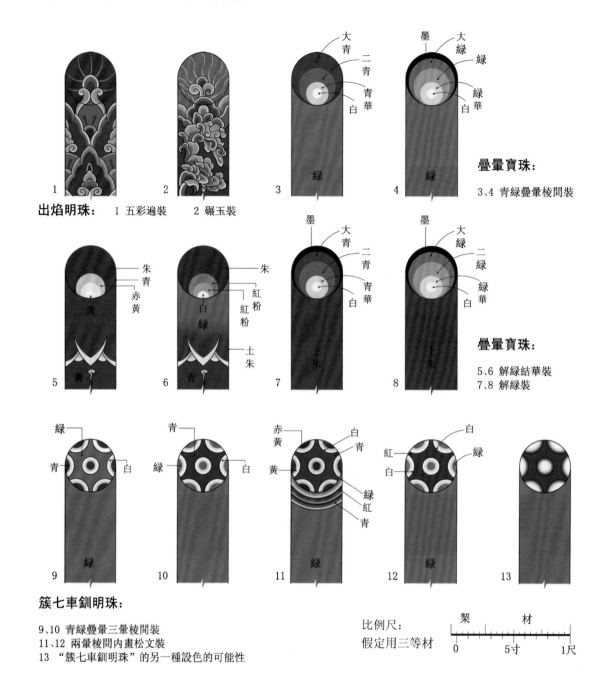

出焰明珠：　1 五彩遍裝　2 碾玉裝

疊暈寶珠：
3、4 青綠疊暈棱間裝

疊暈寶珠：
5、6 解綠結華裝
7、8 解綠裝

簇七車釧明珠：

9、10 青綠疊暈三暈棱間裝
11、12 兩暈棱間內畫松文裝
13 "簇七車釧明珠" 的另一種設色的可能性

比例尺：
假定用三等材

0　　5寸　　1尺

《營造法式》與椽飛彩畫相關的圖樣及文字：

凡五彩遍裝……**椽頭面子**隨徑之圍作疊暈蓮華,青紅相間用之,或作出焰明珠,或作簇七車釧明珠,[皆淺色在外。]或作疊暈寶珠,深色在外,令近上疊暈,向下棱當中點粉,為寶珠心;或作疊暈合螺、瑪瑙。**近頭處**作青、綠、紅暈子三道,每道廣不過一寸;**身內**作通用六等華外,或用青、綠、紅地作團科,或方勝,或兩尖,或四入瓣;白地外用淺色,[青以青華,綠以綠華,朱以朱粉圈之。]白地內隨瓣之方圓[或兩尖,四入瓣同。]描華,用五彩淺色間裝之。……**飛子**作青綠連珠及

① 據《營造法式》卷 34 第 2、7、9、10、12、13、14 頁後半頁圖繪製,參見圖 4.14、圖 4.15。第 13 圖根據敦煌晚唐像幡《持紅蓮華菩薩立像幡》華蓋中的寶珠畫法繪製,見圖 3.47[7]。

梭身暈,或作方勝,或兩尖,或圜科;**兩側壁**如下面用遍地華,即作兩暈青綠棱間;若下面素地錦,作三暈或兩暈青綠棱間;**飛子頭**作四角柿蒂。[或作瑪瑙。]如飛子遍地華,即橡用素地錦。[若橡作遍地華,即飛子用素地錦。]**白版**或作紅、青、綠地內兩尖科素地錦。**大連槍**立面作三角疊暈柿蒂華。[或作霞光。] [14.2b]

凡**碾玉裝**……**橡頭**作出焰明珠,或簇七明珠,或蓮華,身內碾玉或素綠。**飛子**正面作合暈,兩旁並退暈,或素綠。**仰版**素紅。[或亦碾玉裝。] [14.3b]

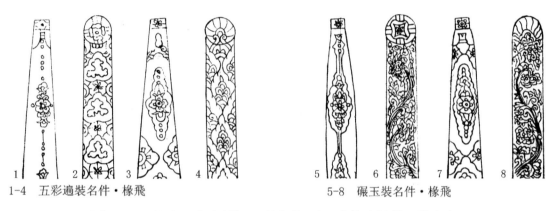

1-4　五彩遍裝名件·橡飛　　　　5-8　碾玉裝名件·橡飛

圖4.10　《營造法式》圖樣:五彩遍裝、碾玉裝橡飛紋樣("故宮本")

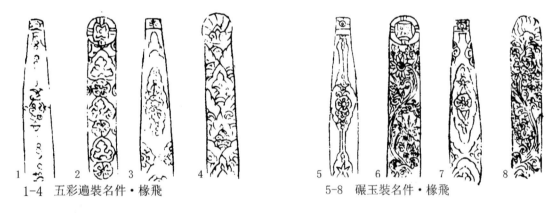

1-4　五彩遍裝名件·橡飛　　　　5-8　碾玉裝名件·橡飛

圖4.11　《營造法式》圖樣:五彩遍裝、碾玉裝橡飛紋樣("永樂大典本")

《營造法式》與"蓮華"有關的文字及圖樣:

　　"欂作青瓣或紅瓣**疊暈蓮華**。……橡頭面子隨徑之圜作**疊暈蓮華**,青紅相間用之。"(五彩遍裝)

　　"欂作紅暈或**青暈蓮華**。橡頭作出焰明珠……或**蓮華**。"(碾玉裝)

　　"欂作**青暈蓮華**……橡素綠身,其頭作明珠、**蓮華**。"(青綠疊暈棱間裝)

整朵蓮華承托物件的形象

1 石作・望柱頭
2 彫木作・混作・望柱頭
3 彩畫作・栱眼壁影作蓮華承枓

蓮瓣作帶狀重復的仰蓮和覆蓮邊飾

4 石作・階基疊澀坐角柱
5 石作・望柱頭・仰覆蓮華

6 石作・柱礎・仰覆蓮華
7 石作・柱礎・寶蓮華
8 石作・柱礎・鋪地蓮華

蓮瓣作放射狀重復的圓形蓮花圖形

9 彫木作・平棊華盤
10 彫木作・椽頭盤子
11 小木作・羅文平棊中央
12 彩畫作・五彩淨地錦・椽頭

圖 4.12　《營造法式》圖樣中的蓮華形象（"故宮本"）

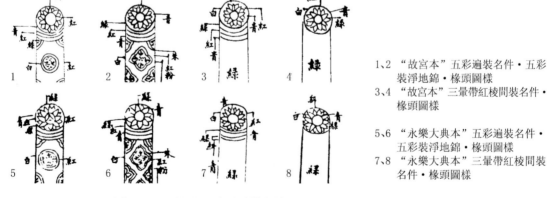

1、2 "故宮本"五彩遍裝名件・五彩裝淨地錦・椽頭圖樣

3、4 "故宮本"三暈帶紅棱間裝名件・椽頭圖樣

5、6 "永樂大典本"五彩遍裝名件・五彩裝淨地錦・椽頭圖樣

7、8 "永樂大典本"三暈帶紅棱間裝名件・椽頭圖樣

圖 4.13　《營造法式》圖樣中椽頭面子用"疊暈蓮華"的畫法

《營造法式》與"寶珠"有關的文字及圖樣：

1. "椽頭面子隨徑之圓……或作**出焰明珠**，或作**簇七車釧明珠**，[皆淺色在外。]或作**疊暈寶珠**，深色在外，令近上疊暈，向下棱當中點粉，爲寶珠心。"（五彩遍裝）

2. "椽頭作**出焰明珠**，或作**簇七明珠**……"（碾玉裝）

3. "椽……其頭作**明珠**、蓮華。"（青綠疊暈棱間裝）

4. "椽頭或作**青綠暈明珠**。"（解綠裝飾屋舍）

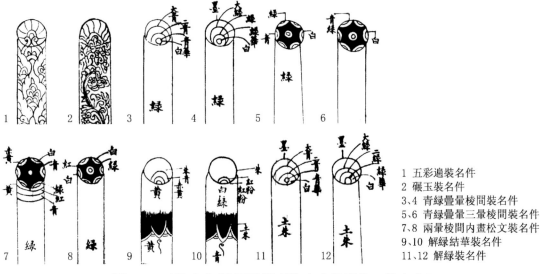

1 五彩遍裝名件
2 碾玉裝名件
3、4 青綠疊暈稜間裝名件
5、6 青綠疊暈三暈稜間裝名件
7、8 兩暈稜間內畫松文裝名件
9、10 解綠結華裝名件
11、12 解綠裝名件

圖4.14 《營造法式》圖樣椽頭作寶珠的形象（"故宮本"）

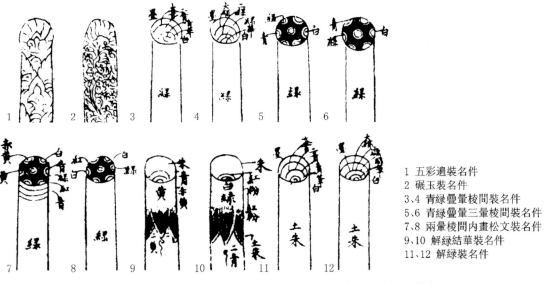

1 五彩遍裝名件
2 碾玉裝名件
3、4 青綠疊暈稜間裝名件
5、6 青綠疊暈三暈稜間裝名件
7、8 兩暈稜間內畫松文裝名件
9、10 解綠結華裝名件
11、12 解綠裝名件

圖4.15 《營造法式》圖樣椽頭作寶珠的形象（"永樂大典本"）

按：

1. 椽飛彩畫部分，可以找到"永樂大典本"的圖樣，與"故宮本"基本一致，細節略有不同，在此一並進行整理，兩個版本相異處，另作圖標明。

2. 椽子截面爲圓形，因而作圖時試作"椽身紋樣展開圖"和"椽面圖"。

3. 椽子彩畫"圖樣"，是仰視時椽身（朝下的投影）和椽頭相結合的"三維效果"。其中有一種畫法，是椽身紋樣和椽面紋樣互相滲透，成爲一個整體（見《營造法式》原圖[4]、[8]），此種做法，在"制度"文字中未曾提到。

4. 椽飛尺寸，按照"大木作制度"有關規定繪製。

5. 白版和連檐，在《營造法式》中沒有圖樣，僅在"制度"中零散提到，根據文字補繪，並補繪"組合效果示意"。

6. 《營造法式》"制度"對椽飛彩畫紋樣的規定見於"凡五彩遍裝"條，"華文有九品"及"瑣文有六品"條也零散提到，二者略有出入。此外，圖樣和文字規定略有出入，證明文字只是舉例，並未涵蓋所有情況。茲將"制度"文字和圖樣出現的椽飛白版連檐所用紋樣列表如下，因"五彩裝淨地錦"圖樣中的紋樣可以和"五彩遍裝"、"碾玉裝"出現的紋樣互爲補充,因此將"五彩裝淨地錦"的紋樣也統計在表 4.1、表 4.2 中。

表 4.1 五彩遍裝、碾玉裝椽飛、白版、連檐紋樣表

			椽		
			頭	近頭處	身內
五彩遍裝	制度	凡五彩遍裝條	叠暈蓮華;出焰明珠;簇七車釧明珠;叠暈寶珠;叠暈合螺;瑪瑙	青、綠、紅暈子三道	通用六等華(海石榴華、寶牙華、太平華、寶相華、牡丹華、蓮荷華);淨地錦(團科、方勝、兩尖、四入瓣)
		華文瑣文條	四出;六出		卷成華葉(海石榴華、寶牙華、太平華、寶相華、牡丹華、蓮荷華)
	圖樣		四出;出焰明珠;蓮華	無"暈子",紋樣之間有滲透關係	瑪瑙;魚鱗旗腳
五彩裝淨地錦圖樣			蓮華	有"暈子"三道	淨地錦;團科、四入瓣或柿蒂
碾玉裝	制度		出焰、簇七明珠;蓮華		碾玉;素綠
	圖樣		四出;出焰明珠		寶牙華;太平華

表 4.2 五彩遍裝、碾玉裝飛子、白版、連檐紋樣表

			飛子			白版	連檐
			頭	下面	側面		
五彩遍裝	制度	凡五彩遍裝條	四角柿蒂;瑪瑙	青綠連珠及梭身暈;淨地錦(方勝、兩尖、團科)	兩暈青綠棱間;三暈青綠棱間	淨地錦(兩尖科)	三角叠暈柿蒂;霞光
		華文瑣文條	團科寶照;團科柿蒂;方勝合羅	卷成華葉(海石榴華、寶牙華、太平華、寶相華、牡丹華、蓮荷華);圈頭合子、豹腳合暈、梭身合暈、連珠合暈、偏暈			圈頭合子、豹腳合暈、梭身合暈、連珠合暈、偏暈
	圖樣		方勝合羅;四角柿蒂	連珠合暈;梭身合暈;燕尾			
五彩裝淨地錦圖樣			"暈子"一道	兩暈青綠棱間			
碾玉裝	制度			合暈	退暈;素綠	素紅;碾玉裝	
	圖樣		蓮華 四角柿蒂	連珠合暈;梭身合暈 燕尾			

彩畫作制度圖二十二 五彩裝淨地錦紋樣①

圖樣整理	紋樣類型	圖樣出處
橑簷枋	1 簇六毬文變體：兩尖科+團科	五鋪作橑簷枋
	2 四斜毬文變體：兩尖科+方勝	四鋪作橑簷枋
栱	3 兩尖科 4 四出尖科 5 四入瓣科	慢栱 瓜子栱 慢栱、泥道栱等多處
	6 四斜毬文變體：兩尖科+方勝	泥道栱
	7、8 栱身內用圜華科，栱頭作燕尾 9、10 圜華科	華栱 華頭子
耍頭	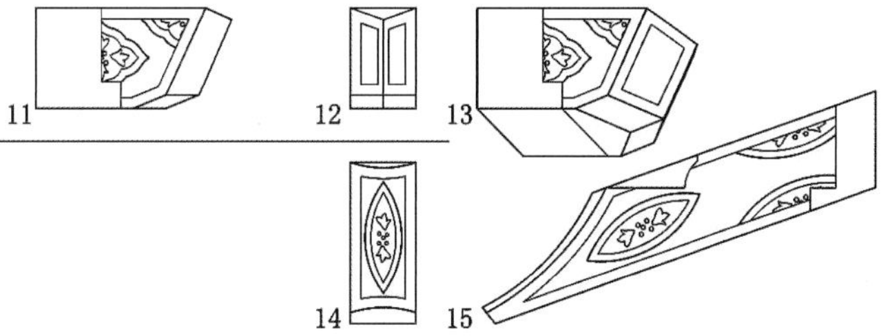 11-13 身內作四出尖科，頭作疊暈棱間	五鋪作耍頭
昂	14、15 兩尖科	五鋪作昂
科	16、17 方勝、四入瓣科	櫨科
	18-20 圜華科、四出尖科	齊心科、交互科、散科各處
紋樣整理 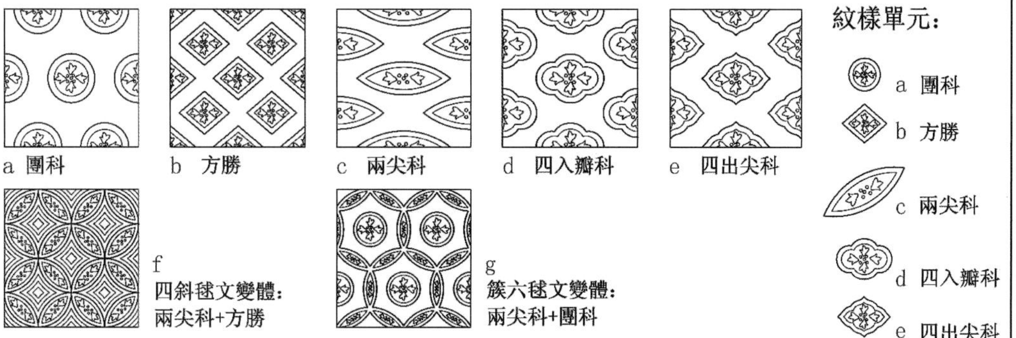	a 團科 b 方勝 c 兩尖科 d 四入瓣科 e 四出尖科 f 四斜毬文變體：兩尖科+方勝 g 簇六毬文變體：兩尖科+團科	紋樣單元： a 團科 b 方勝 c 兩尖科 d 四入瓣科 e 四出尖科

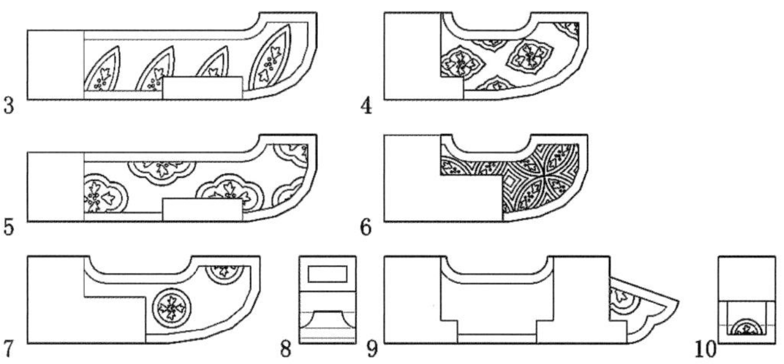

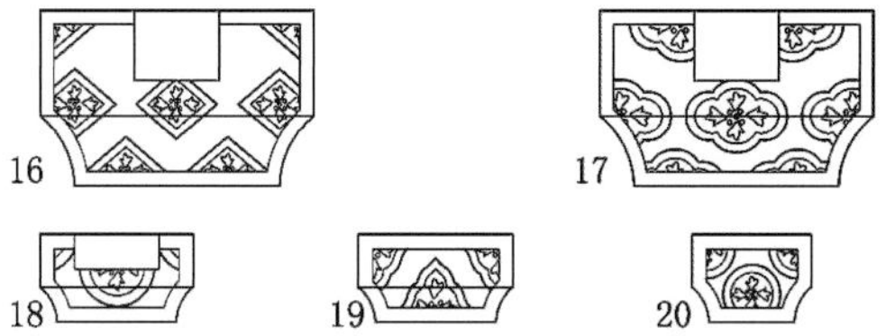

比例尺 栔 材 0 5寸 1尺
假定用三等材

---

① 據《營造法式》卷 34 第 3 頁圖《五彩裝淨地錦》簡化繪製。

彩畫作制度圖二十三　五彩裝淨地錦①

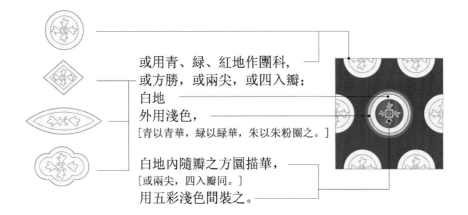

或用青、綠、紅地作團科，
或方勝，或兩尖，或四入瓣；
白地
外用淺色，
［青以青華，綠以綠華，朱以朱粉圈之。］

白地內隨瓣之方圓描華，
［或兩尖，四入瓣同。］
用五彩淺色間裝之。

其青、綠、紅地
作團科、方勝等，
亦施之科栱、梁
栿之類者，謂之
海錦，亦曰
淨地錦。

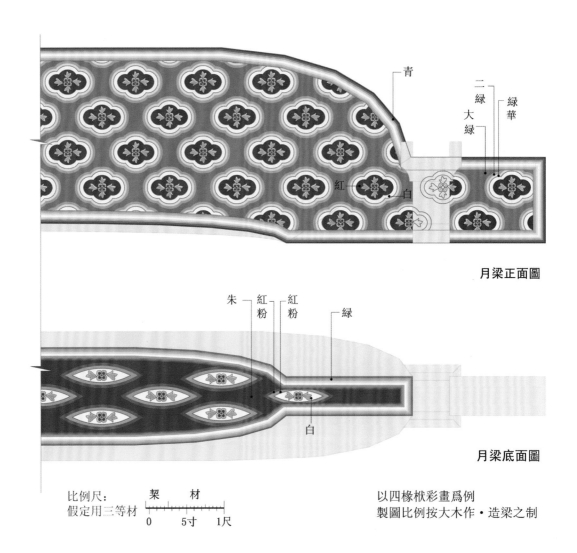

月梁正面圖

月梁底面圖

比例尺：
假定用三等材

栔　材
0　　5寸　　1尺

以四椽栿彩畫爲例
製圖比例按大木作・造梁之制

---

① 據《營造法式》卷 34 第 3 頁圖《五彩裝淨地錦》之梁栿紋樣繪製。

《營造法式》與淨地錦有關的文字及圖樣：

凡五彩遍裝：……或用青、綠、紅地作團科，或方勝，或兩尖，或四入辦；白地外用淺色，[青以青華，綠以綠華，朱以朱粉圈之。]白地內隨辦之方圓[或兩尖，四入辦同。]描華，用五彩淺色間裝之。[其青、綠、紅地作團科、方勝等，亦施之科栱、梁栿之類者，謂之海錦，亦曰**淨地錦**。][14.2b]

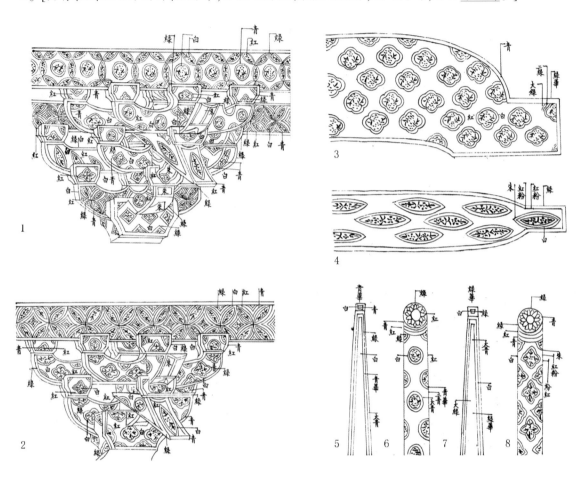

1　五彩裝淨地錦·五鋪作科栱　　2　五彩裝淨地錦·四鋪作科栱
3、4　五彩裝淨地錦·月梁　　5-8　五彩裝淨地錦·椽飛

圖 4.16　《營造法式》圖樣：五彩裝淨地錦（“故宮本”）

彩畫作制度圖二十四 五彩平棊、碾玉平棊之一①

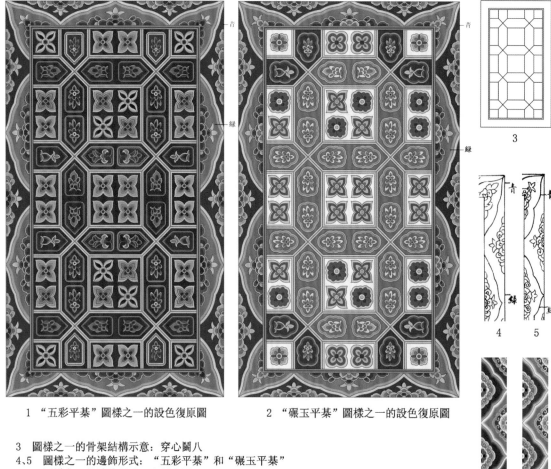

1 "五彩平棊"圖樣之一的設色復原圖　　　2 "碾玉平棊"圖樣之一的設色復原圖

3 圖樣之一的骨架結構示意：穿心鬬八
4、5 圖樣之一的邊飾形式："五彩平棊"和"碾玉平棊"
6、7 圖樣之一的邊飾類型：方勝合羅
　　　（根據故宮本"五彩雜華"和"碾玉雜華"復原的兩种設色方式）
8 本圖涉及的幾種"華子"設色方式
　　　（根據各本"五彩平棊"和"碾玉平棊"第一張圖邊圖小注所作的推測）

五彩平棊圖樣一的**華子**設色方式：			碾玉平棊圖樣一的**華子**設色方式：		
（其華子，）暈心墨者係青，			（其華子，）暈心墨者係青，		
暈外綠者係綠，			暈外綠者係綠，並係碾玉裝；		
渾黑者係紅，並係碾玉裝；					
不暈墨者，係五彩裝造。			其不暈者，白上描檀，疊青綠。		

8

① 據《營造法式》卷 33 第 17 頁前半頁圖、第 26 頁前半頁圖繪製。

彩畫作制度圖二十五 　五彩平棊、碾玉平棊之一的多種設色方式

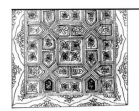

其華子，
暈心墨者係青，暈外綠者係綠，渾黑者係紅，並係碾玉裝；
不暈墨者，係五彩裝造。（五彩平棊第六）

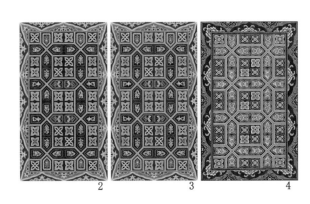

A　五彩平棊圖一的四种設色方式
1　假設每個"華子"内部的地色和圖形顏色相同，背版塗紅
2　假設每個"華子"内部的地色和圖形顏色不同，"圖樣"上的示意用來規定地色，背版塗紅
3　華子設色同山，背版塗青
4　陈晓丽的復原，每個華子均用兩种以上的顏色疊暈，背版塗青

其華子，
暈心墨者係青，暈外綠者係綠，並係碾玉裝；
其不暈者，白上描檀，疊青綠。（碾玉平棊第十）

B　碾玉平棊圖一的四种設色方式
5　假設"不暈者"背版留白，雜子用二綠、綠華疊暈
6　假設背版全部留白
7　假設"不暈者"背版留白，雜子顏色與背版相同
8　假設背版全部塗青色，雜子用大绿
9　假設背版全部塗青色，雜子用二綠、綠華疊暈

彩畫作制度圖二十六　五彩平棊、碾玉平棊之二①

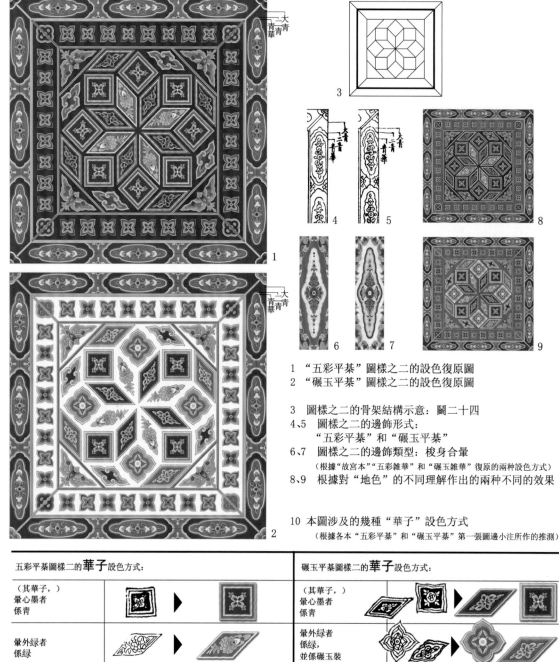

1 "五彩平棊"圖樣之二的設色復原圖
2 "碾玉平棊"圖樣之二的設色復原圖

3 圖樣之二的骨架結構示意：闕二十四
4、5 圖樣之二的邊飾形式：
　　　"五彩平棊"和"碾玉平棊"
6、7 圖樣之二的邊飾類型：梭身合暈
　　　（根據"故宮本""五彩雜華"和"碾玉雜華"復原的兩種設色方式）
8、9 根據對"地色"的不同理解作出的兩種不同的效果

10 本圖涉及的幾種"華子"設色方式
　　（根據各本"五彩平棊"和"碾玉平棊"第一張圖邊小注所作的推測）

五彩平棊圖樣二的**華子**設色方式：			碾玉平棊圖樣二的**華子**設色方式：		
（其華子，）暈心墨者係青			（其華子，）暈心墨者係青		
暈外綠者係綠			暈外綠者係綠，並係碾玉裝		
渾黑者係紅，並係碾玉裝					
不暈墨者，係五彩裝造			其不暈者，白上描檀，疊青綠		

10

---

① 據《營造法式》卷33第17頁後半頁圖、第26頁後半頁圖繪製。

彩畫作制度圖二十七 五彩平棊、碾玉平棊之三①

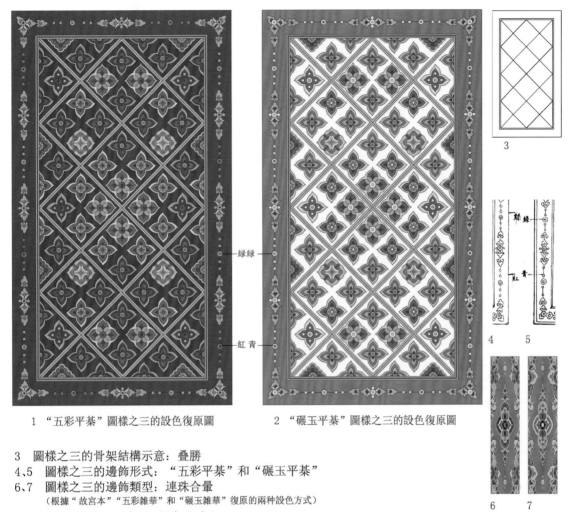

1 "五彩平棊"圖樣之三的設色復原圖　　　　2 "碾玉平棊"圖樣之三的設色復原圖

3 圖樣之三的骨架結構示意：叠勝
4、5 圖樣之三的邊飾形式："五彩平棊"和"碾玉平棊"
6、7 圖樣之三的邊飾類型：連珠合暈
　　（根據"故宮本""五彩雜華"和"碾玉雜華"復原的兩种設色方式）
8 本圖涉及的幾種"華子"設色方式
　　（根據各本"五彩平棊"和"碾玉平棊"第一張圖邊小注所作的推測）

五彩平棊圖樣一的**華子**設色方式：	碾玉平棊圖樣一的**華子**設色方式：
（其華子，）暈心墨者係青	（其華子，）暈心墨者係青
暈外緑者係緑	暈外緑者係緑，並係碾玉裝
渾黑者係紅，並係碾玉裝	
不暈墨者，係五彩裝造	其不暈者，白上描檀，叠青緑

① 據《營造法式》卷33第18頁後半頁圖、第27頁後半頁圖繪製。

彩畫作制度圖二十八 五彩平棊、碾玉平棊的總體效果示意

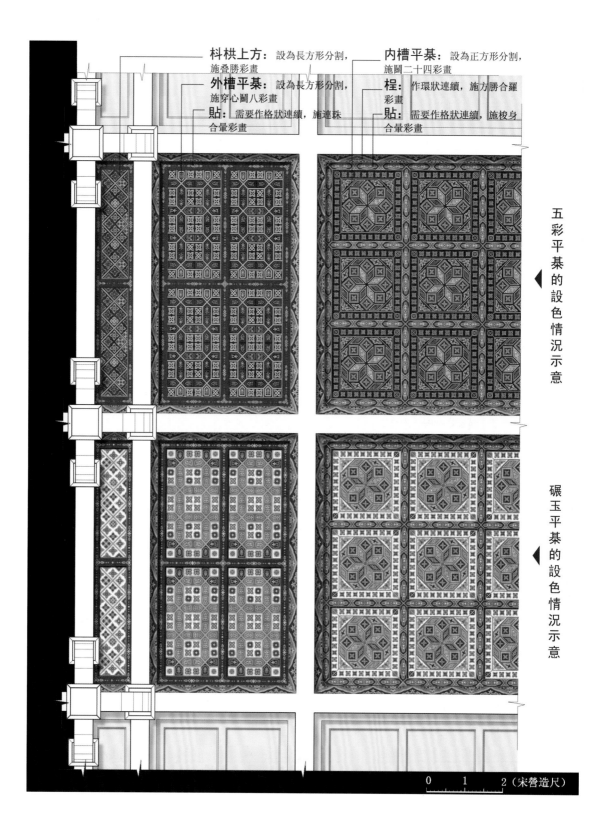

科栱上方：設為長方形分割，施叠勝彩畫

內槽平棊：設為正方形分割，施鬪二十四彩畫

外槽平棊：設為長方形分割，施穿心鬪八彩畫

桯：作環狀連續，施方勝合羅彩畫

貼：需要作格狀連續，施連珠合暈彩畫

貼：需要作格狀連續，施梭身合暈彩畫

五彩平棊的設色情況示意

碾玉平棊的設色情況示意

0 1 2（宋營造尺）

《營造法式》平棊圖樣及分析：

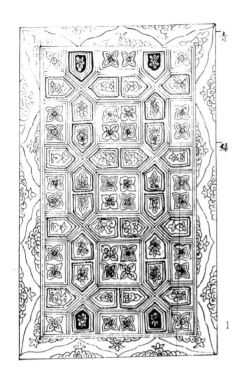

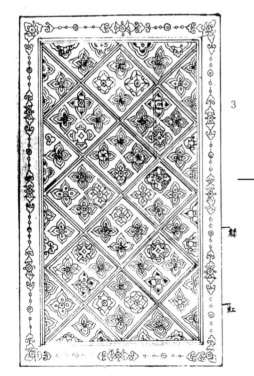

1-4 "故宫本""五彩平棊"圖樣四种

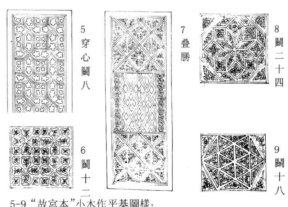

5-9 "故宫本"小木作平棊圖樣：
與"五彩平棊"骨架結構相似的幾種類型

圖 4.17 《營造法式》圖樣：五彩平棊（"故宫本"）

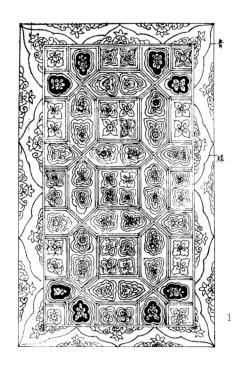

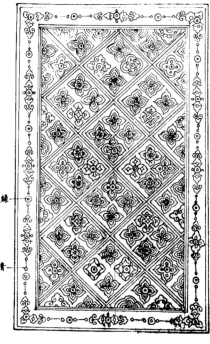

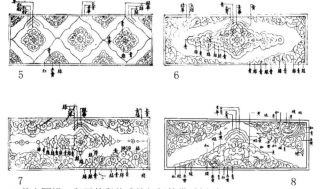

1-4 "故宫本""碾玉平棊"圖樣四种

5-8 華文圖樣：與平棊華邊飾相似的幾種類型
5 方勝合羅（"故宮本"五彩遍裝）　6 梭身合暈（"故宮本"碾玉裝）
7 連珠合暈（"故宮本"碾玉裝）　8 偏暈（"丁本"五彩遍裝）

圖 4.18 《營造法式》圖樣：碾玉平棊（"故宮本"）

	A　周圍有疊暈綫的團窠紋樣				B　無疊暈綫的植物紋樣	
	a　心内以墨剔地	b　a&c	c　外緣以墨加粗	d　單綫白描	e　單綫白描	f　外緣以墨加粗
五彩平棊：	暈心墨者係青		渾黑者係紅	暈外綠者係綠 並係碾玉裝	不暈墨者	係五彩裝造
圖樣1 4種 64枚		 4枚	 28枚		 30枚	 2枚 * *可併入e
圖樣2 6種 64枚	 4枚	 4枚 * *類型不確定,介於a和b之間	 8枚	 3枚	 20枚	 25枚
圖樣3 1種 64枚					 64枚	
圖樣4 3種 64枚			 9枚	 6枚	 49枚	
碾玉平棊：	暈心墨者係青		暈外綠者係綠	並係碾玉裝	其不暈者	白上描檀,疊青綠
圖樣1 3種 64枚	 8枚			 24枚	 32枚	
圖樣2 3種 64枚	 8枚			 8枚	 48枚	
圖樣3 1種 64枚					 64枚	
圖樣4 2種 64枚				 12枚	 52枚	

圖 4.19　"故宮本"圖樣平棊華子比較圖①

---

① 據《營造法式》卷33第17、18、26、27頁圖繪製。見圖4.17、圖4.18。

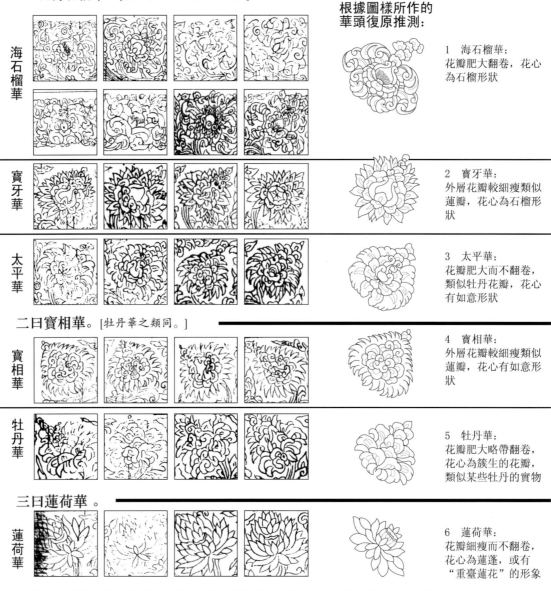

華文有九品：

一曰海石榴華。[寶牙華、太平華之類同。]

根據圖樣所作的
華頭復原推測：

1　海石榴華：
花瓣肥大翻卷，花心
為石榴形狀

2　寶牙華：
外層花瓣較細瘦類似
蓮瓣，花心為石榴形
狀

3　太平華：
花瓣肥大而不翻卷，
類似牡丹花瓣，花心
有如意形狀

二曰寶相華。[牡丹華之類同。]

4　寶相華：
外層花瓣較細瘦類似
蓮瓣，花心有如意形
狀

5　牡丹華：
花瓣肥大略帶翻卷，
花心為簇生的花瓣，
類似某些牡丹的實物

三曰蓮荷華。

6　蓮荷華：
花瓣細瘦而不翻卷，
花心為蓮蓬，或有
"重臺蓮花"的形象

[以上宜於梁、額、橑檐方、椽、柱、枓、栱、材、昂、栱眼壁及白版內。
凡名件之上，皆可通用。]

按：

1. 據文意，"華文有九品"的前三品(六種)華文可以用于任何建築構件，所以後文又有"通用六等華"之稱。另外，《營造法式》將其分爲"鋪地卷成"和"枝條卷成"兩種，在"碾玉裝"一篇中，又有"卷成華葉"一說，因此這6種華文可以並稱爲"卷成華文"。

2. "通用六等華"用于各類構件，體現在《營造法式》圖樣中，見圖4.20。

① 據《營造法式》卷33第2、3、19、20頁圖繪製。

《營造法式》與華文有關的圖樣：

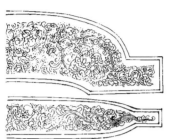

1、2 "故宮本"圖樣：卷成華文用於梁

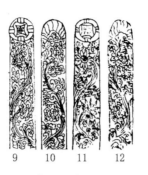

9、10 "故宮本"圖樣：卷成華文用於椽
11、12 "永樂大典本"圖樣：卷成華文
用於椽

3 "故宮本"圖樣：卷成華文用於額（"豹腳"）

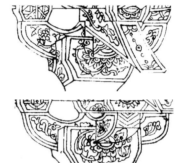

16 "故宮本"圖樣：
卷成華文用於柱

13、14 "故宮本"圖樣：卷成華文用於枓栱

4、5 "故宮本"圖樣：卷成華文用於橑檐方

6、7 "永樂大典本"圖樣：卷成華文用於橑檐方

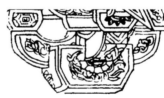

15 "永樂大典本"圖樣：卷成華文用於五鋪作枓栱

8 "故宮本"圖樣：卷成華文用於方（材）

17 "故宮本"圖樣：卷成華文用於栱眼壁

圖 4.20　《營造法式》圖樣（"故宮本"、"永樂大典本"）：卷成華文在不同建築構件上的使用

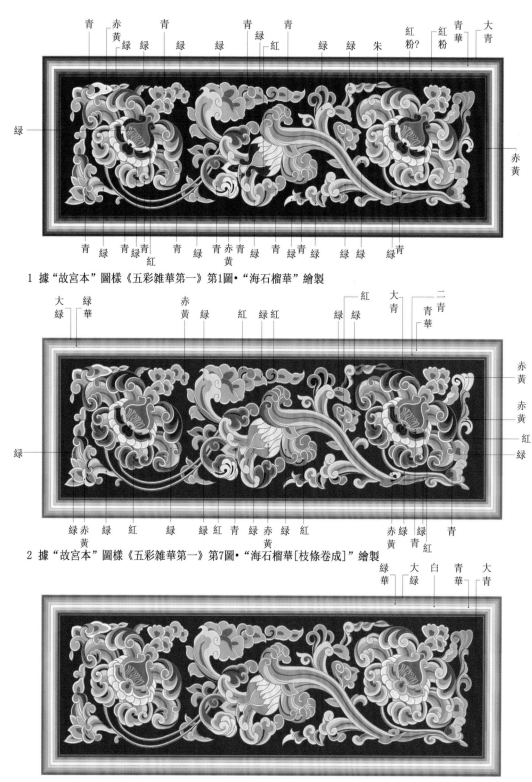

1 據"故宮本"圖樣《五彩雜華第一》第1圖・"海石榴華"繪製

2 據"故宮本"圖樣《五彩雜華第一》第7圖・"海石榴華［枝條卷成］"繪製

3 據"故宮本"圖樣《碾玉雜華第七》第7圖・"海石榴華［枝條卷成］"繪製

彩畫作制度圖三十一　　海石榴華[鋪地卷成]

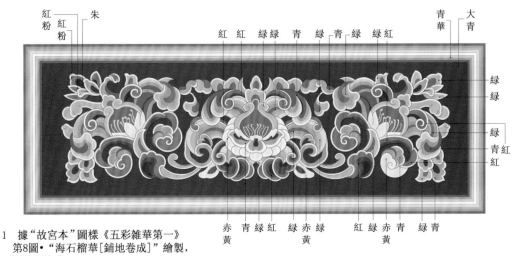

1　據"故宮本"圖樣《五彩雜華第一》
　　第8圖·"海石榴華[鋪地卷成]"繪製，
　　設地色為青

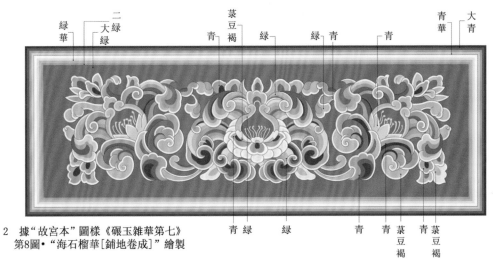

2　據"故宮本"圖樣《碾玉雜華第七》
　　第8圖·"海石榴華[鋪地卷成]"繪製

3

5　"五彩遍裝海石榴華[枝條卷成]"的另外一種
　　可能的設色方式，設地色為紅粉

4

3、4　"五彩遍裝海石榴華[鋪地卷成]"的另外兩種可能
　　　的設色方式，設地色為紅，或紅粉

6　"碾玉裝海石榴華[枝條卷成]"的另外一種
　　可能的設色方式，設地色為白

彩畫作制度圖三十二 牡丹華

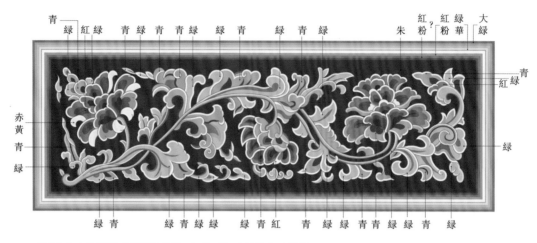

青 綠 紅 綠 青 綠 青 青 綠 綠 青 綠 青 綠 朱 紅粉 ? 紅粉 綠華 大綠 青 紅 綠

赤黃 青 綠

綠

綠 青 綠 青 綠 綠 綠 青 紅 青 綠 綠 青 青 綠 綠 青 綠

1　據"故宮本"圖樣《五彩雜華第一》第5圖·"牡丹華"繪製

綠華 大綠 白 青華 大青

2　據"故宮本"圖樣《碾玉雜華第七》第5圖·"牡丹華"繪製

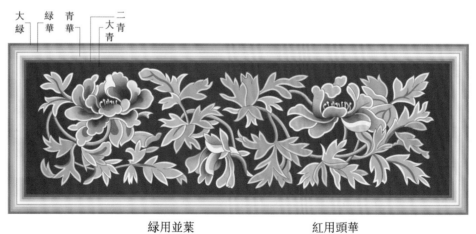

大綠 綠華 青華 二青 大青

綠用並葉　　　　　　　紅用頭華

3　據"故宮本"圖樣《五彩雜華第一》第9圖·"牡丹華[寫生]"繪製

彩畫作制度圖三十三　蓮荷華①

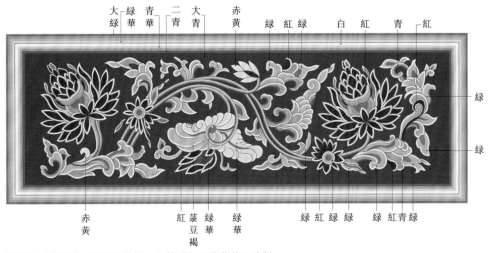

1　據"故宮本"圖樣《五彩雜華第一》第6圖·"蓮荷華"繪製

2　據"故宮本"圖樣《碾玉雜華第七》第6圖·"蓮荷華"繪製

綠用並葉　　　　　　　紅用頭華

3　據"故宮本"圖樣《五彩雜華第一》第10圖·"蓮荷華[寫生]"繪製

---

① 《營造法式》中出現的六等"卷成華文"，前四等爲結合多種植物形象創作而成的"奇花异草"。其中"海石榴華"的形象至遲在唐代已經成型，在宋代達到成熟和繁榮，在明清仍有流傳，是四種"奇花异草"中形象最明確、最成熟、最具代表性的紋樣，本書在此選取該種紋樣進行詳細的剖析和復原，並對兩種由具體植物演變而來的紋樣——"牡丹華"和"蓮荷華"進行剖析和復原，其餘三種(寶牙、太平、寶相)暫從略。

A
陶本
補繪
圖樣，
1925年

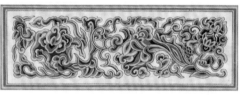

1　五彩雜華•海石榴華
2　五彩雜華•海石榴華（枝條卷成）
3　五彩雜華•海石榴華（鋪地卷成）
4　碾玉雜華•海石榴華
5　碾玉雜華•海石榴華（枝條卷成）
6　碾玉雜華•海石榴華（鋪地卷成）
7　碾玉裝名件•栱眼壁

B　郭黛姮指導重繪圖樣，1998年

8　五彩雜華•海石榴華（枝條卷成）
9　五彩雜華•海石榴華（鋪地卷成）

C　郭黛姮指導重繪圖樣，2001年

10　五彩雜華•海石榴華（鋪地卷成）
11　碾玉雜華•海石榴華（鋪地卷成）

圖 4.21　現有關于海石榴色彩效果的幾種推測

《營造法式》與石榴、牡丹、蓮荷有關的圖樣及其分析：

A "五彩雜華"
和"碾玉雜華"
中的海石榴圖樣

1 "故宮本"五彩遍裝海石榴華
（葉片較肥大，枝條局部被遮
擋。右邊的花心失去石榴形
狀）
2 "故宮本"五彩遍裝枝條卷成
海石榴華
（圖形與上圖基本一致，僅
用色不同，右邊的花心亦為
石榴形狀）
3 "故宮本"碾玉裝海石榴華
（骨架形式與五彩遍裝略有
不同，枝葉較纖細，枝條未
被遮擋）
4 "四庫本"五彩遍裝海石榴華
（骨架和花心形式明確，但多
數葉片翻捲的形象被抽象為
螺旋綫）
5 "丁本"五彩遍裝海石榴華（葉片脈絡清晰，但花心形狀不明確）
6 "陶本"碾玉裝海石榴華（骨架形式與"故宮本"同，但已經失去了葉片翻卷和石榴花心的特徵）

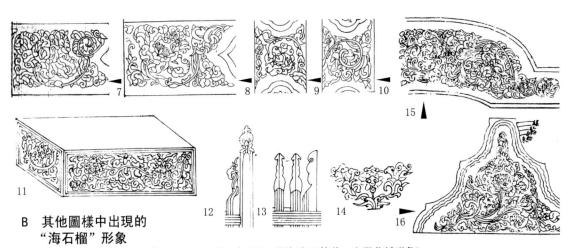

B 其他圖樣中出現的
"海石榴"形象

7、8 "故宮本"五彩柱額"豹腳"、"三卷如意頭"（類似海石榴華，出現花托形象）
9、10 "故宮本"五彩柱額"海石榴華內間六入圓華科"（海石榴的簡化圖形，出現花托形象）
11 "故宮本"石作制度圖樣·角石·壓地隱起海石榴華（海石榴的簡化圖形，花心形狀不明確）
12 "故宮本"小木作制度圖樣·叉子·望柱海石榴頭（明確的石榴形象，底部襯以類似蓮瓣的細小花瓣）
13 "故宮本"小木作制度圖樣·叉子·櫺子海石榴頭（簡化的石榴形象）
14 "故宮本"彫木作制度圖樣·海石榴華雲栱（石榴花心已變為如意形象）
15 "永樂大典本"五彩遍裝梁栿畫海石榴華（葉片脈絡較清晰，花心形狀明確）
16 "永樂大典本"五彩遍裝栱眼壁畫海石榴華（葉片脈絡較清晰，花心形狀明確）

圖 4.22 《營造法式》圖樣：海石榴的幾種典型形象

A　卷葉畫法舉例

1、2　莫高窟中唐201窟藻井邊飾中海石榴長型卷葉畫法
3　莫高窟晚唐196窟邊飾中海石榴長型卷葉畫法
4、6　慈聖光獻曹皇后陵（1079年）西列望柱上的海石榴寶裝卷葉畫法
7-9　少林寺宋代舍利石函上的海石榴長型卷葉畫法

B　花心畫法舉例

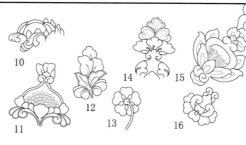

10　莫高窟初唐46窟邊飾的海石榴花心畫法
11-13　莫高窟中唐201窟藻井邊飾中的海石榴花心畫法
14　莫高窟晚唐196窟邊飾中海石榴花心畫法
15　慈聖光獻曹皇后陵西列望柱上的海石榴花心畫法
16　少林寺宋代舍利石函上的海石榴花心畫法

C　組合畫法舉例

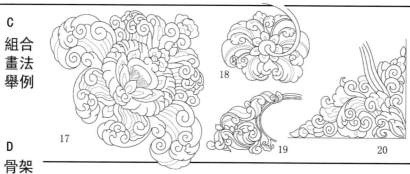

17　慈聖光獻曹皇后陵西列望柱上的海石榴花頭畫法
18　登封中嶽廟宋碑的海石榴背面畫法
19　晉祠聖母殿（北宋）西立面棋眼壁角部的海石榴簇型莖葉畫法
20　永裕陵（1085年）西列望柱上的角部海石榴簇型莖葉畫法

D　骨架結構舉例

21　"故宮本"五彩遍裝海石榴華的骨架結構
22　"故宮本"碾玉裝海石榴華的骨架結構
23　慈聖光獻曹皇后陵西列望柱上的海石榴紋樣骨架結構

E　圖案細部轉譯

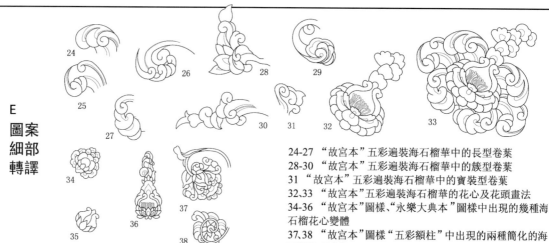

24-27　"故宮本"五彩遍裝海石榴華中的長型卷葉
28-30　"故宮本"五彩遍裝海石榴華中的簇型卷葉
31　"故宮本"五彩遍裝海石榴華中的寶裝型卷葉
32、33　"故宮本"五彩遍裝海石榴華的花心及花頭畫法
34-36　"故宮本"圖樣、"永樂大典本"圖樣中出現的幾種海石榴花心變體
37、38　"故宮本"圖樣"五彩額柱"中出現的兩種簡化的海石榴花頭畫法

圖4.23　對海石榴紋樣畫法的分析

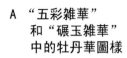

A "五彩雜華"
　　和 "碾玉雜華"
　　中的牡丹華圖樣

1 "故宮本" 五彩遍裝牡丹華
2 "故宮本" 碾玉裝牡丹華
3 "故宮本" 五彩遍裝寫生牡丹華
4 "四庫本" 五彩遍裝牡丹華
5 "四庫本" 碾玉裝牡丹華
6 "四庫本" 五彩遍裝寫生牡丹華

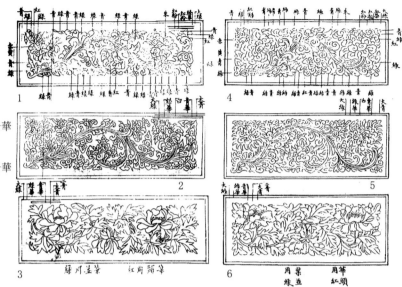

B 其他圖樣中出現的牡丹形象

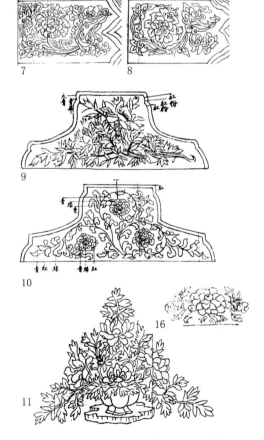

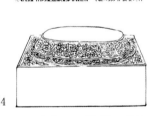

7、8 "故宮本" 五彩額柱 "疊暈"、"牙腳"
9 "永樂大典本" 五彩裝栱眼壁（寫生牡丹華）
10 "故宮本" 解綠結華裝栱眼壁內單枝條華
11 "故宮本" 彫木作制度圖樣·重栱眼內華盆·牡丹
12 "故宮本" 彫木作制度圖樣·格子門等腰華版·
　　剔地起突三卷葉
13 "故宮本" 石作制度圖樣·國字流杯渠（局部）
14 "故宮本" 石作制度圖樣·柱礎·壓地隱起牡丹華
15 "故宮本" 石作制度圖樣·角柱·壓地隱起華
16 "故宮本" 彫木作制度圖樣·像生牡丹華地霞

圖 4.24 《營造法式》圖樣:牡丹華的幾種典型形象

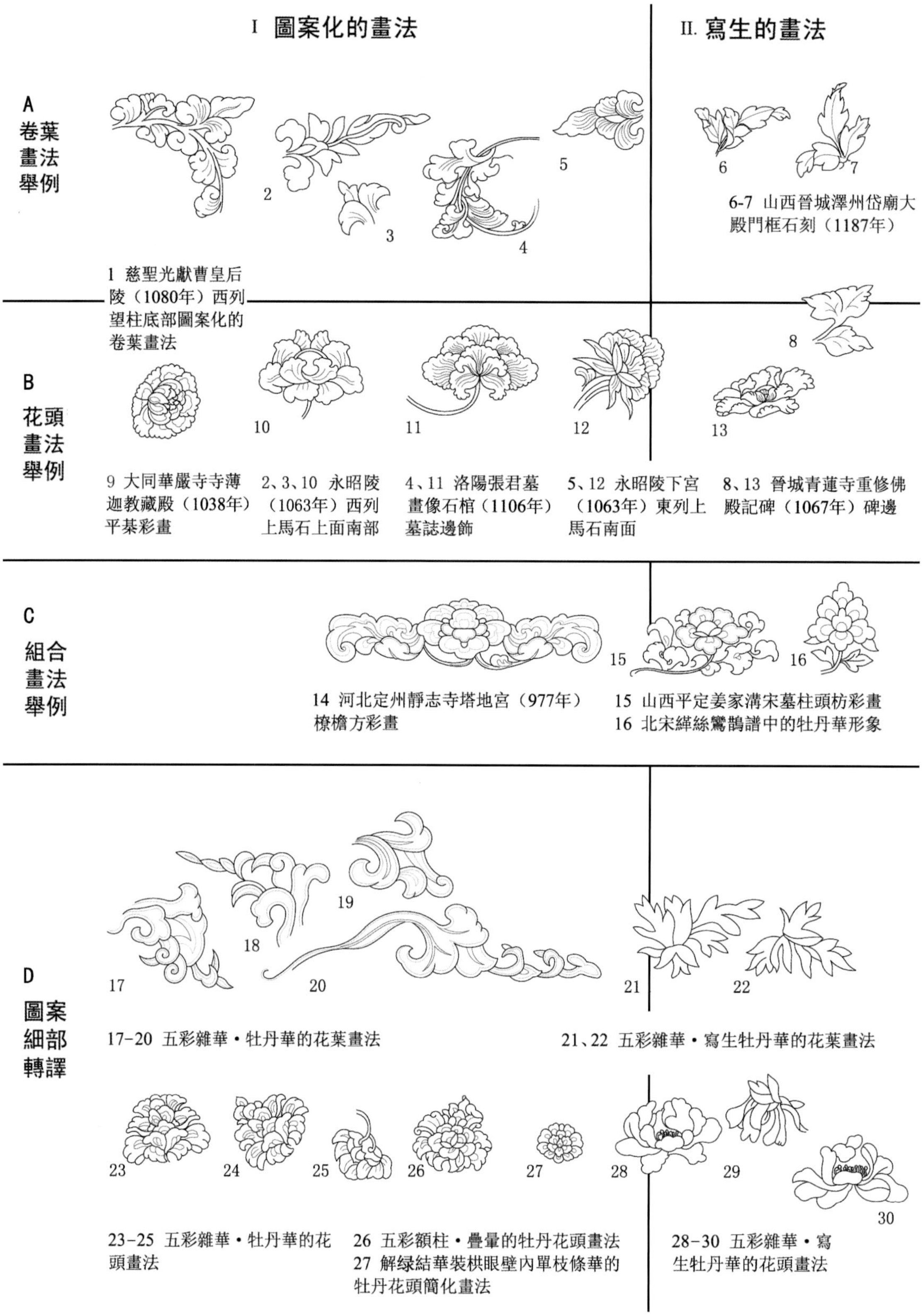

I 圖案化的畫法　　II. 寫生的畫法

A 卷葉畫法舉例

6-7 山西晉城澤州岱廟大殿門框石刻（1187年）

1 慈聖光獻曹皇后陵（1080年）西列望柱底部圖案化的卷葉畫法

B 花頭畫法舉例

9 大同華嚴寺寺薄迦教藏殿（1038年）平棊彩畫

2、3、10 永昭陵（1063年）西列上馬石上面南部

4、11 洛陽張君墓畫像石棺（1106年）墓誌邊飾

5、12 永昭陵下宮（1063年）東列上馬石南面

8、13 晉城青蓮寺重修佛殿記碑（1067年）碑邊

C 組合畫法舉例

14 河北定州靜志寺塔地宮（977年）橑檐方彩畫

15 山西平定姜家溝宋墓柱頭枋彩畫
16 北宋緙絲鸂鶒譜中的牡丹華形象

D 圖案細部轉譯

17-20 五彩雜華·牡丹華的花葉畫法

21、22 五彩雜華·寫生牡丹華的花葉畫法

23-25 五彩雜華·牡丹華的花頭畫法
26 五彩額柱·疊暈的牡丹花頭畫法
27 解綠結華裝栱眼壁內單枝條華的牡丹花頭簡化畫法

28-30 五彩雜華·寫生牡丹華的花頭畫法

圖4.25　對牡丹華畫法的分析

1 "故宮本"五彩遍裝蓮荷華
2 "故宮本"碾玉裝蓮荷華
3 "故宮本"五彩遍裝寫生蓮荷華

4 "四庫本"五彩遍裝蓮荷華
5 "四庫本"碾玉裝蓮荷華
6 "四庫本"五彩遍裝寫生蓮荷華

7 "故宮本" 五彩額柱"雲頭"
8 "永樂大典本"五彩裝栱眼壁（寫生蓮荷華）
9 "故宮本" 彫木作制度圖樣‧格子門等腰華版‧透突平卷葉
10 "故宮本" 彫木作制度圖樣‧像生蓮荷華地霞

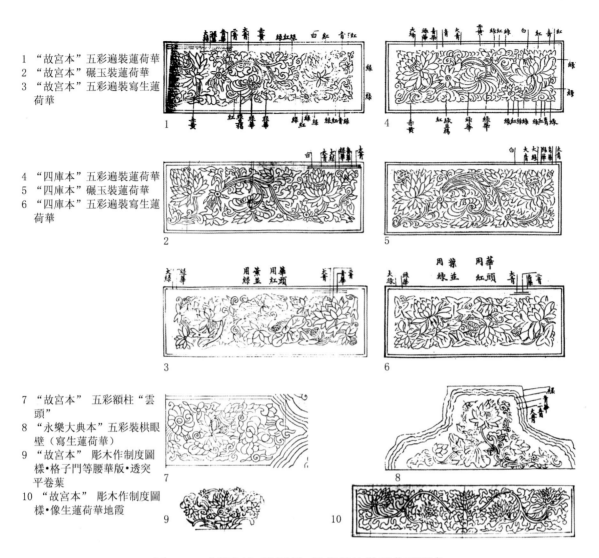

圖 4.26　《營造法式》圖樣：蓮荷華的幾種典型形象

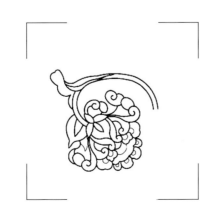

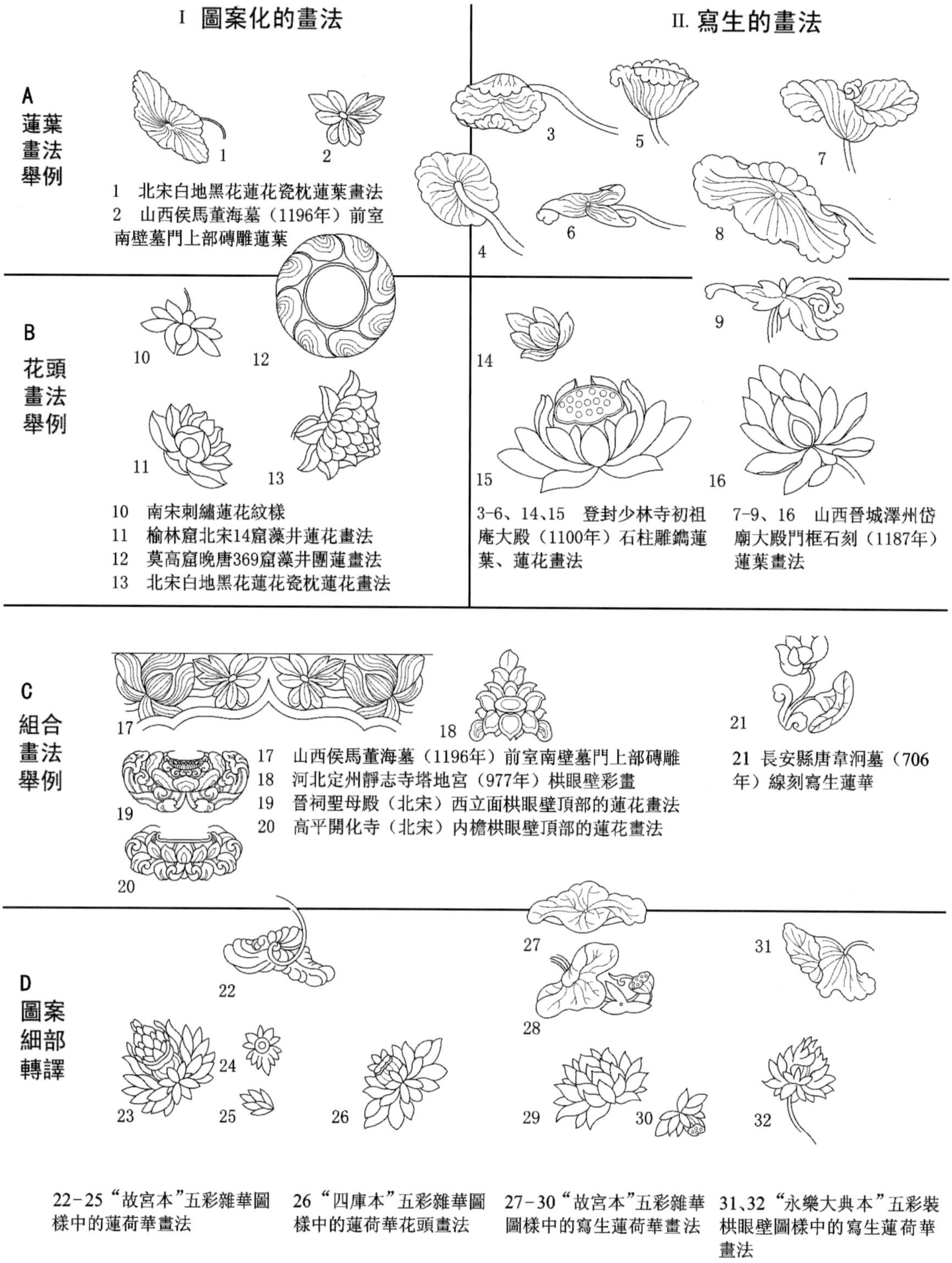

I 圖案化的畫法　　　　　　　　　II. 寫生的畫法

A 蓮葉畫法舉例

1
2
3
5
7
6
4
8

1　北宋白地黑花蓮花瓷枕蓮葉畫法
2　山西侯馬董海墓（1196年）前室
　　南壁墓門上部磚雕蓮葉

B 花頭畫法舉例

10
12
11
13
14
9
15
16

10　南宋刺繡蓮花紋樣
11　榆林窟北宋14窟藻井蓮花畫法
12　莫高窟晚唐369窟藻井團蓮畫法
13　北宋白地黑花蓮花瓷枕蓮花畫法

3-6、14、15　登封少林寺初祖
庵大殿（1100年）石柱雕鑴蓮
葉、蓮花畫法

7-9、16　山西晉城澤州岱
廟大殿門框石刻（1187年）
蓮葉畫法

C 組合畫法舉例

17
18
21
19
20

17　山西侯馬董海墓（1196年）前室南壁墓門上部磚雕
18　河北定州靜志寺塔地宮（977年）栱眼壁彩畫
19　晉祠聖母殿（北宋）西立面栱眼壁頂部的蓮花畫法
20　高平開化寺（北宋）內檐栱眼壁頂部的蓮花畫法

21　長安縣唐韋洞墓（706
年）線刻寫生蓮華

D 圖案細部轉譯

22
27
31
28
23
24
25
26
29
30
32

22-25 "故宮本"五彩雜華圖
樣中的蓮荷華畫法

26 "四庫本"五彩雜華圖
樣中的蓮荷華花頭畫法

27-30 "故宮本"五彩雜華
圖樣中的寫生蓮荷華畫法

31、32 "永樂大典本"五彩裝
栱眼壁圖樣中的寫生蓮荷華
畫法

圖 4.27　對蓮荷華畫法的分析

彩畫作制度圖三十四　碾玉華文:龍牙蕙草①

1 龍牙蕙草（碾玉裝，綠地，假設有青色間裝）

2 龍牙蕙草（碾玉裝，綠地，假設單色疊暈）

---

① 據《營造法式》卷33第20頁第3圖繪製。
　　"龍牙蕙草"紋樣是《營造法式》彩畫中唯一一品專用于碾玉裝的紋樣，爲便于集中討論紋樣關係，在此亦歸入"華文九品"，與五彩遍裝的紋樣一起討論。雖然"蕙草"在《營造法式》中還見于"石造作華文"和"雕木作華文"，另有"卷頭蕙草"、"長生蕙草"、"雙頭蕙草"等名目，但是均沒有專門的圖樣。在這裏僅憑"碾玉雜華"的一張圖樣，很難判斷"蕙草"紋樣的基本特徵，亦難解"龍牙"何意。由于《營造法式》全篇沒有提及其他無華頭的紋樣，在此暫將沒有華頭、僅畫莖葉、類似卷草的植物紋樣全部納入"蕙草"之列。另外，法式圖中零星出現的類似"蕙草雲"的圖像也納入本節的討論範圍。

A　"碾玉雜華"中的龍牙蕙草圖樣　　B　"五彩雜華"中的玻璃地圖樣
（以"龍牙蕙草"為底紋）

1　"故宮本"碾玉裝龍牙蕙草
2　"四庫本"碾玉裝龍牙蕙草
3　"陶本補繪"碾玉裝龍牙蕙草
4　"故宮本"五彩遍裝玻璃地
5　"四庫本"五彩遍裝玻璃地
6　"陶本補繪"五彩遍裝玻璃地

C　其他圖樣中出現
　　的"蕙草"形象

12　"故宮本"石作
　　制度圖樣·角柱·
　　剔地起突雲龍
　　（邊飾卷草紋）

13　"故宮本"石作
　　制度圖樣·角石·
　　剔地起突獅子
　　（側面肥大不見
　　枝條的卷草紋）

7　"故宮本"解綠結華裝五鋪作枓栱
　　（栱、昂、方、耍頭繪雲文，可能是
　　"蕙草雲"）
8、9　"故宮本"彫木作制度圖樣·勾闌
　　華版（可能是《小木作功限》中提
　　到的"長生蕙草間羊鹿鴛鴦之類"）
10　"故宮本"小木作制度圖樣·重臺瘦
　　項勾闌華版（下華版飾卷草紋）
11　"故宮本"小木作制度圖樣·單槶項
　　勾闌華版（華版飾卷草紋）

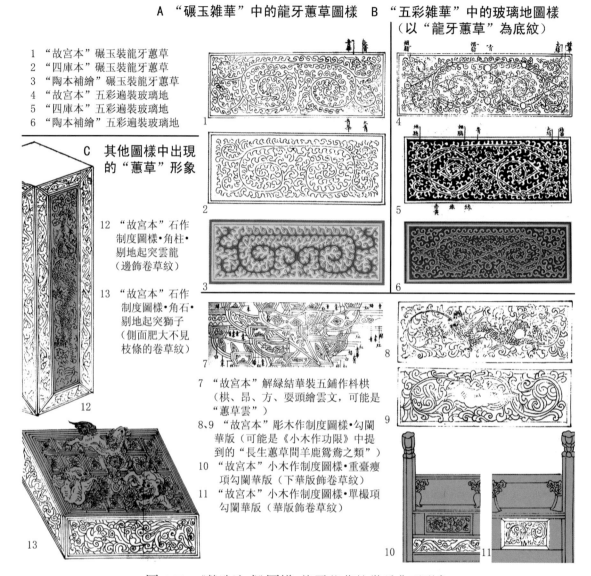

圖 4.28　《營造法式》圖樣：龍牙蕙草的幾種典型形象

A
骨架、
莖葉的
生長方
式舉例

4　　　5　　　6　7

1　永昭陵西列上馬石（1063年）
　　卷草紋骨架綫、莖、葉的畫法
2　晉城青蓮寺碑邊卷草紋（1167
　　年）骨架綫、莖、葉的畫法
3　慈聖光獻皇后陵（1080年）西
　　列望柱底座北面卷草紋骨架綫、
　　莖、葉的畫法

4、5　晚唐五代時期越窯粉盒上的
　　卷草紋骨架綫、莖、葉的畫法
6、7　南宋 水陸畫《三官圖軸》
　　所繪的神台彫鑴卷草紋骨架綫、
　　莖、葉的畫法

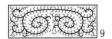

8　　　　　　9　　　　　　12

8　碾玉裝龍牙蕙草圖樣的骨架結構
9　碾玉裝龍牙蕙草圖樣的葉片生長示意

12　彫木作制度圖樣·勾闌華版中的"長生
　　蕙草間羊鹿鴛鴦之類"骨架分析

B
《營造法式》
圖樣莖葉
生長方式
分析

　10

　13

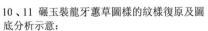　11

　14

10、11　碾玉裝龍牙蕙草圖樣的紋樣復原及圖
底分析示意：
　　波狀卷葉圖案有著明顯的平面化傾向，
不再著重表現葉片的翻捲，圖形和背景接近
一種互補的關係，即背景和圖形的形狀同構。

13、14　"長生蕙草間羊鹿鴛鴦之類"紋樣復原
及圖底分析示意：
　　較爲寫實的波狀卷葉畫法，有著翻捲葉片
的畫法，與海石榴等華葉相近（單槫項勾闌華
版所飾紋樣與此相似）

　15

　16

15、16　重臺瘦項勾闌下華版所飾
卷草紋樣復原及圖底分析示意：
　　簡化的波狀紋樣，葉片的
翻捲亦可以理解爲勾卷葉的平面
形狀（角石邊飾紋樣與此類似）

17　解綠結華裝五鋪作枓栱的"蕙
草雲"紋樣：
　　其勾卷形狀可以明顯地看出
與"蕙草"圖形的親緣關係

圖 4.29　對龍牙蕙草畫法的分析

彩畫作制度圖三十五　華文有九品：團科寶照等構圖分析①

	A 五彩遍裝	B 碾玉裝	C 關於地色的不同推測

第四品

1　團科寶照

2　團科柿蒂

3　方勝合羅

2c 假設團科邊緣疊暈色階外深內淺的情況
2d 假設外緣道與海石榴等華存在相同的"對暈"做法的情況

第五品

4　圈頭合子

第六品

5　豹腳合暈

6　梭身合暈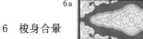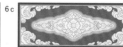

7　連珠合暈

8　偏暈

6c 假設外緣疊暈色階外深內淺的情況
7c 假設團科邊緣疊暈色階外深內淺的情況

第七品

9　瑪瑙地

第八品

11　魚鱗旗腳

第九品

12　圈頭柿蒂

13　胡瑪瑙

① 據《營造法式》卷 33 第 2~5 頁《五彩雜華第一》、第 19~21 頁《碾玉雜華第七》繪製。其中第 10 種"玻璃地"，構圖和用色方式已經脫開了一般的"團科華"，暫剔除。

彩畫作制度圖三十六　團科寶照、團科柿蒂、方勝合羅①

華文有九品：……四日團科寶照。

[團科柿蒂、方勝合羅之類同。以上宜於方、桁、枓、栱內，飛子面相間用之。]

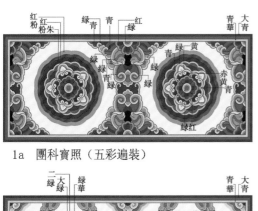

1a　團科寶照（五彩遍裝）

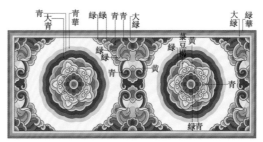

1b　團科寶照（碾玉裝）

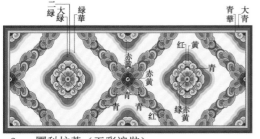

2a　團科柿蒂（五彩遍裝）

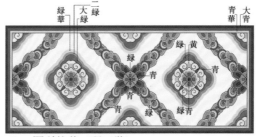

2b　團科柿蒂（碾玉裝）

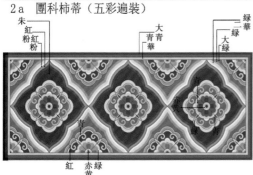

3a　方勝合羅（五彩遍裝）

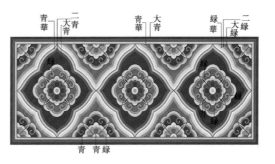

3b　方勝合羅（碾玉裝）

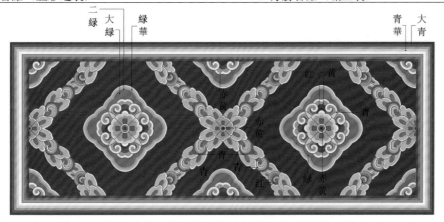

2c　團科柿蒂（五彩遍裝）：假設外緣對暈與海石榴等華相同的情況

① 據《營造法式》卷33《五彩雜華第一》第11、12、13圖，《碾玉雜華第七》第13、14、16圖繪製。
其中"團科柿蒂"（2-a、2-b、2-c）中"團科"的色帶，原圖標注为"大綠、綠華"（图4.30[2]），据叠暈做法的規定，
校正为"大綠、二綠、綠華"。

彩畫作制度圖三十七　圈頭盒子、豹腳合暈等①

五曰圈頭合子。

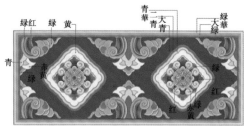

4a　圈頭盒子（五彩遍裝）

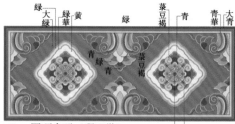

4b　圈頭盒子（碾玉裝）

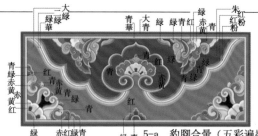

5-a　豹腳合暈（五彩遍裝，無碾玉裝）

六曰豹腳合暈。

[梭身合暈、連珠合暈、偏暈之類同。

以上宜於方、桁內、飛子及大小連檐相間用之。]

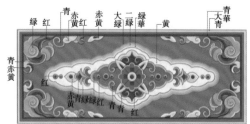

6a　梭身合暈（五彩遍裝）

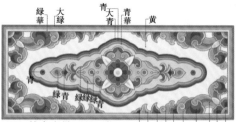

6b　梭身合暈（碾玉裝）

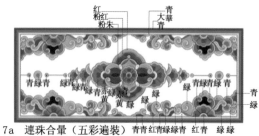

7a　連珠合暈（五彩遍裝）

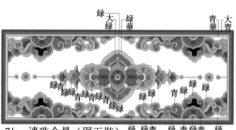

7b　連珠合暈（碾玉裝）

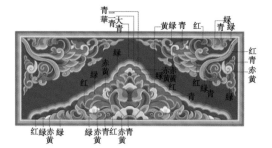

8a　偏暈（五彩遍裝，無碾玉裝）

① 據《營造法式》卷33《五彩雜華第一》第14、15圖，《碾玉雜華第七》第10、11、12圖繪製。其中五彩雜華第16、17、18圖由于"故宮本"圖樣缺漏，據"丁本"繪製，顏色指向參照傅熹年先生轉抄劉敦楨先生據"故宮本"的校注。

彩畫作制度圖三十八 瑪瑙地、魚鱗旗腳、圈頭柿蒂等[①]

華文有九品：……七日瑪瑙地。[玻璃地之類同。以上宜於方、桁、枓內相間用之。]

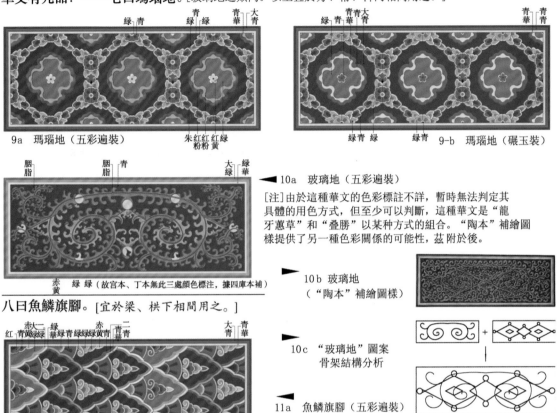

9a 瑪瑙地（五彩遍裝）

9-b 瑪瑙地（碾玉裝）

10a 玻璃地（五彩遍裝）

[注]由於這種華文的色彩標註不詳，暫時無法判定其具體的用色方式，但至少可以判斷，這種華文是"龍牙蕙草"和"疊勝"以某種方式的組合。"陶本"補繪圖樣提供了另一種色彩關係的可能性，茲附於後。

赤緑緑（故宮本、丁本無此三處顏色標注，據四庫本補）
黃

10b 玻璃地
（"陶本"補繪圖樣）

八日魚鱗旗腳。[宜於梁、栱下相間用之。]

10c "玻璃地"圖案骨架結構分析

11a 魚鱗旗腳（五彩遍裝）

九日圈頭柿蒂。 [胡瑪瑙之類同。以上宜於枓內相間用之。]

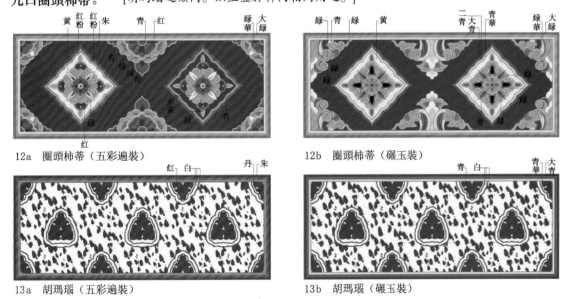

12a 圈頭柿蒂（五彩遍裝）

12b 圈頭柿蒂（碾玉裝）

13a 胡瑪瑙（五彩遍裝）

13b 胡瑪瑙（碾玉裝）

① 據《營造法式》卷33《五彩雜華第一》第19、20、21、22、23圖，《碾玉雜華第七》第15、17、18圖繪製。

《營造法式》與團科寶照等有關的圖樣及其分析：

華文有九品：

……

五曰圈頭合子。

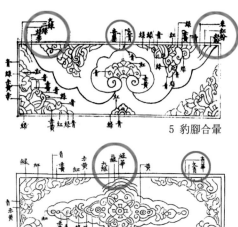

4 圈頭合子

六曰豹腳合暈。

[梭身合暈、連珠合暈、偏暈之類同。
以上宜於方、桁內、飛子及大小連檐
相間用之。]

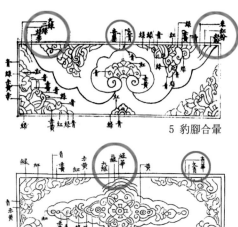

5 豹腳合暈

6 梭身合暈

7 連珠合暈

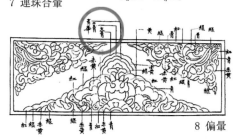

8 偏暈

四曰團科寶照。

[團科柿蒂、方勝合羅之類同。以上
宜於方、桁、枓、栱內，飛子面相
間用之。]

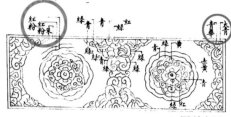

1 團科寶照

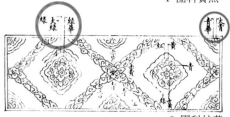

2 團科柿蒂

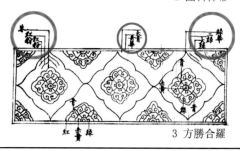

3 方勝合羅

七曰瑪瑙地。

[玻璃地之類同。
以上宜於方、桁、枓內相間用之。]

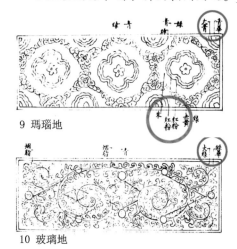

9 瑪瑙地

10 玻璃地

圖4.30 《營造法式》華文後六品圖樣（"故宮本"），以及關于設色方法的分析 1[①]

① 底圖引自故宮本《營造法式》卷33，第3頁、第4頁、第5頁，其中梭身合暈、連珠合暈、偏暈三圖暫未得到"故宮本"，用"丁本"代替，圖中綫條爲傅熹年先生轉抄劉敦楨先生據"故宮本"的校注。

九曰圈頭柿蒂。

　　[胡瑪瑙之類同。

　　以上宜於科內相間用之。]

八曰魚鱗旗腳。

　　[宜於梁、栱下相間用之。]

12　圈頭柿蒂

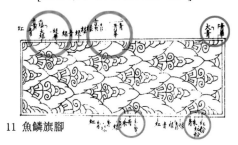

11　魚鱗旗腳

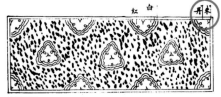

13　胡瑪瑙

圖4.31　《營造法式》華文後六品圖樣("故宮本"),以及關于設色方法的分析2

表4.5　華文後六品設色方式統計表

紋樣名目	外緣設色	團科邊緣設色
说明	與海石榴等華文不同的是,團科華文的圖樣雖然也畫出了兩道邊緣綫,但是僅標出外緣的色階變化,而沒有地色外"空緣"的色階標注。以下統計各色團科華文"外緣"色階的深淺關係(部分故宮本不清晰的圖樣,依照丁本校正,並加以注明)	與海石榴等華文不同的是,團科華文的邊緣往往有疊暈甚至對暈的處理。以下統計各色團科邊緣色階的深淺關係
1 團科寶照	外深內淺	內深外淺
2 團科柿蒂	深淺關係不明	深淺關係不明
3 方勝合羅	外淺內深;此組色彩標注也可理解爲"團科"外緣的色階疊暈	內外各有一重疊暈色階,淺色相對(對暈)
4 圈頭合子	深淺關係不明	外深內淺
5 豹腳合暈	外深內淺;此組色彩標注也可理解爲"團科"內緣的色階標注	對暈
6 梭身合暈	外深內淺	外深內淺
7 連珠合暈	外淺內深	外深內淺
8 偏暈	無相關標注	外深內淺
9 瑪瑙地	深淺關係不明	外深內淺
10 玻璃地	深淺關係不明	無相關標注
11 魚鱗旗腳	外深內淺("丁本")	有兩處外淺內深,一處似乎指向花心
12 圈頭柿蒂	深淺關係不明	內淺外深
13 胡瑪瑙	外深內淺("丁本")	無相關標注

1　散斗彩畫：
　出現了"四入瓣科"、
　"四出尖科"、"柿蒂
　科"、"圜華科"等

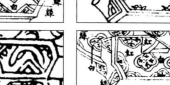

2　交互斗、櫨斗彩畫：出現了"四入瓣科"、"四出尖科"、"柿蒂科"、"疊暈蓮華"、"胡瑪瑙"等

3　耍頭彩畫：出現了"柿蒂科"、
　"四出尖科"、"豹腳合暈"等

4　昂面、昂身彩畫：出現了"連珠合暈"、
　"兩尖科"、"圜華科"等

5　栱身、栱頭、華頭子彩畫：出現了"偏暈"、"豹腳合暈"、"四入瓣科"、"四出尖科"、"柿蒂科"、
　"圜華科"、"四斜毬文"等

圖 4.32　《營造法式》圖樣：華文後六品在不同構件上的使用——斗栱

6 椽檐枋彩畫、柱頭枋彩畫：出現了"團科柿蒂"、"四直毬文"、"簇六毬文"、"柿蒂科"、"柿蒂科"內間卷草紋等

7 椽身、椽面彩畫：出現了"瑪瑙地"、"魚鱗旗腳"、"柿蒂科"、"圓華科"等

8 飛子身、飛子面彩畫：出現了連珠合暈、梭身合暈等

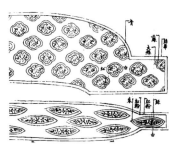  

9 梁栿彩畫：
  出現了"四入瓣科"、
  "兩尖科"等

10 柱身彩畫：
  出現了"六入圓華科"、"四入
  圓華科"、"柿蒂科"等

11 平棊邊桯彩畫：
  出現了"偏暈"、"連珠合暈"、
  "梭身合暈"、"柿蒂科"等

圖 4.33 《營造法式》圖樣：華文後六品在不同構件上的使用——梁、椽、柱等

A

"五彩雜華"和
"碾玉雜華"中
的柿蒂圖樣

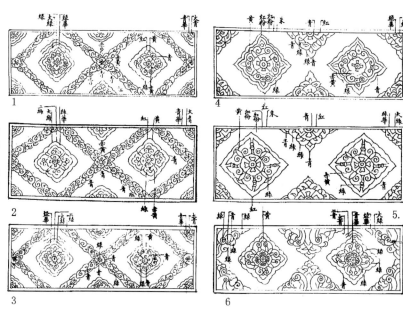

1 "故宮本" 五彩遍裝團科柿蒂
2 "四庫本" 五彩遍裝團科柿蒂
3 "故宮本" 碾玉裝團科柿蒂
4 "故宮本" 五彩遍裝團頭柿蒂
5 "四庫本" 五彩遍裝團頭柿蒂
6 "故宮本" 碾玉裝團頭柿蒂

B

其他圖樣中出現的
柿蒂形象

7-10 "永樂大典本" 科栱、梁、椽上的
柿蒂紋樣
11 "故宮本" 五彩柱額上的 "四入圓華科"
（與柿蒂相似）

15 "故宮本" 小木作制度圖樣·平棊貼絡華文·柿蒂
16 "故宮本" 小木作制度圖樣·平棊貼絡華文·柿蒂方勝
17 "故宮本" 小木作制度圖樣·平棊貼絡華文·方圓柿蒂
相間
18 "故宮本" 小木作制度圖樣·平棊貼絡華文·柿蒂轉道

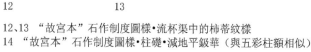

12、13 "故宮本" 石作制度圖樣·流杯渠中的柿蒂紋樣
14 "故宮本" 石作制度圖樣·柱礎·減地平鈒華（與五彩柱額相似）

圖 4.34 《營造法式》圖樣中柿蒂的典型形象

A
植物原型

1 尖瓣　　　　2 圓瓣　　　　3 尖瓣變體

植物主要特徵：萼分四瓣，
作花瓣狀，中央有梗。

B
歷代裝飾實例

　　4　　　　　　5　　　　　6 [唐] 棋盤鑲嵌　7 [宋] 壁畫邊飾　8 [宋] 磁州窯短頸矮瓶　9 [金] 磚塔門砧
4 [漢] 銅鏡　　　　　　　　　　　　　　　　　　　　　　　　（與寫生花卉的結合）
5 [北魏] 五蒂銅鏡
（西方"渦卷萼"
的引入）

5甲. 陝西出土北魏銅鏡與北魏雲岡第 9、10窟的
"Ionic柱頭"渦卷萼之比較

　10　　　　　11　　　　　12　　　　　13　　　　　14

10 白沙宋墓彩畫　11、12 高平開化寺宋代彩畫　13 沁縣金墓彩畫（遼慶陵彩畫同）
14 大同善化寺明代（？）彩畫（渦卷萼向"旋子"的轉變）

時代風格的演變： 漢、魏：綫條極富張力 ——→ 唐：綫條趨於圓柔 ——→ 宋金：綫條柔和、造型折衷，裝飾富麗

C
《營造法式》柿蒂

15 柿蒂　16 半柿蒂　17 圓柿蒂　18、19 方柿蒂　　20 團科柿蒂　21 圈頭柿蒂
　　　　　　　　　　（四入圓華科同）（四出尖瓣，羅文同）　　　　　　　（"圈頭"和"渦卷萼"

《營造法式》： 出現各色柿蒂7種，是宋金時期裝飾風格的總結。　21甲.　可能也有淵源關係）

D
連續構成方式

 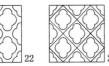   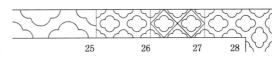

22　　　　　　　23　　　　　　24　　　　　25　　　　26　　　　27　　　　28

22 網狀四方連續（羅文）　　　　　　　　　25 "1/2開刀式"二方連續（高平開化寺、沁縣金墓、慶陵）
23、24 有綫格的網狀四方連續　　　　　　 26-28 "一整二破式"二方連續（團科柿蒂、圈頭柿蒂、柿蒂轉道等）
　（方勝合羅、羅文疊勝、團科柿蒂）

E
填充紋樣

29 "故宮本"五彩遍裝圈頭柿蒂　30 "故宮本"碾玉裝圈頭柿蒂（中部與角部）　31 "故宮本"團科寶照
　（中部與角部）　　　　　　　　　（"故宮本"圈頭盒子同）

32 "故宮本"五彩遍裝團科柿蒂（骨架綫）　　　　　　　33 登封中嶽廟宋碑碑邊
　（"故宮本"瑪瑙地同）　　　　　　　　　　　　　　　　石刻花邊

圖 4.35　柿蒂圖案元素分析

彩畫作制度圖三十九 瑣文有六品[1]

瑣文有六品:
一曰瑣子。[聯環瑣、瑪瑙瑣、疊環之類同。]

1 瑣子　　　　　　2 聯環　　　　　　3 瑪瑙（密環）　　　　　4 疊環

二曰簟文。[金鋌文、銀鋌、方環之類同。]

5 簟文　　　　　　6 金鋌　　　　　　7 銀鋌　　　　　　8 方環

三曰羅地龜文。[六出龜文、交腳龜文之類同。]

9 羅地龜紋　　　　10 六出龜紋　　　　11 交腳龜紋

四曰四出。[六出之類同。]

12 四出　　　　　　13 六出

五曰劍環。[宜於枓內相間用之。]

14 劍環（原圖無）

以上宜於 橑檐方、槫、柱頭及枓內。
其四出、六出亦宜於栱頭、椽頭、方桁相間用之。]

六曰曲水。[或作王字及万字，或作斗底及鑰匙頭，宜於普拍方內外用之。]

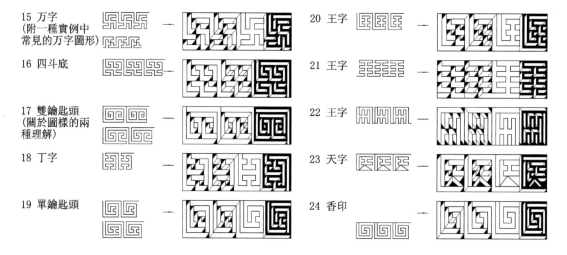

15 万字（附一種實例中常見的万字圖形）
16 四斗底
17 雙鑰匙頭（關於圖樣的兩種理解）
18 丁字
19 單鑰匙頭

20 王字
21 王字
22 王字
23 天字
24 香印

---

① 據《營造法式》卷 33 第 5~8 頁、22~23 頁圖樣《五彩瑣文第二》、《碾玉瑣文第八》繪製。

《營造法式》瑣文圖樣：

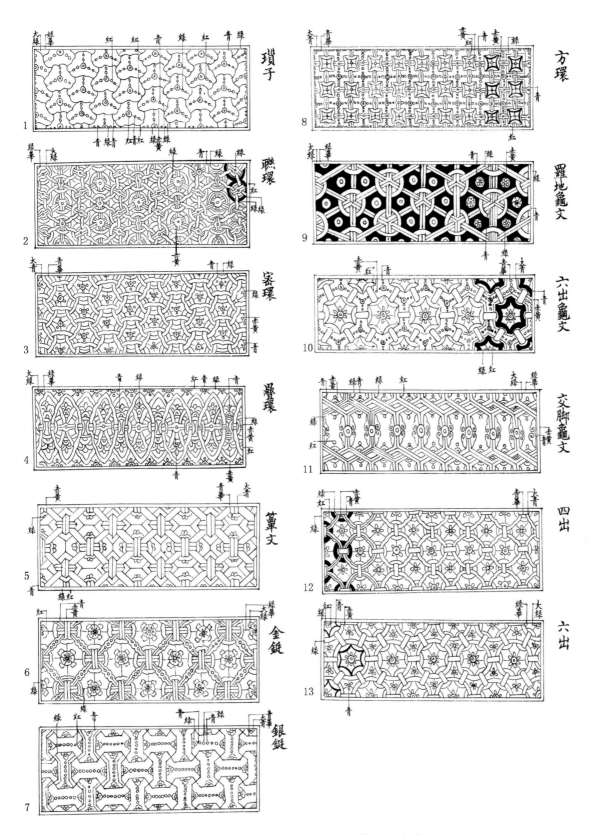

圖 4.36　《營造法式》五彩瑣文圖樣("故宮本")

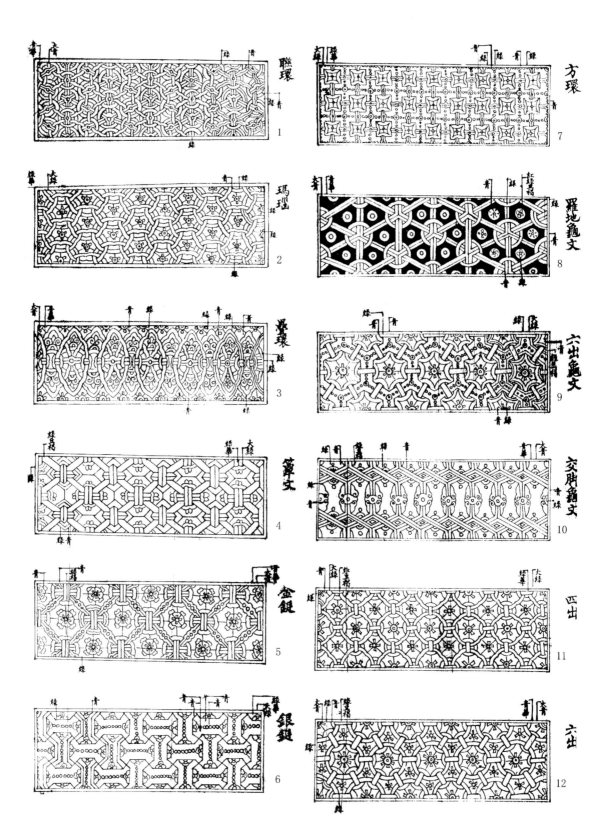

圖 4.37 《營造法式》碾玉瑣文圖樣("故宮本")

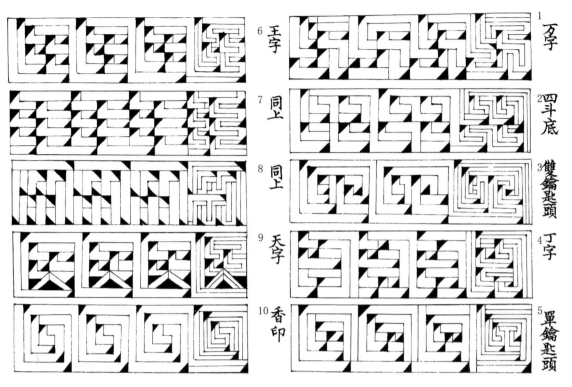

圖4.38　《營造法式》五彩瑣文圖樣:曲水("故宮本")

6 王字　　　1 卐字

7 同上　　　2 四斗底

8 同上　　　3 雙鑰匙頭

9 天字　　　4 丁字

10 香印　　　5 單鑰匙頭

彩畫作制度圖四十　琐文有六品:琐子、簟文等①

琐文有六品:

一曰琐子。[聯環琐、瑪瑙琐、疊環之類同。]
二曰簟文。[金鋌文、銀鋌、方環之類同。]
三曰羅地龜文。[六出龜文、交腳龜文之類同。]
四曰四出。[六出之類同。]

[以上宜於椽檐方、槫、柱頭及枓內。
其四出、六出亦宜於栱頭、椽頭、方桁相間用之。]

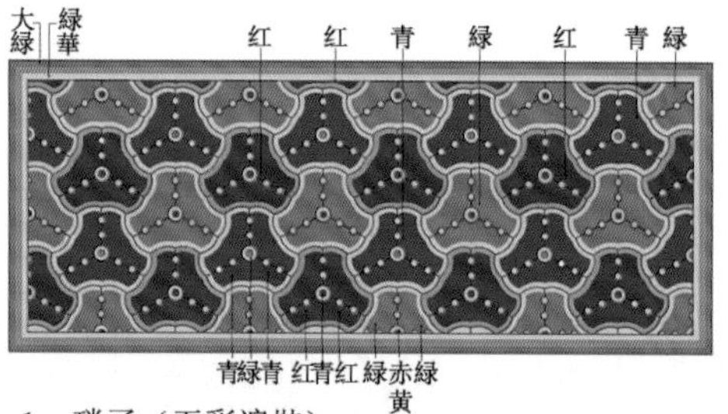

1a 琐子（五彩遍裝）

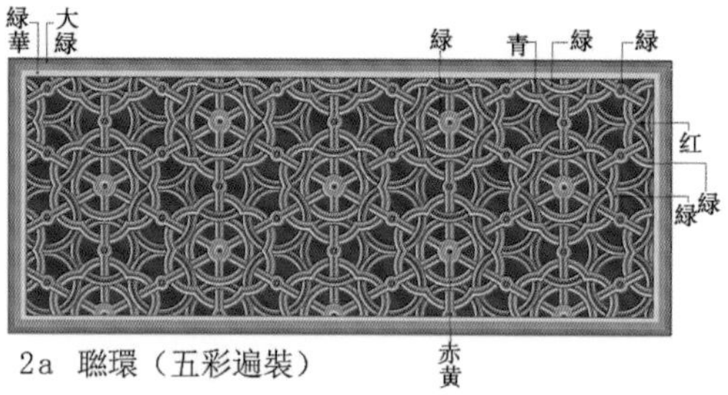

2a 聯環（五彩遍裝）

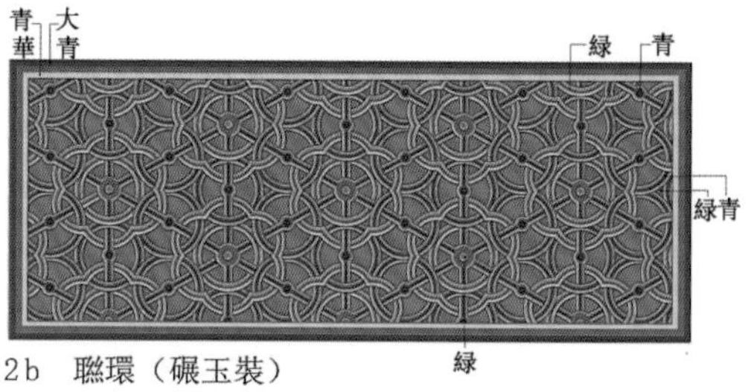

2b 聯環（碾玉裝）

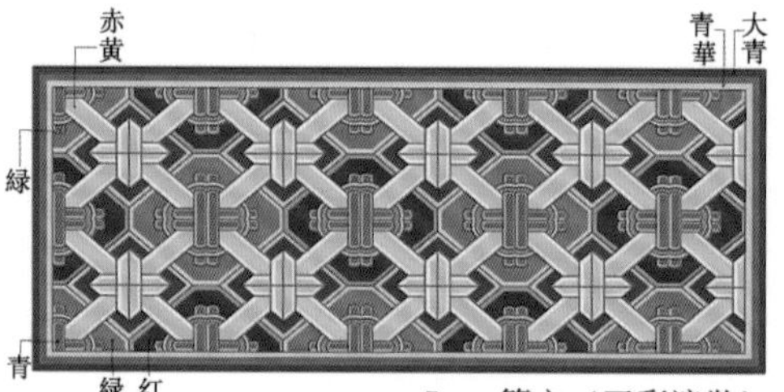

5a 簟文（五彩遍裝）

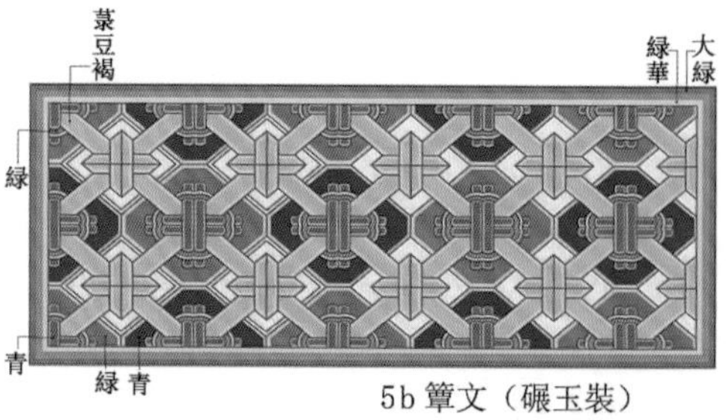

5b 簟文（碾玉裝）

9a 羅地龜文（五彩遍裝）

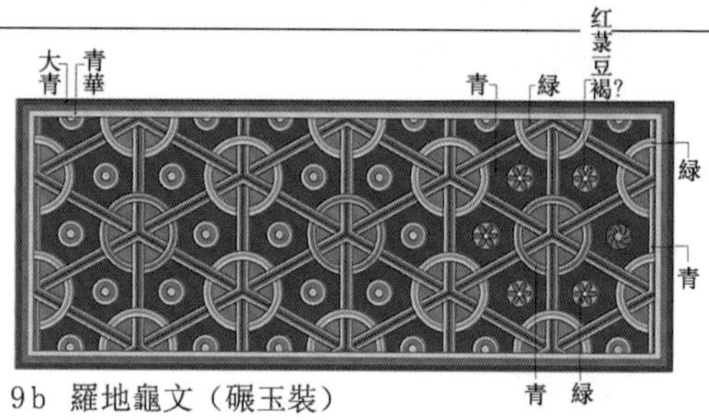

9b 羅地龜文（碾玉裝）

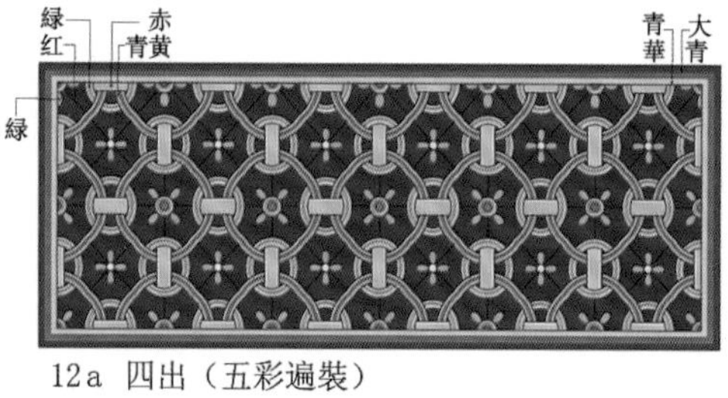

12a 四出（五彩遍裝）

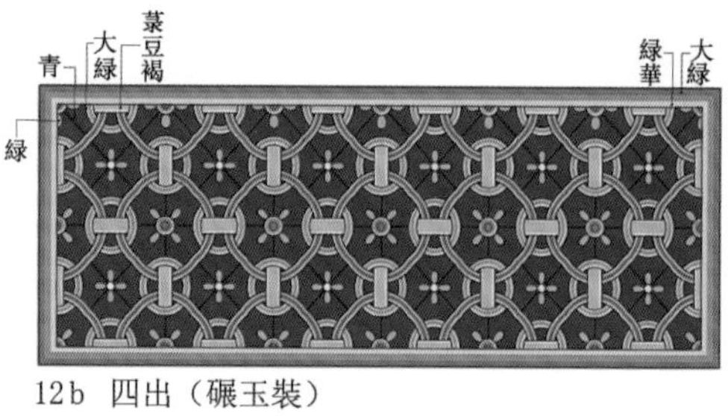

12b 四出（碾玉裝）

① 據《營造法式》卷33《五彩琐文第二》第 1、2、5、9、12 圖,《碾玉琐文第八》第 1、4、8、11 圖繪製。

彩畫作制度圖四十一　　瑣文有六品:劍環、曲水①

瑣文有六品:————————————————

......

五曰劍環。[宜於枓內相間用之。]

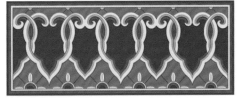

14a 劍環（五彩遍裝）　　　　　　　　14b 劍環（碾玉裝）

[注]　"劍環"在各本"五彩瑣文"和"碾玉瑣文"中無，
　　　以上紋樣根據"故宮本""五彩額柱第五"第5圖"劍環"
　　　（右圖）的構圖設計。

14c "故宮本""五彩額柱"
　　圖樣中的"劍環"

劍環

———————————————————————————————————

六曰曲水。[或作王字及万字，或作斗底及鑰匙頭，宜於普拍方內外用之。]

15
万字

20
王字

16
四斗底

21
王字

17
雙鑰匙頭

22
王字

18
丁字

23
天字

19
單鑰匙頭

24
香印

————————————————————————————————

① "曲水"一品，各本圖樣均無緣道，亦無設色標注，僅有大致的圖形構成。以上是"陶本"補繪圖樣的色彩復原。
　　由于"曲水"一品流傳到清代，成爲"宋錦"的一部分，未有太大的改變，所以陶本在這部分的色彩復原應是比
　　較符合《營造法式》圖樣本來面貌的，本書此處沿用"陶本"，不再重新進行色彩復原。

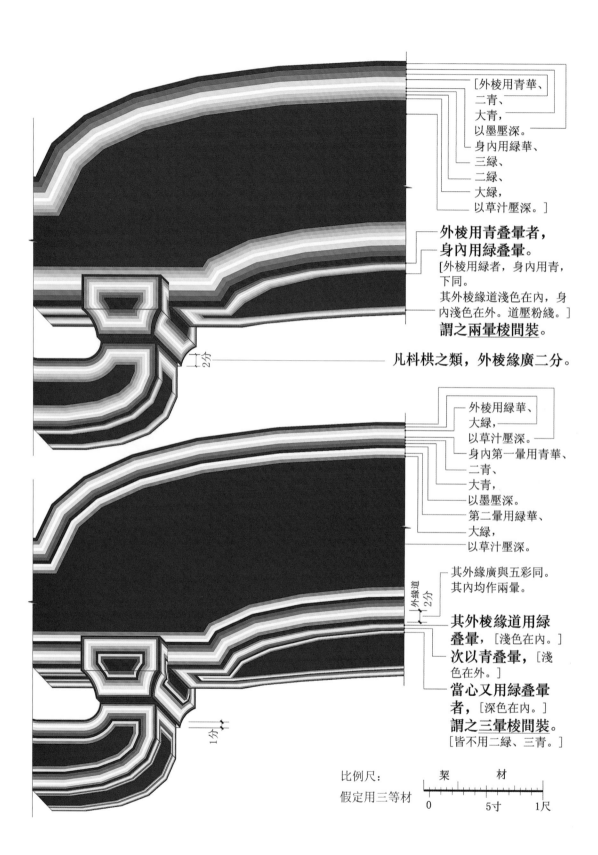

[外棱用青華、
二青、
大青、
以墨壓深。
身內用綠華、
三綠、
二綠、
大綠、
以草汁壓深。]

**外棱用青叠暈者，
身內用綠叠暈。**
[外棱用綠者，身內用青，
下同。
其外棱緣道淺色在內，身
內淺色在外。道壓粉綫。]
謂之兩暈棱間裝。

凡科栱之類，外棱緣廣二分。

2分

外棱用綠華、
大綠、
以草汁壓深。
身內第一暈用青華、
二青、
大青、
以墨壓深。
第二暈用綠華、
大綠、
以草汁壓深。

其外緣廣與五彩同。
其內均作兩暈。

外緣道 2分

**其外棱緣道用綠
叠暈，**[淺色在內。]
次以青叠暈，[淺
色在外。]
**當心又用綠叠暈
者，**[深色在內。]
謂之三暈棱間裝。
[皆不用二綠、三青。]

1分

比例尺：　　栔　　材
假定用三等材

0　　　　5寸　　　1尺

第四章 《营造法式》彩画作制度图释 《营造法式》彩画研究

彩畫作制度圖四十三 三暈帶紅棱間裝、兩暈棱間內畫松文裝

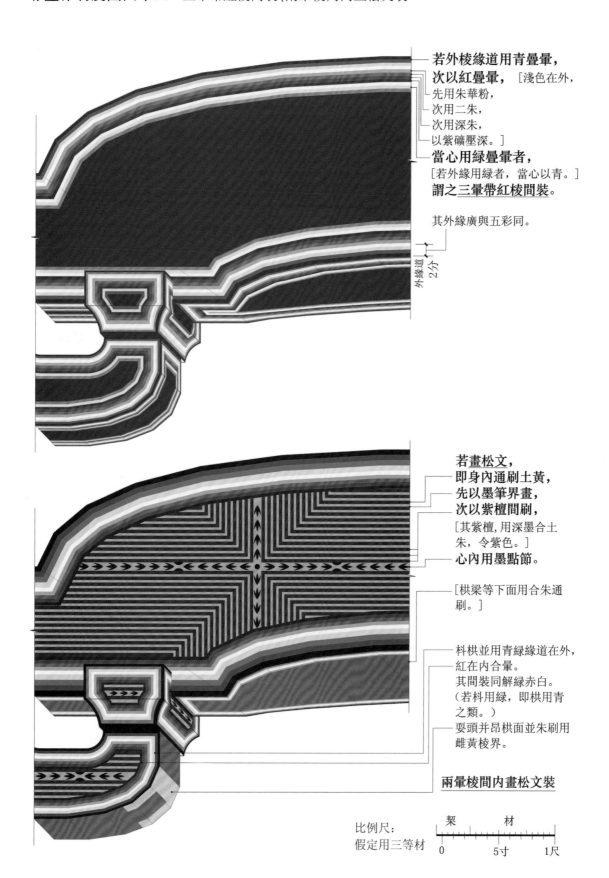

若外棱緣道用青疊暈，
次以紅疊暈，[淺色在外，
先用朱華粉，
次用二朱，
次用深朱，
以紫礦壓深。]
當心用綠疊暈者，
[若外緣用綠者，當心以青。]
謂之三暈帶紅棱間裝。

其外緣廣與五彩同。

外緣道 2分

若畫松文，
即身內通刷土黃，
先以墨筆界畫，
次以紫檀間刷，
[其紫檀，用深墨合土
朱，令紫色。]
心內用墨點節。

[栱梁等下面用合朱通
刷。]

枓栱並用青綠緣道在外，
紅在內合暈。
其間裝同解綠赤白。
(若枓用綠，即栱用青
之類。)
要頭并昂栱面並朱刷用
雌黃棱界。

兩暈棱間內畫松文裝

比例尺：
假定用三等材

契 材
0   5寸   1尺

《營造法式》叠暈棱間裝相關圖樣：

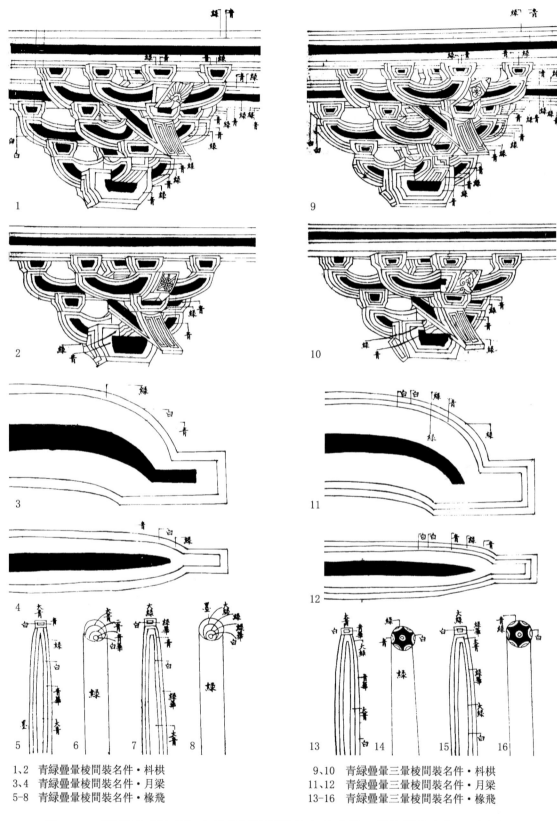

1、2　青綠疊暈棱間裝名件·枓栱
3、4　青綠疊暈棱間裝名件·月梁
5-8　青綠疊暈棱間裝名件·椽飛

9、10　青綠疊暈三暈棱間裝名件·枓栱
11、12　青綠疊暈三暈棱間裝名件·月梁
13-16　青綠疊暈三暈棱間裝名件·椽飛

圖 4.39　《營造法式》圖樣：青綠疊暈棱間裝及青綠疊暈三暈棱間裝名件（"故宮本"）

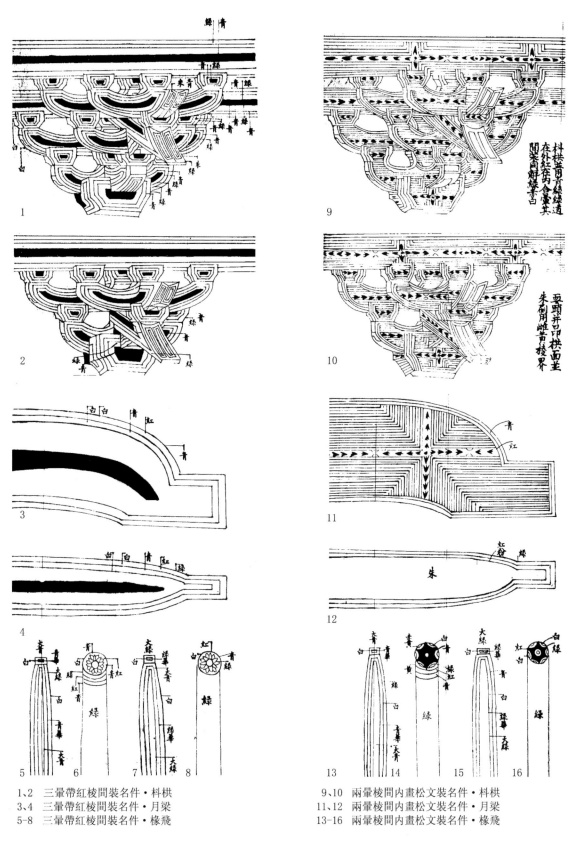

1、2　三暈帶紅棱間裝名件·枓栱
3、4　三暈帶紅棱間裝名件·月梁
5-8　三暈帶紅棱間裝名件·椽飛

9、10　兩暈棱間內畫松文裝名件·枓栱
11、12　兩暈棱間內畫松文裝名件·月梁
13-16　兩暈棱間內畫松文裝名件·椽飛

圖4.40　《營造法式》圖樣：三暈帶紅棱間裝及兩暈棱間內畫松文裝名件（"故宮本"）

彩畫作制度圖四十四 青緑叠暈棱間裝:栱眼壁内用影作①

比例尺:
假定用三等材

栔 材

0　　　5寸　　　1尺

青
白
緑
青
白
青
青
白
青
青
大緑
青
青

1

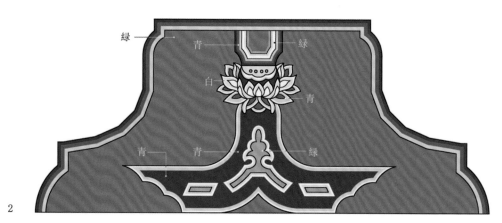

緑
青
緑
白
青
青
青
緑

2

1 重栱眼内用影作,外緣用緑,身内用青。(原圖左右兩側設色方式不同,可能表示在實際運用中可以左右不對稱,也可能表示兩種不同的設色方式。)

2 單栱眼内用影作,外緣用青,身内用緑。(原圖未標外緣用色,根據地色和重栱眼做法推測。)

① 據《營造法式》卷 34 第 16 頁上半頁圖繪製。參見圖 4.50。

彩畫作制度圖四十五　青綠疊暈棱間裝:柱、額、栱眼壁①

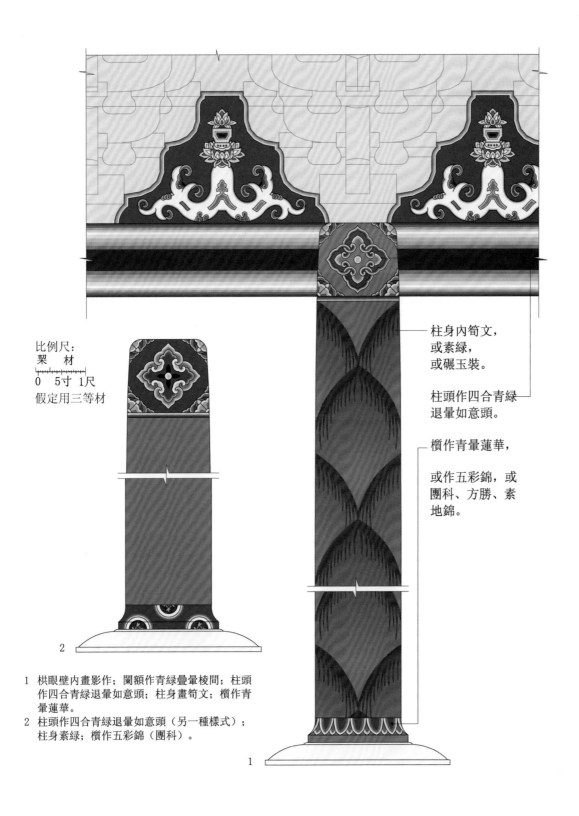

比例尺:
栔　材

0　5寸 1尺
假定用三等材

柱身內筍文，
或素綠，
或碾玉裝。

柱頭作四合青綠
退暈如意頭。

櫍作青暈蓮華，

或作五彩錦，或
團科、方勝、素
地錦。

2

1

1　栱眼壁內畫影作；闌額作青綠疊暈棱間；柱頭
　作四合青綠退暈如意頭；柱身畫筍文；櫍作青
　暈蓮華。
2　柱頭作四合青綠退暈如意頭（另一種樣式）；
　柱身素綠；櫍作五彩錦（團科）。

① 《營造法式》無此圖樣，據"制度"文字相關部分補繪。其中"四合如意"、"筍文"、"青暈蓮華"均無相應圖樣，參
　見 3.5.4 節相關條目的考證，以及彩畫作制度圖十七、彩畫作制度圖二十三。

彩畫作制度圖四十六　解綠刷飾屋舍之制①

解綠刷飾屋舍之制：
應材昂枓栱之類，身內
通刷土朱，其緣道及燕
尾、八白等並用青綠疊
暈相間。

〔若枓用綠，即栱用青之類。〕

緣道疊暈，並深色在外
粉綫在內。

〔先用青華或綠華在中，
次用大青或大綠在外，
後用粉綫在內。〕
其廣狹長短並同丹粉刷
飾之制。

唯檐額或梁栿之類並四
周各用緣道，兩頭相對
作如意頭。

枓、栱、方、桁，緣內
朱地上間諸華者，
謂之解綠結華裝。

比例尺：
假定用三等材

① 據《營造法式》卷 34 第 13、14 頁圖繪製。參見圖 4.41、圖 4.43。

彩畫作制度圖四十七　　解緑刷飾：松文卓柏①

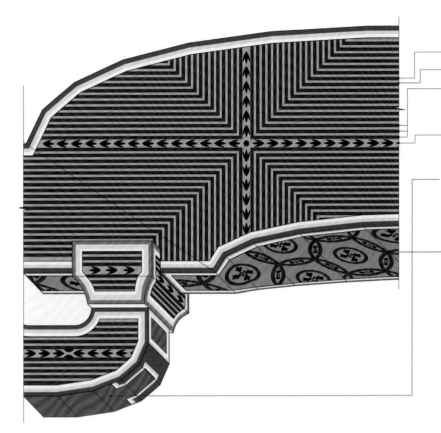

若畫松文，
即身内通刷土黃，
先以墨筆界畫，
次以紫檀間刷，
[其紫檀，用深墨合土
朱，令紫色。]
心内用墨點節。

[栱梁等下面用合朱通
刷。

又有於丹地内用墨或
紫檀點簇六毬文與松
文名件相雜者，謂之
卓柏裝。]

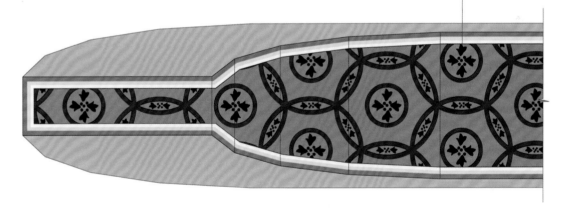

比例尺：
假定用三等材

契　　材

0　　　5寸　　　1尺

---

① 《營造法式》無此圖，參照卷34第12頁圖繪製。參見圖4.40。

彩畫作制度圖四十八 解綠結華裝：栱眼壁內用紅、綠、青畫單枝條華①

比例尺：
假定用三等材

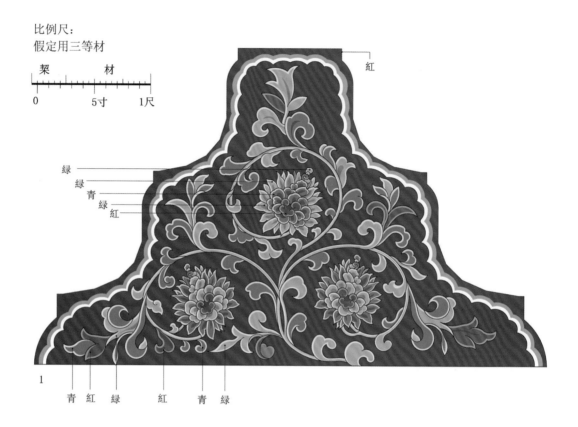

1 重栱眼內用紅、綠、青畫單枝條華，外緣用紅，身內用土朱。
（原圖未標身內用色，根據"解綠結華裝"的用色制度推測。）
2 單栱眼內用紅、綠、青畫單枝條華，外緣用紅，身內用土朱。

① 據《營造法式》卷34 第15 頁圖繪製，參見圖4.45、圖4.46。

彩畫作制度圖四十九 解綠結華裝:栱眼壁內用青、綠、褐畫單枝條華

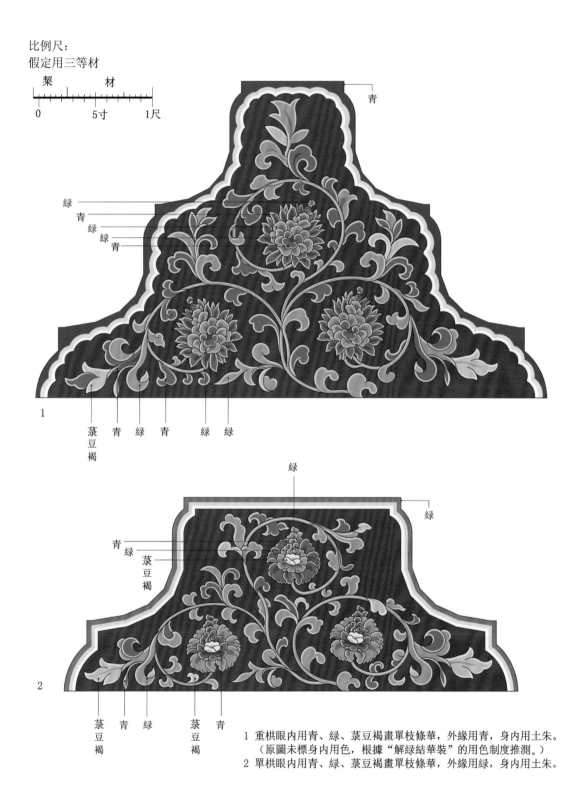

比例尺:
假定用三等材

栔 材

0 5寸 1尺

青

綠
青
綠 綠
綠 青

1

菉 青 綠 青 綠 綠
豆
褐

綠

綠

青 綠
綠
菉
豆
褐

2

菉 青 綠 菉 青
豆 豆
褐 褐

1 重栱眼內用青、綠、菉豆褐畫單枝條華,外緣用青,身內用土朱。
　　(原圖未標身內用色,根據"解綠結華裝"的用色制度推測。)
2 單栱眼內用青、綠、菉豆褐畫單枝條華,外緣用綠,身內用土朱。

彩畫作制度圖五十 解綠裝飾屋舍:柱、額、栱眼壁

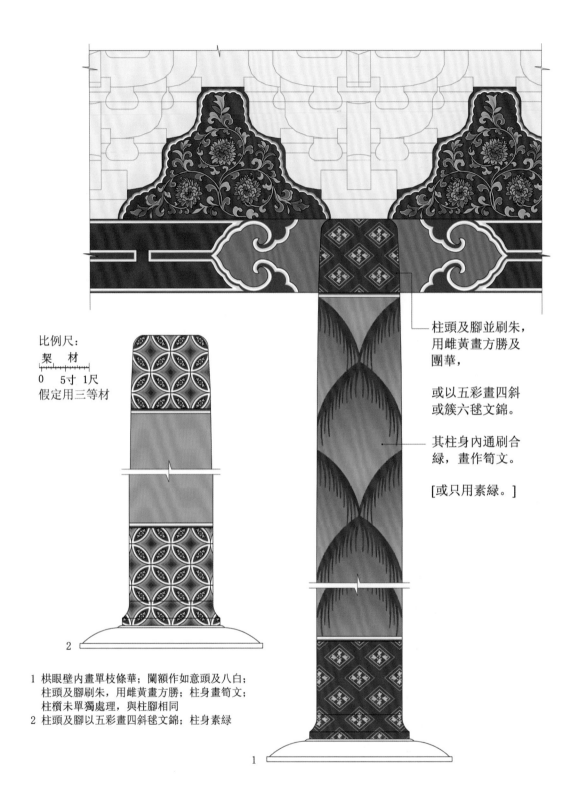

比例尺:
栔　材
0　5寸 1尺
假定用三等材

柱頭及腳並刷朱,
用雌黃畫方勝及
團華,

或以五彩畫四斜
或簇六毬文錦。

其柱身內通刷合
綠,畫作笋文。

[或只用素綠。]

2

1 栱眼壁內畫單枝條華;闌額作如意頭及八白;
　柱頭及腳刷朱,用雌黃畫方勝;柱身畫笋文;
　柱櫍未單獨處理,與柱腳相同
2 柱頭及腳以五彩畫四斜毬文錦;柱身素綠

1

《營造法式》解綠裝飾相關圖樣

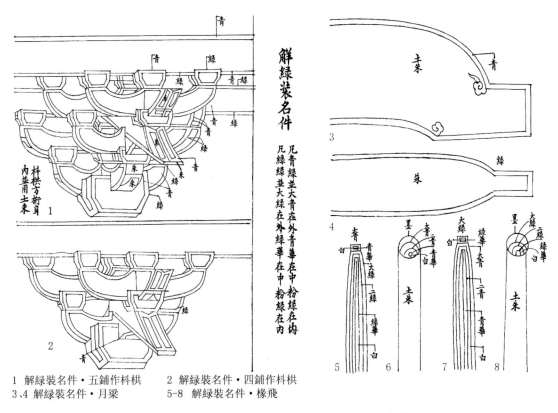

1 解綠裝名件·五鋪作枓栱   2 解綠裝名件·四鋪作枓栱
3、4 解綠裝名件·月梁   5-8 解綠裝名件·椽飛

圖4.41 《營造法式》圖樣:解綠裝名件("故宮本")

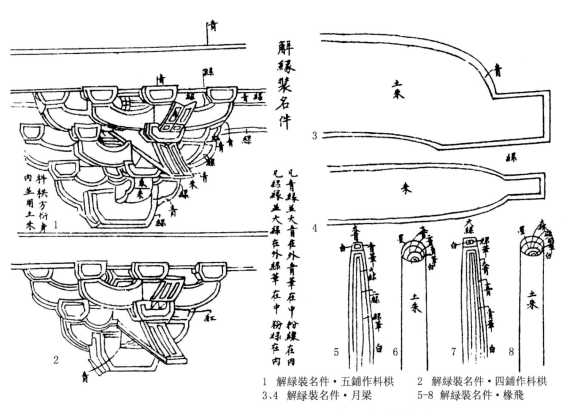

1 解綠裝名件·五鋪作枓栱   2 解綠裝名件·四鋪作枓栱
3、4 解綠裝名件·月梁   5-8 解綠裝名件·椽飛

圖4.42 《營造法式》圖樣:解綠裝名件("永樂大典本")

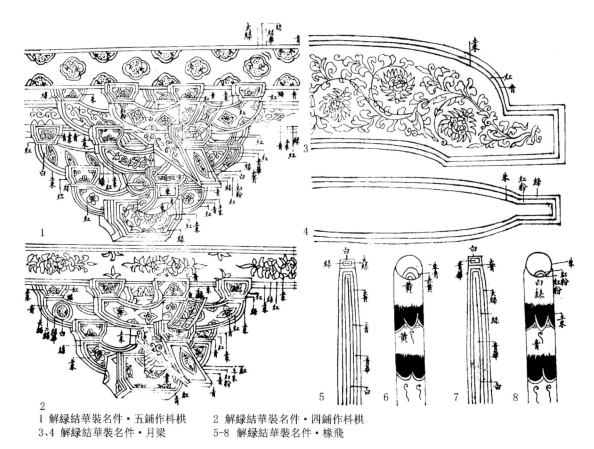

1 解緑結華裝名件・五鋪作枓栱　2 解緑結華裝名件・四鋪作枓栱
3、4 解緑結華裝名件・月梁　　　5-8 解緑結華裝名件・椽飛

圖 4.43　《營造法式》圖樣：解緑結華裝名件"故宮本"

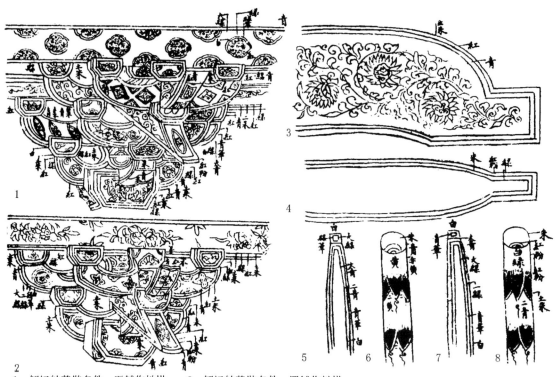

1　解緑結華裝名件・五鋪作枓栱　　2　解緑結華裝名件・四鋪作枓栱
3、4　解緑結華裝名件・月梁　　　5-8　解緑結華裝名件・椽飛

圖 4.44　《營造法式》圖樣：解緑結華裝名件（"永樂大典本"）

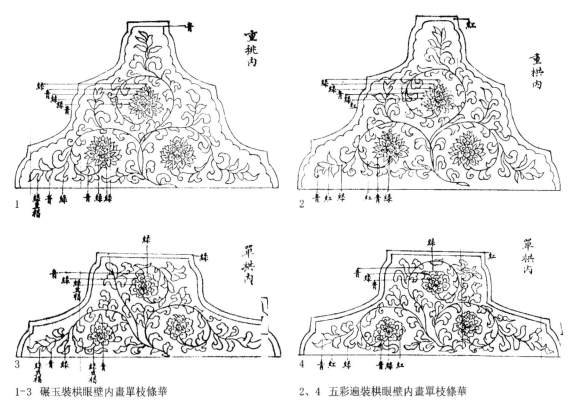

1-3 碾玉裝栱眼壁內畫單枝條華　　　2、4 五彩遍裝栱眼壁內畫單枝條華

圖4.45　《營造法式》圖樣：栱眼壁內畫單枝條華（"故宮本"）

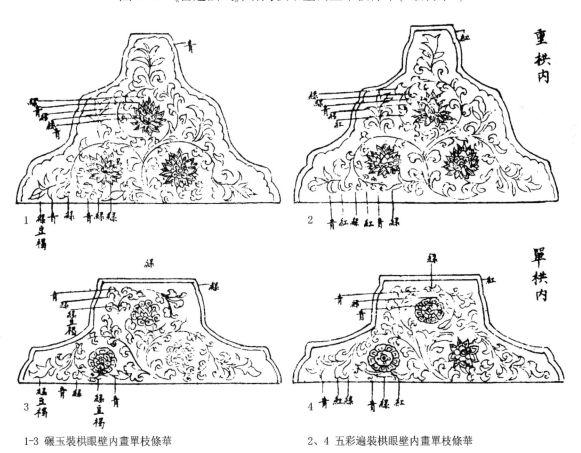

1-3 碾玉裝栱眼壁內畫單枝條華　　　2、4 五彩遍裝栱眼壁內畫單枝條華

圖4.46　《營造法式》圖樣：栱眼壁內畫單枝條華（"永樂大典本"）

彩畫作制度圖五十一 丹粉刷飾：燕尾、望山子①

科栱之類：
隨材之廣分爲八分，
以一分爲白緣道。

0 ——— 5寸

以三等材爲例：

栔材廣七寸五分

材厚五寸

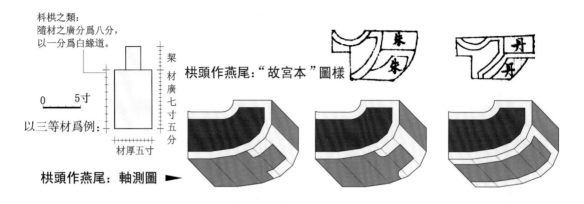

栱頭作燕尾："故宮本"圖樣

栱頭作燕尾：軸測圖 ▶

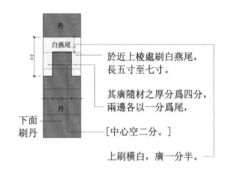

於近上棱處刷白燕尾，
長五寸至七寸。

其廣隨材之厚分爲四分，
兩邊各以一分爲尾，

[中心空二分。]

上刷橫白，廣一分半。

下面
刷丹

白燕尾

丹

丹

栱頭作燕尾：展開立面圖 ▲

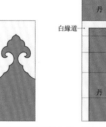

解綠裝圖樣中
的栱頭燕尾

五彩遍裝圖樣中
的栱頭燕尾

五彩柱額圖樣中的
"合蟬鸎尾"

丹粉刷飾圖樣中
的栱頭燕尾

複雜化的變形

簡單化的變形

耍頭刷望山子："故宮本"圖樣

耍頭刷望山子：軸測圖

其耍頭及梁頭正面用丹處
刷望山子。

上其長隨高三分之二，

其下廣隨厚四分之二，
斜收向上，當中合尖。

耍頭刷望山子：立面圖

丹粉刷飾四鋪
作科栱圖樣中
的栱頭燕尾

丹粉刷飾五鋪
作科栱圖樣中
的栱頭燕尾

① 據《營造法式》卷34第17頁上半頁圖繪製。參見圖4.47、圖4.48。

彩畫作制度圖五十二　丹粉刷飾、黃土刷飾：梁栱之類^①

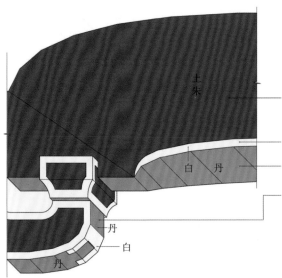

丹粉刷飾屋舍之制：

**應材木之類，
面上用土朱通刷，**

下棱用白粉闌界緣道，
［兩盡頭斜訛向下 。］

下面用黃丹通刷 。

［昂栱下面及耍頭正面同。］

比例尺：
假定用三等材

栔　材

0　　5寸　　1尺

土朱

白　丹

丹

白

丹

1 丹粉刷飾

**若刷土黃者，制度並同。
唯以土黃代土朱用之。**

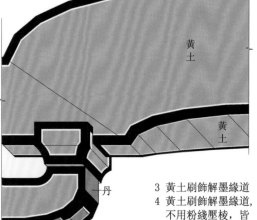

黃
土

白　丹

丹

丹

2 黃土刷飾

**若刷土黃解墨緣道者，唯
以墨代粉刷緣道。其墨緣
道之上用粉綫壓棱。**

［亦有栿、栱等下面，合用丹處，
皆用黃土者；
亦有只用墨緣，更不用粉綫壓
棱者，制度並同。］

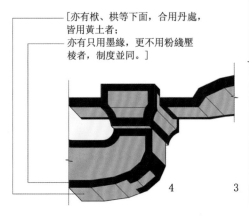

4　　3

黃
土

黃土

丹

丹

3 黃土刷飾解墨緣道
4 黃土刷飾解墨緣道，
不用粉綫壓棱，皆
用黃土

① 據《營造法式》卷 34 第 17~19 頁圖繪製。參見圖 4.47、圖 4.48、圖 4.49。

281

彩畫作制度圖五十三 丹粉刷飾、黃土刷飾:柱、額、栱眼壁①

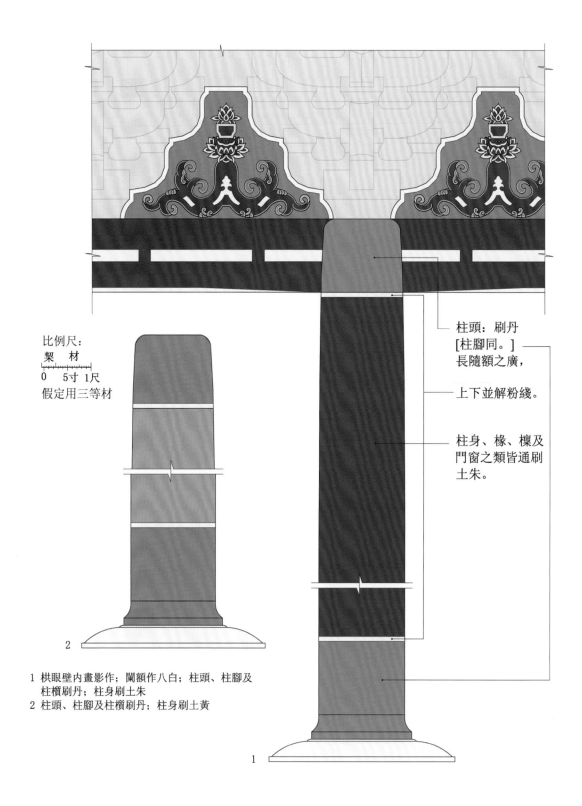

比例尺:
栔　材
0　5寸 1尺
假定用三等材

柱頭：刷丹
[柱腳同。]
長隨額之廣，

上下並解粉綫。

柱身、椽、檁及
門窗之類皆通刷
土朱。

2

1 栱眼壁内畫影作；闌額作八白；柱頭、柱腳及
　柱櫍刷丹；柱身刷土朱
2 柱頭、柱腳及柱櫍刷丹；柱身刷土黃

1

① 《營造法式》無此圖樣，據"制度"文字相關部分補繪。

彩畫作制度圖五十四 丹粉刷飾、解綠刷飾：八白、如意頭之類①

丹粉刷飾：

檐額或大額：
刷八白者，
[如裏面。]

隨額之廣，若廣一
尺以下者，分爲五
分；一尺五寸以下
者，分爲六分；二
尺以上者分爲七分。
各當中以一分爲八
白。

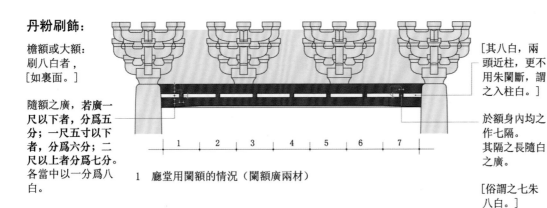

[其八白，兩
頭近柱，更不
用朱闌斷，謂
之入柱白。]

於額身內均之
作七隔。
其隔之長隨白
之廣。

[俗謂之七朱
八白。]

1 廳堂用闌額的情況（闌額廣兩材）

三等材比例尺：

0 ____ 30寸 栔
材

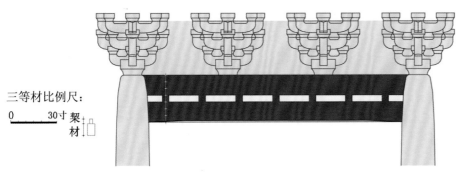

2 殿堂用大額的情況（大額廣三材三栔）

解綠裝飾：

緣道疊暈，
並深色在外，
粉綫在內。
其廣狹長短並同
丹粉刷飾之制。

唯檐額或梁栿之類並
四周各用緣道，兩頭
相對作如意頭。
[由額及小額並同。]

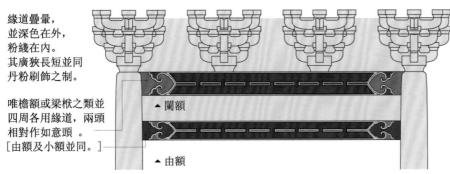

▲ 闌額

▲ 由額

應材昂科栱之
類，身內通刷
土朱，

其緣道及燕尾、
八白等並用青
綠疊暈相間。

蘇州虎丘塔闌額如意頭二則

五彩柱額圖樣：三卷如意頭

① 《營造法式》無此圖樣，據"制度"文字相關部分補繪。

彩畫作制度圖五十五　丹粉刷飾：額上壁[栱眼壁]內影作①

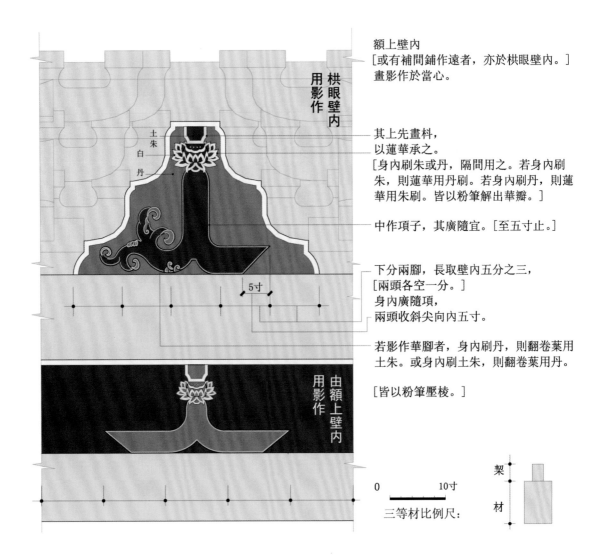

栱眼壁內
用影作

由額上壁內
用影作

額上壁內
[或有補間鋪作遠者，亦於栱眼壁內。]
畫影作於當心。

其上先畫枓，
以蓮華承之。
[身內刷朱或丹，隔間用之。若身內刷
朱，則蓮華用丹刷。若身內刷丹，則蓮
華用朱刷。皆以粉筆解出華瓣。]

中作項子，其廣隨宜。[至五寸止。]

下分兩腳，長取壁內五分之三，
[兩頭各空一分。]
身內廣隨項，
兩頭收斜尖向內五寸。

若影作華腳者，身內刷丹，則翻卷葉用
土朱。或身內刷土朱，則翻卷葉用丹。

[皆以粉筆壓棱。]

5寸

0　　10寸

三等材比例尺：

栔
材

重栱眼

丹粉刷飾栱眼壁

單栱眼

丹粉刷飾栱眼壁

---

① 據《營造法式》卷34第20頁上半頁圖繪製。參見圖4.52。

彩畫作制度圖五十六　黃土刷飾、解綠裝飾：額上壁[栱眼壁]內影作①

若刷土黃者：

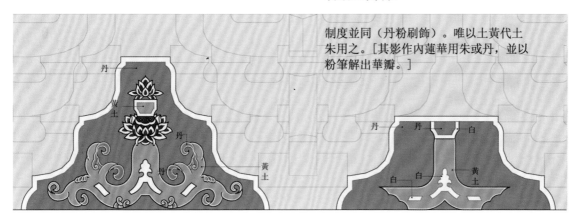

制度並同（丹粉刷飾）。唯以土黃代土朱用之。[其影作內蓮華用朱或丹，並以粉筆解出華瓣。]

若刷土黃解墨緣道者：

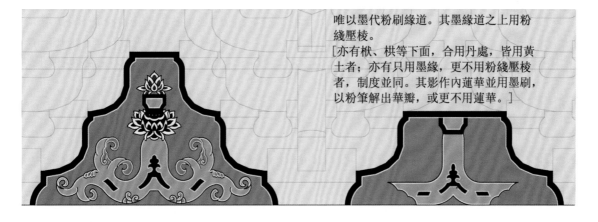

唯以墨代粉刷緣道。其墨緣道之上用粉綫壓棱。

[亦有枓、栱等下面，合用丹處，皆用黃土者；亦有只用墨緣，更不用粉綫壓棱者，制度並同。其影作內蓮華並用墨刷，以粉筆解出華瓣，或更不用蓮華。]

解綠刷飾：

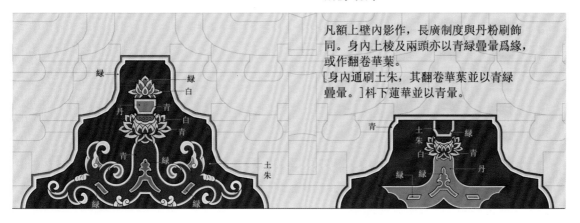

凡額上壁內影作，長廣制度與丹粉刷飾同。身內上棱及兩頭亦以青綠疊暈爲緣，或作翻卷華葉。

[身內通刷土朱，其翻卷華葉並以青綠疊暈。]枓下蓮華並以青暈。

---

① 據《營造法式》卷34第16頁後半頁、第20頁後半頁圖繪製。參見圖4.51、圖4.53。

《營造法式》刷飾相關圖樣：

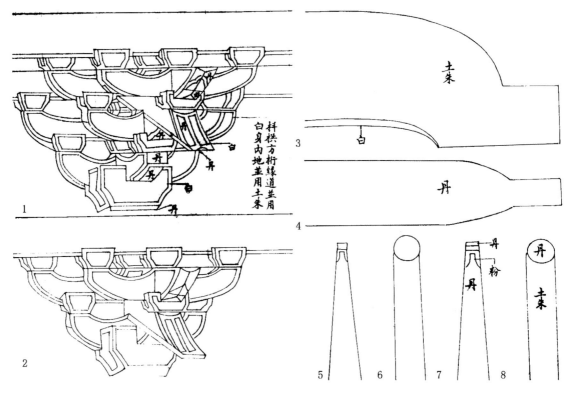

1　丹粉刷飾·五鋪作枓栱　　2　丹粉刷飾·四鋪作枓栱
3、4　丹粉刷飾·月梁　　　　5-8　丹粉刷飾·椽飛

圖 4.47　《營造法式》圖樣：丹粉刷飾名件"故宮本"

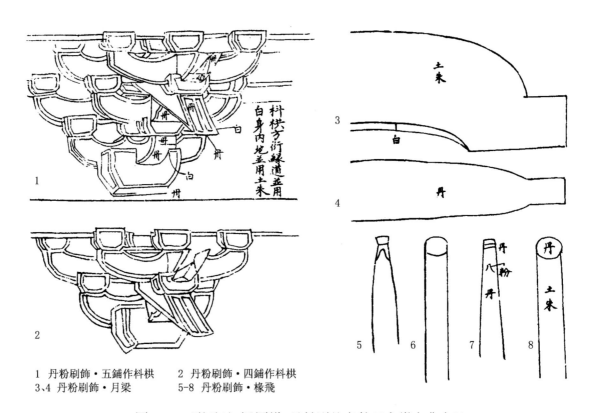

1　丹粉刷飾·五鋪作枓栱　　2　丹粉刷飾·四鋪作枓栱
3、4　丹粉刷飾·月梁　　　　5-8　丹粉刷飾·椽飛

圖 4.48　《營造法式》圖樣：丹粉刷飾名件（"永樂大典本"）

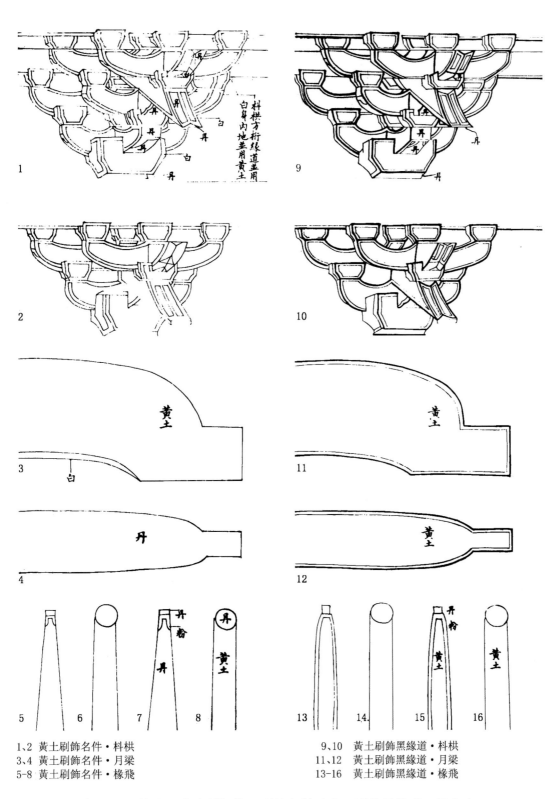

1、2　黃土刷飾名件·枓栱
3、4　黃土刷飾名件·月梁
5-8　黃土刷飾名件·椽飛

9、10　黃土刷飾黑緣道·枓栱
11、12　黃土刷飾黑緣道·月梁
13-16　黃土刷飾黑緣道·椽飛

圖 4.49　《營造法式》圖樣：黃土刷飾名件及黃土刷飾黑緣道（"故宫本"）

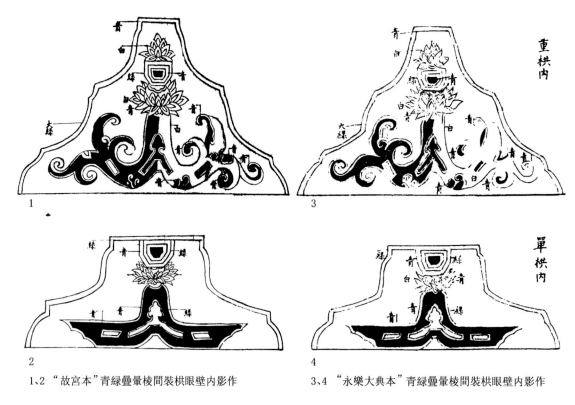

1、2 "故宮本"青綠疊暈棱間裝栱眼壁內影作　　3、4 "永樂大典本"青綠疊暈棱間裝栱眼壁內影作

圖 4.50　《營造法式》圖樣:青綠叠暈棱間裝栱眼壁內用影作

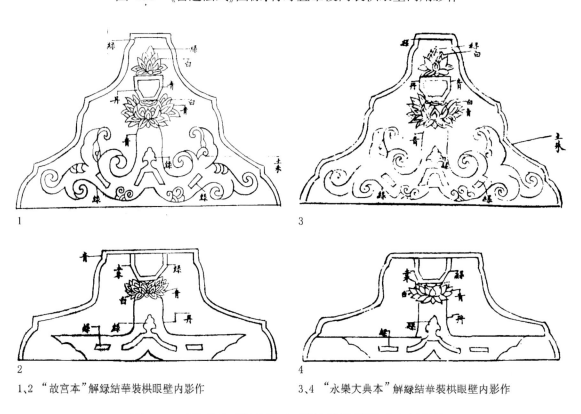

1、2 "故宮本"解綠結華裝栱眼壁內影作　　3、4 "永樂大典本"解綠結華裝栱眼壁內影作

圖 4.51　《營造法式》圖樣:解綠結華裝栱眼壁內用影作

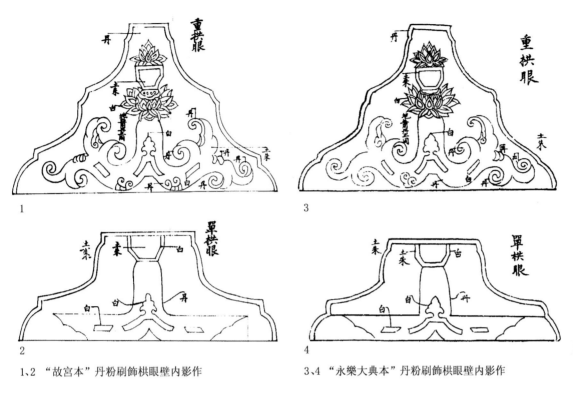

1、2 "故宫本"丹粉刷飾栱眼壁內影作　　　　3、4 "永樂大典本"丹粉刷飾栱眼壁內影作

圖 4.52　《營造法式》圖樣:丹粉刷飾栱眼壁內用影作

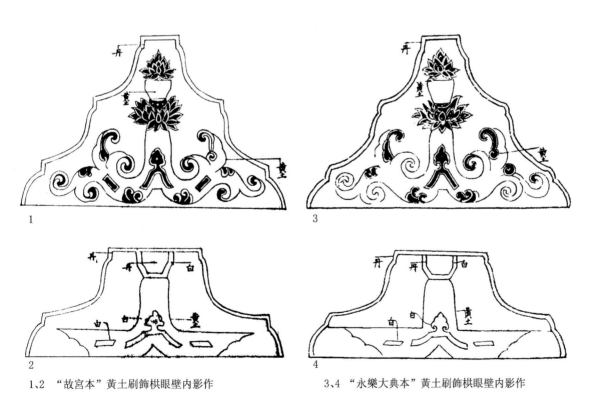

1、2 "故宫本"黃土刷飾栱眼壁內影作　　　　3、4 "永樂大典本"黃土刷飾栱眼壁內影作

圖 4.53　《營造法式》圖樣:黃土刷飾栱眼壁內用影作

《营造法式》彩画研究

理论研究篇

第五章 《营造法式》
彩画的形式特征与形式法则

《营造法式》的编制目的主要是"关防工料"[1]，便于工程的管理和预算的控制。因此，《法式》"制度"的主要内容是举出有代表性的部件式样和尺寸作为样板，以便标出其定额数值，而关于形式和功能的法则，《法式》都没有专门论述[2]。但正如加达默尔所说，"文本的意义超越它的作者，这并不是暂时的，而是永远如此的"[3]，毋庸置疑，《法式》的大量图样和文字中隐含着丰富的规律与原则，而仔细阅读《法式》的文字，还可以从行文中找到一些似乎被看做成规的形式法则，它们可以恰当地概括图样和实物体现出来的形式特点，既有强烈的时代特征和地域特征，又有着普遍的规律性。

总的来说，《营造法式》彩画的形式特征可以概括为三个方面：色彩鲜艳富丽、造型生动圆柔、构图清晰匀称。

这些形式特征可以用《营造法式》原文中的语言表述为三条"设计法则"：

色彩运用"但取其轮奂鲜丽，如组绣华锦之文"[4]；

纹样造型"华叶肥大、随其卷舒、生势圆和"[5]；

装饰构图"匀留四边，量宜分布"，令构件"表里分明"[6]。

以下各节分别从构图、色彩和造型的角度对《营造法式》彩画的特征与规律进行探讨，并分为指导思想和具体做法两方面。

5.1 匀、宜、分明——《营造法式》彩画构图的指导思想

在《营造法式》的文字中，仅规定了各类型彩画的"缘道"画法和纹样内容，并没有提出纹样布置和构图的原则，但卷12"雕作制度·起突卷叶华"条的文字，可以为探讨《营造法式》装饰构图原则提供线索：

"凡雕剔地起突华，皆于版上压下四周，隐起身内华叶等。雕镂叶内翻卷，令表里**分明**；剔削枝条，须圜混相压。其华文皆随版内长、广，**匀留四边，量宜分布**。"

由上可知，在版类构件上布置华叶纹样时，要根据版的尺寸"匀留四边，量宜分布"。华文本身的雕造，叶片翻卷要"表里分明"，即有清晰的向背关系；枝条要"圜混相压"，即有清晰的前后关系。从图样看来，除"圜混相压"与雕刻深浅有关，不适用于"彩画作"，"匀留四边，量宜分布"、"表里分明"等原则是完全适用于"彩画作"的。

---

① 见《营造法式·劄子》："窃缘上件法式系营造制度工限等，关防功料，最为要切，内外皆合通行。"
② 参见：潘谷西. 关于《营造法式》的性质、特点、研究方法. 东南大学学报，1990(09)
③ ［德］加达默尔. 真理与方法（上卷）. 洪汉鼎，译. 上海：上海译文出版社，2004：302
④ 语出《营造法式》卷14·彩画作制度·总制度·取石色之法。
⑤ 第一句语出《营造法式》卷14·彩画作制度·五彩遍装·华文有九品，第二句语出《营造法式》卷12·雕作制度·雕插写生华，末句语出卷5·大木作制度二·栋。
⑥ 前二句语出卷12·雕作制度·起突卷叶华，后句语出卷12·雕作制度·雕插写生华。

从这句话中，至少可以提取三个关于构图原则的关键词语：

"匀"——指"数"的统一，亦指形式的均齐；

"宜"——指形式的恰当；

"分明"——指纹样在逻辑上的真实性与清晰性。

这三个原则并非仅仅适用于雕木作或彩画作，而是适用于《营造法式》的各个工种。其中体现的是对"正确性"与"和谐性"的追求。

5.1.1 "匀"——形式的均齐

"匀"（或"均"）在《营造法式》中是一个在不同工种中多次提到的形式原则，其常用句式是"匀分"、"匀平"等。据笔者初步统计，类似的句式在《法式》中出现了 10 余次。除了前引的"雕作制度·起突卷叶华"一条之外，现抽取各工种较为典型的例句列举如下：

1. 石造作次序·粗搏："[稀布錾凿,]令深浅**齐匀**。"（卷 3·石作制度·造作次序）

2. 殿堂内地面心石斗八之制："方一丈二尺，**匀分**作二十九窠。"（卷 3·石作制度·殿内斗八）

3. 补间铺作："其铺作分布令**远近皆匀**。"（卷 4·大木作制度一·总铺作次序）

4. 曲椽："每补间铺作一朵用三条，与从椽**取匀分擘**。"（卷 11·小木作制度六·转轮经藏）

5. 七朱八白："随额之广……二尺以上者分为七分。各当中一分为八白……于额身内**均之**作七隔。其隔之长随白之广。"（卷 14·彩画作制度·丹粉刷饰屋舍）

由以上例句可见，"匀"在《法式》中的含义是"均齐"、"对称"，这种美学效果的实现，通常包含两个要素：

其一，具有某种可重复的模件单元，如"窠"、"铺作"、"椽"、"八白"等；

其二，部分和整体的尺寸之间存在某种简单的倍数关系，亦即"模数关系"。

《法式》大木作制度通过"材份制"和"铺作次序"所建立的多层次的模数关系，正是"匀"的整体效果的坚实前提，只是没有用到"匀"这个词语。

"匀"作为一个构图的原则，在中国传统哲学中有其深刻的根源，在西方古典美学中也可以找到相应的思想。

在中国传统哲学思想中，"匀"可以对应于一个十分重要的范畴——"中"。而"中"与"和"的统一，则是中国古代哲学思想的主要特征之一。

从西方古典美学的角度来看，"匀"又可以和"symmetry"（拉丁语：symmetria）进行对应。

"symmetry"作为一个美学范畴，在古希腊时期便受到高度的重视。根据公元前 4 世纪古希腊哲学家亚里士多德的《伦理学》（*Nicomachean Ethics*），由对称性所代表的"中间质量"（middle measure，或译为"中庸程度"），是贤德之人应追求之美德。公元 2 世纪的古希腊医学家盖仑（Galen）在《论气质》（*De tempramentis*）一书中，将"对称"描述成一种"与两个极端都等距的心灵境界"[1]。

从以上表述可以明显地看出"symmetry"在文化根源上与"中庸"思想的密切关联，然而二者之间也存在着深刻的差异。根据庞朴先生的分析，亚里士多德关注于"两端"的对立，试图远离两端而求得中道，而苦于"中间质量没有名称"[2]；在中国哲学中，却巧妙地运用了"A 而不 A'"的句

---

① 参见：[德]赫尔曼·外尔. 对称. 冯承天, 陆继宗, 译. 上海：上海科技教育出版社, 2002：2

② 《尼各马科伦理学》1126b, 1127a。转引自：庞朴. 中庸与三分. 文史哲, 2000(04)

式,例如"曲而不屈"、"直而不倨"①,既使"中道"有了恰当的名称,又将它与"过度"和"不及"之间的对立充分地表现出来②。

"symmetria"在公元 2 世纪古罗马建筑理论家维特鲁威的经典著作《建筑十书》中,被作为"美的范畴的六个基本概念"之一,并解释如下:

"Symmetria(对称)③是一座建筑物在各部分组合起来之后所产生的和谐感,这是与建筑物在按照一定的比例关系形成一个整体之后,相对于其各个局部部分的形式而言的。就如人的身体的整体从前臂、双脚、双手、手指以及其他部分都显示了一种对称的质量(symmetrical quality)一样。尤其是在那些献给神明的建筑物中,Symmetria(对称)的处理不仅是从柱子的厚度上,而且是从三竖线花纹装饰上,或者从模数(module)上加以推敲的。"④

在维特鲁威的解释中,侧重于"部分"和"整体"的从属关系和模数关系,而较少关注"模件单元"的运用;但维氏对于秩序感与和谐感的描述则是与《法式》相一致的。据海外汉学家的研究,大量运用标准化"模件"(module)在复制中进行变异和增长,正是中国古代设计思想不同于西方的根本特色⑤,而这个特色恰又体现在《营造法式》和《建筑十书》对于"匀"和"symmetria"的解释和运用之中。这是另一个值得长篇探讨的有趣话题,在此不作展开讨论。

5.1.2 "宜"——形式的恰当

"宜"则是《营造法式》中另一个贯穿各个工种的原则,其常用句式是"约此法量宜加减"、"约此分数随宜加减"、"约其……随宜分布"。据笔者初步统计,类似的句式在《法式》中出现了 50 余次,现抽取各工种较为典型的例句列举如下:

折屋之法:"如架道不匀,即约度远近,**随宜加减**。"(看详·举折)

立基之制:"若殿堂中庭修广者,量其位置,**随宜加高**。所加虽高,不过与材六倍。"(卷 3·壕寨制度·立基)

石作华文:"或于华文之内间以龙、凤、师兽及化生之类者,**随其所宜**分布用之。"(卷 3·石作制度·造作次序)

交互枓:"如柱大小不等,其枓量柱材**随宜加减**。"(卷 4·大木作制度一·枓·造枓之制有四)

由额:"如有副阶,即于峻脚椽下安之;如无副阶,即**随宜加减**,令高下得中。"(卷 5·大木作制度二·阑额)

飞子:"如椽径十分,则广八分,厚七分。[大小不同,约此法**量宜加减**。]"(卷 5·大木作制度二·檐)

雕插写生华:"先约栱眼壁之高、广,**量宜分布**画样,随其卷舒,雕成华叶……"(卷 12·雕作

---

① 语出《左传·襄公二十九年》。转引自:庞朴. 中庸与三分. 文史哲,2000(04)
② 参见:庞朴. 中庸与三分. 文史哲,2000(04)
③ Symmetria(symmetry),常见的译法有两种:"对称"或"均衡"。在高履泰翻译的《建筑十书》和王贵祥翻译的《建筑理论史——从维特鲁威到现在》中,均将"symmetria"译为"均衡"。而有关的物理学文献,例如赫尔曼·外尔的《对称》(上海:上海科技教育出版社,2002),以及李政道的《对称与不对称》(北京:清华大学出版社,2000),均将"symmetria(symmetry)"译为"对称"。从《建筑十书》的这段文字看来,用来作例子的是人的"双脚、双手、手指",基本上是呈镜像对称的例子,而"均衡"一词则更加适合于 18 世纪法国建筑理论家部雷(Boullée)所提出的"proportion"概念,包含"规则"(régularité)、"对称"(symétrie)和"丰富"(variété)三个要素(见:[德]克鲁夫特. 建筑理论史——从维特鲁威到现在. 王贵祥,译. 北京:中国建筑工业出版社,2005:13),比维特鲁威对于"symmetria"的解释又进了一步。由此,本书将"symmetria(symmetry)"译为"对称"。
④ 《建筑十书》,第 1 书第 2 章;译文参照:[德]克鲁夫特. 建筑理论史——从维特鲁威到现在. 王贵祥,译. 北京:中国建筑工业出版社 2005:5,笔者对"symmetry"的翻译进行了调整。
⑤ 见:[德]雷德侯. 万物——中国艺术中的模件化和规模化生产. 张总,等译. 北京:生活·读书·新知三联书店,2005

制度·雕插写生华)

额上壁内影作:"其上先画料,以莲华承之。……中作项子,其广**随宜**。"(卷14·彩画作制度·丹粉刷饰屋舍)

杂间装:"以此分数为率。或……各约此分数,**随宜加减**之。"(卷14·彩画作制度·杂间装)

由以上例句,可见"宜"在《法式》中有两重含义:

其一,《法式》中的许多构造和样式都有一定的灵活性,其尺寸、位置和样式可以根据具体情况有所变通;

其二,所有的变化,都要合于某种"法"、"度"或"数",亦即合于制度。

5.1.3 "分明"——逻辑上的真实性与清晰性

"分明"指造型具有清晰的视觉结构。"表里分明"[①]指装饰纹样中叶片的正面和背面都有其应有的形态,从而有所区分。与"匀"和"宜"相比,"分明"与精确或模糊的"数"或"度"均无关联,而只与形态有关。

在色彩方面,"分明"通过"隔间"来实现。在构图方面,通过缘道和彩画纹样来区分构件的端头、连接、边界,则都可以归入"分明"的原则之下。在纹样形态方面,"表里分明"的特色则直接体现在植物纹样的绘制中。

在西方建筑理论中,"分明"或许可以与"清晰性"(articulation)相对应。

5.2 《营造法式》彩画的构图规律

建筑彩画与一般装饰色彩及纹样的主要区别在于装饰对象——建筑构件所具备的特征。如果不考虑材料的因素[②],建筑构件的特征主要有形状、位置(包括不同构件之间的连接关系)和模度三个方面。

通过文字和图样的分析比较可以发现,《营造法式》彩画的构图对于构件形状因素的考虑较为成熟,而对于构件位置的因素也有所考虑,但还不够成熟。换言之,《营造法式》的彩画风格比较注重构件个体的形式完整性,而忽视构件在建筑整体中的恰当性。因此,《营造法式》彩画虽然在局部效果上千变万化、精妙妥帖,整体效果却未必尽如人意。

5.2.1 《营造法式》彩画与构件形状的关系

《营造法式》彩画所装饰的建筑构件,按其几何形状,可以划分为三大类:

第一类是柱、槫、椽等圆柱体构件,这类构件的侧面具有连续的柱状表面,没有明确的轮廓线;随着视线的移动,构件形体没有明显的变化。

第二类构件包括梁、额、枋、连檐、枓、栱、飞子等多面体形状的构件,这类构件形体虽复杂,却是由简单的平面结合而成,具有明确而丰富的轮廓线;随着视线的转动,构件形体有明显的变化[③]。

---

① 《营造法式》卷12·雕作制度·起突卷叶华:"雕镂叶内翻卷,令表里分明。"
② 关于构件材料,《营造法式》彩画默认为木材,因此在这里不是重要的考虑因素。
③ 关于这两类形状的区分,可以参见鲁道夫·阿恩海姆在《艺术与视知觉》中的观点。阿恩海姆将人对三维形体的认知划分为"立方体"与"圆柱体"两种。根据阿恩海姆的分析,立方体的块面划分是人类认识复杂而连续的柱状表面时的简化方式。此种方式在古希腊雕塑中已经体现出来,在文艺复兴时期达到顶点,而在巴洛克雕塑中被抛弃。([美]鲁道夫·阿恩海姆. 艺术与视知觉. 滕守尧,朱疆源,译. 成都:四川出版集团,1998:288~289)

第三类构件包括栱眼壁、白版等,这类构件从视觉效果来说,完全是二维的形状,因此与上述两类构件有本质的不同。

以下分述三类构件的构图方法。

第一,对于柱状构件柱、槫、椽的彩画,《法式》各有不同的规定,但共同的特点是没有"缘道"处理。

关于槫的规定很简略,只是隐约提到可以用"琐文"和"筒文"来装饰①。

柱和椽的装饰又有一个共同点,即运用纹样和色带区分了"头"和"身"的段落。其中椽子还需要单独考虑"椽面"的因素,一般用莲花、宝珠等中心对称或高阶对称的装饰图形②。柱子仅能看到其柱状侧面,而且对于立面效果影响更大,因此划分也更为细致,区分了"头"、"身"、"脚"、"櫍"四个段落③,其中"柱脚"和"柱櫍"具有较强的连续性,可以合为一段。

第二,对于多面体形状的构件梁、额、枋、连檐、枓、栱、耍头、飞子等,《法式》规定的共同特点是通过"缘道"的处理来明确面的转折④,这与"表里分明"⑤的美学要求是一致的(参见 5.2.3 节对于缘道的分析)。

在这类构件中,额、栱和飞子由于位置和方向的特殊性,其端头又有角叶、燕尾等特殊处理。在"如意头角叶"的类型中包含"合蝉燕尾"一种⑥,可见角叶和燕尾实际上是同一构图的不同变体。这类构图的来源可能是先秦至两汉时期起加固和连接作用的金属包镶⑦,而视觉上的作用则是标志形状的结束。

第三,二维构件栱眼壁、白版的处理与多面体类似,也运用了"缘道"来强调面的轮廓线,但由于其二维表面的特征,可以适应绘画性的装饰题材。虽然"制度"中规定"写生华"可以用于"梁、额或栱眼壁内"⑧,但从图样的情况来看,只有栱眼壁彩画出现了写生华盆、人物故事等绘画性的装饰题材。

总的来说,《营造法式》彩画的构图与构件形状有密切的关联。对于柱状构件,《法式》进行了"头"、"身"、"脚"的区分,从"头"、"身"、"脚"的词汇来看,这一装饰方法似乎源于对人体的象征。对于多面体构件,《法式》则通过"缘道"来明确面的转折,又通过"角叶"和"燕尾"来明确形状的结束,这一装饰方法显然与构造有着密切的关联。

5.2.2 《营造法式》彩画与构件位置的关联

从《营造法式》彩画的文字和图样看来,《法式》对于彩画与构件位置的关联也有一定的考虑。《法式》彩画对于构件位置的表达大体可以分为三类:其一,表达段落的开始与结束(包括视觉停顿与移动的方向);其二,表达远近与明暗的关系;其三,表达局部与整体的关系。

关于位置的考虑可能有两个来源:一是源于纯粹视觉的要求,二是源于已经消失的构造做

---

① 见"五彩遍装·琐文有六品"条、"解绿装饰屋舍·枓栱方桁"条。
② 参见 3.5.4.1 节、3.5.4.2 节。
③ 见"五彩遍装·凡五彩遍装"条。
④ 根据里格尔的研究,世界艺术史上首先有意识地确立了边与面、框围与内饰的区别的,可能是亚述艺术。亚述人首先创制了统一的框围系统(framing system),在艺术上圆满地解决了转角的问题。
　　[奥]阿洛瓦·里格尔. 风格问题——装饰艺术史的基础. 刘景联,李薇蔓,译,长沙:湖南科学技术出版社,1999:47
⑤ 见 5.1.3 节关于"分明"的分析。
⑥ 参见 3.5.4.1 节、3.5.4.6 节。
⑦ 参见 6.3.1 节。
⑧ 见"五彩遍装·华文有九品"条。

法。后者实际上也有着不可忽视的视觉功能,因为过去的构造做法往往和视觉上稳定、坚固的感受相关联。

以下分述三种位置表达的具体做法。

第一,关于段落的开始与结束,上节已从构件层面进行了探讨,角叶、燕尾、柱头、柱脚均可视为此类处理。

对于更大一些的尺度,可以将大小连檐看做立面段落在垂直方向的结束。根据《法式》规定,对于"五彩遍装",连檐可用圈头合子、豹脚合晕、棱身合晕、连珠合晕、偏晕之类纹样,也可作"三角叠晕柿蒂华"或"霞光"①。这类纹样的排布形成顶点向下的钝角三角形,在视觉上产生向上的停顿以及向下的指向性,很好地表达了立面段落的结束。根据敦煌石窟壁画所显示的脉络,这一构图可能是源自于对历史悠久的帐幔缨络垂饰的模仿。

在水平方向上,柱子应作为立面段落的边界。但是《营造法式》所规定的水平分段方式,以及柱身的繁琐纹样,反而削弱了边界的视觉作用。与清式彩画常用的通刷朱红相比,其整体效果要差一些(参见彩畫作制度圖十二、彩畫作制度圖十三)。

第二,对于远近与明暗关系的表达,在《营造法式》"解绿装饰"和"丹粉刷饰"对梁、栱等下表面,以及椽头的色彩规定中可以体现出来。在这类装饰中,对于离人眼较近、并且较为明亮的受光面,规定使用较为明亮、鲜艳的色彩,因此加强了构件的远近和明暗的关系。(参见图3.10)但在"五彩遍装"、"碾玉装"和"叠晕棱间装"等较高等级的彩画类型中,却没有这样的色彩区分。相比之下,清式彩画檐下暗部以冷色为主、屋顶及立柱之受光部分以暖色为主,则在整体上对于远近、明暗关系的表达效果要好得多了。

第三,对于局部与整体关系的表达,在《营造法式》彩画中主要体现为运用"缘道"作为构件与纹样之间的尺度中介(参见5.2.3节对于缘道的分析)。

另一种方式的体现,是《营造法式》彩画在特定位置用纹样模仿唐式建筑中的结构做法。例如在阑额上用"八白"模仿唐式建筑的"重楣",以及在栱眼壁用"影作"模仿唐式建筑的"人字栱"。这类装饰做法从被模仿的结构那里继承了局部与整体之间的有机性。

然而如果与清式彩画略作比较,可以发现,《营造法式》对于彩画构图的尺度关系,仍然是考虑单个构件多于考虑建筑整体。例如对于额端用如意头角叶的尺寸规定,为"长加广之半"②,即额端的长度为阑额高度的1.5倍。相应的,清官式彩画对于额枋端头"箍头"、"找头"的尺寸规定为额枋总长的三分之一,由于额枋总长与开间大小相对应,因此额枋端头的长度有很大的浮动,为此清官式彩画又有"勾丝咬"、"喜相逢"、"一整二破"等旋花变体可供组合运用③。对于立面的整体效果而言,开间尺寸显然比阑额高度有着更大的影响。因此清式彩画与《营造法式》彩画相比,实际上又是牺牲了个体的丰富性而照顾了整体的恰当性。

总的来说,《营造法式》对于彩画与构件位置的关联有一定的考虑,但还不够全面。如果与清式彩画略作比较可以发现,《营造法式》彩画仍是重局部而轻整体的。

---

① 见"五彩遍装·华文有九品"条、"凡五彩遍装"条、彩画作制度图十八、彩画作制度图十九。
　对于较简单的样式,还可以作"青绿晕"或"白缘道",见"凡青绿叠晕棱间装"条、"丹粉刷饰屋舍·枓栱之类"条。
② 见"五彩遍装·凡五彩遍装"条。
③ 参见:梁思成. 清式营造则例. 北京:中国建筑工业出版社,1981:41~42

5.2.3 缘道——《营造法式》彩画的模度

5.2.3.1 《营造法式》的模度

《营造法式》本身具有一个"材分八等"的模数体系,并"以材为祖",即将"材份制"作为建筑的根本原则之一:

"凡构屋之制,皆以材为祖。……凡屋宇之高深,名物之短长,曲直举折之势,规矩绳墨之宜,皆以所用材之分。以为制度焉。"(卷4·大木作制度一·材)

建筑单体大木结构层面的模数体系又可分为三个层次:

第一,由"材份制"所规定的"材广"、"材厚"、"栔"、"份"的固定比例关系(15:10:6:1),使得无论何种规模、何种样式的建筑,其基本构件单元的尺寸都存在固定的比例。

第二,从"四铺作"到"八铺作"的"铺作次序",使得枓栱大小尺度之间的转换并不仅限于等比例放大(例如"材等"的增加),而还可以在一定程度上增加构件的数量(即铺作的"出跳")。借用德国汉学家雷德侯的比喻,这样的增长方式是遵循了"细胞增殖的原则:达到某一尺度就会分裂为二",在本质上是"依照自然的法则进行创造"[①]。

第三,建筑的"间广"或"柱高",是更大尺度的模数单元(或称"扩大模数")。《法式》缺乏这方面的明确规定,但是根据现代学者对于大量古建筑实例的统计分析,"柱高"与平面和剖面控制尺寸存在数值上的关联,而这些数值的设计依据通常是"丈尺体系",而与"材份体系"无关[②]。

5.2.3.2 关于《营造法式》彩画作"缘道"制度的初步分析

在上述大木作模数体系的基础上,彩画作则通过"缘道"的制度,使得建筑的装饰纹样与构图虽然保留了一定程度的任意性,但又同建筑构件在数值上取得了关联。

通观《营造法式》彩画作的五种基本类型,所有类型均有"缘道"的规定,并且缘道尺寸与构件尺寸直接相关。

在所有的缘道做法中,存在两种明显不同的色彩关系:

其一,"对晕"关系,即"外缘"由深至浅叠晕,身内作"空缘"由浅至深叠晕,内外浅色相对。此时"外缘"和"空缘"平滑过渡,因此"外缘"的宽度比较模糊,难于感知,而"外缘"和"空缘"的总合则在视觉上构成了一条较宽的"缘道",但由于色彩的渐变过渡,其宽度仍然难于认知。五彩遍装、碾玉装、两晕棱间装、三晕棱间装之外两晕,都属于这种色彩关系(图 5.1[1]—[3])。

其二,"压晕"[③]关系,即"外缘"和"身内"的色彩,以最深色和最浅色直接相邻,即使不勾线,也会自然造成强烈的对比效果,并使人对"缘道"的宽度形成明确的认知。丹粉刷饰、解绿装饰、三晕棱间装之内两晕,均属于这种色彩关系(图 5.1[3]—[5])。

---

① [德]雷德侯. 万物——中国艺术中的模件化和规模化生产. 张总,等译. 北京:生活·读书·新知三联书店,2005:10~11
② 参见:傅熹年. 中国古代城市规划建筑群布局及建筑设计方法研究. 北京:中国建筑工业出版社,2001。另参见:郭黛姮. 论中国古代木构建筑的模数制. 见:建筑史论文集(第5辑). 北京:清华大学出版社,1981;杜启明. 宋《营造法式》大木作设计模数论. 古建园林技术,1999(04)
③ 此种色彩关系在《法式》中没有明确的名称,"压晕"一词曾被用于描述"染赤黄",用在此处并非最恰当,但在未能找到更好的术语之前,姑且用该词代替。

而缘道和构件的尺寸关系有四种：

其一，五彩遍装、碾玉装：科栱之类单材构件，外缘 1 分，内作 2/3 分的空缘与外缘相对；梁栿之类非单材构件的缘道是科栱的 2 倍①。

其二，两晕棱间装：外缘宽度为 2 分，身内全作叠晕，没有"空缘"的做法②。

其三，三晕棱间装(包括"青绿叠晕三晕棱间装"和"三晕带红棱间装")的"外缘"宽度与五彩遍装相同③，为 1 分，没有关于"空缘"的规定。但是从实际效果来看，还是有着明显的"对晕"关系(见图 5.1[3])从《法式》图样的比例来看，其内侧的色阶应与外缘同宽(1 分)，或与五彩遍装相同(2/3 分)(参见图 4.40)。

其四，解绿装饰和丹粉刷饰：没有"空缘"的做法，外缘宽度为"材广"的 1/8④，按单材广 15 分计算，外缘宽度为材份制的 1.875 分，但是《法式》又规定"其广虽多，不得过一寸，虽狭不得过五分"(这里的"分"，显然应该是指"寸"的 1/10)，因此根据"材分八等"进行计算，丹粉刷饰的外缘宽度介于 1.67~1.875 分之间(参见表 3.17)。

关于这几种彩画类型的缘道尺寸及色彩关系，可以作出示意图和统计表如下：

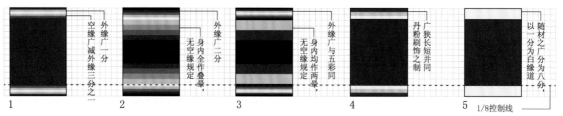

1 五彩遍装、碾玉装；2 两晕棱间装；3 三晕棱间装；4 解绿装饰；5 丹粉刷饰(Grid=1 分)

图 5.1 《营造法式》彩画作诸作单材构件缘道尺寸及叠晕色阶示意

表 5.1 《营造法式》各种彩画类型之缘道宽度比较表

	五彩遍装、碾玉装	两晕棱间装	三晕棱间装	解绿装饰、丹粉刷饰
缘道色彩关系	对晕	对晕	对晕+压晕	压晕
外缘(分)	1	2	1	1.875
空缘(分)	2/3	无规定	无规定，应为 2/3 或 1	0
缘道总宽(分)	1.67	2	1.67 或 2	1.875
缘道总宽在单材构件中所占比例	1/8.98	1/7.5	1/8.98 或 1/7.5	1/8

由以上的分析可见，虽然各种彩画类型的缘道宽度都有单独的规定，但是在构件高度 1/8 左右的位置都会产生一道明显的色彩控制线。这道线在"五彩遍装"和"碾玉装"中，位于"空缘"之内；在"两晕棱间装"中，位于外缘叠晕和身内叠晕之间的"粉线"上；在"三晕棱间装"中，位于身内两晕的交界线上；在"解绿装饰"和"丹粉刷饰"中，则位于"缘道"和"身内"的交界线上(表 5.1)。

但是这条色彩控制线的位置在 1/8 附近，还存在微小的差异。如"五彩遍装"略窄，接近 1/9；

① 卷 14·彩画作制度·五彩遍装之制："梁栱之类，外棱四周皆留缘道，用青绿或朱叠晕，梁栿之类缘道，[其广二分。科栱之类，其广一分。]内施五彩诸华间杂……外留空缘，与外缘道对晕。[其空缘之广，减外缘道三分之一。]"
② 卷 14·彩画作制度·青绿叠晕棱间装之制："凡科栱之类外棱缘广二分。"
③ 卷 14·彩画作制度·青绿叠晕棱间装·三晕棱间装："其外缘广与五彩同。其内均作两晕。"
④ 卷 14·彩画作制度·丹粉刷饰屋舍·丹粉刷饰屋舍之制："科栱之类：[栱、额、替木、叉手、托脚、驼峯、大连檐、搏风版等同。]随材之广分为八分，以一分为白缘道。其广虽多，不得过一寸，虽狭不得过五分。"

而"两晕棱间装"略宽,为 1/7.5;只有"解绿装饰"和"丹粉刷饰"的控制线准确地位于 1/8 处。("三晕棱间装"制度不明,暂不讨论。)

为何存在这样的差异,《法式》并没有作出解释;而且目前彩画实例中的"缘道"宽度,还缺乏系统的实测和统计,难以和《法式》进行互证。以下试从视觉原理和施工便利的角度,对缘道规定的差异进行初步分析:

首先,五彩遍装、碾玉装和叠晕棱间装都是先画"外缘",并作 3 层以上的叠晕色阶,因此外缘在份值上取整(1 或 2 分),便于绘制;由于"对晕"的运用,"外缘"和"身内"界线模糊,此时"缘道"和"身内"未成整数倍关系,但对视觉感受影响较小。

丹粉刷饰和解绿装饰身内不作叠晕,外缘不作叠晕或只作简单叠晕,"外缘"和"身内"界线清晰,因此外缘与构件尺寸取得整数倍(8 倍)的关系,虽然这一尺寸在分数上产生了零数(1.875分),但是直接在木材表面进行二等分,三次即得,最为简便,而且在视觉上有着强烈的秩序感。

其次,在构图方面,五彩遍装和碾玉装的构件"身内"有着复杂的纹样,构件在视觉上被分割成小的色块,因此外缘略窄,与纹样尺度取得协调;丹粉刷饰和解绿装饰没有叠晕或仅有简单的叠晕,身内没有纹样或仅有简单的纹样,因此外缘和构件之间存在精确而适中的数值关系;叠晕棱间装不作纹样,全靠叠晕色阶装饰,因此外缘略为加宽。

综上所述,在《法式》中,不论何种缘道处理,在客观上都构成了构件尺度和纹样尺度之间的过渡。在叠晕和纹样较为简单时,缘道尺寸和构件尺寸取得精确的 8 倍数关系,从而获得视觉上高度的秩序感;而在叠晕和纹样较为复杂时,叠晕和纹样本身又会反过来影响视觉上对于构件的尺度感受,因此缘道尺寸和构件尺寸的倍数关系也进行了相应的微调,以维持视觉上的均齐效果。由此,《营造法式》彩画作的不同彩画类型,不但各自有着统一的风格,其互相之间也通过精细的调整而取得视觉上的微妙统一,这就在一定程度上保证了即使在同一座建筑中运用不同类型的彩画进行"相间品配"[1],仍然可以在某种程度上保持均齐的效果。

5.3 唯青、绿、红三色为主——《营造法式》彩画的色彩构成

5.3.1 《营造法式》彩画的色谱

《营造法式》彩画作诸色样式均以青、绿、朱红等高彩度、中等明度的色彩作为"主色",而用一些较低彩度、高明度或低明度的色彩(即近于黑和白的颜色)作为"点缀色",这些"点缀色"穿插于鲜艳的"主色"之间,起到了色彩调和的作用。

除了纹样和叠晕的复杂程度以外,同一色系不同颜料的选择也与样式的等级有着直接对应的关系。这在红色系中体现得最为明显——五彩遍装和叠晕棱间装选用"朱砂",解绿装饰选用"土朱"与"合朱",而丹粉刷饰则选用"土朱"与"黄丹",颜色的彩度次第降低[2]。当然,在不同等级彩画的颜料选择中,肯定也会有价格因素的影响:朱砂产于汞矿,土朱产于铁矿,"黄丹"和"合朱"则是人工合成的颜色,其贵贱程度不言自明。但是这样的色彩选择,无疑也说明了在北宋时

---

① 卷 14·彩画作制度·杂间装·杂间装之制:"皆随每色制度相间品配,令华色鲜丽,各以逐等分数为法。"
② 据笔者初步推测和计算,按孟塞尔颜色体系,朱砂(二朱)、合朱、黄丹、土朱的彩度分别为 15、12、9、9。

期的装饰艺术中,对高彩度颜色的普遍喜好。

在高彩度色彩的构图组合中,色相就变成了影响画面的最为重要的因素。

在色相的选择方面,除了等级最低的"黄土刷饰"以土黄为主色之外,其他各色样式的"主色"均不外乎青(石青)、绿(石绿)、朱(朱砂)这三种色相。而"点缀色"主要有黑(墨、深色草汁等)、白(定粉)、黄(金、藤黄、雌黄等)、紫(紫檀等)四种。《营造法式》彩画作的5种基本装饰类型的色谱及色彩简图如图5.2、图5.3所示。

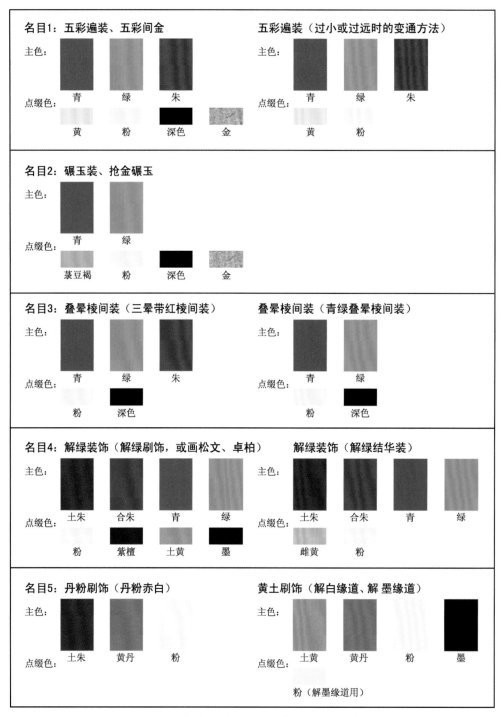

图 5.2 《营造法式》彩画各装饰类型的色谱

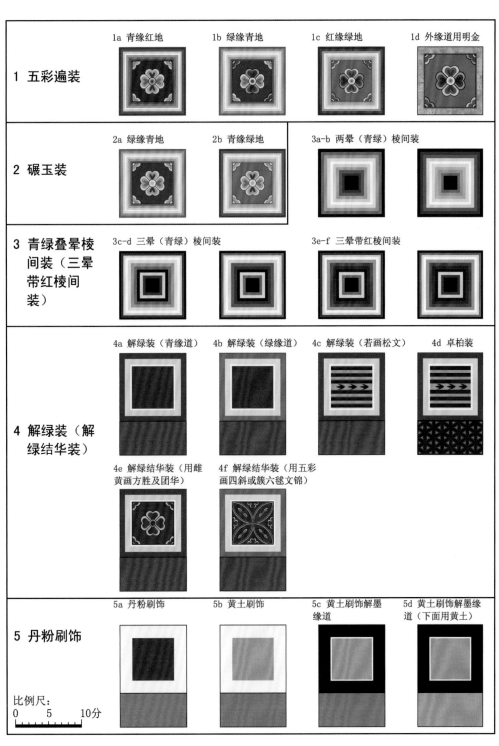

图 5.3 《营造法式》彩画各装饰类型的色彩示意

5.3.2 "五彩"与"五色"的传承与转变

《营造法式》的色彩选择究竟隐含着怎样的规则？

《营造法式》"彩画作"最具代表性的样式——"五彩遍装"中的"五彩"二字暗示着这种色彩选择与中国战国时期形成的"五色体系"的关联。

"五色"的提法，最早见于《尚书》：

《虞书》:以五采彰施,于五色作服。①

《禹贡》:厥贡唯土,五色。②

"五色"或"五采"的提法,在战国时期的其他经典著作中也多次出现,然而首次将"五色"与具体颜色相对应的是《周礼·考工记》:

画缋之事,杂五色。东方谓之青,南方谓之赤,西方谓之白,北方谓之黑,天谓之玄,地谓之黄,青与白相次也,赤与黑相次也,玄与黄相次也。③

所谓"五色",却用到了六个颜色词:青、赤、白、黑、玄、黄。

战国末期的《吕氏春秋》更是详尽地作出了月份、色彩、五行、方位、音律的对应,以此规定天子的每月礼仪,其中季节、方位与色彩的对应关系如下:

春季——东方——青(苍)

夏季——南方——赤(朱)

夏至——中央——黄

秋季——西方——白

冬季——北方——黑(玄)④

在这里"青"与"苍"、"赤"与"朱"、"黑"与"玄"被混用了,因此《考工记》中的"六色",也可以将"黑"与"玄"合并,成为青、赤、黄、白、黑五色⑤。

从后代的大量文献可以看出,五色之指已经成为社会共识,同时还有"正色"与"间色"的说法。

"《礼记·玉藻》:衣正色,裳间色。"⑥

一般来说,"正色"就是前面所说的"五色",但关于"间色"的具体所指,在唐以前的文献中找不到详细的说法。在唐人孔颖达对《礼记·玉藻》的疏中可以看到一种较早的解释:

"采色之中,玄最贵也。玄是天色,故为正。纁是地色,亦黄之杂,故为间色。皇氏云:正谓青、赤、黄、白、黑,五方正色也。不正谓五方间色也:绿、红、碧、紫、骊黄是也。……绿,色青黄也。……红,色赤白也。……碧,色青白也。……紫,色赤黑也。……骊黄之色,黄黑也。"⑦

在唐人李善对江文通《别赋》的注释中,可以看到引自《环济要略》的另一种解释:

"间色有五,绀、红、缥、紫、流黄也。"⑧

从文献的字面上来看,关于"正色"和"间色"的说法仍有着不确定性。有学者通过《说文》中颜色词出现的频度来研究先秦、两汉时期各颜色在人们心目中的不同地位,发现在《说文》中,青、赤、黄、白、黑出现的频次遥遥领先,毫无疑义地占据了颜色词的主导地位;而在这五种"主色"中,又以白和黑为最主要⑨。很多学者从现代色彩学的角度来分析五种"正色"或"主色"的选择,认为赤、黄、青近似于现代所称的红、黄、蓝,即物体或颜料的"三原色",而黑、白是诸色明暗

---

① 《尚书》四部丛刊本,卷3,第2页。

② 《尚书》四部丛刊本,卷3,第3页。

③ 《周礼》四部丛刊本,卷11,第30页。

④ 《吕氏春秋》四部丛刊本,卷1、4、6、7、10。

⑤ 有的学者认为"玄"与"黑"并非一色,"玄"是一种有变化的墨色,但在"五色体系"中,"玄"还是应该与黑色归为一类。见:陈滞冬. 中国画的哲学色彩论与五原色体系. 文艺研究,1998(03)

⑥ 《礼记注疏》,四库本,卷29,第28页。

⑦ 《礼记注疏》,四库本,卷29,第29~30页。

⑧ 《六臣注文选》,四部丛刊本,卷16。

⑨ 许嘉璐. 说"正色"——《说文》颜色词考察. 中国典籍与文化,1995(03)

的两极。而孔氏对《礼记》的疏文中已经明确指出,"间色"是由"正色"两两混合得到的,这和现代色彩学的观点是完全相同的。

但是在孔氏的疏文中,除了"绿,色青黄"属于有彩色混合产生新的色相之外,其他几种"间色"都是通过有彩色与黑或白的调和得到,似乎只是明度和彩度有所变化,并不会产生新的色相。正因为这种色度标准的混乱,使得"间色"在后世有了纷杂的解释。由此也可以看出,先秦两汉时的"五色"所构成的色谱,更多地表明了一种哲学和象征上的色彩关系,而非视觉上的色彩关系(图 5.4[1])。

《营造法式》虽有"五彩"、"五色"的提法,但是对色彩的选择已经与先秦的"五色体系"相去甚远,甚至在"总释"中也并没有引用任何关于"五色"的经典词句。

在先秦文献的五种"正色"之后,《营造法式》首次明确提出了三种"主色"的概念:

"五色之中,唯青、绿、红三色为主,余色隔间品合而已。"①

"青、绿、红三色为主"的观念,可能随着南北朝以后自印度传来的"凹凸画法"的兴起就已经产生了。南梁画家张僧繇画"凹凸花",就已经是"朱及青绿所成"②,可见北宋的《营造法式》并不是这种用色方法的始创,但《营造法式》无疑是在色彩选择和搭配方面论述得最为系统的著作。

从《营造法式》全文看来,所谓用来"隔间品合"的"余色",主要包括黑(墨、深色草汁等)、白(定粉)、黄(金、藤黄、雌黄等)、丹(黄丹)、赭(土朱)、紫(紫檀等)。

其中,"黑"、"白"、"黄"作为彩画构图中的轮廓线描或小面积点缀的"隔间"用色。在某些高等级的作法中,描画框线的黑墨用赭色代替③。

"丹"和"紫"一般用来作为"朱"的代用色或极色。例如枓栱构件的下表面,"解绿装饰"用"合朱";而更低等级的"丹粉刷饰"同一部位则改用"丹";在朱红作深浅叠晕时,最暗部要用"深色紫矿罩心"④。

也有的"余色"可以用来"合色",例如紫粉和黄丹用来合成"朱",雌黄和淀(靛青)用来合成"绿"⑤。

简而言之,《营造法式》相对于先秦的"五色"体系,将作为"间色"的绿色升为"主色",而将"正色"中最重要的黑、白、黄降为了"隔间"用色(图 5.4[2]、[3])。

我们已经无法从文献中确切知道这种色彩选择的初衷,但是有一点可以肯定,这与北宋时期装饰艺术对"鲜丽"的追求是分不开的。

5.4　鲜丽——《营造法式》彩画色彩的指导思想

《营造法式》彩画作部分,有两处提到要以"鲜丽"为装饰的目标。一处是"总制度·取石色之法"一条的小注,提出用青、绿、红三色由浅至深叠晕的方法,目的是"取其轮奂**鲜丽**,如组绣华锦

---

① 《营造法式》卷 14·彩画作制度·总制度·取石色之法。
② 《建康实录》,第 686 页。
③ 《营造法式》卷 14·彩画作制度·总制度·彩画之制:应用五彩装及叠晕、碾玉装者,并以赭笔描画。浅色之外,并旁描道,量留粉晕。其余并以墨笔描画。浅色之外,并用粉笔盖压墨道。
④ 《营造法式》卷 14·彩画作制度·五彩遍装·叠晕之法。
⑤ 《营造法式》卷 27·诸作料例二·彩画作·应合和颜色。

之文"①;另一处是"杂间装"一条,提出不同类型彩画进行"相间品配"的原则是"令华色**鲜丽**"②。可见,不管是单个纹样的用色,还是不同画法的搭配,都有一个共同的目标,就是"鲜丽"。

从语义上来考察,"鲜"、"丽"均指华美,如《汉书·贾谊传》③:"履虽鲜,不加于枕",又如《史记·平准书》:"宫室之修,由此日丽"④。南北朝已经出现"鲜丽"二字并用,表示衣物、外貌华美,如《宋书》就有"羽貌鲜丽"、"车服鲜丽"、"衣服鲜丽"⑤等用法。宗白华先生将中国传统文化中的美的理想分为两种——"错采镂金的美"和"芙蓉出水的美"⑥,则"鲜丽"之美,应属于"错采镂金的美"。王贵祥先生将中国建筑艺术思想概括为两个对立统一的方面——"大壮"思想与"适形"思想⑦,则"鲜丽"之美,又属于"大壮"的范畴。

但是"鲜"和"丽"的语义又有不同的侧重。"鲜"的本义是"活鱼"或"生鱼"⑧,引申为清洁、纯净⑨,从形式感知的角度来说,对应的是高纯度、高彩度的色彩给人的美感。"丽"的本义是"对偶"⑩和"附着"⑪。"附着"是讨论装饰与本体的关系,与形式无关,而"对偶",从形式感知的角度来说,则指单元的重复、对称和节奏给人的美感。

《营造法式》用了丝织品和花卉(组、绣、华、锦)来比喻"鲜丽"的美感,亦强调了色彩的纯净与形式的对偶。在《营造法式》彩画中,"鲜丽"的效果主要是通过色彩的对比与和谐、形式的变化与统一来实现的。

关于形式的统一与变化,在下面的两节将专门讨论,本节主要讨论色彩对比与和谐的问题。

关于如何达到色彩的对比与和谐,现代色彩学家已经提出了较为系统的理论,以下简要介绍瑞士艺术理论家约翰内斯·伊顿(Johannes Itten)在色彩学界影响深远的色彩对比理论⑫:

"色彩和谐这个概念就是要通过正确选择对偶来发现最强的效果"⑬,也就是说,色彩的对比

---

① 《营造法式》卷 14 卷·彩画作制度·总制度·取石色之法:"五色之中,唯青、绿、红三色为主,余色隔间品合而已。其为用亦各不同,且如用青,自大青至青华,外晕用白、朱、绿同。大青之内,用墨或矿汁压深。此只可以施之于装饰等用,但取其轮奂鲜丽,如组绣华锦之文尔。"[14.1.2.1]

② 《营造法式》卷 14·彩画仲制度·杂间装·杂间装之制:"杂间装之制:皆随每色制度相间品配,令华色鲜丽,各以逐等分数为法。"[14.7a]

③ [汉] 班固,《汉书》卷 48,第 2256 页。

④ [汉] 司马迁,《史记》,中华书局点校本,卷 30,第 1436 页。

⑤ 《宋书·符瑞志》:"素鸠自远,毵翰归飞,资性闲淑,羽貌**鲜丽**。"([梁] 沈约:《宋书》,中华书局点校本,卷 29,第 850 页)
　《宋书·谢灵运传》:"谢灵运……性奢豪,车服**鲜丽**,衣裳器物,多改旧制。"(卷 67,第 1743 页)
　《宋书·徐湛之传》:"门生十余人,皆三吴富人之子,姿质端妍,衣服**鲜丽**。"(卷 71,第 1844 页)

⑥ 宗白华. 中国美学史中重要问题的初步探索. 见:艺境. 北京:北京大学出版社,1986:343~347

⑦ 王贵祥. 大壮与适形. 见:萧默. 中国建筑艺术史. 北京:文物出版社,1999:1071~1076

⑧ "鲜",古字"鱻",见《周礼·天官·庖人》:"凡其死生鱻薨之物,以共王之膳……秋行犊麛膳膏腥,冬行鱻羽膳膏膻。"郑司农注:"鲜谓生肉,薨谓干肉。"杜子春注:"鲜,鱼也。"(《周礼注疏》,十三经注疏本,卷 4)
　又见《说文》:"鱻,新鱼精也。"(《说文解字》,卷 11 下)

⑨ 《新唐书·南诏传》:"览睑井产盐,最鲜白。"([宋] 欧阳修:《新唐书》,卷 222 上,第 6269 页)
　又见《广韵》:"鲜,洁也。"(《原本广韵》,卷 2)

⑩ 《周礼·夏官·校人》:"丽马一圉。"郑玄注:"丽,耦也。"(《周礼注疏》,卷 33)

⑪ 见《周易·离卦》:"彖曰:离,丽也。"王弼注:"丽,犹著也。各得所著之宜,日月丽乎天,百谷草木丽乎十,重明以丽乎正。"(《周易注疏》,卷 5)

⑫ [瑞士] 约翰内斯·伊顿. 色彩艺术:色彩的主观经验与客观原理. 杜定宇,译. 上海:上海人民美术出版社,1985:33~87
　作者曾任包豪斯的早期教员,是现代色彩理论的奠基人之一。

⑬ [瑞士] 约翰内斯·伊顿. 色彩艺术:色彩的主观经验与客观原理. 杜定宇,译. 上海:上海人民美术出版社,1985:84~87

与和谐是一对统一的概念。因此,关于色彩对比的理论包含了色彩的平衡与和谐两个方面。色彩的对比可分为7种:色相对比、明暗对比、冷暖对比、补色对比、同时对比、色度对比和面积对比:

1. "色相对比",指不同色相的色彩(一般指未经掺合的纯色)之间的对比。

2. "明暗对比"指"黑白灰的明暗现象,或纯度色彩中的明暗现象",利用黑、白、灰来加强的明暗对比,"会减弱邻近色彩的力量,使它们变得柔和"。

3. "冷暖对比",指偏蓝绿的冷色和偏红橙的暖色之间的对比,基于色彩心理学上对于色彩和温度之间的通感。

4. "补色对比",指互补色相之间的对比,它基于一种色彩心理学的基本事实:"视力需要有相应的补色来对任何特定的色彩进行平衡,如果这种补色没有出现,视力还会自动地产生这种补色。"因此,补色对比"如果在比例上使用得当,会产生一种静止的固定形象的效果"。

5. "同时对比"是补色对比的反面,即当一个高彩度的颜色和低彩度的颜色放在一起时,那个低彩度的颜色会受到影响,产生一种补色的幻觉。"在这种情况下,色彩会呈现出一种有生气的活动力。它们的稳定性受到了扰乱,处于易变的振动之中。它们失去自己的客观特点,进入一种非真实的运动领域。"如果出现强烈的"明暗对比","同时对比"的幻觉则会被消除。"同时对比"成为印象派绘画的典型特征之一,但它几乎不属于任何一种古典艺术。

6. "色度对比",即不同彩度的对比,会"产生平静的效果"。

7. "面积对比","目的是达到一种色量的平衡,不让一种色彩比另一种色彩使用得更突出",因为面积和色彩的要素一样,决定了一个色彩的力量。在孟塞尔(Albert H. Munsell)看来,当"配色的总和为中性灰"时,该配色即在视觉上达到平衡。

"冷暖对比"、"补色对比"和"同时对比",在本质上都属于"色相对比"。这7种色彩对比可以和色彩的面积,以及色彩心理感知的三要素[1]进行如下对应:

色相(hue)——色相对比、冷暖对比、补色对比、同时对比

明度(value)——明暗对比

彩度(chroma)——色度对比

面积——面积对比

在色彩搭配,或称"色彩对偶"中,由于某些对比被强化,而另一些对比被弱化,可以达到不同的视觉效果、表达不同的思想感情。伊顿利用色彩组合在色相环上构成的对应关系,依次分析了"二种色组"、"三种色组"、"四种色组"和"六种色组"的色彩效果。

参照伊顿的色相环分析方法,本书按照孟塞尔的心理五原色(Y/黄,R/红,P/紫,B/蓝,G/绿)制作色相环,色相环的极轴与明度相关(图5.4[2]、[3])。

分析《营造法式》所提到的"主色"可知,这些作为"主色"的"石色",都是矿物质粉末,无论研磨粗细,调胶以后作为颜料,其色相(hue)和彩度(chroma)都相当稳定。如果忽略矿物颜料的产地差异和各种偶然因素造成的差异,可以根据画家和矿物学家的经验,参照国际通行的孟塞尔颜色体系,对这几种"主色"的一般显色特征进行定性的描述:

"石青":略偏绿的蓝色,研漂颗粒最大者(大青)略偏紫;

"石绿":是略偏蓝的绿色,允许有最丰富的明度变化,在元代已经可以研漂出5个色阶[2];

① 此三要素由美国色彩学家孟塞尔(Albert H. Munsell)于1905年提出,至今仍是描述色彩主观感觉的国际通行标准,并可与其他国际色彩体系进行换算。

② 见[元] 李衎:《竹谱》,卷1:"设色。须用上好石绿,如法入清胶水研淘,分作五等。"

"朱砂":略偏黄的红色,研漂颗粒最大者(深朱)略偏紫[1]。

基于以上的定性认识,将《营造法式》"五彩遍装"、"碾玉装"、"青绿叠晕棱间装及间画松文装"的色阶放入色相环中,可以制出《营造法式》彩画作的两种色谱关系图(图 5.4[2]、[3])。

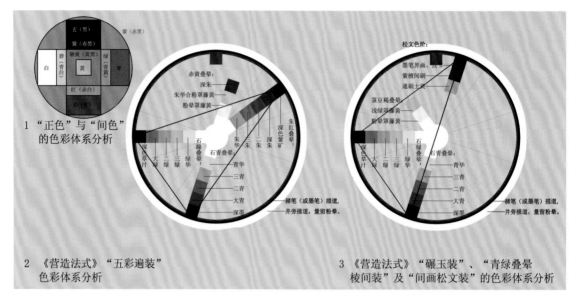

图 5.4 三种色彩体系的色谱分析图

从以上色谱关系图首先可以看出,《营造法式》所规定的三种"主色","石青"、"石绿"和"朱砂"的搭配,在色相环上构成一个"等腰三角形的三种色组":朱砂处于暖色的极端(橙红),而石青、石绿分别处于冷色极端(蓝绿)的两侧。这样的色彩组合,理论上可以混合成中性灰的颜色,符合色彩谐调的"补色原理"[2],同时又构成了最大程度的冷暖对比(图 5.4:[2])。

其次,从色彩光环境的角度来看,红、绿、蓝三种反射光线的混合,构成全色光谱(白光)的效果,因此感觉上最为明亮、充盈。人们在这样的色彩光环境下,能够最准确地感受每一种色彩的显色效果,每一种纯度颜色本身的鲜艳纯净都能够得到很好的展现。

第三,在"碾玉装"和"青绿棱间叠晕装"等以青、绿为主色的彩画样式中,色彩的总体效果会明显偏向冷调,不能达到"全色相"的效果。此时《营造法式》仍然采取了一定程度的补救措施,例如加入明亮的暖色域"绿豆褐",或深暗的暖色域"松文装",或干脆间以"五彩遍装",来满足眼睛要求在冷色环境中看到暖色的需要[3](图 5.4[3])。

第四,不同颜色相接时,运用"对晕"的方法,使得不同颜色的交界处渐变为白色或黑色,这实际上是运用了"明暗对比"来消除"同时对比",即摒弃色彩的动感和幻觉来取得色彩的稳定与和谐。

---

[1] 以上 3 条参见:于非闇. 中国画颜色的研究. 北京:朝花美术出版社,1955:2~6;
尹泳龙. 中国颜色名称. 北京:地质出版社,1997

[2] "补色原理"指视力需要有相应的补色来对任何特定的色彩进行平衡,如果这种补色没有出现,视力会自动地产生这种补色。见:[瑞士]约翰内斯·伊顿. 色彩艺术:色彩的主观经验与客观原理. 杜定宇,译. 上海:上海人民美术出版社,1985:58

[3] 碾玉装用红,见《营造法式》卷 14·彩画作制度·碾玉装:"凡碾玉:柱碾玉……柱头用**五彩**锦.[或只碾玉.]楂作**红晕**或青晕莲华。……仰版**素红**。[或亦碾玉装。]"
虽然也可以全用小注中提供的选择,使"碾玉装"的木构架呈现一种完全的冷色调,但是从《营造法式》行文的主次顺序来看,作者显然不建议这样做。
碾玉装、青绿叠晕棱间装与暖色调的样式(包括五彩遍装、松文装等)相杂,见《营造法式》卷 14·彩画作制度·杂间装:"五彩间碾玉装……碾玉间画松文装……青绿三晕棱间及碾玉间画松文装。"

总之,《营造法式》各类型的彩画,均在不同程度上运用"补色对比"、"冷暖对比"、"明暗对比",达到稳定、鲜艳、明亮的效果。

"鲜丽"在作为《营造法式》彩画总的色彩原则的同时,也成为区分等级高低的标准之一。

现将《营造法式》彩画各类型的色彩对比情况分等级列表如下,其中按照面积大小的差异,区分了不同类型的"主色"和"点缀色"(表5.2)。

表 5.2 《营造法式》不同类型彩画的色彩对比

等第	彩画类型		主色	点缀色	对比效果
上等	五彩遍装	五彩遍装 五彩间金	青、绿、朱	白粉、深色、赤黄 白粉、深色、金	强烈的补色对比
	碾玉装	碾玉装 抢金碾玉	青、绿	白粉、深色、绿豆褐 白粉、深色、金	类似色相对比(冷色)
中等	叠晕棱间装	三晕带红 青绿叠晕	青、绿、朱 青、绿	白粉、深色	较强的补色对比 类似色相对比(冷色)
	解绿装饰	解绿刷饰 画松文、卓柏 解绿结华	土朱、合朱、青、绿	白粉、墨 白粉、墨、紫檀、土黄 白粉、雌黄	低彩度的补色对比
下等	丹粉刷饰	丹粉赤白	土朱、黄丹、白粉		类似色相对比(暖色) 强调明暗对比
	黄土刷饰	解白缘道 解墨缘道	土黄、黄丹、白粉 土黄、黄丹、墨	白粉	

通过上表的比较,可知不同等级的彩画对色彩对比运用的差别:

首先,互补色相的色彩组合(青、绿+红),其色彩对比要强于类似色相组合(青+绿;土朱+黄丹)的色彩对比。也就是说,互补色相的色彩组合更加"鲜丽"。因此,在《营造法式》中,互补色相的色彩组合,包括五彩遍装、三晕带红棱间装、解绿装饰,其等第要略高于类似色相的色彩组合,包括碾玉装、青绿叠晕棱间装、丹粉刷饰、黄土刷饰。而即使是类似色相的色彩组合,如果等级较高,例如碾玉装,也会使用暖调的点缀色(绿豆褐)来增强色相的对比。而等级最低的"丹粉刷饰"和"黄土刷饰",其色相对比减到最弱,将黑、白纳入"主色"之中,强调色彩的"明暗对比"。

其次,等级越高的彩画,用色(主要指红色)的彩度也越高,即"鲜丽"的程度更高。例如"解绿装饰"和"五彩遍装",同样以青、绿、红为主色,高等级的"五彩遍装"用彩度较高的朱砂,而低等级的"解绿装饰"用彩度较低的土朱、合朱。

5.5 圜和——《营造法式》彩画纹样造型的指导思想

"圜和"是轮廓造型上的概念,指在造型的转折部位用短直线连接作"卷杀",生成光滑曲线,与原有的直线相切或垂直,因而产生平滑过渡的效果。在《营造法式》中,"圜和"主要用来描述大木构件(昂、梭柱)或构架(举折)的轮廓形式,指轮廓之转折应和缓圆滑,例如:

昂面中颛二分,令颛势**圜和**。(卷4·大木作制度一·飞昂)

平柱生起:"自平柱叠进向角,渐次生起,令势**圜和**。"(卷5·大木作制度二·柱·凡用柱之制)

其梁下当中……斜项外其下起颛,以六瓣卷杀……令颛势**圜和**。(卷5·大木作制度二·梁)

凡两头梢间槫背上并安生头木……斜杀向里,令生势**圜和**。(卷5·大木作制度二·栋)

举折之制……侧画所建之屋于平正壁上;定其举之峻慢,折之**圜和**。(卷5·大木作制度二·举折)

从图样和有关实例看来,《营造法式》的装饰纹样同样符合"圜和"的特征,或模糊表述为"随其卷舒"①。从不同年代的卷叶纹样与团科纹样中,可以得出这样的印象,汉唐遗物饱满庄敬,魏晋遗物清秀飘逸,而宋代遗物的曲线柔软和谐,的确适合用"圜和"来形容(参见图 3.18、图 4.35)。

这样的曲线对于熟练的画工而言,徒手即可绘出,无需用斧、刨等加工,自然也不需用直线来拼接。"圜和"的实质,就是形式上的曲线美;进一步说,就是用曲线来调和形式上不同方向的力。

5.6 《营造法式》彩画纹样的构成规律

5.6.1 "量宜分布画样"——结构骨架与纹样单元相结合的构图方法

《营造法式》的彩画纹样有逾百种之多,从图像上看,这些纹样各不相同,却具有相当统一的风格;同样的纹样,却能适应不同的表面轮廓。在构图方面运用结构骨架和有限的纹样单元进行组合和变化,是构成这一特点的主要因素。

所谓"结构骨架",指"物体之主要线条的对比"②。视觉对象的"结构骨架"对样式特征的影响常常比轮廓线更加重要,"如果要使一个已知的式样与另一个样式相似……只要使它们的结构骨架达到足够的相似就行了,它们之间在别的方面的一些差异,都不会造成大的障碍……这个形象仍然可以被观者毫不费力地识认出来"③。

运用结构骨架进行视觉艺术的创作,在中国有很长的历史。象形文字就是运用线条对具体事物的"主要线条的对比"进行高度概括的典例。在《营造法式》中,前面已经引用过一条关于纹样构图的文字:

"先约栱眼壁之高、广,**量宜分布画样**,随其卷舒,雕成华叶……"(卷12·雕作制度·雕插写生华)

这句话有三层意思,体现了《营造法式》纹样的构图原则:

其一,"先约栱眼壁之高、广",指先对装饰对象的轮廓线进行充分的把握。

其二,"画样",在这里指既有的局部样式,亦可理解为既有的纹样单元或母题。将各种母题作为可重复的模件单元来看待,在中国绘画中有着悠久的传统。我国古代很早就有关于植物、矿石的分类图示。传世最早的"画谱",可能是刊印于南宋嘉熙二年(公元 1238 年)的《梅花喜神谱》;宋末元初(公元 1245—1320 年),又有李衎的《竹谱》流传;而最完备的"画谱"则可能是清康熙十年(公元 1671 年)出版的《芥子园画传》,该书除了列举历史上的一些名作之外,还将各种绘画常用的母题进行分类汇编,通过图例来解析各个局部的画法。正如雷德侯所说,"在充分研习《芥子园画传》之后,即使业余爱好者也能够用这些母题拼凑出完整的构图,从而完成颇为可观的画作。"④在这个意义上,《营造法式》所提供的大量彩画图样,可以看做北宋时期建筑装饰的"画谱",对于一个普通的宋代工匠而言,经过对《营造法式》的研习,即使并不深谙绘画,也能够借助图样所提供的母题,对建筑构件进行可观的装饰,并达到"鲜丽"和"匀"、"宜"的效果。

其三,"量宜分布画样",指根据轮廓线进行总体构图。在《营造法式》卷 32 小木作图样中的佛道帐经藏图样中,可以看到在小比例的图样中,用骨架线简化描述植物卷草纹样的画法,在宋

---

① 《营造法式》卷 12·雕作制度·雕插写生华:"随其卷舒,雕成华叶。"
② [美]鲁道夫·阿恩海姆. 艺术与视知觉. 滕守尧,朱疆源,译. 成都:四川出版集团,1998:111
③ [美]鲁道夫·阿恩海姆. 艺术与视知觉. 滕守尧,朱疆源,译. 成都:四川出版集团,1998:113
④ [德]雷德侯. 万物——中国艺术的模件化和规模化生产. 张总,等译. 北京:生活·读书·新知三联书店,2005:268~269

代绘画的栏板中,对动物纹样亦有此类简化(图5.5)。

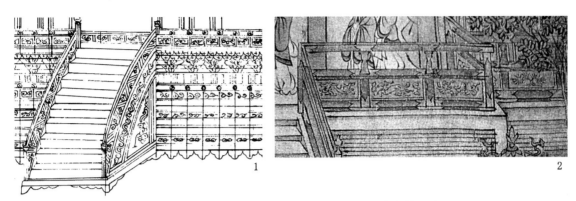

1《营造法式》佛道帐经藏图样("故宫本")局部;2 [南宋]马和之《小雅·南有嘉鱼篇》局部

图5.5　《营造法式》图样及宋代绘画中运用骨架线简化纹样的例子

5.6.2　对称性——模件单元的变换方式

对称性(symmetry)普遍存在于世界的各个领域,根据百科全书的解释,可以定义为"一个系统或其要素在特定变换关系下所表现的不变性",是"世界统一性和多样性的表现"[①]。几何学所谓的对称,又可称为"相似(变换)"(similarity)或"自同构"(automorphisms),德国数学家莱布尼兹(Leibniz)将它们定义为"一些保持空间结构不变的变换"。这些变换主要包括反射、旋转和平移。由此产生三种基本的对称方式:"双侧对称"或"反射对称"(bilateral / reflexive symmetry);"旋转对称"(rotational symmetry);"平移对称"(translatory symmetry)[②]。

从形式的角度来看,"双侧对称"将产生"中线"或"轴线","旋转对称"将产生"中点"或"中心",而"平移对称"则产生节奏或韵律。

一般所称的具有连续性的装饰图案主要可以分为两种:二维格点对称(面饰)和一维格点对称(带饰),即图案学中所称的"四方连续"和"二方连续"。一维格点对称的带饰,一共有7种对称类型。"二维格点对称"或称"双重无限关联"(double infinite rapport),即单位元关于二维格点(即网格)进行变换操作,可以不留空隙地铺满整个表面,并可无限生长。用数学方法可以证明,此类格线只有5种:平行四边形、矩形、菱形(即"c心矩形",在普通矩形的基础上,其对角线交点C亦作为格点)、正方形、六边形。1924年,斯坦福大学执教的波利亚(George Pólya,1887—1985)运用群论证明了在二维格点对称的面饰中,有且仅有17种本质上不同的可能性。但事实上,这17种对称的可能性早在古埃及的装饰中就已经出现了[③]。活跃于20世纪上半叶的荷兰版画家埃舍尔,也通过古代装饰图案的学习,独立地发现了这17种对称类型[④]。本书将这24种对称性列举如表5.3[⑤]、图5.6[⑥]。

---

① 董光璧,纪树立,《中国大百科全书·哲学卷》"对称与不对称"(symmetry and asymmetry)词条。
② 参见:[德]赫尔曼·外尔. 对称. 冯承天,陆继宗,译. 上海:上海科技教育出版社,2002:39~48
③ [德]赫尔曼·外尔. 对称. 冯承天,陆继宗,译. 上海:上海科技教育出版社,2002:102
④ [荷]布鲁诺·恩斯特. M.C.埃舍尔的魔镜. 李述宏,马尔丁,译. 重庆:重庆出版社,1991:43
⑤ 关于17种面饰类型的列举,参见:李政道:对称与不对称. 北京:清华大学出版社,2000:9~11
　关于17种面饰对称性的证明,参见:王仁卉,郭可信. 晶体学中的对称群. 北京:科学出版社,1990:32~44
　关于7种带饰类型的列举,参见:段学复:对称. 北京:人民教育出版社,1964
⑥ 关于面饰类型和带饰类型的图示,整理自:[英]E H 贡布里希. 秩序感——装饰艺术的心理学研究. 范景中,等译. 长沙:湖南科技出版社,2000:78~79;段学复. 对称. 北京:人民教育出版社,1964

据此分析《营造法式》彩画琐文的对称类型,可以发现,在《营造法式》中,并没有出现所有的对称类型。其中一维格点对称有 4 种,二维格点对称有 6 种。然而《营造法式》彩画琐文仅仅是北宋时期对称纹样中的一部分,如果运用对称类型的分析方法对尽可能多的宋代纹样进行分析,将更深入地了解北宋时期对于几何对称性的认识水平(图 5.7)。

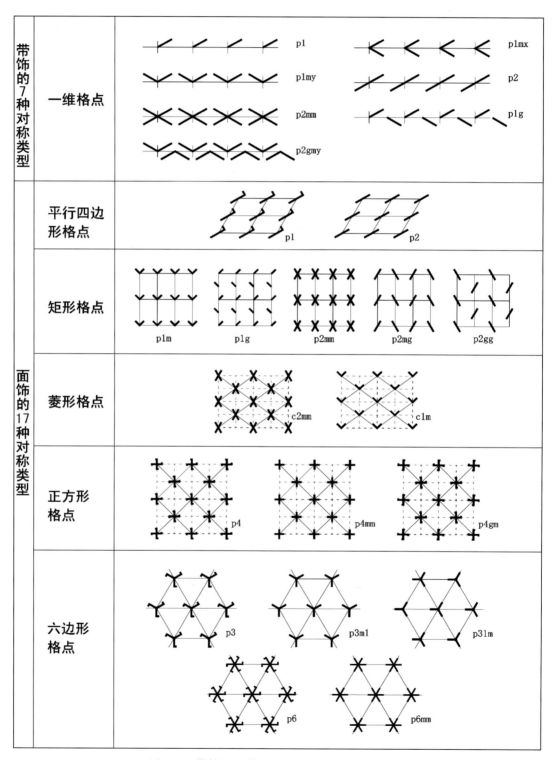

图 5.6　带饰和面饰的 24 种对称类型示意图

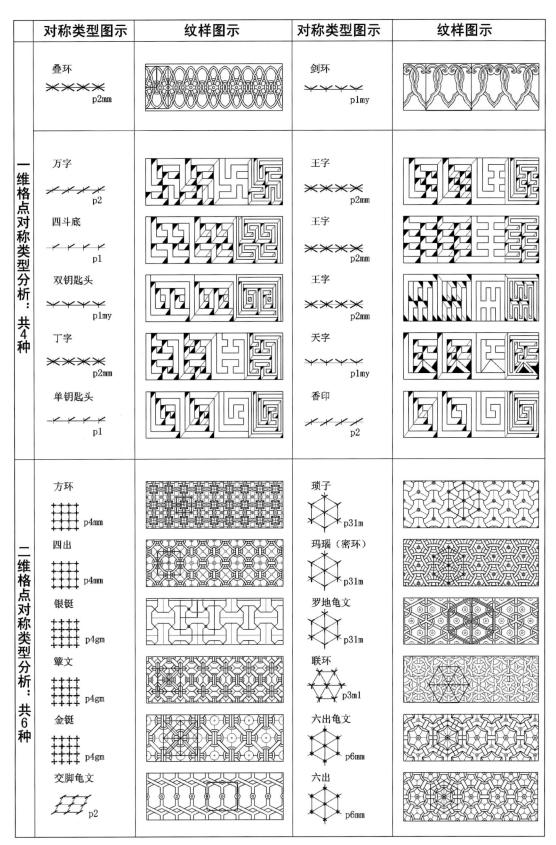

图 5.7 《营造法式》琐文中的对称类型分析

表 5.3　带饰和面饰的 24 种可能的对称类型

平移格点类型		对称类型
一维格点		p1, p1mx, p1my, p2, p2mm, p1g, p2gmy
二维格点	平行四边形	p1, p2
	矩形	p1m, p1g，p2mm, p2mg, p2gg
	菱形(c 心矩形)	c1m，c2mm
	正方形	p4, p4mm, p4gm
	六边形	p3, p3m1, p31m, p6, p6mm

符号说明：

p—单位元(菱形或称"c 心矩形"，用 c 表示)。

pn—n 阶转动对称，即系统绕某个点转动 360°/n 保持不变。

m—镜像对称(反射)；mx—关于 x 轴的镜像对称；my—关于 y 轴的镜像对称。

g—滑移反射对称。

5.7　《营造法式》装饰思想的辩证关系及其时代特色

以上从《营造法式》的原文中提取了 5 个关键性的形式美学原则："鲜丽"、"圜和"、"分明"、"匀"、"宜"。其中"鲜丽"包含色彩因素，是"彩画作"所特有的，而其余几个原则，可以视为《营造法式》及其代表的"北宋官式"建筑的总体特性。本节试图通过"执两用中"的三分结构，分析《营造法式》装饰思想与儒家主流建筑设计及装饰思想的异同，进一步探讨《营造法式》装饰思想的时代特色。

"有象斯有对，对必反"[①]，一分为二是认识世界的基本方法；"执其两端，用其中"[②]，在明晓"两端"的关系之后，得到一个两端之外的第三者——"中"，"中"于是能够过渡、能够融合、能够转化，具有"正确"的特性，成为独立于两端的存在。由此可以得到一个最基本的三分结构图示(图 5.8)。

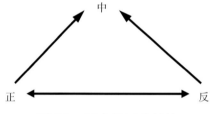

图 5.8　基本的三分结构

这个三分结构广泛地存在于建筑艺术的各个层面之中。例如王贵祥先生从《周易》、《春秋繁露》等儒家经典中提取的一对用来描述建筑单体和群体之美学原则的范畴——"大壮"和"适形"[③]，亦可用三分结构来解释。这里需要注意，"大壮"和"适形"并不构成"正"和"反"的关系。

首先，"适形"并不是"大壮"的反面。"大壮"的反面是"卑小"，而"适形"是在"壮"和"卑"之间取"中"。

其次，"大壮"的本义，并非追求绝对尺度的"大"，而是要以"礼"为准绳，追求大小关系和对比中的"大"。所谓"非礼弗履"，则"礼"又属于"中"了。

所以，这里的三分结构，实际上是在"大"和"中"之间，再取"中"，这第二次取得的"中"，可以称之为"和"。其中三角形底边的"大"和"中"，也并不是完全对等的关系，"中"处于相对主导的位

---

① [宋] 张载. 正蒙 . 见：张载集. 北京：中华书局，1978：10

② 《中庸》，《礼记注疏》，十三经注疏本，卷 31。

③ 王贵祥. 大壮与适形. 见：萧默. 中国建筑艺术史. 北京：文物出版社，1999：1071~1076

置。由此可以得到第二个三分结构(图5.9)。

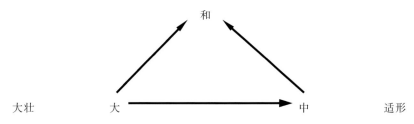

图5.9 儒家思想中,建筑单体和群体设计层面的三分结构

在先秦经典《周易》关于装饰的思想中,也存在这样的三分结构。

在《周易》的64重卦中,第22卦名为"贲",《易·序卦》将其注为"饰"的意思①,《易·象传》还将"天文"和"人文"都纳入了"贲"的范畴:

"☲☶ [离下艮上] 贲,亨,小利有攸往。

《彖》曰:贲,亨,柔来而文刚,故亨。分,刚上而文柔,故小利有攸往。刚柔交错,天文也。文明以止,人文也。观乎天文以察时变,观乎人文以化成天下。

《象》曰:山下有火,贲,君子以明庶政,无敢折狱。

初九,贲其趾,舍车而徒。六二,贲其须。九三,贲如濡如,永贞吉。六四,贲如皤如,白马翰如,匪寇婚媾。六五,贲于丘园,束帛戋戋,吝终吉。上九,白贲无咎。"②

通过对"贲卦"的分析可知,"贲"(装饰)作为重卦,包含上下两个纯卦——"艮"与"离","离"代表火,对偶,光明,附着③;"艮"代表山、静止,不可见,万物之始终④。因此"艮"与"离"有动静之别,内外之别,虚实之别。按照《周易》重卦的生成方式,以"艮"与"离"为两端,"贲"就是"和"的状态。"贲"代表装饰⑤;代表"刚柔交错"的"天文"⑥,文治而非武功的"人文"⑦;代表"山"与"火"相互映照⑧、"和合相润"⑨;代表"泰"与"约"兼顾⑩,以及"文"与"质"、"饰"与"素"的统一⑪。在"贲卦"

---

① 《易·序卦》:"贲者,饰也。"(《系辞》、《序卦》、《说卦》、《杂卦》、《彖》、《象》等,一般认为是孔子后学者所作,成书于战国时代)

② 《周易·贲卦》,见《周易注疏》(十三经注疏本),卷4。文中标点依据周振甫:《周易译注》,北京:中华书局,1991年,第80~82页

③ 《易·说卦》:"离为火,为日,为电,为中女,为甲胄,为戈兵。"(《周易注疏》,卷13)
《易·离卦·象》:"明两作离,大人以继,明照于四方。"(《周易注疏》,卷5)
《易·说卦》:"离也者,明也。万物皆相见,南方之卦也。"(《周易注疏》,卷13)
《易·离卦·彖》:"离,丽也。"王弼注:"丽犹著也,各得所著之宜。"(《周易注疏》,卷5)

④ 《易·说卦》:"艮为山,为径路,为小石,为门阙。"(《周易注疏》,卷13)
《易·离卦·彖》:"艮,止也。"(《周易注疏》,卷9)
《易·艮卦》:"艮其背,不获其身。行其庭,不见其人。"(《周易注疏》,卷9)
《易·说卦》:"艮,东北之卦也。万物之所成终,而所成始也。"(《周易注疏》,卷13)

⑤ 《易·序卦》:"贲者,饰也。"(《周易注疏》,卷13)

⑥ 《易·贲卦》:"刚柔交错,天文也。"(《周易注疏》,卷4)

⑦ 《易·贲卦》:"文明以止,人文也。"王弼注:"止物不以威武,而以文明,人之文也。"(《周易注疏》,卷4)

⑧ 《易·贲卦·象》:"山下有火,贲。"(《周易注疏》,卷4)王廙注:"山下有火,文相照也。夫山之为体,层峰峻岭,峭崄参差,直置其形,已如雕焕,复加火照,弥见文章,贲之象也。"(《周易集解》,四库本,卷5)

⑨ 《易·贲卦》:"九三,贲如濡如。"王弼注:"和合相润,以成其文者也。既得其饰,又得其润,故曰贲如濡如也。"(《周易注疏》,《周易注疏》,卷4)

⑩ 《易·贲卦》:"六五,贲于丘园,束帛戋戋,吝终吉。"王弼注:"用莫过俭,泰而能约,故必吝焉。乃得终吉也。"(《周易注疏》,卷4)

⑪ 《易·贲卦》:"上九,白贲无咎。"王弼注:"处饰之终,饰终反素。故任其质素,不劳文饰而无咎也。以白为饰,而无患忧得志者也。"(《周易注疏》,卷4)

中，"离"与"艮"同样不是对等的关系，而是"上艮下离"，"艮"居于主导，因此有"白贲无咎"、"饰终反素"。

由此可以得到关于"贲"(饰)的三分结构，这是一个十分精密的辩证体系(图5.10)。

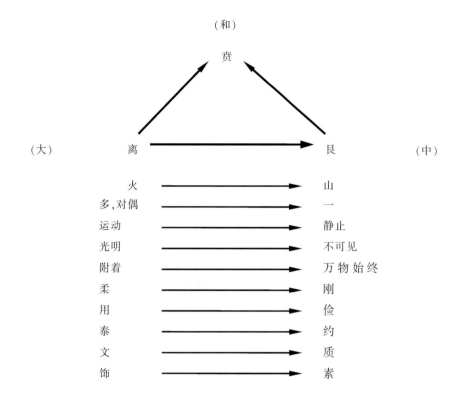

图5.10 《易·贲卦》所代表的儒家装饰思想的三分结构

《营造法式》的装饰思想与《周易·贲卦》相比，更偏向于操作层面和形式层面，但仍然可以纳入"大·中·和"的三分结构。

"鲜丽"，指鲜艳壮丽之效果。从字面上便可以看出，"鲜丽"的范畴与"大壮"和"离"都有密切的关联。在《营造法式》彩画中，这一原则主要通过高纯度色彩的对比与调和来实现。"鲜丽"是一个贯穿于《营造法式》各类型彩画的总原则，但不同等级的彩画，"鲜丽"程度也有相应的差别①，说明"鲜丽"和"大壮"一样，也要服从于"礼"。

"匀"指布置均齐的效果，在《营造法式》中，这一原则主要通过运用相同或相似的可重复单元(模件)，并使部分和整体之间的尺寸存在倍数关系(模数)来实现。这一原则贯穿于《营造法式》各个工种。从"模数"与"模件"的运用来看，"匀"与"中分"和"对称"有着密切的联系，是一个相对静止的概念，因此可以稳固地纳入"中"或"艮"的范畴。

"宜"指适宜和恰当的效果，用于构图，可以"随宜分布"，用于尺度，可以"随宜加减"。因此"宜"与"匀"相比，是一个更加依赖于主观感觉的概念，但仍然要"以……为度"、"以……为法"，因此仍然属于"中"的范畴，是"感觉"的"中"，而不是"数学"的"中"；是模糊的"中"，而不是精确的"中"。

"分明"指造型具有清晰的视觉结构。"表里分明"②指装饰纹样中叶片的正面和背面都有其

① 参见本书5.4节。
② 《营造法式》卷12·雕作制度·起突卷叶华："雕镌叶内翻卷，令表里分明。"

应有的形态,从而有所区分。因此,"分明"同样属于"中"的范畴,但与"匀"和"宜"相比,"分明"与精确或模糊的"数"或"度"均无关联,而只与形态有关。在色彩方面,"分明"则通过"隔间"来实现。

"圜和"是轮廓造型上的概念,指在造型的转折部位用短直线连接作"卷杀",生成光滑曲线,与原有的直线相切或垂直,因而产生平滑过渡的效果。在《营造法式》中,"圜和"主要用来描述大木构件(昂、梭柱)或构架(举折)的轮廓形式,但从图样和有关实例看来,《营造法式》的装饰纹样同样符合"圜和"的特征,或模糊表述为"随其卷舒"①,也就是用曲线来调和形式上不同方向的力。因此"圜和"应属于"和"的范畴(图 5.11)。

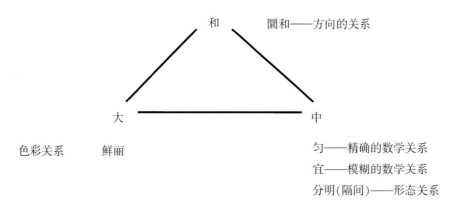

图 5.11 《营造法式》建筑装饰(含造型)思想的三分结构

从上面的图析可以看出,在《营造法式》的形式美学思想中,存在一种不均衡的特性:

在色彩方面,《营造法式》仅仅强调"鲜丽",是仅执了"大"或"多"的"一端",除了"鲜丽"本身和"大壮"一样,存在对比和等级的因素之外,并没有另一个相应的原则可以与之抗衡。当然,两宋之际兴起于绘画理论中的"远"、"逸"、"淡"等美学范畴,可以作为"鲜丽"的另一端,但这些范畴并没有在《营造法式》中出现。

在较为广泛的造型方面(包括建筑整体、局部以至装饰纹样的造型),《法式》却从多个方面强调了"中"与"和"的两端,而并不强调"大"的思想。

两宋时期的木构建筑历经千年,洗尽铅华之后,全然失掉了"鲜丽"的特色,而只剩下"中和"的结构物;相比之下,同时期的砖石塔幢则更多地保持了当时的装饰特征。由此,梁思成先生在调查了大量的宋元时期的木构实例之后,将之总括为"醇和时期",但在对待砖石塔幢实例时,却将同一时期命名为"繁丽时期"②。这两个看似矛盾的概括,既透出前辈学者高度的艺术敏感性,又是宋元时期装饰与结构之风格差异的真实写照。

因此,至少在色彩方面,《营造法式》的装饰思想是非"中和"的,这在数千年来儒家为主导的思想体系中,实际上是逆潮流的。这样的风气盛极一时,但历经南宋理学的清洗之后,终究还是很快地衰落下去,在元以后的遗物中便几乎不见踪影了。

---

① 《营造法式》卷 12·雕作制度·雕插写生华:"随其卷舒,雕成华叶。"
② 梁思成. 图像中国建筑史. 天津:百花文艺出版社,2001

第六章 《营造法式》
彩画的背景、传承及发展

6.1 《营造法式》彩画的时代背景:基于文化史分期的探讨

《营造法式》成书于北宋末年。这一时期在中国文化史上是一个关键性的时期,既孕育了社会形态的巨大变革,又在科技、文化和经济方面达到了中国历史上前所未有的高峰。目前的建筑通史论著大多以朝代划分为叙述线索,但这一划分方式并不完全适用于本书的研究。为了对北宋末年的时代特征形成清晰的认识,有必要首先对文化史的分期进行初步的探讨。

6.1.1 关于文化史分期的主要观点

关于中国史的分期,至少可以找到三种截然不同的流派:一种是以郭沫若为代表的中国历史学家,在马克思阶级理论的基础上将中国史分为原始社会、奴隶社会和封建社会;一种是以内藤湖南为代表的日本史学家,在欧洲史学的基础上将中国史分为上古、中世和近世;一种是以梁思成为代表的中国艺术史家,从艺术风格史的角度对中国史进行的分期。后来这三种分法都曾遭到质疑,也有很多新的分期方法提出,例如萧默主编的《中国建筑艺术史》,在内藤湖南分期的基础上将建筑艺术发展史分为萌芽、成熟与充实三个阶段(表6.1)。

在这几种重要分期方法中,郭沫若的分期至今仍通行于全国,但是其阶级关系的单一标准,在经济、科学、文化、艺术的层次上并不适用。

梁思成先生的艺术史分期,首次从建筑艺术的角度来划分中国历史,后世虽然出现多种建筑通史的著作,却都没有如此明确地在艺术风格上对时代加以区分。例如刘敦桢先生的《中国古代建筑史》,大体按照梁思成先生的分期划分章节,但是全书以史料为主,对艺术风格所述甚少。萧默先生主编的《中国建筑艺术史》,立意要从建筑艺术的角度研究建筑历史,然而在这部书中,对各个时期的概括,仍然使用了"萌芽与成长"、"成熟与高峰"这类表达成长阶段而非艺术风格的短语。

虽然在梁思成先生对时代的划分中仍然存在标准不一的问题, 例如 "豪劲"、"古拙"、"醇和"、"繁丽"等,指艺术风格;而"佛教兴盛"则指影响因素;"发育时期"却指成长阶段。但是梁思成先生结合丰富的历史事实,以敏锐的艺术感觉作出的区分和判断,非常值得注意。

在史学研究的传统上,中国历史往往采用朝代作为划分阶段的主要依据,前面引用的中国史家郭沫若、梁思成和萧默,均采用了这种方式。然而学术界已经逐渐认识到,朝代的划分用于艺术风格的分期是有局限的。每个朝代草创之初,为了在短时间内抚平战乱的创伤、建立稳定的秩序,往往直接沿用前朝的制度。所谓"宋承唐制"、"明承宋制",即源于此。相反,经济结构、政治制度和文化形态的剧变,往往孕育在长时间的和平发展之中,因此经济、文化上的转折点常常出现在统一王朝的中、后期。

从这个角度来看,与北宋末年的《营造法式》(1100—1104年)关系最为密切的转折点可能

表 6.1　几种重要的历史分期方法

公元前	朝代分期	郭沫若的分期①	内藤湖南的分期②	梁思成的分期③	萧默的分期④
		原始社会			
2000	夏(约前 21 世纪—约前 16 世纪)	奴隶社会	上古(从开天辟地到后汉中叶)	上古时期（古拙时期）	萌芽与成长（史前、夏商周、秦汉）
1800					
1600					
1400	商(约前16世纪—约前11世纪)				
1200					
1000					
800	西周—春秋(约前11世纪—前476)				
600					
400	战国 （前 475—前221）	封建社会			
200	秦(前 221—前 206)				
公元					
100	汉(前 206— 220)			两汉(发育时期)	
200					
300			过渡期		
400	三国魏晋南北朝(220—589)			魏晋南北朝（佛教兴盛时期）	
500					
600	隋(581—618)		中世(南北朝至唐末)	隋唐(豪劲、古拙时期)	成熟与高峰（三国两晋南北朝、隋唐、五代宋辽西夏金、元）
700					
800	唐(618—907)				
900					
1000	五代十国(907—960)		过渡期	五代宋辽金（醇和、繁丽时期）	
1100	北宋、辽(960—1125)				
1200	南宋、金(1127—1279)				
1300			近世前期(宋元)		
1400	元(1271—1368)			元明清(羁直、杂变时期)	
1500	明(1368—1644)				充实与总结（明清）
1600			近世后期(明清)		
1700	清(1636—1911)				
1800					
1900	民国(1911—1949)			民国（欧风与时代样式）	
2000	新中国(1949—)				

① 郭沫若. 中国古代史的分期问题. 考古,1972(05)。我国现行的历史教科书,以及刘敦桢的《中国古代建筑史》都沿用了这个分期。
② [日]内藤湖南. 支那上古史 . 见:内藤湖南全集(第 10 卷). 东京:筑摩书房,1994
③ 此表中包含梁思成先生先后使用的两种标准,前者为建筑的分期,见:梁思成. 中国建筑史. 天津:百花文艺出版社,1998(成书时间 1942—1944 年);后者为塔的分期,见:梁思成. 图像中国建筑史. 天津:百花文艺出版社,2001(成书时间 1947 年)
④ 萧默. 中国建筑艺术史. 北京:文物出版社,1999

有两个：一是以"安史之乱"（755—763 年）为界标的中唐时期，二是以"靖康之变"（1126—1127年）为界标的两宋之际。

以下两小节，分别从文化、制度（即《法式》）和实例的层面，对这两个转折点进行探讨，以图对《营造法式》的时代风格形成较为深入的认识。

6.1.2　中唐时期的历史转折在文化背景与《营造法式》制度中的体现

"中唐分界说"，最早是由日本史学家内藤湖南提出的，对后世的中国史研究有着深远的影响。

内藤湖南是较早试图从文化变迁的角度解决历史分期问题的学者，他在 1910 年把中国史定义为"中国文化发展的历史"，认为必须根据"中国文化发展的波动来观察大势，从内外两方面进行考虑"，并提出了"魏晋分界说"与"中唐分界说"，将中国史分为"上古"、"中世"和"近世"三阶段：

"后汉末期到西晋。中国儒学的发展及中国文化的对外影响至此告一段落，中国从上古过渡到中世。

"中唐至宋初。此时贵族政治衰落，建立了君主独裁政治；均田制不再实行，租庸调废止，代之以缴纳货币，人民不再作为贵族的奴隶，而是直属于天子；在官吏选拔方面，九品中正的门阀主义逐步被科举制度取代；实物经济转化为货币经济；学术新风日盛，文学、艺术也逐渐从重形式的贵族样式变为平民的、重内容的、比较自由的东西。中国从中世过渡到近世。"①

陈寅恪在 1954 年撰《论韩愈》，也注意到了"中唐分界"的意义，这可能是国内学者中之首次：

"综括言之，唐代之史可分前后两期，前期结束南北朝相承之旧局面，后期开启赵家以降之新局面，关于政治经济如此，关于文化学术者亦如此。"②

李泽厚在 20 世纪 80 年代撰《美的历程》，提出"三大转折"的观点，指先秦以后的中国，分别在魏晋、中唐和明中叶发生的三次社会转折，社会转折也鲜明地表现在整个意识形态上，包括文艺领域和美的理想③。这里沿用了内藤湖南的"魏晋分界说"和"中唐分界说"。

钟晓青在分析魏晋至唐末的建筑装饰艺术时，亦采取了"中唐分界说"，认为从魏晋南北朝到唐初，装饰风格和装饰手法基本一脉相承，一方面继承汉制，一方面又受外来文化的影响；而中唐时期是一个比较重要的转折点，装饰风格渐趋华丽，华丽的装饰从宫殿和佛寺走向更多的社会阶层，这种华丽的风格至晚唐时愈甚，一直影响到宋代④。

综合以上观点，可知中唐时期政治经济结构的变化导致文化艺术风气的转变，产生了孕育《营造法式》的文化土壤。社会等级的决定因素从权力和武力倾向于经济与文化；而艺术的主体则从贵族阶层走向平民阶层与士大夫阶层；艺术的风格则从宗教性、精神性的追求转向世俗化、内在化的双重倾向。具体来说，中唐以前的艺术风格豪劲、奔放、开朗；而中唐以后的艺术风格，则趋于富丽与精雅。这体现在《营造法式》彩画的艺术风格上，则是从宗教性、精神性的追求转向世俗化、平民化的强烈倾向，具体来说，就是《营造法式》彩画对于"鲜丽"⑤的审美追求。

---

① ［日］内藤湖南. 概括的唐宋时代观. 见：日本学者研究中国史论著选译（第 1 卷）. 北京：中华书局，1992
② 陈寅恪. 论韩愈（1954 年）. 见：金明馆丛稿初编. 上海：上海古籍出版社，1980：285
③ 李泽厚. 美的历程. 北京：文物出版社，1981
④ 刘敦桢. 中国古代建筑史（第 2 卷）. 北京：中国建筑工业出版社，2005：595~596
⑤ "鲜丽"一词出自《营造法式》彩画作制度原文. 对于"鲜丽"的分析，参见本书 5.4 节。

6.1.3 两宋之际的历史转折在文化背景与《营造法式》制度中的体现

两宋之际的变革在近年才逐渐进入学术界的视野。其中较为典型的论述是由刘子健提出的：

"当女真人控制了北宋首都开封和令人魂萦梦牵的中原之后，继起于南方的王室和政府都将自己视为宋王朝的合法延续。然而，此际的中国却经历着巨变。就在北宋灭亡以前，经济重心已经在向长江三角洲转移，后来，南宋在那里建立了首都临安。经济而外，还有文化和政治的转折……南宋初期发生了重要的转型。这一转型不仅使南宋呈现出与北宋迥然不同的面貌，而且塑造了此后若干世纪中国的形象。"①

两宋之际的转折也曾被许多其他的史家学者所注意，不过侧重方面有所不同：

余英时从士大夫政治文化的角度将两宋时期划分为三个阶段，分别为宋初仁宗时期的"秩序重建期"、北宋后期神宗时期的"定型期"(或称王安石变法的时代)，以及南宋初期的"转型期"(或称朱熹的时代)②。这三个阶段的划分，也体现出北宋后期至南宋初期所完成的重大转变。在余英时看来，这一转变"连续大于断裂"，其共同特征是"士的主体意识的觉醒"，共同目标是打破"士贱君肆"③的局面；而两宋之际的变异则主要在于"道学"的完成，即通过对王安石变法的反思，确立"外王"必须建立在"内圣"基础上的观点④。这体现在文化特征上，便是从南宋开始，文化精英彻底走向内倾之路。有的学者甚至将这一转变称为"宋型文化的基本形成并定型"⑤。

贺业钜于 20 世纪 90 年代出版的《中国古代城市规划史》，从城市形态的角度对中国史进行了分期，将东汉至清统称为"体系传统革新成熟期"。该时期长达两千年，分为前、后两期，其分界点是 11 世纪后半叶，亦即北宋末年的市坊规划制度改革⑥。贺业钜从物质层面关注了北宋末年经济重心和经济形态的变化所导致的城市形态的变化。从这个角度看来，北宋末年自下而上的社会变革对于城市形态的影响，甚至比魏晋、中唐或明中叶的变革都要大得多。

在艺术领域，两宋之际的重要转变则是"文人画"(或称"士夫画")的成熟。"文人画"的萌芽虽然可以追溯到北宋时期的苏轼和米芾，但是在南宋时期，士夫、文人、贵族、官吏甚至僧道中，业余以画自遣或求名者大为增加。这类绘画一般以水墨为主，"着重发挥书法的笔趣和秀逸天然的风貌，忌甜熟，尚生拙"，不单纯追求写实，而"所作在似与不似之间"；其另一个突出特点是开始在画上题诗作跋，"与职业画家只在树间石隙小字署名绝然相反"，将诗书画融为一体，大大提高了士夫文人画的表现力。至此，"士夫文人画的独特风貌已基本形成，到元代取代职业画家之作，成为画中的主流"⑦。

综合以上三个方面的内容，可以在两宋之际的转变中找到文化和经济的双重线索：

在文化方面，"文人画"萌生于北宋，成型于南宋，向下开启了元明清之新画风，这一轨迹与政治文化领域的"道学"发展(始于北宋之周、张、二程，成于南宋之朱熹)在时间上基本重合。二

① 刘子健. 中国转向内在. 赵冬梅，译. 南京:江苏人民出版社,2002:4
② 余英时. 朱熹的历史世界·自序二. 北京:生活·读书·新知三联书店,2004:8~9
③ [宋] 张栻:《南轩集》,转引自:余英时. 朱熹的历史世界·自序二. 北京:生活·读书·新知三联书店,2004
④ 余英时. 朱熹的历史世界·自序二. 北京:生活·读书·新知三联书店,2004:9~13
⑤ 刘方. 宋型文化与宋代美学精神. 成都:四川出版集团,2004:23
⑥ 贺业钜. 中国古代城市规划史. 北京:中国建筑工业出版社,1996:30~31
⑦ 傅熹年. 南宋时期的绘画艺术. 见:中国美术全集·绘画编4:两宋绘画下. 北京:文物出版社,1988:4~5

者着共同的主体,即文化精英阶层;这二者又有着共同的倾向,即由外在(重形式)转向内在(重内容)。这体现在艺术风格方面,便是从"鲜丽"转向"精雅"。

在经济方面,南宋所退守的疆土虽不及北宋时的三分之一,其经济水平却大大超过北宋。在此基础上,南宋宫廷以及各级官吏的奢侈程度比北宋有过之而无不及。周密《武林旧事》收录《乾淳奉亲》一卷,专记高宗、孝宗父子的享乐生活。秦桧在位时广收货贿、大兴土木、极度奢侈,1145年秦桧的妻弟王晚重刻《营造法式》①,与当时建设量的激增必有密切联系。在这样的风气下,装饰艺术,包括建筑装饰和一些以装饰为目的的绘画作品②,由于其主体并非文化精英,而是官僚、暴发户和平民,因此并没有转向"精雅",而是在"鲜丽"的方向继续前行。

关于"精雅"的追求并非自南宋开始,而"鲜丽"与"精雅"的矛盾与并存,在北宋末年的《营造法式》彩画制度中已经有所体现。从色彩配置方面来看,"鲜丽"的风格可以"五彩遍装"为代表,而"精雅"的风格可以"碾玉装"为代表。在《营造法式》中,代表"鲜丽"的"五彩遍装"是最上等彩画,位在代表"精雅"的"碾玉"之上。南宋时期,"鲜丽"和"精雅"应是共同繁荣,由于目前实例太少,难以准确判断当时的总体趋势③;但南宋以后,随着文人画与道学正式成为社会的主流,代表"鲜丽"的"五彩遍装"也正式退出"官式"的舞台,虽然还可以在民间艺术中找到踪迹(图6.1),却已经不能在官式建筑中留有一席之地。而"碾玉装"的色彩配置却一直延续到清官式建筑彩画之中,发展成"碾玉彩画"一门,或称"石碾玉"、"玉作",见于《工程做法》的有"三退晕石碾玉五墨描渍粉苓枋心彩画",后来又出现"金琢墨石碾玉"(图6.2)等④。

6.1.4 关于"唐型文化"与"宋型文化"的界定

从历史发展的角度来看,"中唐之际"和"两宋之际"的转折可以视为一个连续的转型演变过程。这两次转折有着相似的外因,即武力上的挫败和经济上的繁荣。这两次转折在文化特征上又有着一致的方向,即从开朗、外向的"唐型文化"转向"带着被伤害的民族隐痛"的"宋型文化"⑤。

"宋型文化"失去了"唐型文化"开朗进取的宏大气魄,而体现出强烈的矛盾性,亦即精英阶层的怀疑、思辨和内倾,以及大众阶层对世俗享乐的强烈追求。这两方面的交汇融合,使得宋代以实用为目标的理性思想与科学思想发展到中国古代历史上的顶峰,以至于"每当人们在中国的文献中查考任何一种具体的科技史料时,往往会发现它的主要焦点就在宋代。不管在应用科学方面或在纯粹科学方面都是如此"⑥。

---

① 参见本书1.1节关于《营造法式》各版本的考证。
② 这一时期大量的工笔花鸟画可以提供例证,另一批有力的证据是宁波陆信忠画舫制作的大批水陆画。详细的资料及分析可参见:[德]雷德侯. 万物——中国艺术的模件化和规模化生产. 张总,等译. 北京:生活·读书·新知三联书店,2005:221~247
③ 关于"鲜丽"和"精雅"在两宋时期的对立与共生,从梁思成用于判断风格的词汇——"繁丽"与"醇和"也能够体会得到。
④ 王璞子. 工程做法注释. 北京:中国建筑工业出版社,1995:41
  根据刘畅的分析,"碾玉"在此作为一个附加说明的术语,可能指的是以青绿为主的晕色做法。参见:刘畅. "旋子"、"和玺"与《营造法式》彩画作. 见:"纪念宋《营造法式》刊行900周年暨宁波保国寺大殿建成990周年学术研讨会"论文集,宁波,2003:42
⑤ 较早明确提出"唐型文化"和"宋型文化"这一对概念并进行比较的,可能是台湾学者傅乐成于1972年发表的《唐型文化和宋型文化》,参见:刘方. 宋型文化与宋代美学精神. 成都:巴蜀书社,2004:18,21
⑥ [英] 李约瑟. 中国科学技术史·第1卷·总论. 陈立夫,主译. 香港:中华书局,1975:287

汉唐之间,不论社会形态还是艺术风格,都以开朗外向为主,而内向的"宋型文化"成型于中唐至北宋的这段时间,在南宋趋于成熟,元、明以后成为主流,一直影响到清代。

6.1.5 《营造法式》的年代——北宋末年的时代特征

《营造法式》成书的时间点,正是"宋型文化"成型的末期,此时科学技术在政府的鼓励下得到极大的发展,并进入归纳和总结的阶段;另一方面,世俗享乐风气盛行,而士大夫文化正在孕育。

关于这个时间点的特征,可以从《营造法式》成书之前十余年间发生的几件大事而把握其概略:

1084 年,第一部编年体通史《资治通鉴》写成;

1086 年,历时 17 年的王安石变法失败;

1088—1096 年间,百科全书式的技术著作《梦溪笔谈》成书;

1091 年,元祐《营造法式》成书。

这些事件表明,当时的知识精英正在努力地总结与反思,而革新的举措却并不成功。

另一个值得注意的事实是,从《宋史》、《续资治通鉴长编》和《宋大诏令集》所反映的史料来看,北宋时期编纂的"法式"远远不止《营造法式》,而是涉及城防、兵器、宫室、器玩的各个方面。

1036 年,宋仁宗颁下《详定宫室器玩制度诏》,提出了详定制度以控制僭奢风气的精神[①]。神宗在位及王安石变法时期(1069—1085 年)设军器监,编纂与军器有关的"法式"110 卷[②]。这一时期陆续出现了数部"法式",以兵法为主。其中记载较为明确的有以下几种:

1075 年,颁行《敌楼马面团敌法式》、《申明条约并修城女墙法式》[③](见载于《宋史·艺文志》"兵书类"[④]);

1080 年,推行专用于烽火相传的《横烽法式》[⑤];

1081 年,推行《帐法法式》[⑥],同年还呈上《坐作进退法式》[⑦];

---

① 《详定宫室器玩制度诏》全文如下:(仁宗景祐三年)夫俭守则固,约失则鲜,典籍之格训也。贵不逼下,贱不僭上,臣庶之定分也。如闻辇毂之间,士民之众,罔遵矩度,争尚僭奢。服玩织华,务极金珠之饰,室居宏丽,交穷土木之工。倘惩诫之弗严,恐因循而兹甚。况历代之制,甲令备存,宜命攸司,参为定式。庶几成俗,靡蹈非彝。其令两制与太常礼院,同详定制度以闻。(《宋大诏令集》,影印国家图书馆藏清抄本,卷 199 禁约下,第 5~6 页)

② 神宗留意军器,设监以侍臣董之,前后讲究制度,无不精致,卒著为式,合一百一十卷,盖所谓辨材一卷,军器七十四卷,什物二十一卷,杂物四卷,添修及制造弓弩式一十卷是也。([宋] 王得臣:《麈史》卷 1《朝制》,四库本)

③ (神宗熙宁八年三月己酉)军器监上所编《敌楼马面团敌法式》及《申明条约并修城女墙法式》,诏行之。(《续资治通鉴长编》,卷 261,第 6361 页)

④ 《宋史》卷 207《艺文志》,第 5288 页。

⑤ (神宗元丰三年五月丙戌)鄜延路经略使吕惠卿言:并边堡铺烽火,止是直报本寨,未尝东西相报,及报邻寨,上横烽法式。诏诸路相度推行。(《续资治通鉴长编》,卷 304,第 7411 页)

⑥ (神宗元丰四年春正月己亥)措置帐法所言:被旨措置京西一路帐法,今已修立法式,奏闻参详,诸路可以依仿推行,欲乞颁下。内京西一路,可自来年先行,其余路自元丰五年依新法,从之。仍令提举三司帐司官候及一年取旨,诸路委转运司官一员,专推行帐法,候将来修定条式止,付逐司遵守。(《续资治通鉴长编》,卷 311,第 7537 页)

⑦ (神宗元丰四年夏四月甲申)河北路转运副使贾青言:福建路山川险阻,人材短小,自来民间所用兵械,与官兵名件制度轻重大小不同。欲乞依本路民间所用兵械制造,以备捕贼。至于新招土兵,所用枪刀排笠坐作进退法式,亦乞依民间精巧之法。于钤辖司指使,或有名枪仗手选差教阅。臣今制造到枪刀排笠六物,乞宣取进呈。诏青于内东门进入。(《续资治通鉴长编》,卷 312,第 7572 页)

1083 年,有人呈上《酝酒法式》①。

从史料来看,还有一些"法式"只在酝酿之中,未曾实现,或者已经实现却未有记载。

在这些五花八门的"法式"中,只有三部见载于《宋史·艺文志》,即 1075 年的《敌楼马面团敌法式》及《申明条约并修城女墙法式》、1091 年的元祐《营造法式》,以及 1100 年李诫的《营造法式》。其中只有 1075 年的"城墙法式"可以在史料中找到被遵照运用的记载②。在两部《营造法式》中,元祐《营造法式》被归入"仪注类"③,被视为皇家仪典,而李诫《营造法式》却被归入"五行类"④,和葬经、相书等归于一处。因此在三部"法式"中,李诫《营造法式》作为唯一传世的一部,可能也是当时最受轻视的一部。从目前的史料看来,在所有的"法式"中,李诫的《营造法式》可能是最后一部,它代表了"法式时代"的最高成就,同时也标志着"法式时代"的式微和终结。

因此,从艺术风格的方面来说,《营造法式》彩画集中地体现了中唐变革以后以官僚、平民、士大夫为审美主体的"鲜丽"、"精雅"、"醇和"的艺术风气,其中"鲜丽"风格在这一时期占据了明显的上风。这一审美取向在南宋之后发生变化,"精雅"逐渐占据了主流(表 6.2)。从科学思想和理性思想的方面来说,《营造法式》作为北宋后期涌现的诸多"法式"中的最后一部,代表了中国清代以前⑤在设计和监理过程中运用科学方法的最高成就。

表 6.2　历史视野中的《营造法式》时代特征

6.2 《营造法式》彩画的地域背景：基于文化核心区的探讨

中国文化以汉族文化为主体，而宋朝文化是汉文化极盛至衰的转折点①。因此北宋末年奉旨编修的官书《营造法式》，应代表北宋末年汉文化核心地区的科技成就与艺术风格。正如谭其骧先生指出的，"在任何时代，都不存在一种全国共同的文化，文化地区的差异应予以足够的注意"②。因此，为了对《营造法式》的"地域性"形成明确的认识，首先需要从文化区域和历史发展的角度，对北宋时期的文化核心地区进行界定。

6.2.1 关于文化区域的主要观点

关于我国文化区域，已有很多学者从历史学、地理学、考古学的角度进行划分，其中比较有代表性的划分方式有如下几种：

1977 年，夏鼐将中国古代文明划分为七大区域③；1981 年，苏秉琦等将起源期的中华民族文化分为六大区系④。这两种划分方式都是基于史前考古器物的分类，体现了上古时期的区域格局。

20 世纪 30 年代，域外经济学家冀朝鼎从生产力的角度提出了"基本经济区"(Key Economic Area)的概念，认为它是我国历史上统一与分裂的经济基础和地方区划的地理基础，并将历史上的中国划分为 4 个"基本经济区"⑤。

20 世纪 70 年代，域外人类学家施坚雅基于德国学者克里斯塔勒(Walter Christaller)的"中心地理论"(central place theory)把 19 世纪的中国分为 9 个区域，每个区域各有其核心地带⑥(图6.3)。

6.2.2 北宋前后汉民族文化核心区的迁移

汉文化最先发祥于黄河中游最利于原始农耕的黄土谷地，大致到春秋时代已经向东扩张到黄河的下游地区。在永嘉之乱和晋室南渡(公元 316 年)之前，汉文化的核心地带一直都在黄河的中、下游区域，以黄河、渭河为主要轴线。其文化中枢是关中平原地区，即秦汉都城长安(今陕西西安)附近，秦时称为"内史"，汉时称为"三辅"。虽然在三国时期，经济地理格局已经发生重大变化，出现了吴、蜀两个自给自足的南方政权⑦，但吴蜀的人才基本还是来自关中⑧。

东晋时期的五胡之乱，使汉文化第一次遭受外来文化的沉重打击，晋室南渡，南北分裂。汉族的贵族、世家大都迁至南方的长江中下游地区，大大促进了南方经济和文化的发展。这一时期，由于"兴复汉室，还于旧都"的民族情绪，"克复中原"⑨的呼声此起彼伏，"中原"作为一个让人魂萦

---

① 宋王朝在 13 世纪被蒙元所灭，正是汉族政权在中国历史上的第一次全面溃败，证明宋朝是一个潜藏着衰退因素的极盛时期。
② 谭其骧. 中国文化的时代差异和地区差异. 复旦学报(社会科学版)，1986(02)
③ 夏鼐. 碳–14 测定年代和中国史前考古学. 考古，1977(04)
④ 苏秉琦，殷玮璋. 关于考古学文化的区系类型问题. 文物，1981(05)
⑤ 冀朝鼎. 中国历史上的基本经济区与水利事业的发展. 朱诗鳌，译. 北京：中国社会科学出版社，1981
⑥ [美]施坚雅. 中国封建社会晚期城市研究——施坚雅模式. 王旭，等译. 长春：吉林教育出版社，1991
⑦ 在冀朝鼎看来，三国时期的分裂是由于中国社会的各种内在力量而产生分裂的典型例子。产生这次分裂在物质上的基本因素是几个敌对的经济区的兴起。这些经济区的生产力和它们的位置，使它们足以和统治中原或主要经济区的君主的权威作长期的抗衡。见：冀朝鼎. 中国历史上的基本经济区与水利事业的发展. 朱诗鳌，译. 北京：中国社会科学出版社，1981
⑧ 参见：陈正祥. 中国文化地理. 北京：生活·读书·新知三联书店，1983：1~3
⑨ 此类词汇见于《晋书》有数十处，例如"元帝鸠集遗余，以主社稷，未能克复中原，但偏王江南。"(中华书局点校本，卷28，第 845 页)

梦牵的地理概念开始广泛为汉民族所接受,代指西晋以前作为文化核心的黄河中下游地区①。

东晋以后,长江流域逐渐成为农业生产的中心,其经济上的重要性不断增加。因此在隋唐统一之世,虽然中原地区再度成为繁华的政治、军事和文化中心,却已不得不在粮食供应方面依靠东南接济,此事见载于《新唐书·食货志》:"唐都长安,而关中号称沃野。然其土地狭,所出不足以给京师、备水旱,故常转漕东南之粟。"②

唐中叶,作为本书之时代界标的"安史之乱",对于中国的区域格局同样有着重大影响,国土由统一转向分裂,北方少数民族势力不断扩大,此后数百年一直与汉民族政府相对峙,直到 13 世纪元朝的统一。

黄河中下游经过安史之乱的浩劫,残破不堪,居民离散、大量南迁。此后的唐朝政府虽然仍在关中,其财政已经全部仰赖南方,以至于韩愈发出"赋出天下而江南居十九"③的感慨。五代时期,长江流域在经济上的优势更加明显,分裂成吴越、唐、蜀、楚等数个政权,却仍能与相对统一的北方黄河流域抗衡④。而五代时期黄河流域的割据政权后梁、后晋与后周,均以洛阳以东的汴梁(今河南开封)为都城,此时"关中"地区正式丧失了作为中枢的地位,而开封地区逐渐成为汉文化的中心。

北宋统一全国后,虽也曾拟定都洛阳以"据山河之胜"⑤,但洛阳"空虚已久,绝无储积"⑥,容易陷入经济上的困境。因此,出于经济和军事的双重考虑,北宋仍然以开封为首都,一方面与江南经发达地区有运河相连,一方面以洛阳为西京,形成"太平则居东京通济之地,以便天下;急难则居西洛险固之宅,以守中原"⑦的格局。因此北宋时期的核心区域虽然仍是传统上的"中原地区",但其中枢已经从"关中地区"向东移至"开封地区",以黄河和大运河为两条主要轴线,与南方联系更为密切。

作为本书之第二个时代界标的两宋之际,在区域格局上也是一个重要的转折点。北宋末年之前,中原地区的人口多于长江流域,其后的情况就反过来。北宋元丰八年(1085 年),江南包括四川的户口数已占全国的 2/3⑧。

在《营造法式》成书与颁行的世纪之交(1097—1104 年),中原地区的繁华达到了前所未有的高度,而其衰落也已经开始了。汴梁作为中原地区最后的辉煌,当时已经成为一座面积超过 5 000 万平方米,人口逾百万的世界级大都会。靖康(1126—1127 年)之后,中原地区第二次被少数民族

---

① 见于《辞海》"中原"条目:"古称河南及其附近之地为中原,至东晋南宋亦有统指黄河下游为中原者。"《辞源》"中原"条目:"狭义的中原,指今河南一带。广义的中原,指黄河中下游地区或整个黄河流域。"关于"中原"概念的考证,参见:薛瑞泽.中原地区概念的形成.寻根,2005(05)

② 《新唐书》,卷 53,第 1365 页。

③ 韩愈《送陆歙州诗序》,《全唐文》,卷 555。

④ 冀朝鼎指出,五代时期是除了三国时期以外唯一一个不是因为入侵而导致的分裂时期。这一个分裂时期在物质上的动因是长江流域地区已经发展了很高的生产力,然而文化还不够强大,因此不能形成一个统一的整体,以至于内部所存在的分化现象削弱了它的潜在能力。见:冀朝鼎.中国历史上的基本经济区与水利事业的发展.复旦学报(社会科学版),1986(02):107

⑤ 《续资治通鉴长编》,卷 17,第 369 页。太祖开宝九年宋太祖语。

⑥ 《续资治通鉴长编》,卷 118,第 2783 页。仁宗景祐三年范仲淹语。

⑦ 《续资治通鉴长编》,卷 118,第 2783 页。

⑧ 陈正祥.中国文化地理.北京:生活·读书·新知三联书店,1983:9

侵占,成为金国的领地。开封城于 1126 年陷落;1199 年黄河决堤,以开封为中心的水运网络遭到毁灭性的破坏;1212 年以后的 20 年,蒙古人的进攻将华北平原进一步变成废墟;1232 年,开封遭到瘟疫的侵袭,次年被蒙古军队夷为平地。此后元、明、清诸朝再也没有在中原地区定都,开封地区的辉煌宣告终结。而中原作为汉文化核心地区的时代也随之结束了。以开封为中心的中原地区从中唐至南宋的这一盛衰变迁,被施坚雅称为"全部亚洲史上最引人注目的经济盛衰周期之一"[①]。《营造法式》的成书与刊行之时,正是这一周期的顶点(图 6.4)。

6.2.3 《营造法式》彩画的地域性以及相关实物的分区

北宋末年《营造法式》的撰写、成书与颁行,是在都城汴梁完成的。从当时区域结构来看,汴梁主要依靠黄河与军事险固之西京洛阳相连,又依靠大运河与南方经济核心杭州相连,此外还有密布的次级道路与河网,同周边城镇相联系。因此《营造法式》所代表的技术水平和艺术风格,虽然可以认为是中原地区的产物,但这一时期中原核心地区与南方发达地区的交往极密,南方吴越等地的人才以及建筑技术与样式大量流入中原地区[②]。从《营造法式》中兼记一些南方建筑术语和源于江南的建筑构件和做法也可以看出,《营造法式》是南方的先进建筑文化与汴梁地区的北方中原传统融合的产物。因此,北宋时期长江中下游地区的发达技术与建筑样式,应也属《营造法式》编纂所取之范围。

简而言之,《营造法式》的成书,在地点上处于中原地区北宋时期的核心——开封地区,在时间上则处于该地区作为汉文化核心长达 5 个世纪的发展周期的顶点。而从经济和文化往来的密切程度来看,《营造法式》可能融合了当时北方中原和南方长江流域的地域特征[③]。

6.2.4 对于相关实物的大致分区

在上述研究的基础上,如果要研究《法式》与实物之间的关联,则必将涉及时间和空间两个维度。因此本书暂且使用"历史文化区"的概念,用以描述有关实物所在的特定历史时段的特定区域。

从目前的资料来看,保存了较丰富装饰资料,并与《营造法式》或多或少存在共性的实物,可以大致分成 4 个区域:中原地区、燕辽地区、南方地区(包括东南沿海地区与四川盆地)以及西北丝路重镇(以敦煌地区为主)(图 6.5)。

中原地区的现存实物主要集中于山西东南部及中部、河南北部、河北南部,保存了较多的唐、五代、宋、金时期木构殿堂及墓葬、塔幢等。

---

① [美]施坚雅(G. William Skinner). 中国历史的结构. 新之,译. 史林,1986(03)。文中将"中原地区"表述为"华北地区"。该文关于唐宋时期"华北地区"的界定与本书"中原地区"的范围是一致的。元明清时期"华北地区"则以北京为核心,与"中原地区"有所区别。

② 例如北宋初年的著名匠师喻皓就是从杭州入京。而《梦粱录》的一段记载从饮食的角度生动地反映了北宋时期南方精英人口向北流入汴京的情况,以及南宋之后南北文化的融合:"向者汴京开南食面店,川饭分茶,以备江南往来士夫。谓其不便北食故耳。南渡以来几二百余年,则水土既惯,饮食混淆,无南北之分矣。"(《梦粱录》,卷 16,第 145~146 页)

③ 关于这一点,从实例中也可以得到印证,见 6.3.5 节。

6.3 《营造法式》彩画的传承与发展：基于史料与实物的探讨

6.3.1 远古至两汉：建筑彩画的发源及其初期形态

关于建筑彩画与装饰的起源，大致可以归结于三个方面的因素：

第一个因素是关于功能的物质需要。例如彩画或涂饰面层可能源于"木结构防腐防蠹的实际需要"[①]或"卫生的需要"[②]，而装饰纹样则可能源于编织、金工等材料加工方式[③]。在较为晚近的时期，某些出于结构、构造需要的细部处理演化成为纯粹装饰的构图[④]。

第二个因素是关于意义的精神需求，包括作为巫术或宗教的图腾，权力的象征，以及教化的需要等[⑤]。在较为晚近的时期，这种意义的表达从威慑和教化转向吉祥和趣味的追求。

第三个因素是纯粹形式的需求。出于"艺术意志"[⑥]或知觉本能[⑦]，或者对于"秩序感"[⑧]、"美感"的要求。这一要求在较晚的时期表现得更为突出。

考古发现为我们提供了许多石器时代的人类运用装饰的证据。例如旧石器时代的山顶洞人

---

① 林徽因.《中国建筑彩画图案》序. 见：林徽因文集·建筑卷. 天津：百花文艺出版社，1999：413~431
   关于装饰面层的这一功能，阿道夫·路斯在 19 世纪末期曾经撰文提到，表述为"抵御恶劣气候的影响"，参见：
   Adolf Loos. The Principle of Cladding. In：Spoken into the Void. Jane O Newman，John H Smith，Trans. Cambridge：MIT Press，1982：67
② Adolf Loos，Ibid.
③ 认为材料决定装饰的代表人物是 19 世纪德国建筑家森佩尔（Gottfried Semper，1803—1879 年），森佩尔认为"建筑的形式语言源自于人类的艺术和手工艺活动，源自于编织、陶艺、金工、木工，以及最古老的石工建造"。参见：史永高. 森佩尔建筑理论述评. 建筑师，2005(12)
④ 例如在《营造法式》中，出现了由"重楣"结构演化成的"七朱八白"、由"人字栱"结构演化而成的"栱眼壁内影作"等等。在《不列颠百科全书》中，将此类装饰称为"模仿性装饰"(mimetic ornament)：此类装饰产生于技术的大规模变革时期：人们不顾适当与否，用新的材料和技术再现那些过去已成定式的作法。这种倾向可以称为"模仿的方法"(the principle of mimesis)。古代的大部分建筑形式，都始于模仿原始的住宅和圣所。例如穹隆就是用永久性材料来模仿早期用柔软材料构筑的形式。早期文明的成熟时期，建筑的类型已经超越原始的原型，但是它们的装饰(ornament)常常会保留原型的痕迹。（姜娓娓译自 Encyclopadia Britannica：Britannica，8. 15 ed. New York：Encyclopadia Britannica，1993：1008）
⑤ 杨建果、杨晓阳总结了彩画产生的 4 个因素：原始宗教、图腾的需要；权力的象征；感化、教育的作用；审美的需要。见：杨建果，杨晓阳. 中国古建筑彩画源流初探（一）、（二）、（三）. 古建园林技术，1992(03)(04)，1993(01)
⑥ "艺术意志"的概念，是里格尔（Alois Riegl，1858—1905 年）在其 1892 年出版的《风格问题》一书中首次正式提出的，主要针对森佩尔的"材料决定论"。它基本与"创造性艺术冲动"(creative artistic impulse)同义。
   欧文·琼斯（Owen Jones，1809—1874 年）在 1856 年已发表过类似观点，认为装饰是出于"一种本能的欲望……人类进行创造的雄心和在地球上打造人类印记的野心"。见：欧文·琼斯. 世界装饰经典图鉴. 梵非，译. 上海：上海人民美术出版社，2004：31~32
⑦ 例如里格尔的学生，沃林格(Wilhelm Worringer，1881—1965 年)提出的"空间恐惧"说，他在《抽象与移情》中提出了"抽象冲动"的概念，认为这是"人对自然外界各种不能理解的现象产生恐慌和不安的产物。这种异常的精神状态，我们称之为对空间的恐怖"。而几何纹样就是人们企图填充虚无空白的一种本能的表现。
⑧ "秩序感"的观点，以贡布里希(E. H. J. Gombrich，1909—2001 年)为代表。他认为人类天生有一种"秩序感"的存在，装饰艺术是人进行这种秩序探寻的结果和成就之一，装饰的秩序就是人审美心理秩序的具体反映。首先，贡布里希分析了生物产生"秩序感"的内在根源是生物体在环境中对信息的反应、判断和选择的过程中形成的一种预测功能，即"有机体必须仔细观察它周围的环境，而且似乎还必须对照它最初对规律运动和变化所作的预测来确定它所接收到的信息的含义"。"这种内在的预测功能"称为秩序感。见：E H 贡布里希. 秩序感——装饰艺术的心理学研究. 范景中，杨思梁，徐一维，译. 长沙：湖南科学技术出版社，1999：1~6

就已经有了对骨器和蚌壳进行打磨和染色的行为①，而新石器时代的仰韶文化甘肃秦安大地湾遗址、河南邓州八里岗聚落遗址和洛阳王湾遗址，都发现了在室内的地面和墙面上用草泥、黄泥、砂浆或石灰质做成坚硬面层的痕迹②。

先秦时期的文献史料不乏关于建筑装饰的记载。例如《说苑·反质》引墨子的话："纣为鹿台糟丘、酒池肉林，宫墙文画，雕琢刻镂，锦绣被堂，金玉珍玮"，已经涉及彩绘和壁画（"宫墙文画"）、雕刻（"雕琢刻镂"）、金玉镶嵌（"金玉珍玮"）和张挂织物（"锦绣被堂"）的装饰方法③。

墨子曾经提到商纣王宫殿所用的彩绘、壁画、雕刻、金玉镶嵌和张挂织物的装饰方法，基本都在考古发掘中得到了印证：在殷墟发现一块彩绘墙皮，在白灰墙上绘红色花纹和黑色圆点，线条较粗，纹饰似由对称图案组成，应是脱落的壁画残片④。殷墟侯家庄的一座十字墓中，发现了木材表面的印痕，刻有饕餮、夔龙、蛇、虎、云龙等图案，施以红色和少量青色。有的纹饰组成带状，在红色图形中有节奏地间饰白色图形⑤；安阳后岗一些较大的墓和盘龙城商墓也发现有木雕刻痕⑥；凤雏和召陈出土一批蚌泡和玉件，蚌泡圆形或方形，中心穿孔，上涂朱砂，可能是建筑木面的装饰；文献记载周代在椽头饰玉珰、门窗、梁柱镶玉、蚌和骨料，是金玉镶嵌的佐证；洛阳殷墓出土绘有红、黄、黑、白四色的布幔，可能是室内张挂织物的例证⑦。

在春秋时期，还出现了用金属包镶木构件的装饰手法。凤翔出土了一批春秋时期秦雍都宫殿的铜质建筑构件，两端呈三尖齿状，表面铸出纠结的夔纹，可能用在壁带的中段、尽端、外转角、内转角等⑧。据推测，可能就是《汉书》记载的"金釭"⑨（图 6.6 [1]）。

在装饰纹样方面，根据《尚书·虞书》的记载，夏朝即已采用"日月、星辰、山、龙、华、虫、藻、火、粉、米、黼、黻"⑩共十二种纹样，称为"十二章"，以五色绘制，"作尊卑之服"⑪，其中各物皆有伦理的象征，例如"山，取其镇也；藻，水草，取其洁也"⑫。考古发掘的先秦时期实物中已经出现了动物纹、植物纹、几何纹、云纹、山纹等，纹样的布局已经出现了对称、线路分割等方式⑬，使得多样化的装饰题材和几何化的建筑构件很好地结合起来。

建筑装饰色彩在先秦时期，与装饰纹样一样，成为区分等级的符号。例如《营造法式》卷 1 引《礼记》的规定"楹，天子丹，诸侯黝、垩，大夫苍，士黈（黄）"，则是用五种颜色区分五种身份。这一

① 楼庆西. 中国传统建筑装饰. 北京：中国建筑工业出版社, 1999：1
② 钟晓青. 秦安大地湾建筑遗址略析. 文物, 2000(05)
　张弛. 保存完好的仰韶时期居住区——八里岗新石器时代聚落遗址. 见：李文儒. 中国十年百大考古新发现. 北京：文物出版社, 2002：190
　北京大学考古实习队. 洛阳王湾遗址发掘简报. 考古, 1961(04)
③ 向宗鲁, 校证. 说苑校证. 北京：中华书局, 1987：515~516
④ 中国科学院考古研究所安阳发掘队. 1975 年安阳殷墟的新发现. 考古, 1976(04)
⑤ 吴庆洲. (先秦时期)建筑装饰与色彩. 见：萧默. 中国建筑艺术史. 北京：文物出版社, 1999：177
⑥ 中国科学院考古研究所安阳发掘队. 1971 年安阳后岗发掘简报. 考古, 1972(03)
⑦ 吴庆洲. (先秦时期)建筑装饰与色彩. 见：萧默. 中国建筑艺术史. 北京：文物出版社, 1999：179
⑧ 凤翔县文化馆, 陕西省文管会. 凤翔先秦宫殿试掘及其铜质建筑构件. 考古, 1976(02)；杨鸿勋. 凤翔出土春秋秦宫铜构金釭. 见：建筑考古学论文集. 北京：文物出版社, 1987
⑨ 《汉书》, 卷 97 下, 第 3989 页。
⑩ 《尚书注疏》, 十三经注疏本, 卷 4。
⑪ 《尚书注疏》, 十三经注疏本, 孔氏传。
⑫ [明]胡广等：《书经大全》, 四库本, 卷 2。
⑬ 吴庆洲. (先秦时期)建筑装饰与色彩. 见：萧默. 中国建筑艺术史. 北京：文物出版社, 1999：179

时期所谓"五色配五方"，以及"正色"与"间色"的区分，都是从符号象征的角度来看待色彩①。

总的来说，先秦时期的建筑装饰还没有成为一个独立的装饰类型，彩画、雕刻、绘画乃至文字之间尚有很强的共通性，这从《营造法式》所引用的《周官》、《世本》、《尔雅》等先秦文献中关于"猷"、"图"、"缋"、"画"的阐释中②也可以得到印证。但这一时期的建筑装饰已经具备了初期的形态，其中由于张挂织物和金属包镶所产生的装饰构图，在中国建筑装饰的历史上延续了很长的时间。《营造法式》彩画中的大量纺织品纹样，以及"角叶"的处理，就延续了上述的两种构图方式，这两种构图方式一直延续到清官式彩画之中。

然而在装饰题材方面，先秦时期的选材多具巫术、权力的符号意义，这在《营造法式》的时期，已经几乎完全被吉祥题材所取代。

秦汉时期的建筑彩画基本延续了先秦的模式，只是在形式上进一步发展和完善。

关于这一时期的建筑彩画情况可以从汉赋的描写中窥见一斑。例如张衡《西京赋》描述长安建筑"雕楹玉碣，绣栭云楣……镂槛文㮰"；"青琐丹墀"；"彩饰纤缛，裹以藻绣，文以朱绿"；"木衣绨锦，土被朱紫"③。《西京赋》的这段文字为《营造法式》"总释"所引用，证明其在历史上较具典型意义。同时期的其他文献记载大致也不超出这些内容，例如《前汉纪》记载西汉时将作大匠为女婿董贤建宅第，"楹梁衣以锦绣"④；而《后汉书》记梁冀夫妇建宅斗富，"窗牖皆有绮疏青琐，图以云气仙灵"⑤。《汉书》还记载了壁带(墙体的构造柱或过梁)用"黄金钉"包镶，并饰"蓝田璧、明珠、翠羽"⑥的做法，在先秦遗物中已出现。

在这一时期，"彩画"一词已经产生，但常指壁画，为当时高等级建筑所盛行的装饰做法。在《汉书》中记有"画堂"⑦或"画室"⑧，即"宫殿中彩画之堂"⑨。

上述文献所反映的主要建筑装饰方法有四种，即彩画(以壁画为主)、锦绣包裹(裹以藻绣、木衣绨锦)、金属包镶及雕镂；装饰色彩主要有青、丹、朱、绿、紫等；装饰纹样主要有神仙、云气、水藻、"绮文"、"琐文"等；装饰对象则涵盖了地面(墀)、柱(楹)、柱础(碣)、枓栱(栭)、梁(楣)、连檐(㮰)、栏杆(槛)、门窗(窗牖)等构件。

上述记载可以部分地从考古发掘中得到证实。例如秦咸阳一号宫殿遗址发现有壁画残片，为菱形组合纹样(可能是"绮文"的一种，见图 6.6 [2])⑩，洛阳西汉卜千秋墓存有壁画神仙图⑪。

---

① 关于先秦时期的色彩观念分析，详见本书 5.7 节。
② 参见本书 3.1.1 节。
③ 张衡. 西京赋. 见：高步瀛. 文选李注义疏. 北京：中华书局，1985：280~282，300~301
④ [汉] 荀悦. 两汉纪·孝哀二. 北京：中华书局，2002：506
⑤ 《后汉书·梁冀传》，中华书局点校本，卷 34，第 1182 页。根据[唐] 李贤的注释，"绮疏"指镂为绮文，"青琐"指刻为琐文而以青饰之。
⑥ 《汉书》，卷 97 下，第 3989 页：
　　"壁带往往为黄金钉，函蓝田璧、明珠、翠羽饰之。[师古曰：壁带，壁之横木，露出如带者也。于壁之中，往往以金为钉，若车钉之形也。其钉中著玉璧、明珠、翠羽耳。]"
⑦ 《汉书·成帝纪》，卷 10，第 301 页："元帝在太子宫生甲观画堂。"
⑧ 《汉书·霍光传》，卷 68，第 2936 页："桑弘羊当与诸大臣共执退光，书奏，帝不肯下。明旦，光闻之，止画室中，不入。[如淳曰：近臣所止，计划之室也，或曰雕画之室也。师古曰：雕画是也。]"
⑨ 何清谷. 三辅黄图校释. 北京：中华书局，2005：185
⑩ 吴庆洲.(秦汉时期)建筑装饰与色彩. 见：萧默.中国建筑艺术史. 北京：文物出版社，1999：238
⑪ 孙作云. 洛阳西汉千秋墓壁画考释. 文物，1977(06)

秦汉建筑装饰纹样的遗存主要反映在画像石、画像砖、瓦当等考古资料中。这一时期的纹样题材除沿用前代的云气纹、几何纹、龙、凤、鱼纹等之外,又发展了四神、柿蒂、茱萸、车马等题材;此时反映神话传说、生活场景、舞乐百戏的纹样也极大丰富。从纹样题材的变化来看,象征性有所减弱,世俗因素有所增加,而纹样的形式却已开始体现出"气韵"、"骨法"和"位置"①的讲究,在前代的基础上大大地成熟了。

在色彩与绘制技法方面,这一时期的彩画和壁画主要是以土红线条勾勒,并用青、绿、红、黄等色作简单的涂染。

这一时期所发展成熟的一些装饰纹样,例如云气文、柿蒂文、菱形文(方胜文)、龙、凤等,在装饰史上有很强的生命力,一直延续到《营造法式》彩画中,但不再作为最主要的装饰纹样。另外,"青琐"的装饰在汉代文献中甚为多见,可能指一些较为细密、具有连锁特征的纹样,这在《营造法式》中发展成"琐文"一类,比起西汉时期的原型,其复杂程度已经高得多了(图 6.6 [3])。

6.3.2 魏晋南北朝:彩画之技巧与类型的创新

魏晋南北朝时期的建筑彩画有两条主要的发展线索:一是继承或比附前朝的建筑装饰;二是在外来文化的影响下,创出新风。《营造法式》的"五彩遍装"、"解绿装饰"和"丹粉刷饰"的装饰方法,均可将源头追溯到这一时期。

关于继承前朝建筑彩画的典型例子,见于《吴都赋》和《景福殿赋》的描写:"雕栾镂楶,青琐丹楹,图以云气,画以仙灵"②;"文以朱绿,饰以碧丹,点以银黄,烁以琅玕,光明熠爚,文彩璘班"③;《洛阳伽蓝记》载永宁寺南门楼"图以云气,画彩仙灵,绮钱青镩,辉赫丽华"④,法云寺"列钱青琐,玉凤衔铃"⑤。这些描写明显模仿了汉赋的词藻,其装饰内容也大致相同。《周书》记载北周宣帝"以五色土涂所御天德殿,各随方色"⑥,则是比附先秦时期的"五色配五方"。

这一时期兴起并广泛流行的彩画方式是墙面涂白、木面涂红的设色方法,例如《洛阳伽蓝记》载洛阳城内胡统寺"朱柱素壁"、高阳王寺"白壁丹楹"⑦,《邺中记》载邺宫凤阳门"朱柱白壁"⑧。这一设色方式在敦煌的北朝石窟中还可以见到,但往往与束带、神佛等纹样相结合(图 6.7[2–3])。在木构件和墙壁上施丹白二色的方法,在唐代建筑中成为主流,在《营造法式》中发展为"丹粉刷饰",但退为低等级的彩画类型。

这一时期在装饰色彩方面较为重要的发展,可能是随佛教一起从印度传入的"天竺遗法",根据《建康实录》的记载,此种画法为"朱及青绿所成,远望眼晕如凹凸,就视即平"⑨,其中使用的"青、绿、朱"三种主要颜色,以及对于色彩效果的描述,已经与《营造法式》"五彩遍装"制度中的叠晕、间装等技法的效果相一致,可以视为《营造法式》"五彩遍装"彩画的发端。这种做法在当时似乎还很不普遍,见到的人都为之惊异。南北朝有关实物已无可考,但在敦煌北朝石窟的壁画装

---

① 这几个范畴,是在南朝谢赫的《古画品录》中首次提出的,但是在早期的实物中已有部分的体现。
② [晋] 左思:《吴都赋》,《六臣注文选》,卷 5。
③ [魏] 何晏:《景福殿赋》,《六臣注文选》,卷 11。
④ [后魏] 杨衒之. 洛阳伽蓝记校注. 范祥雍,校注. 上海:上海古籍出版社,1978:3
⑤ [后魏] 杨衒之. 洛阳伽蓝记校注. 范祥雍,校注. 上海:上海古籍出版社,1978:207
⑥ [唐] 令狐德棻:《周书·宣帝本纪》,中华书局点校本,卷 5,第 125 页。
⑦ [后魏] 杨衒之. 洛阳伽蓝记校注. 范祥雍,校注. 上海:上海古籍出版社,1978:59,176
⑧ [晋] 陆翙:《邺中记》,四库本,第 1 页。
⑨ [唐] 许嵩:《建康实录》,第 686 页。

饰中,已经可以见到比较成熟的"间装"设色,以及运用色彩与形状的关联产生"凹凸"错觉的装饰技法(图 6.7[4])。

莫高窟北魏中期 251、254 窟中有几个木造插栱的实物,可能是我国最早的木造枓栱遗物,在 251 窟枓栱以下的壁面还画出栌枓和柱子。其彩画是用青、绿作外缘道,身内用土红剔地,上用黄、黑、绿等色绘卷草纹,其缘道的位置和比例,和《营造法式》"丹粉刷饰"、"解绿装饰"等规定大致相同,从设色来看,可以看做《营造法式》"解绿装饰"彩画的发端(图 6.7[1])。

这一时期的装饰纹样除了继承先秦至两汉的龙凤、四神、云气、柿蒂等纹样,又由于佛教的传入而产生新风,主要体现为佛教题材莲花、忍冬、火焰、宝珠、神佛等纹样的盛行。这类纹样题材与早期的"十二章"等题材相比,由于其实物原型(莲花、卷草、宝珠等)具有高度的抽象性和灵活性,因而对于被装饰物有着很强的适应性,其纯粹形式的美感,即使脱离了原有的象征意义,也仍旧富有生命力。因此,虽然后世佛教地位大大降低,但这些装饰题材却保留下来,成为《营造法式》彩画的一部分(图 6.8)(参见图 3.24、图 3.25、图 3.47、图 3.52)。

6.3.3　隋至盛唐:彩画技巧的成熟与定型

隋唐时期建筑彩画的发展亦有两条线索:一是以朱白为主的官式建筑彩画的精致化和定型化;二是从壁画和织锦中反映出来的色彩装饰技巧的发展与成熟。

从文献中看来,除了某些较为奢侈的做法仍然沿用秦汉时期的做法"衣以锦绣、画以丹青"[1],主流建筑的彩画装饰基本以朱白二色为主。例如初唐时期所建的含元殿,为当时高等级的皇家建筑,却"绌汉京之文饰",而只是"铁石丹素,无加饰焉"[2];盛唐时期唐玄宗所修筑的花萼楼,虽然"攒画栱以交映,列绮牕以相薄",装饰繁丽了许多,但其建筑主体仍"饰以粉绘,涂之丹腹"[3],以丹、粉为饰。

现存唐代木构建筑,以及墓室地宫的仿木结构装饰,基本也以朱白二色为主,做法相当于《营造法式》中的"丹粉刷饰"。"丹粉刷饰"的细部做法在唐代已经定型。佛光寺大殿和南禅寺大殿中出现了"栱头作燕尾"的做法,南禅寺大殿阑额及柱头方在土红色地上绘白色圆点(图 6.9),这些都是运用朱白二色进行装饰的精致化处理,其中"栱头作燕尾"的做法为《营造法式》所保留;而在额、枋类构件上绘圆点的做法,从敦煌中唐以后的壁画看来,是与"八白"做法并存的(图 6.44[7]、[8]),但在《营造法式》中,已经没有记载圆点的做法,而只保留了"八白"。

敦煌初唐、盛唐壁画中体现的唐代建筑形象,也以朱红(或土朱)为木构件的主要色彩,仅椽头、飞子头、栱头、昂面等迎光部位用浅赭或白色点缀;枓可用青、绿相间(图 6.10[3]、[4]、[6]、[9]、[10]);在初唐时期的壁画中,还出现了《营造法式》所记载的"栱眼壁内用影作"(图 6.10[8]、[10])、阑额用"八白"(图 6.10[10])的做法。

从敦煌壁画的资料看来,至迟在初唐时期,运用青、绿、红三色叠晕绘制装饰纹样的方法已经十分成熟,在初唐时期的装饰纹样中,已经可以见到用 3~4 层叠晕色阶相间绘制的纹样,其用色方式与《营造法式》"五彩遍装"的规定几乎完全一致(图 6.10[12]、图 6.11)。这一方法最早见载于《建康实录》,为南朝画师引入的"天竺遗法",但从实物中反映的情况来看,可能是在初唐时期

---

① "(初唐安乐公主第装饰)飞阁步檐,斜桥磴道;衣以锦绣,画以丹青,饰以金银,莹以珠玉……穷天下之壮丽。"([唐] 张鷟:《朝野佥载》,卷 3,第 71 页)

② [唐]李华:《含元殿赋》,[宋]姚铉编:《唐文粹》,四库本,卷 1。

③ [宋]李昉,等编:《文苑英华》,四库本,卷 49。

才趋于成熟。

但从现有的唐代建筑装饰资料看来,"五彩遍装"的设色方法仅见于望版或栱眼壁等的版类构件,亦常见于壁画和纺织品的装饰纹样中,但还未见梁、柱、科栱等用"五彩遍装"的例子。因此,"五彩遍装"的设色方法虽然在初唐时期已经成熟,但是距离正式用在木构件上,则还有一段滞后的时间。

6.3.4 中唐至金代的中原地区:彩画风气转向鲜丽

中唐时期,国土开始由统一趋向分裂,因此中原、南方、西北和东北各地区在盛唐时期所形成的文化基础之上,开始有了不同的发展线索。各个文化圈在分裂时期既有一定的共性,又各自形成了地方特色。

中原地区指北方黄河中下游区域,隋唐时期为中央政府所在地,中唐之后趋于衰落,五代时归于后晋,北宋时期重新成为国家的中心,两宋之际从北宋入金。在中唐至北宋时期,这一地区的建筑风格与《营造法式》最为接近。金代以后,这一地区不复为汉文化之核心,但居民仍以汉族为主,因此金代这一地区的建筑装饰仍在北宋时期民间装饰风格的基础上继续发展,装饰做法及题材基本沿用北宋,而俗艳繁丽之程度更甚。

6.3.4.1 中唐至五代时期的实例

中、晚唐时期,虽然从敦煌壁画中已经可以见到装饰风气的转变,柱、额、科栱都已脱离赤白装饰的定式,出现在柱身中部绘锦文束腰(也可理解为丝织品围裹的效果)或作金属包镶的做法。但现存中唐、晚唐时期的建筑遗构之木构件色彩仍然只用赤白二色,山西五台山佛光寺大殿、南禅寺大殿都是这样的例子(图6.9)。从目前公布的京畿地区中晚唐壁画墓资料看,这一时期由于门阀贵族的衰落,墓葬也趋于简陋,影作木构的壁画墓仅存2座,均属中唐前期,风格简率[①],不足为证。

五代时期后晋地区墓葬或塔基地宫的彩画装饰,可以河北曲阳王处直壁画墓(924年)、陕西彬县(现彬州市)冯晖墓(958年)为代表。

王处直墓的彩画装饰较多地继承了唐代的简洁风格,壁画之外,仅用土红勾勒画幅边框,壁面顶部绘天宫楼阁,亦用土红勾勒梁、柱、椽飞等,仍可视为"丹粉刷饰"(图6.12)。

冯晖墓的彩画装饰则体现出"丹粉刷饰"与"五彩遍装"的混合特性。其墓门为砖雕枋木构门楼样式,大木构件及钩阑望柱等均刷朱,壁版为白色,科栱以朱白二色相间。墓室内部分为主室、侧室和后室,主室为穹顶,侧室、后室为筒拱顶,未作仿木构件处理,但是在屋顶与墙面的交界处,以及门洞的两侧,均绘有饰带,对壁面和顶面进行分隔。不论是饰带还是壁面,都大量地采用了近似于《营造法式》彩画"卷成华叶"、"团科",以及"玛瑙地"之类的纹样,形式风格圆润饱满。装饰纹样的用色以青、绿、红、黄为主色,作叠晕相间,并用黑线勾出图案轮廓,黑线之旁又描粉线,这种用色方式与《营造法式》"五彩遍装"几乎相同。冯晖墓的彩画,可以看做"五彩遍装"用于建筑装饰的较早例子(图6.13)。

---

① 这两座唐墓分别是765年的韩氏墓与南里王村韦氏家族墓。见:李星明. 唐代墓室壁画研究. 西安:陕西人民美术出版社,2005:93

6.3.4.2　北宋官方禁约中体现的装饰风气

北宋时期建筑装饰见于文献记载的,除了一些宋人笔记的简略描述,还有许多官方发布的禁令。从《宋史》、《宋大诏令集》及《续资治通鉴长编》所记载的史料中,可以找出若干关于色彩和纹样的禁令。

第一类是关于色彩的禁令,其中以禁用金为最多,此外较常见的还有禁止五彩装饰和朱红色。五彩装饰若与黑漆并用,则等级降低,有时不在禁止之列,分别试举如下:

金银珠翠:1008 年,禁止建筑及器物贴金①;1119 年,后苑修殿宇使用大量金箔并受到处罚②;989 年,禁庶人服紫色及用金③;1001 年,禁民间造金银具④;1009 年,禁镕金以饰器服⑤;1015 年,禁 15 种用金方式⑥;1035 年,禁缕金为妇人首饰⑦;1014 年、1135 年,先后禁止服饰采用翡翠或销金铺翠⑧。

五彩装饰(与黑色并用时等级降低):1008 年,禁止五彩装饰,只许用丹白⑨;1036 年,禁止彩绘栋宇,禁止用朱漆及五采绘乘舆,但可用黑漆间以五采⑩;1076 年,辂车可以用黑饰间五彩

---

① (宋真宗)大中祥符元年(1008 年),三司言:窃惟山泽之宝,所得至难,傥纵销释,实为虚费。今约天下所用,岁不下十万两,俾上币弃于下民,自今金银箔线、贴金、销金、泥金、蹙金线装贴什器土木玩用之物,并请禁断,非命妇不得以为首饰。冶工所用器悉送官,诸州寺观有以金箔饰尊像者,据申三司,听自赍金银工价,就文思院换给。从之。(《宋史》卷 153《舆服志》,第 3574 页)

② 宣和元年(公元 1119 年)……后苑尝计增葺殿宇计用金箔五十六万七千。帝曰:用金为箔以饬土木,一坏不可复收,甚亡谓也。令内侍省罚请者。(《宋史》卷 179《食货志》,第 4360 页)

③ (宋太宗)端拱二年(989 年),诏:县镇场务诸色公人并庶人、商贾、伎术、不系官伶人,只许服皂、白衣、铁、角带,不得服紫。文武升朝官及诸司副使、禁军指挥使、厢军都虞候之家子弟,不拘此限。……其销金、泥金、真珠装缀衣服,除命妇许服外,余人并禁。……(宋太宗)至道元年(995 年),复许庶人服紫。(《宋史》卷 153《舆服志》,第 3574 页)

④ 真宗咸平四年(1001 年),禁民间造银鞍瓦、金丝、盘蹙金线。(《宋史》卷 153《舆服志》,第 3574 页)

⑤ (大中祥符)二年(1009 年),诏申禁镕金以饰器服。又,太常博士知温州李邈言:两浙僧求丐金银珠玉错末和泥以为塔像,有高丈者,毁碎珠宝,寖以成俗,望严行禁绝,违者重论。从之。(《宋史》卷 153《舆服志》,第 3574 页)

⑥ (大中祥符)八年(1015 年),诏:"内庭自中宫以下,并不得销金、贴金、间金、戴金、圈金、解金、剔金、陷金、明金、泥金、楞金、背影金、盘金、织金、金线捻丝,装着衣服并不得以金为饰。其外庭臣庶家,悉皆禁断。臣民旧有者,限一月许回易。为真像前供养物,应寺观装功德用金箔,须具殿位真像显增修创造数,经官司陈状勘会,诣实闻奏,方给公凭,诣三司收买。其明金装假果、花板、乐身之类,应金为装彩物。降诏前已有者,更不毁坏,自余悉禁。违者,犯人及工匠皆坐。"是年,又禁民间服皂斑缬衣。(《宋史》卷 153《舆服志》,第 3575 页)

⑦ (景祐)二年(1035 年),诏:"市肆造作缕金为妇人首饰等物者禁。"(《宋史》卷 153《舆服志》,第 3575 页)

⑧ (大中祥符)七年(1014 年),禁民间服销金及跋遮那缬。(《宋史》卷 153《舆服志》,第 3574 页)
徽宗大观元年(1107 年),郭天信乞中外并罢翡翠装饰。帝曰:先王之政,仁及草木禽兽,今取其羽毛,用于不急,伤生害性,非先王惠养万物之意。宜令有司立法禁之。(《宋史》卷 153《舆服志》,第 3576 页)
绍兴五年(1135 年),高宗谓辅臣曰:金翠为妇人服饰,不惟靡货害物,而侈靡之习,实关风化。已戒中外,及下令不许入宫门,今无一人犯者。尚恐士民之家,未能尽革。宜申严禁,仍定销金及采捕金翠罪赏格。(《宋史》卷 153《舆服志》,第 3579 页)

⑨ 大内宫院苑囿今后止用丹白不得五彩装饰幡胜不得用罗诏:(宋真宗,大中祥符元年,1008 年)朕忧勤视政,清净保邦,将俭德以是遵,庶淳源而可复,乘舆服御之物,已屏于纷华;宫阙苑囿之规,当存于朴素。……应寺院祠庙依旧外,大内及宫院诸苑囿等……止用丹白,不得以五彩装饰,幡胜不得用罗;诸般花止许用草,不用缣帛。(宋大诏令集·禁约. 北京:中华书局影印清抄本,1962:734)

⑩ (仁宗景祐三年秋八月)(1036 年)己酉,诏天下士庶之家,……非宫室寺观毋得彩绘栋宇,及间朱黑漆梁杜、槏牖、雕镂柱础。凡器用毋得表里朱漆、金漆,下毋得衬朱。非三品以上官及宗室戚里之家,毋得用金扣器具。用银扣者,毋得涂金。……命妇许以金为首饰及为钗镊钏缠珥镮,毋得为牙鱼飞鱼,奇巧飞动若龙形者;其用银得涂金。非命妇之家,毋得衣珠玉。凡帷幔帐帟幛床褥,毋得用纯锦遍绣,宗室戚里茶檐食盒,毋得覆以绯红。贵族所乘车,毋得用朱漆及五采绘,许用黑漆而间以五采。……寻又诏官司所用铜器及鍮石为饰者,毋得涂金。(《续资治通鉴长编》,卷 119,第 2798 页)

为饰[①]。

禁朱红漆：1029 年，禁止以朱漆饰床榻；1031 年，禁止造朱红器皿[②]；1036 年，禁止用朱漆饰器物和乘舆[③]。

第二类是关于纹样的禁令，主要有禁撮晕、禁"遍地密花"等，可见在当时，色彩的叠晕，以及纹样的密集、饱满程度，均成为等级高下的区分标志，分别试举如下：

禁密花：1034 年，禁止"遍地密花"，但可以用"稀花、团窠、斜窠、杂花不相连者"[④]；

禁撮晕花样：1025 年，禁黑褐地白花衣服和蓝、黄、紫地撮晕花样[⑤]。

最后一条值得注意的记载，是徽宗政和七年（1117 年）臣僚上言，反映当时不论贵族平民，"居室服用，以壮丽相夸"，并重申礼制，认为"闾阎之卑，不得与尊者同荣；倡优之贱，不得与贵者并丽"[⑥]，证明《营造法式》提出的"鲜丽"原则，在当时不论是贵族还是平民，都极其流行。

北宋时期在较短的时间内出现的众多奢侈禁令，体现出这一时期由于经济的发展与社会心态的世俗化，不但宫廷崇尚奢侈享受，平民阶层也纷纷效仿宫廷样式，追求富丽豪华，以至于僭越礼制、靡费钱财。而屡禁不止、愈演愈烈的装饰风气，体现出当时的传统礼制，正同时受到外敌之威胁与内在经济力量的双重侵蚀。

6.3.4.3　中原地区宋金时期的实例

在这一时期的实例中，河南巩县（今巩义市）北宋皇陵属于北宋官式建筑之仅存遗迹。存有大量石刻纹样，可证《营造法式》的纹样造型。

保存了较完整彩画装饰的民间木构建筑，可以山西高平开化寺大殿为代表，山西太原晋祠圣母殿亦有少量北宋时期彩画遗存。五代时期建筑遗物尚有平顺大云寺大殿，零星存有类似早期彩画的痕迹。

保存了较完整的彩画装饰的北宋民间墓葬或塔基地宫，则可以河南洛阳北宋宋四郎墓、山西壶关下好牢宋墓（图 6.14）、河南禹县白沙宋墓（图 6.15~图 6.17）、河南登封黑山沟宋墓、山西临猗双塔寺地宫、河北定州静志寺塔地宫（图 6.18、图 6.19）、河北定州开元寺塔地宫为代表（图 6.20~图 6.23）。

---

① 神宗熙宁九年（1076 年），禁朝服紫色近黑者。民庶止令乘辇车，听以黑饰，间五彩为饰，不许呵引及前列仪物。（《宋史》卷 153《舆服志》，第 3576 页）

② （仁宗天圣）七年（1029 年），诏：士庶僧道，无得以朱漆饰床榻。九年（1031 年），禁京城造朱红器皿。（《宋史》卷 153《舆服志》，第 3575 页）

③ 《续资治通鉴长编》，卷 119，第 2798 页。

④ 景祐元年（1034 年），诏：禁锦背、绣背、遍地密花、透背、采段。其稀花、团窠、斜窠、杂花不相连者非。（《宋史》卷 153《舆服志》，第 3575 页）

⑤ 仁宗天圣三年（1025 年），诏：在京士庶不得衣黑褐地白花衣服，并蓝黄紫地撮晕花样。妇女不得将白色、褐色毛段并淡褐色匹帛制造衣服。令开封府限十日断绝。妇人出入乘骑，在路披毛褐以御风尘者，不在禁限。（《宋史》卷 153《舆服志》，第 3575 页）

⑥ （政和）七年（1117 年），臣僚上言：辇毂之下，奔竞侈靡，有未革者。居室服用，以壮丽相夸，珠玑金玉，以奇巧相胜，不独贵近，比比纷纷，日益滋甚。臣尝考之，申令法禁虽具，其罚尚轻。有司玩习，以至于此，如民庶之家，不得乘轿。今京城内暖轿，非命官至富民、娼优、下贱，遂以为常。窃见近日有赴内禁乘以至皇城门者，奉祀乘至宫庙者，坦然无所畏避。臣妄以为僭礼犯分，禁亦不可以缓。于是，诏非品官不得乘暖轿。先是权发遣提举淮南东路学事丁瓘言：衣服之制，尤不可缓。今闾阎之卑，娼优之贱，男子服带犀玉，妇人涂饰金珠，尚多僭侈，未合古制。臣恐礼官所议，止正大典，未遑及此，伏愿明诏有司，严立法度，酌古便今，以义起礼。俾闾阎之卑，不得与尊者同荣。倡优之贱，不得与贵者并丽。此法一正，名分自明。革浇偷以归忠厚，岂曰小补之哉。（《宋史》卷 153《舆服志》，第 3577 页）

这一地区还有一些金代民间墓葬保存了丰富的彩画或雕刻装饰，与宋墓存在较大的延续性，有的家族墓群在时代上跨越宋金，却有着相当统一的风格，这类墓葬可以山西平阳马村宋金墓群、山西侯马金代董氏墓群、山西沁县南里乡砖雕壁画墓为代表。

6.3.5　五代至南宋的南方地区：彩画风气转向精雅

五代的地上建筑实物几乎没有装饰的遗存；但在南唐的李昪墓和李璟墓、南唐栖霞寺舍利塔石刻、吴越国的康陵、前蜀的王建墓中，都可以看到富丽柔美的"五彩遍装"装饰手法，其装饰纹样与设色的风格各不相同。从南方三国的实例，可以看出时代的共性，也可以看出地域的差异：

南唐二陵的装饰色调以红为主，绘卷成花纹、柿蒂、云纹等，花形肥大，造型优美而细节草率。吴越国康陵的装饰色调也是以红为主，纹样母题与南唐二陵大体相同，然而在重点部位用金线勾勒缘道，细节显得精致繁丽，与南唐二陵风格殊异。前蜀王建墓并非仿木构建筑，相比之下，装饰简单了许多，仅有前室券额存有彩画，虽然同样是卷成华文，但主色调已经不是红，而是青、绿、红相间使用，其纹样亦经过仔细的描画和叠晕，接近《营造法式》的风格(图6.24)。

两宋之际的历史转折，在区域格局上也是一个重要的转折点，本书6.1.3节与6.2节分别从文化特征与核心区的角度对其进行了讨论。这一时期的汉民族核心地区从黄河流域迁移到了长江流域，而艺术风格继续向富丽与精雅的方向发展。与前一时期有所不同的是，士大夫阶层逐渐确立了文化上的主体地位，因此以精雅为特征的审美倾向逐渐占据了文化的主流。

南宋官方曾二度重刻《营造法式》，可见在南宋时期，北宋官式仍然受到重视。但从南宋院画、苏州玄妙观三清殿的建筑形象，以及《思陵录》对南宋皇陵的记载来看，南宋官式建筑在长江流域地方传统的基础上，对北宋官式有所取舍：在构架形式上，放弃了《营造法式》中最高等级的"殿堂式"而在"厅堂式"的基础上继续发展；在彩画装饰上，亦较少使用最高等级的"五彩遍装"、"碾玉装"，而以"丹粉赤白"为主。其中可能有政治、文化和物质的三重因素：

在政治方面，南宋统治者在表面上要保持收复北方的"中原之志"，因此只以杭州为"行在"，则宫殿制度自然要降等处理。

在文化方面，南宋时期士大夫的主体性逐渐增强，使得主流文化的审美趣味从鲜艳富丽转向秀雅含蓄。

在物质功能方面，南方地区气候温暖多雨，对通风、防腐的要求较高，因此简洁灵活的"厅堂式"构架反而比较有优势；而从色彩地理学的角度来看，阴雨地区柔和的光线使色彩的鲜艳度增加，因此光影柔和地区的人们倾向于喜欢稳重含蓄的色彩[1]。

南方地区的有关实物主要分布在东南沿海地区和四川盆地。

东南沿海地区的实物主要集中在江浙、福建。这一地区在东晋以后已吸收了一部分中原文化，五代时期在分裂的状况下，发展到较高的经济水平，北宋时通过大运河与中原核心地区保持了密切的联系，南宋时期成为汉文化的核心。

这一地区五代以前之木构建筑已无存。五代时期木构建筑仅存福建福州华林寺(图6.25)；五代时期的遗物有几座高等级的墓葬，包括浙江临安吴越国康陵和江苏南京南唐二陵(图6.26)。

---

① 这一观点基于当代色彩学家路易思·斯威诺夫(Lois Swirnoff)对12个城市色彩的统计。见：Lois Swirnoff. The Color of Cities, an International Perspective. New York：McGraw-Hill, 2000

江苏苏州虎丘塔建于北宋初年,其内部仿照木结构的样式,有较完整的彩画遗存(图6.27);浙江宁波保国寺大殿可作为南方地区北宋时期木构建筑的代表(图3.63)。这一地区的南宋建筑实物所剩极少,刚发现就被烧毁的福建泰宁甘露庵是仅有比较完整的实例(图6.28)。

南宋周必大的《思陵录》辑录了南宋官方修奉使司关于永思陵(1187年)和慈福宫(1188年)的交割勘检文件,是宋代文献中对建筑规制记载较为详细者。现根据现存之明代抄本,将其提及的装饰做法整理如表6.3、表6.4所示[①]。其中除了"丹粉赤白装造"、"解碌装造"与《营造法式》较为一致外,还出现了许多在《法式》基础上作了变通的术语。例如"真色晕嵌装造",可能是"五彩遍装"的别称;"真色金线解碌装造",可能是"五彩间金"的别称;"青碌装造"可能是"碾玉装"的别称。也有些做法不见于《法式》,例如"法红油造"、"矾红刷油造"、"朱红漆造"、"黑漆退光"等,可能是较早的关于油漆彩画的记载;"草色装饰"、"黄罗青罗额道"等名目的具体意思及做法,尚待进一步考证。

表6.3　南宋永思陵装饰做法表

项目	装饰做法
柱头、砖窗里	丹粉赤白装造
柱身(柱木)	法红油造;矾红刷油造
杚笆、竹笆	矾红刷油造;白灰仰泥(塈)
杈子	黑油
门窗	朱红漆造(朱红槅子),黄纱糊饰(黄纱糊造)
墙、壁子、壁落	红灰泥饰;白灰泥饰;红灰造作

表6.4　南宋慈福宫装饰做法表

项目	装饰做法
殿门	朱红门,朱红柱木,头顶真色装造
正殿	平棊枋朱红顶板,上下升真色晕嵌装饰,朱红柱木……殿后通过三间,随殿作装饰。其碌刷柱
寝殿	并是真色晕嵌装饰造,黑漆退光柱
后殿	真色装造,碌漆窗隔板壁,黑漆退光柱木
后楼子	上下层并系青碌装造,黑漆窗隔板壁,碌油柱木
正殿前后廊屋	真色金线解碌装造
内殿前廊屋	朱红柱木、窗隔
殿后	碌油柱木、黑漆金漆窗隔板壁
装折、合子、库务、寺	素白椤木
侧堂	黑漆窗隔
殿厨及内人屋、官厅直舍外库、大门、中门、隔门	并系草色装饰,矾红并黑油柱木
墙壁	黄罗青罗额道

四川地区的实物主要集中在成都、重庆附近。这一地区在三国时期便已具备独立的经济条件,在中晚唐时期已发展到"扬一益二",仅次于东南地区的水平,因此在宋朝也是中原地区的补给基地,保持着密切的往来。这一地区几乎没有留下唐宋时期木构建筑。五代时期的墓葬,可以四川成都前蜀王建墓为代表。兴盛于南宋时期的重庆大足石刻,保存了丰富的仿木构建筑装饰做法,目前的色彩可能经过后世的重修,但应在一定程度上保留了南宋时期的风格(图6.29、图6.30)。

[①] 据[南宋]周必大:《思陵录》,傅熹年影印揆叙旧藏"明绿格写本",参考[清]徐乾学:《读礼通考》,四库本卷92引文。

6.3.6　辽金时期的燕辽地区:唐式彩画之杂变

辽是五代初期(公元916年)以契丹族人为主体在中国北方所建立的国家。其辖区与北宋接壤的河北和东北南部是唐时安史故地,中唐以后成为藩镇割据区,与唐中央政权关系疏远。虽然辽国统治者袭用唐制之三省六部、台院寺监等,辽廷亦多用汉人[①],诸帝皆通汉学,但总的来说,辽之汉化尚不及北朝,其原因可以归于中唐时期门阀势力的衰落,正如钱穆所言,"契丹虽亦酌取汉化,而汉人则并不能自保其文化之传统,以与异部族之统治势力相抗衡"[②]。公元960年,北宋立国,基本恢复了唐朝后期的疆域,但未能征服辽国的强大势力。1005年宋辽签订"澶渊之盟",以宋朝之"纳贡"而维持表面的和平。

总的来说,在公元960—1280年的这段时期,辽国与宋朝处于敌对的关系,文化上相对隔绝,仅吸取了中唐以前的养分。例如建于984年的蓟县独乐寺观音阁和1056年的应县佛宫寺释迦塔,虽然相当于北宋初期和中后期的实物,却使用了长为29.4厘米的唐尺建造。

另一方面,宋朝也在艺术风格上有意地与辽国保持距离,避免效仿契丹风格。例如宋仁宗庆历八年(1048年)曾颁布诏令"禁士庶效契丹服及乘骑鞍辔,妇人衣铜绿兔褐之类"[③]。由此可见,在当时中原地区的民间可能存在效仿契丹的风气,但作为官书的《营造法式》,代表了政府的意识形态,则必将避免引入契丹民族风格的样式。

与南宋同时的金国,先后武力征服辽和北宋,占据了北宋的核心地区——中原地区,并掳掠了北宋的文物、图籍和工匠。公元1142年以后,南宋朝廷每年向金纳贡以维持表面的和平。虽然金所占据的主要是辽的故土,然而辽的文化落后于北宋,因此金国修筑都城和宫殿全用宋制。据《金图经》载,"亮(完颜亮)欲都燕,遣画工写京师宫室制度,至于阔狭修短,曲尽其数,授之左相张浩辈,按图以修之"[④]。因此,金国之建筑应在很大程度上吸收了北宋官式的养分,而辽之文化主要作为地方传统而存在。金皇室奢侈无度,故装饰更趋繁复,建筑曲线更为柔和。

燕辽地区现存的实物主要集中于山西北部、河北北部、内蒙古东部及辽宁境内。这一地区在中唐安史之乱以后,与中原地区相对隔绝,五代至北宋时期属于辽国领土,12世纪以后被金国占领。

这一地区保存了较多的辽、金时期木构殿堂及墓葬、塔幢等。

现存辽初的木构建筑彩画实物有蓟县(现天津市蓟州区)独乐寺观音阁(公元984年)"解绿赤白装"彩画(图6.31)、辽宁义县奉国寺大雄宝殿(公元1020年)类似五彩遍装的彩画、山西大同华严寺薄迦教藏殿及壁藏(公元1038年)类似五彩遍装的彩画和山西应县佛宫寺释迦塔(公元1056年)类似五彩遍装的彩画。观音阁是辽尚父秦王韩匡嗣家属所建,佛宫寺塔是辽兴宗皇后之父萧孝穆所建,而华严寺的建造,以"奉安诸帝后像"为主要目的,具有辽代帝王家庙的性质,因此都可以看做辽代官式建筑。这些建筑在构架方式、比例关系、艺术形象等方面也都与唐代建筑相近,其中观音阁和佛宫寺塔还使用了长为29.4厘米的唐尺建造。在彩画装饰方面,除了使用常见

---

① 《续资治通鉴长编》,卷139,第3350页:"契丹得山后诸州,皆令汉人为之官守。"(范仲淹奏议)
② 钱穆. 国史大纲. 修订第3版. 北京:商务印书馆,1996:516
③ 《宋史》卷153《舆服志》,第3576页。
④ [宋] 徐梦莘. 三朝北盟会编·炎兴下帙. 上海:上海古籍出版社影印清光绪许涵度刻本,1987:1751

的牡丹、莲花、柿蒂、飞仙等题材之外,还出现了网目纹,以及运用波形曲线、折线和椭圆进行构图分割的一些几何化的构图手法,这在《营造法式》以及后期的彩画实例中,都不曾见到,属于辽国特有的做法。河北涞源阁院寺大殿、河北新城开善寺大殿没有确切始建记载,暂可算作辽代民间木构建筑,亦有彩画遗存,虽然可能是后期补绘的结果,但纹样和色彩沿袭了早期的风格。涞源阁院寺大殿彩画,可以看做"解绿结华装"的做法(图6.32)。

这一地区保存的高等级辽金墓葬多以彩画、壁画为主要装饰,如内蒙古赤峰宝山辽墓、内蒙古赤峰耶律羽之墓均为北宋立国之前辽代官式墓葬的代表;内蒙古庆州庆东陵是目前资料较丰富的辽代官式墓葬;河北宣化辽墓群可作为辽末民间墓葬的代表。

内蒙古赤峰市的耶律羽之墓建于辽初会同五年(公元942年),墓主耶律羽之,号"契丹国东京太傅相公",实为辽太祖耶律阿保机的堂兄弟,因此耶律羽之墓应属于辽初官式墓葬建筑的遗物。虽然该墓在绘画风格上保留了较多的唐前期遗风,但它的装饰与初唐京师的永泰公主墓(公元701年)相比,风格已经繁丽了许多。永泰公主墓的砖室仅用土朱勾勒建筑构件装饰粉壁,用线刻纹样装饰青石门楣,因此粉壁上精美的人物形象极为突出。而耶律羽之墓"除少量构件敷以单纯色彩外,其主要题材均色彩艳丽,有各种人物、动物和花卉图案……对花卉的描绘少见用墨线,几乎全用色彩来表现,其主调为红、白、蓝,其深浅有别,尤以红色为著……创作出繁密华丽又不失典雅的彩绘佳作"[1]。

耶律羽之墓主室石门,内外均施彩画,纹样与建筑构件结合紧密,风格华丽而细腻,在一定程度上反映了辽代官式建筑彩画的面貌:

石门施彩部位,除门限、门砧石以外,全以朱红为地,用青、绿、红、白四色描华,主色调为红色。

门框两侧作枝条卷成华文,华头样式没有明确划一的植物特征,其组合无明显规律,其图案化程度不及《营造法式》,亦难用《营造法式》中的名称命名。有的华头为牡丹花瓣、石榴花心,与中唐时期莫高窟188窟圆光(图3.19[8]、[9]),以及西安慧坚禅师碑中的石榴华头形象(图3.18[7])类似;另一种华头以叶片簇集而成,类似于敦煌莫高窟盛唐石窟中常见的"百花草纹样"。叶片阔大翻卷,与莫高窟五代第98窟边饰画法类似。门额绘枝条卷成华文,华内间以飞凤,作对称式构图,中央华头仍为牡丹花瓣、石榴花心。门限与门砧石,在黑地上以白色描华,纹样与《营造法式》胡玛瑙相类似。门框内立颊内侧,作一整二破式团科柿蒂。门内以白色(或金色?)作簇四毯文地,其中央和四角作团凤,以缠枝花环绕,该墓出土的"绢地球路纹大窠卷草双雁绣"构图与此如出一辙。此种构图形式还存在于北宋时期的织锦纹样中,而类似的"团窠"形式,在唐代的织锦纹样中,已经很盛行了(图6.33)。

可见,此时辽代的建筑彩画艺术,大量吸取了同时期纺织品纹样的养分,虽然未及宋代之柔美醇和,保留了部分的"豪劲",然而"繁丽"的特色却已经可与北宋时期遗物媲美了。

建于辽圣宗太平十一年(公元1031年)的庆东陵是辽圣宗耶律隆绪(公元984—1031年)的陵寝。20世纪初庆陵被盗掘,30年代末日军侵占期间,日本人田村实造等对其进行了实测、摄影及壁画临摹,其成果于50年代在日本发表[2],是目前辽代皇陵中资料最详者。

---

① 内蒙古文物考古研究所,赤峰市博物馆. 辽耶律羽之墓发掘简报. 文物,1996(01)
② 田村实造,小林行雄. 庆陵. 京都:日本京都大学文学部,1953

庆东陵墓室内壁的砖壁及穹隆顶用彩画影作柱、额、枓栱、穹顶阳马等,色彩浓重、欢快,与清淡幽雅的壁画色彩形成鲜明对比[1],其彩画形制被认为是已发现的辽墓彩画中等级最高的[2]。

在墓室的羡门、前室和中室存有较完整的彩画(图6.34)。

中室为圆形平面,穹隆顶,四面有通廊,通廊两侧影作立柱。柱上方影作阑额、一斗三升枓栱、素方及橑檐枋,自阑额上垂下一层"幔帐"。"橑檐枋"上承穹顶,八面影作"阳马",交会于顶心。

柱头(阑额入柱处)画"方胜合罗",柱头以下及柱脚作叠晕莲华,与《营造法式》"青绿叠晕棱间装"的规定相同;柱身在朱红色地上用黄色画降龙,内间云文,云文以青色叠晕。

阑额两端亦作叠晕莲华,与柱相交处作青色晕子三道,内间红色莲瓣;阑额与柱头枋之间的"栱眼壁",则在红地上用青绿红叠晕作"铺地卷成","栱眼壁"两端靠近栌枓处,留出白色拐角,并沿枓栱轮廓作土黄缘道,柱头枋和橑檐枋之间的空隙留白的做法与此相同。阑额之下的垂幔,在赭地上画散点式写生牡丹,其下用土黄色画出花边一道,并以赭笔描出皱褶。在阑额、柱头枋、橑檐枋、枓栱等构件身内出现的纹样,其题材以《营造法式》中记载的柿蒂、方胜、龟文、卷成华叶相间,但是在构成方面,利用色彩的对晕及墨线的勾勒,形成椭圆形、折线形、波浪形、龟甲形结构线,形成变化多端的效果,则与《营造法式》风格有所不同。

枓、栱、枋、额内,均作黑色(或深青色)缘道,缘道不作叠晕,宽度比例与《营造法式》"丹粉刷饰制度"相近,因此,从构件缘道做法来看,庆陵彩画采用了《营造法式》中较低等级的做法;而各构件之内用青、绿、红三色叠晕相间,作团科、卷成、写生牡丹等华文,则接近《营造法式》的"五彩遍装制度",属于高等级的做法。枓的上方留出白色方块,似乎是出于表达凹凸的意图,这种画法未见于《营造法式》及目前所知的其他实例。

穹隆顶以8条阳马分成8瓣。每瓣自上而下分成三段,分别用浅红、深红、赭红为地,画降龙或飞凤,间以云文。云文用青色或绿色叠晕,出赤黄"牙头",因此是具有较强的卷叶特征的云文。阳马端头处理与阑额相似,亦作晕子和叠晕莲华,身内则用青、绿、白相间作"网目纹"。"网目纹"是一种具有云文特征的网状几何纹样,目前学术界没有统一的名称,梁思成称之为"网目纹"、"云形(岔角)"、"流水形(圆光)"[3],郭黛姮将其称为"带弧的菱形纹"[4],马瑞田称之为"云雾彩画"或"波水纹"[5]。这种纹样不见于《营造法式》,但是在山西应县佛宫寺释迦塔一层藻井阳马、山西大同下华严寺薄迦教藏殿平棊枋,以及辽宁义县奉国寺梁底均可见到,应是辽代北方的特色纹样(图6.35)。

前室、北通廊、羡门亦有彩画,其题材、风格与中室大致相同。前室和通廊为筒形拱顶,在红地上用青、绿、黄画六边形格条,六边形内用黄、绿线条画写生花卉,笔法较简率。

6.3.7 元、明时期的北方地区:宋式彩画之余脉

燕辽地区在元、明、清时期均以北京为中枢,成为全国的文化核心区域,此时中原地区处于从属地位,在艺术风格上亦跟随燕辽地区。

元代统一全国,主流文化基本融合了北方中原地区和燕辽地区的传统。在现存有较完整彩

---

① 郭黛姮. 中国古代建筑史(第3卷). 北京:中国建筑工业出版社,2003:216
② 中国大百科全书·考古学. 北京:中国大百科全书出版社,1986
③ 梁思成,刘敦桢. 大同古建筑调查报告. 中国营造学社汇刊,1933,4(03/04)
④ 郭黛姮. 中国古代建筑史(第3卷). 北京:中国建筑工业出版社,2003:216
⑤ 见:马瑞田. 中国古建彩画. 北京:文物出版社,1996:彩图38,图56

画遗存的实物中,山西芮城永乐宫的四座建筑可以看做元官式建筑彩画的代表;山西洪洞广胜寺水神庙及后佛殿,可以看做元代地方建筑彩画的代表;北京居庸关云台石刻,可以看做元代官式建筑装饰纹样的代表。

永乐宫建于蒙古中统初(1262年),从其中四座建筑的大木构架实测尺寸,可以看出是在《营造法式》规定的基础上,降低材等、简化做法的结果[①]。

永乐宫建筑还存有丰富的彩画,其中纯阳殿后壁正中上方右侧墨书壁画施钞花名21行,末行"昔大元至正十八岁次戊戌季秋重阳日,彩画工毕"[②],说明纯阳殿彩画完工于元末1358年。

三清殿的建筑早于纯阳殿33年,其彩画的纹样和布局与纯阳殿相近,只是更加精细,风格显得更加纯熟,大致可信是元代的作品。其科栱彩画以青绿二色隔间,与《营造法式》"碾玉装"的规定基本一致,纹样母题也是石榴花头、如意、莲瓣、柿蒂、卷叶等。最显著的异处是,三清殿的科栱彩画较多地利用对称和重复的"如意头"母题,取得了丰富而统一的装饰效果,与《营造法式》图样,以及高平开化寺、白沙宋墓等典型的宋代实物由于装饰母题过于繁多、缺少重复而造成的纷乱效果大不相同。三清殿的梁栿彩画也极具特色。在大尺度的构图划分上使用了"四合如意",仍然沿用了"如意头"的母题,又隔间使用"半柿蒂"的元素,空白处填以与科栱彩画相同尺度的簟文、莲花与牡丹花,只有四合如意的内部留白。如此既有疏密的区分,又巧妙地完成了殿内梁栿与科栱之间在尺度上的悬殊过渡。宋式建筑的梁栿与科栱采用统一模数,尺度没有这么悬殊,也就不存在过渡的问题。所以在《营造法式》中,"如意头角叶"用于"檐额或大额及由额两头近柱处",梁栿反而没有类似的构图处理。可见,永乐宫三清殿的彩画,是在宋式彩画基础上,结合元代木构建筑特色进行的创新;从装饰的整体观来看,实在是比《营造法式》更进了一步(图6.36)。

相比之下,重阳殿的彩画较为粗劣,以黑白二色的粗笔在梁栿上勾勒纹样,可能也有填色。其纹样尺度明显过大,相比之下,本来就缩小的科栱显得分外纤细而不协调,但是纹样的母题仍然是如意头和卷草,可能也是元代的遗存(图6.37)。

山西洪洞广胜寺水神庙及后佛殿,可以看做元代地方建筑彩画的代表,其彩画做法相当于《营造法式》的"解绿装饰"(图6.38、图6.39、图6.40、图6.41、图6.42)。

明代是唐以后唯一由汉族建立的大一统政权,主流文化多承袭自南宋以来江浙的地方传统,因此明官式彩画遗物虽然多居于北方燕辽地区,但明官式建筑彩画却较多地融合了南方的传统。由于明代地方经济文化兴盛,民间建筑遗物数量繁多、百花齐放,因此本书仅选取官式建筑作为讨论对象。北京智化寺、法海寺彩画可为这一时期官式建筑彩画的代表(图6.43)。

根据陈薇先生的观点,北方地区元明时期的建筑彩画相对于宋式彩画的发展可以归纳为三点:第一,由于伊斯兰教、喇嘛教的传入而带来了新的装饰图案,而汉民族自身也创造了新的图案——旋花。旋花图案因其富于条理性和适应性,在元以后得到了广泛的运用。第二,由于建筑木构架的简化,以及木材"拼帮"的出现,使得彩画的构图和做法发生改变,产生"地仗"的做法,以及按构件长度划分"藻头"的做法。第三,自南宋以后出现明显的南北分化,在明中叶以后,随着商品经济的发展和社会风貌的变化,形成南方明式彩画(即包袱彩画)的独特风格[③]。

---

① 傅熹年. 试论唐至明代官式建筑发展及其与地方传统的关系. 文物,1999(10)
② 朱希元. 永乐宫元代建筑彩画. 文物,1963(08)
③ 潘谷西. 中国古代建筑史(第4卷). 北京:中国建筑工业出版社,2001

通过本书3.5.2.1节对"海石榴华"的分析,以及第5章对纹样绘制风格的分析可知,"旋花"可以看做是唐宋时期富有写生特征的卷瓣图形经过程式化之后的产物;而按照构件长度划分"藻头"的做法,则与《营造法式》按照构件高度确定"角叶"的方法相区别,表明元以后的彩画构图已经由关注构件局部转向关注建筑整体(参见5.2.2节的构图分析)。

6.3.8 中唐至西夏的敦煌石窟:"杂用唐宋"与外来风格

在丝绸之路的重镇之中,现存与中原风格关系较为密切,且包含较丰富的唐宋时期壁画及装饰的实物,主要在敦煌石窟。新疆阿斯塔纳唐墓出土的部分文物也有强烈的中原风格。敦煌石窟中保存了丰富的北朝至清朝的色彩及装饰资料,是目前国内最具完整性和时代延续性的艺术宝库。

中唐以前的敦煌属于丝绸之路的重镇,与西域和内地均保持密切的往来。这一时期的壁画及装饰,大体经历了从飘逸到壮丽、从对比到和谐的发展过程。莫高窟北魏中期251窟的木造插栱彩画,可能是我国现存最早的木构件彩画遗存。

中唐时期,敦煌地区被吐蕃占领(公元781年),与中央王朝相对隔绝。随即中原地区陷入战乱,敦煌则在归义军节度使的世袭统治下偏安一隅。归义军的统治一直持续到北宋初年(1036年),这一时期的敦煌与回鹘、于阗等少数民族政权保持了姻亲和贸易的交往,入宋后又与宋、辽保持了密切的朝贡关系,此时海上丝绸之路崛起,敦煌失去了地理位置上的重要性。宋廷以敦煌地区为"羁縻"之州,鞭长莫及,对其政策较为宽松。因此总的来说,在中唐以后,敦煌地区与汉族文化的中心地区相对隔离。

敦煌在中唐至宋初的这段时期,较多地保持了中唐以前的遗风,虽然艺术风气和中原一样趋于富丽、俗艳,但中原地区这一时期在艺术形式上的创新似乎并没有对这一地区产生重大影响,至五代、宋初,敦煌地区的壁画与装饰已陷入程式化的困境[①]。唐代中原地区出现的普拍枋,在宋辽已成普遍做法,少有例外,但在敦煌壁画中,一直到西夏前期(相当于中原地区的两宋之际)仍未画出普拍枋[②]。由此可见,这一时期敦煌壁画中的建筑仍保留了唐代,尤其是唐前期的做法。

敦煌中唐壁画中的建筑,虽然木构件仍以朱红为主要色彩,装饰却更加富丽,出现柱身中部绘锦文束腰(也可理解为丝织品围裹的效果)或作金属包镶的做法。此外,阑额及柱头出现用青、绿相间绘圆点并解白缘道的做法;由额及橑檐枋出现用青、绿相间绘八白的做法。这类设色方法与《营造法式》"解绿装饰"中的八白制度相符(图6.44)。

莫高窟北宋初年的427窟、431窟、444窟木构窟檐,为曹氏归义军节度使的内亲所建造。这几座木构窟檐遍绘彩画,装饰风格富丽而柔美,体现了中唐以后的新风,又保留了部分古制。例如柱身和橑檐枋绘联珠束莲纹,是早在北朝石窟中已出现,而在《营造法式》中已经消失的装饰样式。而枋身饰方胜、龟纹、团科、柿蒂、七朱八白,梁身饰卷成华纹,栱眼壁饰云纹、飞仙等做法,则与《营造法式》的规定相一致(图6.45)。

1036—1227年,敦煌归于西夏[③],西夏国作为与南宋同时的另一个少数民族政权,同样接受

---

① 参见:沙武田,魏迎春.曹氏归义军时期敦煌石窟艺术程式化表现小议.敦煌学辑刊,1999(02)

② 萧默.敦煌建筑研究.北京:机械工业出版社,2003:223

③ 《续资治通鉴长编》,卷119,第2813页:"赵元昊……私改广庆三年曰大庆元年,再举兵攻回纥,陷瓜、沙、肃三州,尽有河西旧地。"关于此说的考证,见:陈炳应.西夏与敦煌.西北民族研究,1991(01)

了唐宋文化的影响,如《宋史》所载,"设官之别,多与宋同,朝贺之仪,杂用唐宋,而乐之器与曲,则唐也"①。在这段时间,西夏政府对敦煌采取了较为宽松的羁縻政策②,允许敦煌地区与宋、辽、金进行贸易,并允许其与回鹘、于阗等西部少数民族政权密切往来。

西夏前期洞窟大都是利用前代旧式加以修改,其壁画和装饰的内容也基本承袭归义军曹氏时期程式化的风格。西夏后期(1140—1227年),敦煌壁画中的色彩和纹样体现了多元融合的趋势;不仅出现了来自西藏、印度和尼泊尔的题材,而且更多地运用了当时流行于中原的纹样和题材,其中柱头、柱脚饰净地锦、藻井饰卷成华文、曲水文等,均与《营造法式》的规定相符,而且未见于敦煌前代石窟,属于西夏后期从中原引进的新风。榆林窟西夏后期的第2、3、10窟藻井和壁画边饰可以作为敦煌这一时期体现中原新风的代表。

6.4 《营造法式》彩画特征形成及演变的历史线索

通过本章前面各节对《营造法式》彩画之历史脉络的梳理,可以初步理出《营造法式》彩画之特征形成的线索,分为构图、色彩和纹样三个主要方面。

6.4.1 《营造法式》彩画构图特征的形成及演变

《营造法式》彩画的构图,根据构件形状和位置的不同,主要有三种基本方法:"头、身、脚三段式"、"端头用角叶或燕尾",以及"解缘道"③。其中"端头用角叶或燕尾"以及"解缘道"的做法都传承于前代并延续至后代,但在北宋时期以及这一时期的《营造法式》中,这几种构图趋于复杂化、多样化、精致化,此后又趋于简单化和程式化。"头、身、脚三段式"的构图可能始自宋代,并一直延续到清代。

"角叶"或"燕尾"的做法与车轮穿轴处用来加固的金属包镶构件(车釭)相似。(图0.6)此种由构造产生的装饰方法从车轮移用到建筑构件的线索,可以追溯到先秦遗物和汉代文献之中。(参见6.3.1节)从实物中之所见,角叶的形状从早期简单的直线形轮廓逐渐与云文、如意文、植物文相结合,趋于曲线化、多样化,在《营造法式》图样中之变体多达9种。

实例中所见的另一类可能与金属包镶有关的做法,是北朝石窟龛柱、敦煌北宋窟檐、宝山辽墓等实例中出现的柱头、柱中、柱脚用束莲、仰莲、覆莲(图3.52、图3.53、图3.55)。此种与莲瓣相结合的变体显然与佛教的影响有关,但"捆束"和"加固"的视觉功能却是一致的。

"头、身、脚三段式"的构图与"角叶—燕尾"构图表面上存在相似性,但仔细观察却会发现,二者在本质上有着不同的视觉功能。"头、身、脚三段式"构图已经脱离了对金属包镶构造的模仿,而是纯粹从视觉功能出发。柱头高度与阑额相等,因此这一处理使阑额的线条得到延伸和连续(参见彩畫作制度图十二、彩畫作制度图十三)。由此,"角叶—燕尾"的构图可以视为模仿构造做法的"加固图式",而"头、身、脚三段式"的构图则应视为拟人化的"完形图式"(图6.46)。从目前的实物和文献看来,"头、身、脚三段式"的构图可能始自北宋,但是对后世有很大的影响,清官式柱子彩画延续了这一构图(图6.47)。

---

① 《宋史》卷486《夏国传》,第14028页。
② [宋]洪皓:《松漠纪闻》,四库本,卷1:"回鹘自唐末浸微……甘、凉、瓜、沙,旧皆有族帐,后悉羁縻于西夏。"
③ 参见5.2节的构图分析。

"解缘道"的构图在敦煌北魏251窟的插栱彩画中已经出现(图 6.7),故至迟产生于北朝。但中原隋唐实物不见此做法,五代时正式见于各地的墓葬中。宋以后十分普遍,并一直保留到清官式彩画中。因此"解缘道"的做法在历史上延续了很长的时间。《营造法式》彩画在这方面的独特性在于提出了数种色彩搭配和尺寸关系的定式,并有许多精致化的处理。"五彩遍装"、"碾玉装"的缘道均有 4 重以上的叠晕色带,"叠晕棱间装"更是将叠晕的效果发挥到极致,有 10 重左右的叠晕色带。这样的做法在国内实物中已无可考,在明清彩画中也不存,可能只流行了很短的一段时间。日本平安时期之平等院凤凰堂彩画可视为此类做法之遗存(图 6.48~图 6.50)。

6.4.2 《营造法式》彩画色彩特征的形成及演变

《营造法式》彩画的色彩特征的主要历史线索有三条:一是以"鲜丽"为目标、以"五彩遍装"为范型的青、绿、朱全色调组合在此一时期盛极而衰;二是以"精雅"为目标,以"碾玉装"为范型的青、绿冷色调组合在此一时期创生,并在后世逐渐成为主流;三是唐末以前作为主流的朱、白暖色调组合在此一时期退为下等之"丹粉刷饰",元以后基本消失。

具体来说,可分为色谱和技法两个方面。

在色谱方面,《营造法式》规定了 5 种基本的彩画类型,每种类型又有 1~2 种变体,根据色谱来划分,可以分为 4 类(参见图 5.4):

1. 以青、绿、朱(或土朱、合朱)为主:五彩遍装、三晕带红棱间装、解绿装饰;
2. 以青、绿为主:碾玉装、青绿叠晕棱间装;
3. 以朱(土朱、黄丹)、白为主:丹粉刷饰;
4. 以黄(土黄、黄丹)、白(或黑)为主:黄土刷饰、黄土刷饰解墨缘道。

在这 4 类色彩组合中,以朱、白为主的色彩组合兴起于魏晋时期,唐末以前一直是国内各地区建筑彩画的主流做法,在辽前期,以及五代、北宋南方的实例中也较常见,南宋永思陵亦以此种做法为主。在《营造法式》中,这一色彩组合虽予保留,但已退为低等级的做法。元以后,这一色彩组合逐渐消失。

以青、绿、朱为主的色彩组合,在色彩学上可称为"全色光谱"色彩组合,效果明亮充盈,最符合《营造法式》的"鲜丽"原则[1],因此是《营造法式》彩画中最具代表性的色彩组合。在《营造法式》彩画中,有关这一色彩组合的相关制度最详细,变化最丰富,所用功限最多,等级也最高。这一色彩组合最早见载于《建康实录》,为南朝画师引入的"天竺遗法",但从实物中反映的情况来看,可能是在初唐时期才趋于成熟,此时还未用于建筑构件的装饰。这一色彩组合在五代时期出现在墓室之仿木构件装饰之中,宋金时期广泛流行。芮城永乐宫体现的元官式彩画,虽然也使用了青、绿、朱三色,但朱红明显减少,整体效果以青绿为主,此后这一色彩组合从主流彩画中消失。

以青、绿为主的色彩组合,在已知宋以前,甚至包括宋代的实例中都未见到,可能是北宋时期的创新,但在元以后逐渐成为主流,在清官式彩画中成为主要的彩画类型"旋子彩画"的主色。这一趋势应与社会主流审美趣味从鲜丽转向淡雅有关。

---

① 参见 5.3 节。

虽然先秦以黄为最尊贵之色，但以黄、白为主的色彩组合，在历史上似乎一直没有流行。《营造法式》以黄土刷饰为最下等，从实例中之所见，仅河北宣化辽张世卿、张世古墓在影作科栱上"刷土黄解墨缘道"，但又与青、红等色混用(图 3.3)。元明以后，随着浑金做法和"雄黄玉"的出现，黄色才重新获得一席之地，但这与《营造法式》之"黄土刷饰"已经没有太多关联了。

《营造法式》最主要的色彩技法是叠晕与间装。此外还有白画、斡淡、拂淡等技法，小范围地用于绘画性较强的点缀纹样。

叠晕和间装的画法，可能均与"青、绿、朱"的色谱同样，始于南朝的"天竺遗法"，在北朝石窟壁画中可见端倪，初唐时期趋于成熟，在建筑装饰中的运用可能始自五代。

《营造法式》将叠晕画法复杂化、精致化，发挥到极致，例如"青绿叠晕棱间装"的叠晕层数多达 10 层。叠晕画法在明清彩画中仍然存在，但趋于简单化，清官式彩画一般只有 2~3 重色阶(图 3.9)。

间装画法在《营造法式》中不仅限于相邻构件或相邻表面采用不同颜色或纹样，还细致地规定了某些方向朝下的表面要使用较明亮的颜色(图 3.10)，这一细致的处理似乎未见于前后各朝的实例中，仅日本平安时期之平等院凤凰堂外檐科栱彩画，朝外之表面用黄色，似乎保留了这一做法的遗意(图 6.50)。清官式彩画仍保留间装的原则，称为"串色"。

6.4.3 《营造法式》彩画纹样特征的形成及演变

《营造法式》彩画的纹样特征可以分为题材和造型两方面。

《营造法式》彩画纹样题材方面的第一个突出特色是植物纹样和织锦纹样的主导地位。"总制度·取石色之法"条用"组绣华锦之文"比喻装饰纹样的效果，其中"组"、"绣"、"锦"，均指丝织品，而"华"则指植物，由此也可以折射出《营造法式》对于题材选择的倾向。

根据目前学术界的一般观点，中国历史上纹样题材的发展可以分为三个时期：远古的几何纹时期、夏商周至六朝的动物纹时期，以及唐代以后的植物纹时期[1]。这一发展的脉络大体上是从简单到复杂、从重意义到重形式。

《营造法式》彩画的植物纹样基本继承了唐代装饰纹样中流行的肥大饱满的石榴卷草(《法式》称海石榴华)和牡丹卷草(《法式》称牡丹华)，在造型上则由遒劲而富有动感转向圆和而均衡(图 3.18、图 3.19、图 3.26、图 3.27、图 3.28)。

织锦纹样在建筑中的运用，有着很长的历史，其最初的渊源可以追溯到先秦时期的"锦绣被堂"。从实物看来，先秦两汉时期的王公墓葬通常在建筑构件上满铺织锦纹样；但这一风气在南北朝至隋唐的实物中被清晰的朱红色木构件刷饰所取代；直到五代和辽初的墓葬中，才重新见到织锦纹样在建筑构件上的大量运用[2]。敦煌中唐壁画中的建筑檐柱使用锦文"束腰"，也可以看做这一倾向的体现(图 6.44)。《营造法式》将这一装饰风格定型化，并有"五彩装净地锦"的彩画类型，将织锦纹样有秩序地排布在所有的木构件上。（彩畫作制度圖二十二、彩畫作制度圖二十

---

① 田自秉，吴淑生，田青. 中国纹样史. 北京：高等教育出版社，2003：4~5
② 见于五代冯晖墓和辽初耶律羽之墓，图 6.13、图 6.33。

三)随着北宋末年中原地区陷于外族的统治,这一装饰风格在南宋以后成为南方建筑的地方做法,在清式彩画中又被归入"苏式彩画"中,成为"宋锦"一门,这也体现了北方官式随着文化核心的迁移传入南方,又从南方传回北方的轨迹。

《营造法式》彩画纹样题材的另一个突出特征是文化上的兼收并蓄,这主要体现在动物和人物纹样方面——既有正统儒家题材如龙、凤,又有佛教题材如嫔伽、化生;既有道教题材如真人、女真,又有民俗吉祥题材如金铤、银铤。但这样的"兼收并蓄",恰恰伴随着不同题材之意义的同时消解。一方面,所有动物和神灵的形象都被组织到"华文"的总体秩序中,从独立的表意符号降格为植物纹样的点缀①。另一方面,每一类题材中具有最强的表意特征的形象都被抽离了。例如佛教题材只收入了嫔伽、共命鸟、化生童子、狮子这类富有人情味的形象,佛祖、菩萨、天王则不取;道教题材只取真人、女真、童子、仙鹤等,老君、圣母则不取。《营造法式》虽有详细的"等第"规定,却没有为这些纹样划分三六九等,也没有关于方位和高低的规定。来自不同文化的形象被并置在一起,全都被赋予了饱满、生动、活泼的形象,像一场平民的狂欢。这在中国历史上的主流艺术风格中,可能是第一次,也是唯一一次。

《营造法式》彩画纹样的造型特征,可以用《法式》中的常用词语"圜和"来概括。其具体的表现,可以从宋代纹样与唐代纹样的对比中见到。虽然唐宋纹样之题材相近,但是造型风格大不相同。初唐、盛唐时期的线条,曲率变化大,"张力"感觉强,显得遒劲有力;北宋时期的线条曲率变化小,"张力"感觉弱,显得柔软精致。初唐、盛唐时期的纹样多有形状连续而考究的"留白",线条有较强的疏密对比;而宋代纹样几乎用零碎的叶片填满了所有的空隙,整个画面的线条疏密均匀,没有明显的"留白"(参见图3.18、图3.19、图3.26、图3.27)。总的来说,对于同样的装饰题材,宋代纹样在唐代纹样的基础上,纹样本身的动势减弱了,从而纹样趋于平面化,与装饰表面结合得更加紧密,同时又保持了叶片翻卷、向背等写生特征。因此,宋式纹样的"圜和",是在丰富性和生动性基础上的"圜和",是多样统一的"和"。在明清时期的装饰中,这种平面化的特性进一步增强,写生特征趋于消失,卷瓣形状逐渐被抽象成钩状的几何图形,此种构图单元更适合高度规则、对称的组合方式。此时,在某种程度上,多样统一的"和"被规则对称的"同"所取代(图3.19[D])。

---

① 见"彩画作制度·五彩遍装":"凡华文施之于梁、额、柱者,或间以行龙、飞禽、走兽之类于华内。"

图 6.1　现存民间艺术所表现的乘舆及建筑装饰中类似"五彩遍装"的用色方式
（国家非物质文化遗产展览·甘肃环县皮影，国家博物馆，2006 年 3 月）

图 6.2　清官式旋子彩画"金琢墨石碾玉"

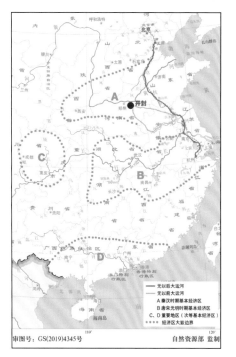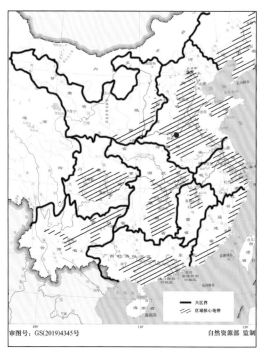

图 6.3 冀朝鼎的 4 个基本经济区(左)与施坚雅的 9 个基本区域
(开封在图中的位置用圆点标出)

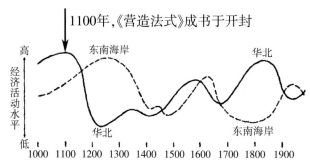

图 6.4 《营造法式》成书的时间和地点在施坚雅区域发展周期中的位置

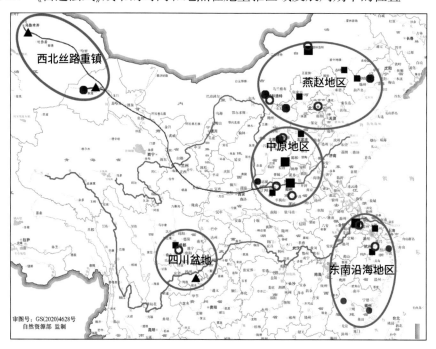

图 6.5 本书重要实例的区域划分

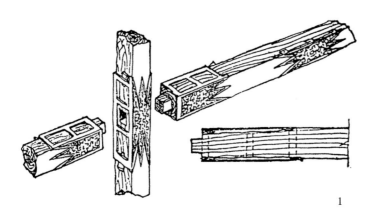

1 [春秋] 秦雍都宫殿遗址出土建筑构件"金釭"示意
2 [秦] 秦咸阳一号宫殿遗址出土壁画残片
3 [汉] 徐州汉墓琐文窗

图 6.6　春秋、秦汉时期的建筑装饰遗物

1 北魏 251 窟插栱彩画　2 北魏 435 窟人字披彩画　3 西魏 288 窟人字披彩画；
4 北魏 257 窟运用间装方法的"凹凸"图案

图 6.7　甘肃敦煌莫高窟北朝石窟反映的北朝建筑彩画

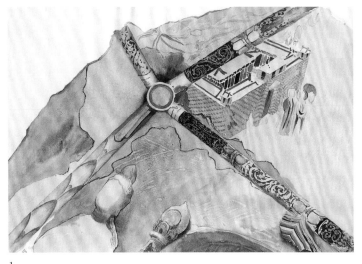
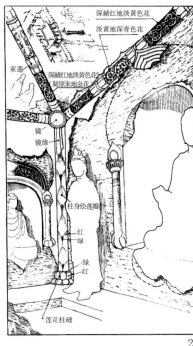

1 天水麦积山石窟第 27 窟北周壁画及彩画
2 天水麦积山石窟第 27 窟内景示意图

图 6.8　甘肃天水麦积山北朝石窟反映的北朝建筑彩画

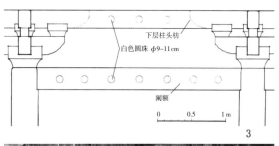

1 [初唐] 陕西乾县永泰公主墓仿木结构彩画用朱白二色
2 [初唐] 陕西乾县懿德太子墓仿木结构彩画"平棊方"用朱红刷饰,版壁部分则用五彩装饰
3 [中唐] 山西五台山南禅寺大殿枋额彩画作白色圆点
4 [晚唐] 山西五台山佛光寺东大殿科拱彩画用朱白二色

图 6.9　唐代建筑用丹粉刷饰的例子

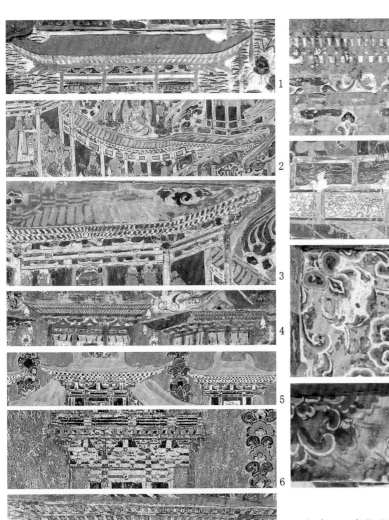

1 初唐 205 窟北壁楼阁图，补间作人字栱，重楣之间用白版

2 初唐 341 窟北壁阁道图，补间作人字栱，重楣之间用蜀柱及涂饰绿色并解黑缘道

3 初唐 341 窟北壁楼阁图，补间作人字栱，三重楣之间用蜀柱及人字栱，枓及椽头的色彩与其他构件有别

4 初唐 331 窟北壁楼阁图，补间作人字栱，重楣之间用蜀柱、白版，枓作浅赭黄色

5 初唐 321 窟北壁楼阁图，补间作蜀柱，重楣之间漏空

6 初唐 321 窟北壁楼阁图，补间作蜀柱，重楣之间涂青、绿，椽头用石绿

7 初唐 321 窟北壁楼阁图，栱眼壁用青、绿在赭地上画团花，重楣之间用蜀柱

8 初唐 335 窟南壁楼阁图，栱眼壁作影作华脚

9 初唐 220 窟北壁灯楼图，枓作绿色

10 初唐 220 窟南壁小殿图，栱眼壁内用青、绿、红三色画影作华脚，椽头、飞子头、阑额端头涂白色，阑额画八白，枓用绿色

11 初唐 321 窟龛顶钩阑图，木构件侧面涂青、绿

12 [初唐] 敦煌莫高窟 321 窟藻井顶心（局部）用青、绿、红三色叠晕装饰

13 [唐] 新疆阿斯塔那唐墓出土的彩绘宝相花绢，用青、绿、红三色装饰

图 6.10　初唐壁画中建筑彩画以红为主，壁画及织绣中出现"五彩遍装"

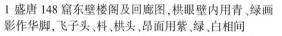

1 盛唐 148 窟东壁楼阁及回廊图，栱眼壁内用青、绿画影作华脚，飞子头、枓、栱头、昂面用紫、绿、白相间

2 盛唐 148 窟东壁殿堂图，补间作人字栱，枓用青绿相间

3 盛唐 172 窟南壁殿阁图，栱眼壁内用青、绿画影作华脚，飞子头、枓、栱头、昂面用紫、绿、白相间

4 盛唐 45 窟北壁回廊图，椽头用白色，阑额作八白

图 6.11　敦煌莫高窟盛唐壁画中建筑的彩画，以朱红或土红为主色

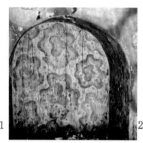

1 墓门用丹粉刷饰；2 墓室小龛龛壁装饰"玛瑙地"；
3、4 东侧室东立面装饰；5 侧室券顶纹样；
6 甬道顶纹样

图 6.12　陕西彬县（现彬州市）五代冯晖墓，墓门用丹粉刷饰，墓室用五彩装饰

1 前室南壁装饰
2 前室西壁装饰

图 6.13　河北曲阳五代王处直墓，装饰以朱白为主

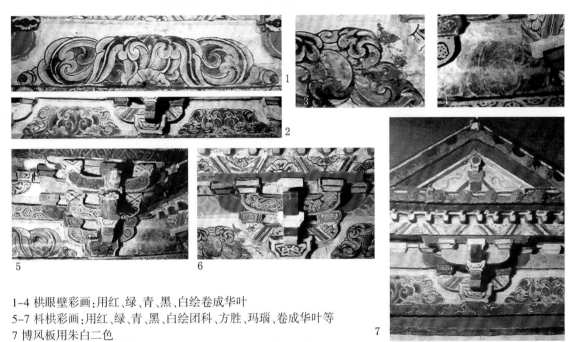

1-4 栱眼壁彩画：用红、绿、青、黑、白绘卷成华叶
5-7 枓栱彩画：用红、绿、青、黑、白绘团科、方胜、玛瑙、卷成华叶等
7 博风板用朱白二色

图 6.14　山西壶关下好牢宋墓彩画

1 前室西北隅铺作；2 前室过道顶彩画；3 前室南壁彩画；4 后室北壁彩画；5 后室西北壁上层小枓栱彩画；
6 前室东壁彩画；7 前室南壁科栱及倚柱彩画

图 6.15　白沙宋墓 1 号墓彩画

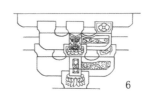
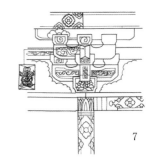

1 2号墓墓室东南壁栱眼壁彩画;2 2号墓墓室西南壁阑额彩画;3 2号墓墓室南壁门框彩画;
4 2号墓墓室东南壁上层栱眼壁彩画;5 2号墓墓室北壁阑额彩画;6 2号墓墓室西南隅铺作彩画;
7 2号墓墓室东南隅彩画

图 6.16　白沙宋墓 2 号墓彩画

1 3号墓墓室南壁上部彩画
2 3号墓墓门正面彩画
3 3号墓墓室东南壁素枋彩画
4 3号墓墓室南壁彩画

图 6.17　白沙宋墓 3 号墓彩画

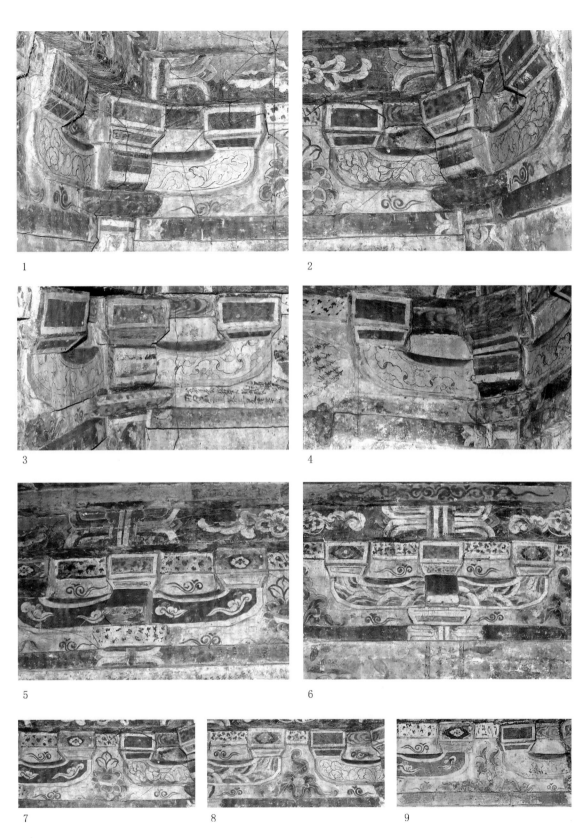

1–4 柱头铺作彩画;5、6 补间铺作彩画;7 栱眼壁彩画(西壁北侧);8 栱眼壁彩画(北壁东侧);
9 栱眼壁彩画(东壁南侧)

图 6.18 河北定州静志寺塔地宫科栱及栱眼壁彩画

1 北壁栱枋彩画全景;2 南壁栱枋彩画全景;3、4 柱子彩画;5、6 橑檐枋彩画;7、8 普拍枋彩画;9、10 柱头彩画

图 6.19　河北定州静志寺塔地宫枋、柱彩画

1 料敌塔外观；2 料敌塔塔心外露情况（20世纪30年代）；3 料敌塔塔基下层暗室仰视；4 料敌塔走廊；
5、6 料敌塔走廊平棊仰视；7–9. 料敌塔走廊平棊雕刻纹样；10、11 料敌塔花砖雕刻纹样

图6.20　河北定州开元寺料敌塔概貌

1、2 橑檐枋彩画；3 第二跳素枋彩画团科；4 第一跳素枋彩画卷成华文；5 阑额彩画作龙牙蕙草；6 枋底纹样；7-9 第一跳素枋彩画卷成华文局部；10 阑额彩画作卷成华文的情况

图 6.21　河北定州开元寺料敌塔塔基下层暗室枋、额彩画

图 6.22　河北定州开元寺料敌塔塔基下层暗室料栱彩画 1

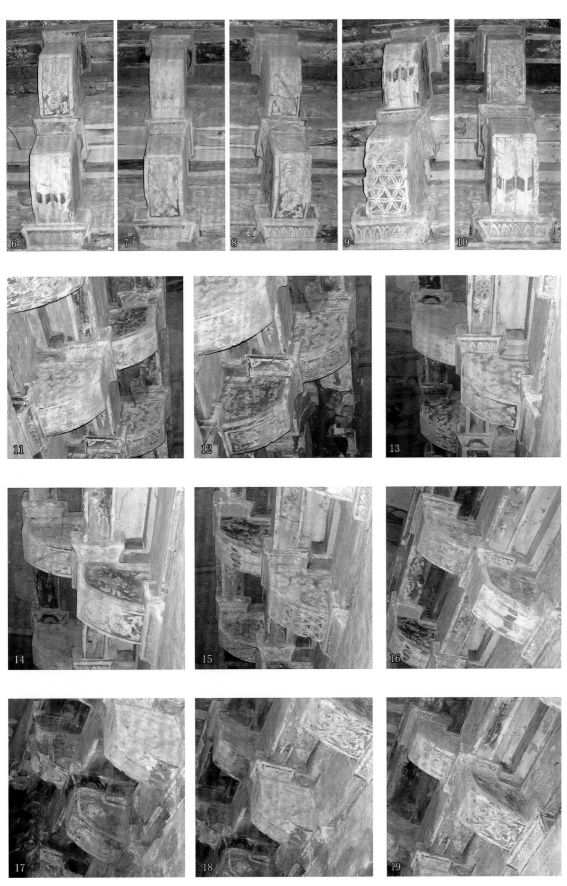

图 6.23　河北定州开元寺料敌塔塔基下层暗室料栱彩画 2

1 [五代] 浙江临安吴越国康陵后室彩画；
2 [五代] 江苏南京南唐李昪陵后室彩画；
3 [五代] 四川成都前蜀王建墓前室券额彩画

图 6.24　五代时期南方墓葬仿木构件使用五彩装饰的例子

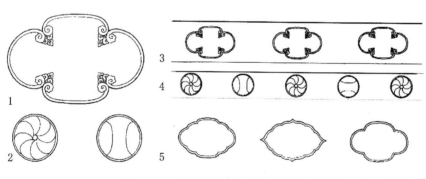

1、3 阑额团科
2、4 橑檐枋团科
5 素枋团科

图 6.25　福州华林寺五代时期枋额装饰：镌刻团科纹样

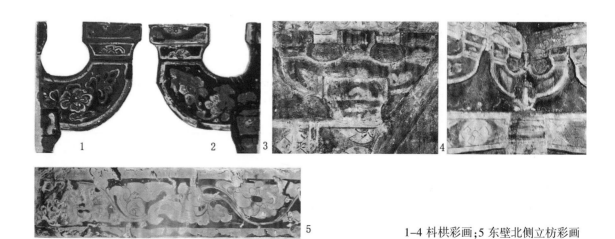

1-4 枓栱彩画；5 东壁北侧立枋彩画

图 6.26　南唐李昪陵壁画枓栱、梁枋解绿结华，用红白二色

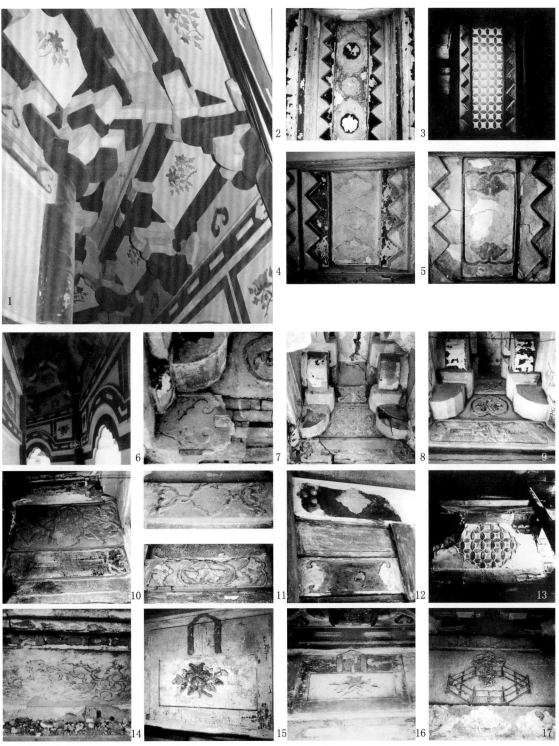

1 室内彩画:以赤白为主;2-5 天花壁塑:饰团科、柿蒂、球文、卷叶等;
6 室内彩画:刷饰赤白二色;额、枋作八白;额端作如意头;白版内作写生华或如意头;
7-13 栱眼壁及额、枋雕饰:多为如意图形与植物纹样相结合的纹样;14 未完成的线描稿;
15、16 壁面"挂画"壁塑;17 壁面"湖石"壁塑

图 6.27　苏州虎丘塔北宋初年彩画及壁塑:丹粉刷饰,并塑如意、团科、毬文等纹样

1-3 南安阁(1165年)内檐彩画:科栱、枋均在黑色地上解白缘道,画莲瓣、曲水、云文等;由额端头作云头如意角叶,额内彩画为团科或卷草,有叠晕

4、6 上殿(早于1269年)内檐、外檐彩画:科栱、枋均在赭地上解白缘道,并略加朱、黄色点,素枋上绘卷草及写生花

5 蜃阁(1146年)屋脊彩画卷草纹样

图6.28　福建泰宁甘露庵彩画

图 6.29　重庆大足宝顶山南宋石刻门窗刷染：黑柱白墙，门窗用青、绿、红

图 6.30　重庆大足宝顶山南宋石刻钩阑刷染：背板用红色，格子染青绿，有缘道

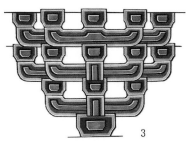

1、2 蓟县(现天津市蓟州区)独乐寺
观音阁内檐枓栱彩画；
3 观音阁内檐枓栱彩画复原示意
(马瑞田)

图 6.31　蓟县(现天津市蓟州区)独乐寺观音阁内檐枓栱彩画解绿赤白

图 6.32　河北涞源阁院寺内檐彩画解绿结华装

1　辽耶律羽之墓主室石门彩画；1a 石门彩画局部放大图出现叶片攒聚的华头，以及牡丹花瓣、石榴花心的华头；

2　辽耶律羽之墓出土绢地毬路纹大窠卷草双雁绣残片：纹样与石门如出一辙；

3　北宋绘画中的服饰纹样：在毬文地上作团窠；

4　敦煌莫高窟盛唐 225 窟边饰"百花草纹样"

1　　　　　　　　1a

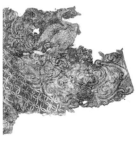

2　　　　　　　　　　3　　　　　　　　　　　4

图 6.33　辽耶律羽之墓主室石门彩画，以及相关之比较资料

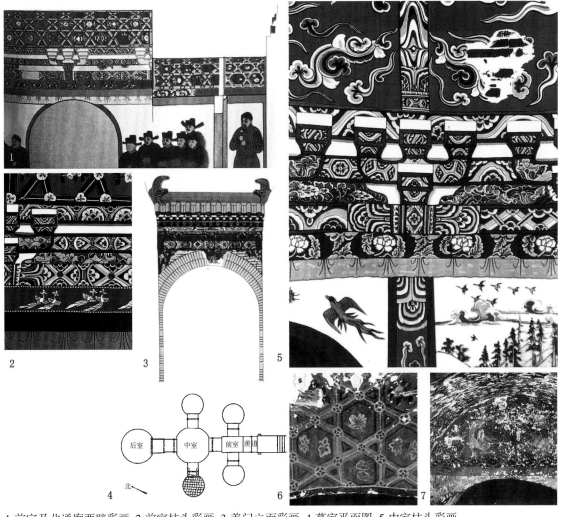

1 前室及北通廊西壁彩画；2 前室柱头彩画；3 羡门立面彩画；4 墓室平面图；5 中室柱头彩画；
6 中室西通廊拱顶彩画；7 前室南壁过洞上方

图 6.34　辽圣宗庆东陵墓室彩画

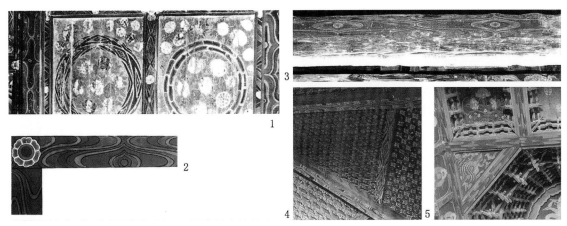

1、2 山西大同下华严寺薄迦教藏殿平棊枋彩画；3 辽宁义县奉国寺梁下彩画；
4 山西应县佛宫寺塔一层藻井阳马及算桯枋彩画；5 山西大同善化寺平棊枋彩画

图 6.35　关于辽金北方彩画"网目纹"的实例

1 三清殿内景；
2–6 三清殿梁栿彩画；
7–9 三清殿枓栱彩画；
10 三清殿平棊彩画；
11 三清殿藻井彩画

图 6.36　山西芮城永乐宫三清殿元代彩画

1 纯阳殿内景；2 纯阳殿乳栿及平棊彩画；3 纯阳殿藻井彩画；4—9 纯阳殿梁栿彩画；
10 重阳殿内景；11、12 重阳殿梁栿彩画

图 6.37　山西芮城永乐宫纯阳殿、重阳殿元代彩画

1、2 梁枋、枓栱身内通刷绿色,缘道用黑白相间;3、4 栱眼壁黑地上用绿色及金色作写生牡丹,内间行龙;
5 平棊彩画麒麟用墨道描画,间以彩色;6 水神庙内景

图 6.38　山西洪洞广胜寺水神庙内檐彩画解绿装饰

1 洪洞广胜寺下寺后佛殿内景;2-4 后佛殿内檐梁栿彩画作如意头

图 6.39　山西洪洞广胜寺下寺后佛殿内檐梁栿彩画

图 6.40 山西洪洞广胜寺下寺后佛殿内檐枓栱彩画解绿结华装

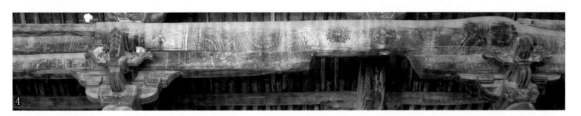

图 6.41 山西洪洞广胜寺下寺后佛殿内檐梁栿彩画解绿结华装

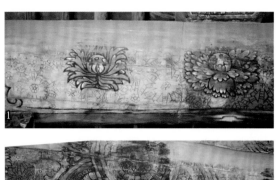

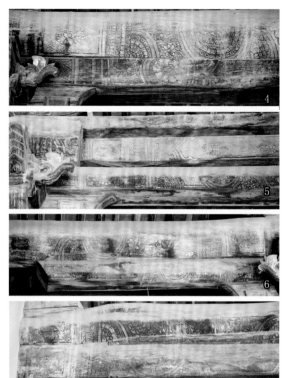

图 6.42　山西洪洞广胜寺下寺后佛殿内檐梁栿彩画局部

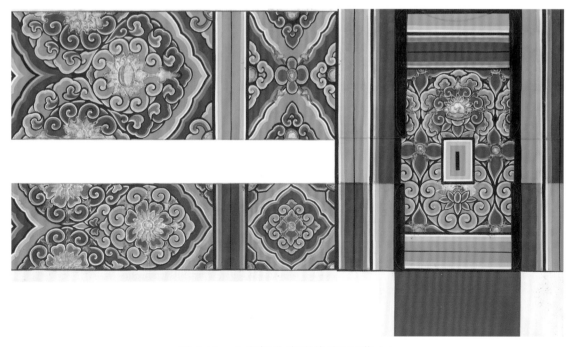

图 6.43　北京智化寺明代彩画(摹本)

1 中唐榆林窟 25 窟南壁殿堂,柱子、阑额出现色彩变化;

2 中唐莫高窟 231 窟东壁城楼,柱身绘木纹;

3 中唐 351 窟东壁殿堂,柱子绘锦文束腰;

4 中唐 158 窟东壁殿堂图,柱子在不同高度绘 2 道锦文束腰,柱櫍、柱础作绿色;

5 中唐 221 窟北壁殿堂图,柱身绘束腰,上下用金属包镶,柱头作兽面雕刻,有吐蕃风格的龛楣;

6 中唐 231 窟北壁殿堂图,柱子绘锦文束腰,上下解晕子三道,柱头、脚镶嵌宝珠,阑额绘木纹、镶嵌宝珠;

7 中唐 361 窟南壁殿堂柱子绘锦文束腰,柱头、脚及阑额用青、绿相间绘圆点,解白缘道;由额、橑檐枋用青、绿相间绘八白;

8 宋初 454 窟西顶多宝塔柱子绘仰覆莲束腰,柱头、脚作仰莲或覆莲,阑额用绿绘圆点,解白缘道,各层素枋间用蜀柱,由额内侧面涂绿色

图 6.44　敦煌中唐至宋初壁画中的建筑彩画,出现束腰等装饰

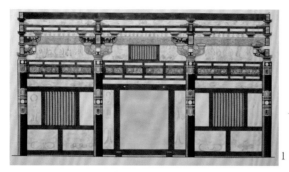

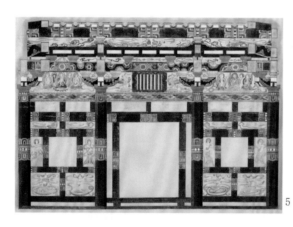

1-4 敦煌莫高窟第 427 窟北宋窟檐内檐彩画；5、6 敦煌莫高窟第 431 窟北宋窟檐内檐彩画；
7、8 敦煌莫高窟第 444 窟北宋窟檐内檐及木构佛龛彩画

图 6.45　甘肃敦煌莫高窟北宋窟檐彩画

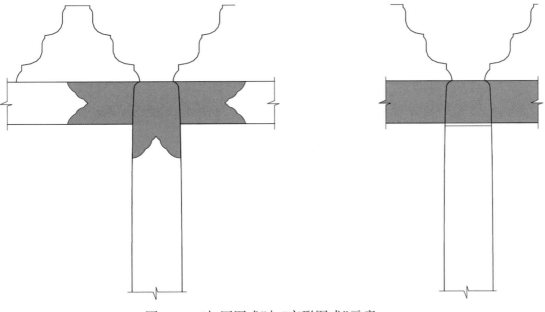

图 6.46　"加固图式"与"完形图式"示意

图 6.47　清官式旋子彩画的柱头画法

图 6.48　日本平等院凤凰堂内檐彩画遗存及复原图

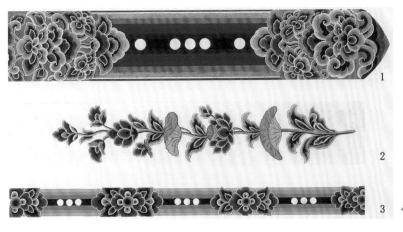

1-4 平等院凤凰堂平棊彩画照片及复原图;5-7 平等院凤凰堂梁栿彩画复原图

图 6.49　日本平等院凤凰堂内檐彩画叠晕遗存及复原图

图 6.50　日本平等院凤凰堂外檐彩画遗存及复原图

第七章　结　论

北宋时期是我国古代文化与科技的高峰时期。成书于北宋末年的《营造法式》图文详尽,是中国古代仅存的两部建筑专书之一,是我国古代建筑特征与成就的典型代表。关于《营造法式》的既往研究大多集中在建筑结构方面,对装饰问题涉及不多。然而,在建筑史的层面上,如果对装饰问题没有深入的探讨,就无法了解古代建筑的全貌;在建筑思想的层面上,对装饰问题的关注、反思和争论,也已成为现代建筑理论的重要内容。基于此,蕴涵丰富装饰做法与装饰思想的《营造法式》,既是一个重要的历史界标,又可作为思考中国现代建筑理论的坚实起点。

本书试图通过《营造法式》彩画历史文献的解释与还原,对宋式建筑的全貌达到深入一步的了解,并进一步认识其形式特征、挖掘其形式法则。

为此,本书首先考察了现有《营造法式》的各个版本,将“故宫本”图样和“永乐大典本”图样作为主要的研究依据,并对20多处时代、地域和《营造法式》接近的彩画遗存进行了较为详细的实地考察和整理。在各版本《营造法式》,以及大量实物和文献资料的基础上,分为“注释研究”和“理论研究”两个部分,对《营造法式》彩画作部分进行了较为细致深入的整理、解释和阐发。

在“注释研究”部分,为了更好地贯通文意、更全面地还原文献蕴涵的信息,本书首先在前人注释成果的基础上,补充了图样版本比较、体例格式分析的工作,并对《营造法式》彩画作部分原文进行了更加细致的校勘和标点。其次,对《法式》中与彩画相关的百余条术语进行了仔细解读。最后,作为这一部分的总结性成果,本书第4章作出56幅彩色及线描图解,在视觉上对《营造法式》彩画的历史图景进行了初步的还原。

在“理论研究”部分,本书从《法式》的本体、源流和装饰案例三个层面对《营造法式》彩画的艺术特征、设计法则、历史源流及实际运用进行了分析和阐发,以下将该部分的研究成果进行简要概括。

7.1　《营造法式》的装饰概念

从思想、概念的层面上对《营造法式》原文的术语进行分析,可以发现《法式》对建筑装饰的概念形成了以下认识(详见第3.1节):

1. 装饰的外延:对“装”(装銮)与“饰”(刷染)在装饰对象和装饰方法上进行了区分①。
2. 装饰的源流:分为“书”(表意)和“象形”两个发展阶段②。
3. 装饰的类型:提出了5个基本类型——“五彩遍装”、“碾玉装”、“叠晕棱间装”、“解绿装

---

① “布彩于梁栋枓栱或素象什物之类者,俗谓之装銮,以粉、朱、丹三色为屋宇门窗之饰者,谓之刷染。”(《营造法式》卷2·总释二·彩画末尾的小注)
② 仓颉造文字,其体有六:一曰鸟书,书端象鸟头,此即图画之类,尚标书称,未受画名。逮史皇作图,犹略体物;有虞作绘,始备象形。今画之法,盖兴于重华之世也。穷神测幽,用之甚博。(《营造法式》卷2·总释二·彩画·谢赫《画品》)

饰"、"丹粉刷饰"。其中"五彩遍装"、"叠晕棱间装"和"丹粉刷饰"是最基本的范型,"碾玉装"是"五彩遍装"在色彩和纹样上的简化,而"解绿装饰"则是"五彩遍装"和"丹粉刷饰"的混合类型。这 5 种类型各有若干变体,并可以混合为"杂间装"。

4. 装饰与纯艺术的分界:对"画"与"装饰"从施用对象、艺术原则和艺术技巧的角度进行了区分①。

5. 装饰与构造的分界:对"装"、"饰"与"造"进行了区别使用,"装"、"饰"专指运用色彩和纹样所进行的表面处理,是二维的概念;而"造"专指细部构造做法,是三维的概念。在很偶然的情况下,"造"也可以用来代指装饰。在某种意义上,这样的区分可以和西方语境下的两个基本装饰概念"decoration"和"ornament"进行对应。

7.2 《营造法式》彩画的艺术特征与设计法则

7.2.1　几条主要的设计法则

从形式层面上对《营造法式》彩画的总体艺术特征进行分析,可以将其概括为色彩鲜艳富丽、造型生动圆柔、构图清晰匀称三个方面(详见第 5 章)。

这些形式特征可以用《营造法式》原文中的语言表述为三条"设计法则":

(1) 色彩运用"但取其轮奂鲜丽,如组绣华锦之文";

(2) 纹样造型"华叶肥大、随其卷舒、生势圜和";

(3) 装饰构图"匀留四边、量宜分布",令构件"表里分明"。

需要特别指出的是,在以上"设计法则"中,关于"鲜丽"和"肥大"的追求只适用于较高等级的做法。此外,《法式》也记载了一些相对来说不鲜丽、不肥大的样式,例如黄土刷饰、单枝条华等,但都是等级较低的做法。因此"鲜丽"和"肥大",既是美学追求的维度,又可作为区分贵贱的维度。①

7.2.2　设计法则在具体做法中的体现

在实际操作的层面上,《营造法式》彩画**色彩**的鲜艳富丽,主要是通过青、绿、朱三种"主色"进行叠晕、间装来实现的。这一色彩组合近似于自然界中光的三基色(红、绿、蓝),构成了最大程度上的"补色对比"和"冷暖对比",又运用叠晕色阶的"明暗对比"来消除相邻色相之间"同时对比"的干扰,从而达到稳定、鲜艳、明亮的效果。

《营造法式》纹样**造型**的生动圆柔,主要是通过曲线的运用来实现的。其纹样虽然类型繁多,但如果分解为轮廓线、骨架线以及纹样单元 3 个要素,则可发现每一个要素的变化方式都非常有限,而且构成纹样的线条曲度和疏密也相当一致。因此《营造法式》的纹样虽然生动多变,并置时却相当和谐。

---

① 具体事例如宋徽宗政和七年(1117 年)臣僚上言,认为"闾阎之卑,不得与尊者同荣;倡优之贱,不得与贵者并丽",可见"丽"是区分尊卑贵贱的重要维度;又如宋仁宗景祐元年(1034 年)曾发布禁令:"禁锦背、绣背、遍地密花、透背、采段。其稀花、团窠、斜窠、杂花不相连者非。"证明纹样的疏密肥瘦也成为区分贵贱的维度。参见本书 6.3.4.2 节。

《营造法式》彩画清晰匀称的**构图**方法,在装饰纹样与建筑构件的形状、位置和尺度之间建立了密切的关联。

彩画构图与构件**形状**的关联,主要体现在柱状构件的"头—身—脚"三段式构图,以及多面体构件的"角叶端头"构图和"缘道"构图(参见第5.2.1节)。

彩画构图与构件**位置**的关联,主要体现在3个方面:一是用连檐部位模仿缨络垂饰的彩画表达立面段落的开始与结束;二是通过对梁、栱下表面,以及椽头色彩的特殊规定,表达构件的远近与明暗关系;三是通过"影作"、"八白"等模仿唐式建筑结构做法的装饰纹样来表达构件局部与整体之间的有机联系。以上关于位置的考虑可能有三个来源:一是模仿历史上曾经存在的结构或构造做法,如八白、影作、角叶、垂饰,可暂称为"加固图式"①;二是表达现有的结构或构造做法,如缘道,可暂称为"分明图式";三是出于纯粹视知觉的需要,例如椽面、栱头等色彩区分,以及"头—身—脚"三段式的构图,均与视线的移动及人体的特点有关,可称为"完形图式"。(图6.46)但如果与清式彩画进行比较可以发现,《营造法式》彩画仍是重局部而轻整体的。例如《营造法式》规定额端如意头角叶的尺寸是构件高度的1.5倍,是从构件局部效果出发的规定,而清式彩画的相应规定则是开间(额枋总长)的1/3,是从立面整体效果出发的规定②。

彩画构图与构件**尺度**的关联,主要体现在运用"缘道"作为构件与纹样之间的尺度中介。在叠晕和纹样较为简单时,缘道尺寸和构件尺寸取得精确的8倍数关系,从而获得视觉上高度的秩序感;而在叠晕和纹样较为复杂时,叠晕和纹样本身又会反过来影响视觉上对于构件的尺度感受,因此缘道尺寸和构件尺寸的倍数关系也进行了相应的微调,以维持视觉上的均齐效果。由此,《营造法式》彩画作的不同彩画类型,不但各自有着统一的风格,其互相之间也通过精细的调整而取得视觉上的微妙统一,这就在一定程度上保证了即使在同一座建筑中运用不同类型的彩画进行"相间品配"③,仍然可以在某种程度上保持均齐的效果(参见第5.2.3节)。

7.3 《营造法式》彩画之历史性与独特性

在历史和区域的视野下,《营造法式》彩画的艺术特征与设计法则既有其历史性,又有其独特性。

7.3.1 设计指导思想的历史性与独特性

在设计思想层面,可将上述三条《营造法式》的"设计法则"与作为中国文化之根源的先秦典籍中的设计思想进行比较。

从《周易》、《墨子》和《吕氏春秋》等早期文献中,可以大致把握一条形式设计的指导思想,即追求"大壮"与"适中"之辩证统一而达到的"和谐"。这一思想可以简称为"大—中—和"三分结

---

① 在《不列颠百科全书》中,将此类装饰称为"模仿性装饰"(mimetic ornament):此类装饰产生于技术的大规模变革时期:人们不顾适当与否,用新的材料和技术再现那些过去已成定式的做法。这种倾向可以称为"模仿的方法"(the principle of mimesis)。古代的大部分建筑形式,都始于模仿原始的住宅和圣所。例如穹窿就是用永久性材料来模仿早期用柔软材料构筑的形式。早期文明的成熟时期,建筑的类型已经超越原始的原型,但是它们的装饰(ornament)常常会保留原型的痕迹。(姜娓娓译自 Encyclopedia Britannica:Britannica, 8. 15ed. New York:Encyclopadia Britannica, 1993:1008)

② 参见5.2.2节。

③ 杂间装之制:"皆随每色制度相间品配,令华色鲜丽,各以逐等分数为法。"

构,在以后数千年一直被汉文化的主流思想所推崇和发扬。《营造法式》彩画的设计法则亦可纳入这一组范畴之中,但又在某种程度上偏离了这一历史上的主流思想。具体来说,色彩的"鲜丽"偏向于"大壮"一方面,而不顾及"适中";造型兼有"大壮"(肥大)与"和谐"(圆和);构图则主要强调"适中"(匀、宜、分明)的方面。北宋时期正是传统礼制思想遭到外敌威胁与内在经济力量之双重侵蚀的时期,因此其艺术设计原则也有着鲜明的独特性。这一独特性在历史上只存在了很短的时间,随着南宋以后的儒家思想对于传统的重建,"鲜丽"、"肥大"等"非中和"的艺术特征就从主流装饰艺术中衰退了(详见第5.7节)。

7.3.2 具体设计方法的历史性与独特性

在具体形式设计方法的层面,可以以《营造法式》图样为主要依据,将《营造法式》彩画的色彩、纹样及构图的类型及设计方法与历史上的其他文献和实例进行比较(详见第六章)。

关于**色彩**特征的主要历史线索有三条:一是以"鲜丽"为目标、以"五彩遍装"为范型的青、绿、朱全色调组合在此一时期盛极而衰;二是以"精雅"为目标,以"碾玉装"为范型的青、绿冷色调组合在此一时期创生,并在后世逐渐成为主流;三是唐末以前作为主流的朱、白暖色调组合在此一时期退为下等之"丹粉刷饰",元以后基本消失。

《营造法式》彩画的**纹样**特征可以分为题材和造型两方面。

《营造法式》彩画的纹样题材与历史上的其他时期相比,有两个主要特色:第一是植物纹样和织锦纹样占据主导地位。其中对植物纹样的偏好伴随着纹样符号意义的弱化,这一风气始于唐代,在宋代趋于极盛,明清时期的植物纹样倾向于程式化和几何化。对织锦纹样的喜好可以追溯到先秦时期,但在《营造法式》中已经脱离了"张挂"或"包裹"的原始形态,而是有机地组织在建筑构件的结构逻辑之下。明清时期,织锦纹样在彩画中有所保留,但不再是主流样式。纹样题材的第二个特点是题材的多样性以及文化上的兼收并蓄,同样伴随着题材意义的弱化。

《营造法式》彩画的纹样造型以生动圆柔为突出特色,继承了唐代纹样的生动饱满,但曲率和疏密趋向于均匀,"张力"和动势减弱,变得柔软精致。明清时期的装饰中,写生特征趋于消失,卷瓣形状逐渐被抽象成勾状的几何图形,规则性和对称性大大提高,而生动性基本丧失。

《营造法式》彩画的**构图**根据构件形状和位置的不同,主要有三种基本方法:"头—身—脚"三段式、"角叶端头"构图和"缘道"构图。其中"角叶端头"以及"缘道"的做法都传承于前代并延续至后代,但在北宋时期以及这一时期的《营造法式》中,这几种构图趋于复杂化、多样化、精致化,此后又趋于简单化和程式化。"头—身—脚"三段式构图可能始自宋代,并一直延续到清代。

7.3.3 关于《营造法式》彩画装饰风格之历史脉络的概念化描述

综合以上的分析,如果把《营造法式》彩画看做北宋末年建筑装饰风格的代表,可以对其特征的传承与发展初步尝试作一个概念化的描述,权作一家之言:

北宋官式彩画相对于前代之演进,大体是从神性到人性,从重意义到重形式。由此北宋时期对于形式的科学规律也有了相当深入的掌握,但常常关注局部而忽视整体。

北宋官式彩画流传至后世的发展,则大体是从个人性到集体性,从重形式到重空间,从重局部到重整体。由此北宋时期精妙入微、登峰造极的一些局部处理手法,在后代逐渐衰落,代之以秩序性、整体性更强的明清彩画,最终定型为清官式彩画。

7.4 《营造法式》彩画的"法则"与实际案例之"运用"

《营造法式》所规定的装饰类型,是在收集、整理和比较当时流行样式的基础上提炼的"经久可以行用之法"[①],因此并不试图涵盖当时出现的所有装饰类型,而且可能在实际样式的基础上进行了典型化、定型化和复杂化的处理。

虽然我们有理由相信,历史上曾经存在过与《法式》十分吻合的高规格木构建筑,但留存至今的宋代建筑实物只是微不足道的一部分,其中体现的装饰方法,虽然许多细节样式可以与《法式》形成或多或少的对应关系,却又有着相当大的区别。

目前所见较完整的同时期实例与《营造法式》相比,主要有两个差别:

其一,存在明显的"混合"特性,这种"混合"特性不同于《法式》"杂间装"所规定的不同样式"相间品配",而是在画法和构图方面兼具几种彩画类型的特征。

其二,与《法式》相比,存在明显的随意性。这在缘道尺寸、纹样对称性以及色彩搭配关系上,均有所体现。

然而,建筑作为活生生的实体,必然有着《法式》之外的丰富性和有机性。本研究目前还无法全面揭示宋代建筑的面貌,仅仅是在目前所能得到的资料基础上,对宋式建筑的面貌有了进一步的了解。

正如法国分析史家保罗·利科所说,历史研究的现实任务是要深入"一种文明的创造核心",而若要深入这一"创造核心",必须首先理解"一个民族的基本形象的意象和象征",并发现那些"一致的和封闭的历史意象":

"因为它们构成了一个民族的文化基础,是对所经历的处境的自发评价和自然反应;意象和象征就是人们称之为一个历史群体的白日梦的东西。……人的多样性之谜就在这种潜意识或无意识的结构之中。"[②]

《营造法式》作为中华民族文化之极盛和转折时期的智慧结晶,它的意义不再仅仅是一部用来"关防工料"的"官书",而是一部凝聚着作为"历史群体"的中华民族之"白日梦"的珍贵文本。在它的有意识或无意识的结构[③]之中,真实地、多角度地反映出中华民族的"内心深处的个性"。因此,解读《营造法式》的意义已经不仅仅在于理解作者的意图,而是试图让这个历史文本对当代的创作构成启发。

本书试图通过《营造法式》的彩画作部分的解读,逼近《营造法式》有意识或无意识的结构之中,并试图通过这穿越历史尘埃的一瞥,让我们更加真切地感受这伟大文明的"创造核心"。

当然,任何一种解释都不可能绝对地接近历史的真实,同时,当代创作所面临的问题也在不断更新,而考古资料也将不断地丰富。因此,本课题的研究还将继续深入和拓展。而《营造法式》的解读,也将永无止境。

---

① 《营造法式》"总诸作看详"。
② [法] 保罗·利科. 历史与真理. 姜志辉,译. 上海:上海译文出版社,2004:281~284
③ "有意识的结构",指《营造法式》有意安排的体例和有意解释的概念。但"无意识的结构"也同样重要,例如一些不加解释的惯用语或不加解释的惯用手法等等,这些正是需要研究者主动发现的东西。

参考文献

文献典籍

《营造法式》,[宋] 李诫 著,宋本残叶线装一函一册(中华书局影印本);永乐大典本;故宫本(故宫图书馆藏,图样部分);四库本(文渊阁四库全书本),1781 年;陶本(武进陶氏仿宋刻本三十四卷),传经书社,1925 年;丁本(附:刘敦桢故宫本、丁本校注;傅熹年校注)。

春秋左氏传注疏. 北京:中华书局影印阮元校刻十三经注疏本,1980

[宋] 朱熹. 四书章句集注. 北京:中华书局,1983

尚书注疏. 北京:中华书局影印清阮元校刻十三经注疏本,1980

[汉] 旬爽,虞翻,等注;[唐] 李鼎祚集解. 周易集解. 影印文渊阁四库全书本

周易注疏. 北京:中华书局影印清阮元校刻十三经注疏本,1980

周振甫 译注. 周易译注. 北京:中华书局,1991

六臣注文选,四部丛刊本。

[汉] 许慎. 说文解字注. [清] 段玉裁,注. 上海:上海古籍出版社影印经韵楼藏版,1981

[汉] 刘向. 说苑校证. 向宗鲁,校证. 北京:中华书局,1987

[汉] 班固. 汉书. 北京:中华书局点校本,1962

[梁] 沈约. 宋书. 北京:中华书局点校本,2003

何清谷. 三辅黄图校释. 北京:中华书局点校本,2005

[齐梁] 刘勰. 文心雕龙注释. 周振甫,注. 北京:人民文学出版社,1981

[唐] 许嵩. 建康实录. 北京:中华书局,1986

[唐] 张九龄,等. 唐六典. 北京:中华书局,1992

[唐] 杜佑. 通典. 北京:中华书局影印商务印书馆万有文库本,1984

[唐] 张鷟. 朝野佥载. 北京:中华书局,2005

[日] 圆仁. 入唐求法巡礼行记. 顾承甫,何泉达,点校. 上海:上海古籍出版社,1986

[后晋] 刘昫. 旧唐书. 北京:中华书局点校本,1975

[宋] 王溥. 唐会要. 上海:上海古籍出版社,2006

[元] 托克托,等. 宋史. 北京:中华书局点校本,1985

[宋] 郑樵. 通志. 杭州:浙江古籍出版社,2000

[宋] 李焘. 续资治通鉴长编. 北京:中华书局,1985

[宋] 李心传. 建炎以来系年要录. 北京:中华书局,1988

[宋] 戴侗. 六书故. 影印文渊阁四库全书本

[宋] 孟元老. 东京梦华录注. 邓之诚,注. 北京:中华书局,1982

[宋] 王栐. 燕翼诒谋录. 北京:中华书局,1981

[宋] 吴自牧. 梦粱录. 杭州:浙江人民出版社,1984

宋大诏令集. 北京:中华书局影印清抄本,1962

[宋] 沈括. 梦溪笔谈校证. 胡道静,校证. 上海:上海古籍出版社,1987

[元] 陶宗仪. 南村辍耕录. 北京:中华书局,1959

[元] 徐元瑞. 史学指南. 杭州:浙江古籍出版社,1988

[南齐] 谢赫. 古画品录. 北京:人民美术出版社,1963

[梁] 庾肩吾. 书品. 影印文渊阁四库全书本

[唐] 张彦远. 历代名画记. 秦仲文,黄苗子,点校. 北京:人民美术出版社,1963

[宋] 刘道醇. 宋朝名画评. 影印文渊阁四库全书本

[宋] 郭若虚. 图画见闻志. 北京:人民美术出版社,1963

[宋] 黄休复. 益州名画录. 北京:人民美术出版社,1964

[宋] 郭熙. 林泉高致集. 影印文渊阁四库全书本

[宋] 朱长文. 墨池编. 影印文渊阁四库全书本

[元] 陶宗仪.说郛. 影印文渊阁四库全书本

[元] 李衎. 竹谱. 影印文渊阁四库全书本

[宋] 唐慎微. 证类本草. 影印文渊阁四库全书本

[明] 李时珍. 本草纲目. 上海古籍出版社影印四部精要本

[明] 杨慎. 丹铅总录. 影印文渊阁四库全书本

[清] 吴其浚. 植物名实图考. 陆应谷,校勘. 上海:商务印书馆,1919

[清] 邹一桂. 小山画谱. 影印文渊阁四库全书本

中国古建筑及彩画研究著作

梁思成.《营造法式》注释.见:梁思成全集(第7卷). 北京:中国建筑工业出版社,2001

梁思成. 清式营造则例. 北京:中国建筑工业出版社,1981

[日] 竹岛卓一. 营造法式の研究. 东京:中央公论美术出版社,1970~1972

[英] 叶慈. 英叶慈博士营造法式之评论. 中国营造学社汇刊,1930,1(01)

陈明达. 营造法式大木作研究. 北京:文物出版社,1981

阚铎. 仿宋重刊营造法式校勘记. 中国营造学社汇刊,1930,1(01)

谢国桢. 营造法式版本源流考. 中国营造学社汇刊,1933,4(01)

刘敦桢. 故宫本《营造法式》钞本校勘记. 见:科技史文集·第2辑:建筑史专辑. 上海:上海科学技术出版社,1979:8

潘谷西,何建中.《营造法式》解读. 南京:东南大学出版社,2005

钟晓青.《营造法式》篇目探讨. 见:建筑史论文集(第19辑). 北京:机械工业出版社,2003

钟晓青. 两晋南北朝的建筑装饰、隋唐五代的建筑装饰. 见:傅熹年. 中国古代建筑史(第2卷). 北京:中国建筑工业出版社,2001

张十庆. 古代营建技术中的"样"、"造"、"作". 见:建筑史论文集(第15辑). 北京:清华大学出版社,2002

邹其昌.《营造法式》艺术设计思想研究论纲. 清华大学美术学院博士后出站报告. 导师李砚祖,2005

林徽因.《中国建筑彩画图案》序. 原载:北京文物整理委员会. 中国建筑彩画图案. 北京:人民美术出版社,1955;收录于:林徽因文集·建筑卷. 天津:百花文艺出版社,1999

陈薇. 元明时期建筑彩画. 见：潘谷西. 中国古代建筑史(第 4 卷). 北京：中国建筑工业出版社,2001

陈薇. 江南明式彩画制作工序. 建园林技术. 1989(03)

陈薇. 江南明式彩画构图. 古建园林技术. 1994(01)

陈晓丽.对宋式彩画中碾玉装及五彩遍装的研究和绘制：[硕士学位论文]. 北京：清华大学,2001

郭黛姮.《营造法式》所载各种主要工种制度. 见：中国古代建筑史(第 3 卷). 北京：中国建筑工业出版社,2003。

郭黛姮. 宋《营造法式》五彩遍装彩画研究. 见：营造(第 1 辑). 北京：北京出版社,2001

吴梅.《营造法式》彩画作制度研究和北宋建筑彩画考察：[博士学位论文]. 南京：东南大学,2004

中国科学院自然科学史研究所. 中国古代建筑技术史. 北京：科学出版社,1985

高履泰. 中国建筑色彩史纲. 古建园林技术,1990(01)

杨建果,杨晓阳. 中国古建筑彩画源流初探(一)、(二)、(三). 古建园林技术,1992(03)(04),1993(01)

马瑞田. 中国古建彩画. 北京：文物出版社,1996

楼庆西. 中国传统建筑装饰. 北京：中国建筑工业出版社,1999

何俊寿. 中国建筑彩画图集. 天津：天津大学出版社,1999

王璞子. 工程做法注释. 北京：中国建筑工业出版社,1995

边精一. 清式彩画一般规则介绍. 古建园林技术,1983(创刊号)

边精一. 彩画基本工艺. 古建园林技术,1989(02)

蒋广全. 古建彩画实用技术. 古建园林技术,1985(03)

王仲杰. 试论和玺彩画的形成与发展. 故宫博物院院刊,1990(03)

吴葱. 旋子彩画探源. 古建园林技术,2000(04)

建筑通史与理论

萧默. 中国建筑艺术史. 北京：文物出版社,1999

[德] 汉诺-沃尔特·克鲁夫特. 建筑理论史——从维特鲁威到现在. 王贵祥,译. 北京：中国建筑工业出版社,2005

[英] 大卫·史密斯·卡彭. 建筑理论. 王贵祥,译. 北京：中国建筑工业出版社,2007

[古罗马] 维特鲁威. 建筑十书. 高履泰,译. 北京：知识产权出版社,2001

Adolf Loos, Spoken into the Void. Jane O Newman,John H Smith trans. Cambridge：MIT Press, 1982

美术考古图集①

傅熹年. 中国美术全集·绘画编 3：两宋绘画(上). 北京：文物出版社,1988

---

① 本部分只列出一些汇总类出版物,关于单个实例的考古资料见附录 B。

傅熹年. 中国美术全集·绘画编 4:两宋绘画(下). 北京:文物出版社,1988

Wu Tung. Masterpieces of Chinese Painting from the Museum of Fine Arts. Boston: Tang through Yuan Dynasties

中国历史博物馆,新疆维吾尔自治区文物局. 天山古道东西风——新疆丝绸之路文物特辑. 北京:中国社会科学出版社,2002

石守谦,葛婉章. 大汗的世纪:蒙元时代的多元文化与艺术. 台北:"故宫博物院",2001

辽宁省博物馆. 宋明织绣. 北京:文物出版社,1983

黄能馥. 中国美术全集·工艺美术编 6:印染织绣(上). 北京:文物出版社,1985

黄能馥. 中国美术全集·工艺美术编 7:印染织绣(下). 北京:文物出版社,1985

张道一. 中国印染史略. 南京:江苏美术出版社, 1987

李杏南. 明锦. 影印本. 北京:人民美术出版社,1955

周汛,高春明. 中国衣冠服饰大辞典. 上海:上海辞书出版社,1996

James C Y Watt, Anne E Wardwell. When Silk Was Gold—Central Asian and Chinese Textiles. New York:The Metropolitan Museum of Art, 1997

西北历史博物馆. 古代装饰花纹选集. 西安:陕西人民出版社,1953

张道一. 中国古代图案选. 南京:江苏人民出版社,1980

张广立. 中国古代石刻纹样. 北京:人民美术出版社, 1988

王树村. 中国美术全集·绘画编 19:石刻线画. 上海:上海人民美术出版社,1988

杨可扬. 中国美术全集·工艺美术编 2:陶瓷(中). 北京:文物出版社,1988

杨可扬. 中国美术全集·工艺美术编 3:陶瓷(下). 上海:上海人民美术出版社,1988

王世襄,朱英. 中国美术全集·工艺美术编 8:漆器. 北京:文物出版社,1989

王世襄. 髹饰录解说. 北京:文物出版社,1983

王世襄. 中国古代漆工杂述. 文物,1979(03)

杨伯达. 中国美术全集·工艺美术编 9:玉器. 北京:文物出版社,1986

色彩研究

[瑞士] 约翰内斯·伊顿. 色彩艺术:色彩的主观经验与客观原理. 杜定宇,译. 上海:上海人民美术出版社,1985

于非闇. 中国画颜色的研究. 北京:朝花美术出版社,1955

牛克诚. 色彩的中国绘画:中国绘画样式与风格历史的展开. 长沙:湖南美术出版社,2002

王定理. 中国画颜色的运用与制作. 台北:艺术家出版社,1993

尹泳龙. 中国颜色名称. 北京:地质出版社,1997

陈滞冬. 中国画的哲学色彩论与五原色体系. 文艺研究. 1998(03)

付阳华. 色彩的境界人文观照与画绘表现——陈绥祥谈国画色法. 美术观察. 2003(04)

[美] 罗瑟福·盖特斯. 中国颜料的初步研究. 江致勤,王进玉,译. 敦煌研究. 1987(01)

常书鸿. 漫谈古代壁画技术. 文物参考资料. 1958(11)

李亚东. 敦煌壁画颜料的研究. 考古学集刊(第 3 集). 北京:中国社会科学出版社,1983

李最雄. 敦煌莫高窟唐代绘画颜料分析研究. 敦煌研究, 2002(04)

吴荣鉴. 敦煌壁画色彩应用与变色原因. 敦煌研究, 2003(05)

王岫岚. 中国古典建筑色彩标准研究. 见:中国建筑史国际会议论文,香港中文大学建筑学系,1995 年 8 月

李亚璋,等. GB/T 18934—2003　中国古典建筑色彩. 北京:中国标准出版社,2003

文化研究及方法论

[英] 阿诺德·汤因比. 历史研究. 刘北成,郭小凌,译. 上海:上海世纪出版集团,2005

[法] 保罗·利科. 历史与真理. 姜志辉,译. 上海:上海译文出版社,2004

[德] 加达默尔. 真理与方法(上卷). 洪汉鼎,译. 上海:上海译文出版社,2004

洪汉鼎. 诠释学——它的历史和当代发展. 北京:人民出版社,2001

陈垣. 校勘学释例. 上海:上海书店出版社,1997

黄亚平. 古籍注释学基础. 兰州:甘肃教育出版社,1995

[日] 内藤湖南. 概括的唐宋时代观. 见:日本学者研究中国史论著选译(第 1 卷). 北京:中华书局,1992

郭沫若. 中国古代史的分期问题. 考古,1972(05)

钱穆. 国史大纲. 第 3 版. 北京:商务印书馆,1996

钱穆. 宋代理学三书随劄. 北京:生活·读书·新知三联书店,2002

[英] 李约瑟. 中国古代科学思想史. 陈立夫,等译. 南昌:江西人民出版社,1999

袁运开,周瀚光. 中国科学思想史(中). 合肥:安徽科学技术出版社,2000

冯友兰. 中国哲学简史. 北京:北京大学出版社,1996

荣新江. 中古中国与外来文明. 北京:生活·读书·新知三联书店,2001

[法] 列维-布留尔(L.Lery-Beuhl). 原始思维(1910—1927). 丁由,译. 北京:商务印书馆,1981 年。

庞朴. 中庸与三分. 文史哲. 2000(04)

梁思成. 为什么研究中国建筑. 见:中国建筑史. 天津:百花文艺出版社,1998:4

梁思成. 读乐嘉藻《中国建筑史》辟谬. 见:梁思成全集(第 2 卷). 北京:中国建筑工业出版社,2001:291~296

吴良镛. 关于中国古建筑理论研究的几个问题. 建筑学报,1999(04)

吴良镛. 国际建协《北京宪章》——建筑学的未来. 北京:清华大学出版社,2002:221

王贵祥. 关于建筑史学研究的几点思考. 建筑师,1996(69)

王贵祥. 建筑历史研究方法论问题刍议. 建筑史论文集,2001 第 14 辑

张十庆. 日本之建筑史研究概观. 建筑师,1995(64)

赵辰. 域内外中国建筑研究思考. 时代建筑,1998(04)

陈薇. 天籁疑难辨 历史谁可分——90 年代中国建筑史研究谈. 建筑师,1996(69)

陈薇. 数字化时代的方法成长——21 世纪中国建筑史研究漫谈. 建筑师,2005(114)

[德] 格罗塞. 艺术的起源. 蔡慕晖,译. 北京:商务印书馆,1996

[奥] 阿洛瓦·里格尔. 风格问题——装饰艺术史的基础. 刘景联,李薇蔓,译. 长沙:湖南科学技术出版社,1999

[英] 欧文·琼斯. 世界装饰经典图鉴. 梵非,译. 上海:上海人民美术出版社,2004

[美] 鲁道夫·阿恩海姆. 艺术与视知觉. 滕守尧, 朱疆源, 译. 成都: 四川出版集团, 1998

[英] E H 贡布里希. 秩序感——装饰艺术的心理学研究. 范景中, 杨思梁, 徐一维, 译. 长沙: 湖南科学技术出版社, 1999

[英] E H 贡布里希. 艺术的故事. 范景中, 译. 北京: 生活·读书·新知三联书店, 1999

[英] C 贝尔. 艺术. 周金环, 马锺元, 译. 北京: 中国文艺联合出版公司, 1984

[美] 苏珊·朗格. 情感与形式. 刘大基, 等译. 北京: 中国社会科学出版社, 1986

李泽厚. 美的历程. 北京: 文物出版社, 1981

宗白华. 艺境. 北京: 北京大学出版社, 1986

叶朗. 中国美学史大纲. 上海: 上海人民出版社, 1985

李砚祖. 装饰之道. 北京: 中国人民大学出版社, 1993

[德] 雷德侯. 万物——中国艺术中的模件化和规模化生产. 张总, 等译. 北京: 生活·读书·新知三联书店, 2005

雷圭元. 中国图案作法初探. 上海: 上海人民美术出版社, 1979

吴敩木. 中国画基础技法. 修订本. 北京: 朝华出版社, 1996

吴淑生. 图案设计基础. 北京: 人民美术出版社, 1986

芮传明, 余太山. 中西纹饰比较. 上海: 上海古籍出版社, 1995

[日] 城一夫. 东西方纹样比较. 孙基亮, 译. 北京: 中国纺织出版社, 2002

姜娓娓. 建筑装饰与社会文化环境: [博士学位论文]. 北京: 清华大学, 2004

刘冠. 中国传统建筑装饰的形式内涵分析: [硕士学位论文]. 北京: 清华大学, 2004

科学技术类资料

[英] 李约瑟. 中国之科学与文明. 陈立夫, 主译. 台北: 台湾商务印书馆, 1975

[德] 赫尔曼·外尔. 对称. 冯承天, 陆继宗, 译. 上海: 上海科技教育出版社, 2002

李政道. 对称与不对称. 北京: 清华大学出版社, 2000

夏湘蓉, 李仲均, 王根元. 中国古代矿业开发史. 北京: 地质出版社, 1980

陈维稷. 中国纺织科学技术史(古代部分). 北京: 科学出版社, 1984

电子资源

文渊阁四库全书(原文及全文检索版). 上海: 上海人民出版社, 1999

"孟赛尔色彩标准"官方网站: http://www.munsell.com/

致 谢

衷心感谢导师傅熹年教授、副导师王贵祥教授的悉心教导，没有他们在论文的选题、调查和写作过程中的指导和资助，便不可能有这篇论文的诞生。他们孜孜不倦追求学术所树立的榜样，以及他们的言传身教，让我受益终身。

感谢孙大章研究员、郭黛姮教授、秦佑国教授、王其亨教授、钟晓青研究员、陈薇教授、吕舟教授、张十庆教授在百忙之中对论文提出宝贵的意见和建议。感谢清华大学建筑学院、中国建筑设计研究院历史研究所的长辈和同学们数年如一日的关怀、支持和鼓励。感谢所有曾经提供帮助的文物单位与同仁们。

最后，感谢父母的支持与鼓励，他们的关爱是我的动力之源。

附录A 引用图版来源

说明：

1. 本书采用的图片，引自各类出版物，或由个人及研究机构提供者，均在本附录中注明。

2. 引自《营造法式》各版本的图片，均在图名中注出，此处不再注明。

3. 其他未经注明的图片，均为本书作者摄制或绘制。

图 0.1:3、4　　　原载：北京文物整理委员会. 中国建筑彩画图案. 北京：人民美术出版社，1955，暂未找到原版彩图，第 3 图转引自：楼庆西. 中国传统建筑装饰. 北京：中国建筑工业出版社，1999，第 4 图转引自：林徽因文集·建筑卷. 天津：百花文艺出版社，1999

图 0.1:5　　　　郭黛姮提供

图 0.1:6、7　　　引自：陈晓丽. 对宋式彩画中碾玉装及五彩遍装的研究和绘制：[硕士学位论文]. 北京：清华大学，2001

图 0.1:8、9，图 3.29:5

　　　　　　　　引自：吴梅.《营造法式》彩画作制度研究和北宋建筑彩画考察：[博士学位论文]. 南京：东南大学，2004

图 0.2　　　　　引自：潘谷西，何建中.《营造法式》解读. 南京：东南大学出版社，2005

图 0.3:3　　　　底图引自：新编实用中国底图册. 北京：中国地图出版社，2000

图 0.4:3　　　　《阿弥陀佛》画幅局部，协侍菩萨像，引自：石守谦，葛婉章. 大汗的世纪. 台北："故宫博物院"，2001

图 3.1:1　　　　文物局提供

图 3.1:2　　　　引自：咸阳市文物考古研究所. 五代冯晖墓. 重庆：重庆出版社，2001

图 3.3，图 3.5:6、7，图 3.23:6，图 3.27:17，图 3.29:13-17，图 3.56:18

　　　　　　　　引自：河北省文物研究所. 宣化辽墓——1974—1993 年考古发掘报告. 北京：文物出版社，2001

图 3.5:1-4、9，图 3.18:14，图 3.20:14-16，图 3.22:19-21，图 3.29:7-9，图 3.40:3

　　　　　　　　引自：平阳金墓砖雕. 太原：山西人民出版社，1999

图 3.5:5，图 3.16:6，图 3.21:4，图 3.22:5，图 3.25:8-13，图 3.27:19-21，图 3.30:2，图 3.37:1，图3.40:2，图 3.55:8-12，图 6.15，图 6.16，图 6.17

　　　　　　　　引自：宿白. 白沙宋墓. 北京：文物出版社，1957

图 3.5:8，图 3.26:15，图 3.27:16，图 3.29:18，图 3.30:3，图 3.44:2，图 6.33:1

　　　　　　　　引自：李文儒. 中国十年百大考古新发现. 北京：文物出版社，2002

图 3.6:5-13，图 3.7:2，图 3.22:15，图 3.24:17，图 3.25:14，图 3.27:14，图 3.35:4、5，图 3.37:2、3、8，图3.40:1，图 3.42:10，图 6.33:3

　　　　　　　　引自：Wu Tung Masterpieces of Chinese Painting from the Museum of Fine Arts. Boston: Tang through Yuan Dynasties

图 3.9:5，图 3.19:1、2、4-15、17-19，图 3.21:1，图 3.23:1、2，图 3.25:2、3，图 3.27:4、5、13，

图 3.31:3,图 3.43:1,图 3.57:1–3、11–13

　　　　　引自:敦煌研究院,江苏古籍出版社. 敦煌图案摹本. 南京:江苏古籍出版
　　　　　社,2000

图 3.9:6,图 3.31:1、4–6、9–10,图 3.57:5–10、14,图 6.9:1,图 6.33:4

　　　　　引自:关友惠. 敦煌石窟全集 14·图案卷(下). 香港:商务印书馆(香港)有限
　　　　　公司,2003

图 3.9:7,图 3.27:10–12,图 3.31:2,图 3.57:5–10、14,图 3.61:3,图 3.63:4

　　　　　引自:敦煌文物研究所. 中国石窟·敦煌莫高窟 5. 北京:文物出版社,1987

图 3.9:8,图 3.27:28–30,图 3.55:18–19,图 6.34:1–6

　　　　　引自:[日]田村实造,小林行雄. 庆陵. 京都:日本京都大学文学部,1953

图 11、12　　　清华大学建筑学院资料室藏 20 世纪 50 年代老工匠摹本

图 3.11:1、4、5,图 3.28:22–24,图 3.38:3,图 3.61:2、4,图 3.63:3、5,图 6.45

　　　　　引自:孙儒涧,孙毅华. 敦煌石窟全集 22·石窟建筑卷. 香港:商务印书馆(香
　　　　　港)有限公司,2003

图 3.11:2、3, 图 3.27:18,图 3.55:1、2

　　　　　引自:南京博物院. 南唐二陵考古发掘报告. 北京:文物出版社,1957

图 3.11:7,图 3.65:2　　　引自《佛宫寺释迦塔》

图 3.14:3、4　　　引自:浙江临安五代吴越国康陵发掘简报. 文物,2000(02)

图 3.16:4　　　王贵祥摄

图 3.16:5,图 3.27:24–27,图 3.61:5,图 6.14

　　　　　引自:王进先. 山西壶关下好牢宋墓. 文物,2002(05)

图 3.16:7,图 3.18:10、11,图 3.20:3–7,图 3.24:8–14,图 3.26:12,图 3.53

　　　　　引自:河南省文物考古研究所. 北宋皇陵. 郑州:中州古籍出版社,1999

图 3.16:8　　　傅熹年摄

图 3.17　　　引自:田自秉,吴淑生,田青. 中国纹样史. 北京:高等教育出版社,2003

图 3.18:1,图 3.20:1,图 3.24:1

　　　　　引自:[清]吴其浚. 陆应谷,校勘. 植物名实图考. 上海:商务印书馆,1919

图 3.18:2–7,图 3.20:2, 图 3.22:3–5、8.22,图 3.24:4、5,图 3.26:3、4,图 3.40:14

　　　　　引自:西北历史博物馆. 古代装饰花纹选集. 西安:陕西人民出版社,1953

图 3.18:8、9,图 3.22:11、12,图 3.25:16、17

　　　　　引自:梁思成.《营造法式》注释. 见:梁思成全集(第 7 卷). 北京:中国建筑
　　　　　工业出版社,2001

图 3.18:13,图 3.20:9,图 3.24:18,图 3.26:5、6、13

　　　　　引自:王树村. 中国美术全集·绘画编 19:石刻线画. 上海:上海人民美术出
　　　　　版社,1998

图 3.18:15　　　天津大学建筑学院提供,朱蕾摄

图 3.18:16　　　引自:敦煌文物研究所. 中国石窟·敦煌莫高窟 4. 北京:文物出版社,1987

图 3.18:26,图 3.21:9,图 3.28:30,图 3.29:10、11,图 3.44:11–13,图 3.55:13,图 3.59:5,
　　　　　图6.31:3,图 6.35:2、3

　　　　　引自:马瑞田. 中国古建彩画. 北京:文物出版社,1996

图 3.20:8　　　引自:洛阳北宋张君墓画像石棺. 文物,1984(07)

图 3.20:17　　　上海博物馆藏

图 3.20:17,图 3.22:9,图 3.26:8、20

　　　　　　　引自:杨可扬. 中国美术全集·工艺美术编 2:陶瓷(中). 北京:文物出版社,1988

图 3.20:18　　　上海博物馆藏

图 3.20:18,图 3.42:11

　　　　　　　引自:杨可扬. 中国美术全集·工艺美术编 3:陶瓷(下). 上海:上海人民美术出版社,1988

图 3.21:8,图 6.2

　　　　　　　引自:中科院自然科学史所. 中国古代建筑技术史. 北京:科学出版社,1980

图 3.21:14、16,图 3.23:8–10,图 3.27:6,图 3.44:1、8、9,图 6.9:2

　　　　　　　引自:黄能馥. 中国美术全集·工艺美术编 6:印染织绣(上). 北京:文物出版社,1985

图 3.21:15,图 3.25:20、21,图 3.36:11

　　　　　　　引自:石守谦,葛婉章. 大汗的世纪. 台北:"故宫博物院",2001

图 3.22:1、2　　　引自:中国高等植物图鉴(第一册). 北京:科学出版社,2002

图 3.22:6　　　丹阳出土,南京博物院藏,自摄

图 3.22:7　　　引自:长安县南里王村唐韦洞墓发掘记. 考古与文物,2008(06)

图 3.22:9　　　磁州窑观台镇生产,上海博物馆藏

图 3.22:10　　　引自:王世襄,朱英. 中国美术全集·工艺美术编 8:漆器. 北京:文物出版社,1989

图 3.23:7,图 3.44:6

　　　　　　　引自:James C Y Watt, Anne E Wardwell. When Silk Was Gold——Central Asian and Chinese Textiles. New York:The Metropolitan Museum of Art, 1997

图 3.23:11　　　20 世纪 50 年代工匠摹本, 清华大学建筑学院资料室藏,Agfa Snapscan e50 扫描

图 3.23:12,图 3.26:9,图 3.27:9,图 3.40:7

　　　　　　　引自:敦煌文物研究所. 敦煌的艺术宝藏. 北京:文物出版社,1980

图 3.23:13　　　引自:傅熹年. 中国美术全集·绘画编 3:两宋绘画(上). 北京:文物出版社,1988

图 3.24:2　　　引自[宋] 唐慎微:《证类本草》,四库本

图 3.24:3　　　引自:山东沂南汉画像石墓. 文物参考资料,1954(08)

图 3.24:6,图 3.26:7,图 3.52:9

　　　　　　　引自:河南省文物研究所,等. 安阳修定寺塔. 北京:文物出版社,1983

图 3.24:7　　　引自:细巧玲珑的越窑粉盒. 文物,1995(09)

图 3.25:1,图 3.30:5

　　　　　　　引自:萧默. 敦煌建筑研究. 北京:机械工业出版社,2003

图 3.25:15　　　清华大学建筑学院资料室藏照片,现已修毁不存

图 3.25:18、19　　山西沁县博物馆,郭海林提供

图 3.25:22,图 3.42:13、14

　　　　　　　引自:黄能馥. 中国美术全集·工艺美术编 7:印染织绣(下). 北京:文物出版

社,1985

图 3.26:1　　　引自:中国科学院《中国植物志》编辑委员会.中国植物志·第 60 卷·第一分
　　　　　　　　册.北京:科学出版社,1987

图 3.26:8　　　上海博物馆藏

图 3.26:14　　引自:张道一.中国古代图案选.南京:江苏人民出版社,1980

图 3.27:1-3,图 3.35:7,图 3.57:4
　　　　　　　　引自:段文杰.中国美术全集·绘画编 16:敦煌壁画(下).上海:上海人民美
　　　　　　　　术出版社,1985

图 3.27:7、8　引自:中国历史博物馆.天山古道东西风.北京:中国社会科学出版社,2002

图 3.27:15　　《无准师范像》

图 3.27:22、23 引自《定州文物藏珍》

图 3.27:31-35 郭海林提供

图 3.28:1-5,图 3.52:4-8、10-11,图 3.61:1
　　　　　　　　引自:傅熹年.中国古代建筑史(第 2 卷).北京:中国建筑工业出版社,2001

图 3.28:25、26 傅熹年摄

图 3.28:34、35 20 世纪 50 年代工匠摹本,清华大学建筑学院资料室藏

图 3.29:6,图 6.8:1
　　　　　　　　傅熹年摹本,引自:傅熹年.古建腾辉.北京:中国建筑工业出版社,1998

图 3.29:12　　引自:乔正安.山西临猗双塔寺塔基地宫清理简报.文物,1997(03)

图 3.29:19　　台北"故宫博物院"藏

图 3.30:1,图 3.55:15
　　　　　　　　引自:河南登封黑山沟宋代壁画墓.文物,2001(10)

图 3.30:4　　　郭海林提供

图 3.31:7、8　引自:敦煌石窟全集 19·动物画卷.上海:上海人民出版社,2000

图 3.35:1,图 3.44:5
　　　　　　　　引自:薛雁,吴薇薇.中国丝绸图案集.上海:上海书店出版社,1999

图 3.35:2　　　南京西善桥出土《竹林七贤与荣启期》模印砖画中,王戎的形象,南京博物
　　　　　　　　院藏,自摄

图 3.35:3　　　孙位《高逸图》,实为《竹林七贤图》残卷中的王戎

图 3.35:6　　　日本正仓院藏,引自:身世纷纭话如意.紫禁城,2004(01)

图 3.35:7　　　敦煌莫高窟五代第 220 窟甬道北壁文殊

图 3.35:8　　　[五代] 周文矩《明皇会棋图卷》局部

图 3.35:10　　[五代] 郭忠恕,《雪霁江行图》局部

图 3.35:11　　宋翻刊开庆元年圣寿寺本《金刚般若波罗蜜经》经帙局部;

图 3.35:12　　万历年间绿色四合如意连云暗花缎,引自:张琼.凝固的云朵——古代服饰
　　　　　　　　艺术中的如意纹.紫禁城,2004(01)

图 3.37:5-7　引自:郑州市文物考古研究所,新密市博物馆.河南新密市平陌宋代壁画墓.
　　　　　　　　文物,1998(12)

图 3.38:1-2　引自:河北省文物局.定州文物藏珍.广州:岭南美术出版社,2003

图 3.38:4　　　傅熹年摄

图 3.38:5 　　　中国建筑设计研究院建筑历史研究所资料室藏照片

图 3.38:15、16. 50

年代工匠摹本,清华大学建筑学院资料室藏

图 3.39:4 　　　台北"故宫博物院"藏

图 3.39:5、6 　　中国建筑设计研究院建筑历史研究所资料室藏照片

图 3.42:1 　　　中国建筑设计研究院建筑历史研究所资料室藏照片

图 3.43:5 　　　《折槛图》,台北"故宫博物院"藏

图 3.43:6,图 3.63:7、8

引自:郭黛姮,宁波保国寺文物保管所. 东来第一山;北京:文物出版社,2003

图 3.43:7、8 　　引自:梁思成. 清式营造则例. 北京:中国建筑工业出版社,1981

图 3.44:4 　　　引自:赵评春,迟本毅. 金代服饰——金齐国墓出土服饰研究. 北京:文物出版社,1998

图 3.44:6 　　　中亚元代缂丝,藏于 Cleveland 艺术博物馆

图 3.44:7 　　　明代刊印的《大藏经》封面:蓝地方格如意绢,引自:李可南. 明锦. 影印本. 北京:人民美术出版社,1955

图 3.44:8 　　　[清]玄青缎云肩对襟大镶边女棉褂领口纹样

图 3.44:9 　　　[清]加金六出如意瑞花重锦

图 3.44:10、14 　20 世纪 50 年代工匠摹本,清华大学建筑学院资料室藏

图 3.47:1-3、8、9 敦煌研究院提供

图 3.47:5 　　　《普贤菩萨骑象像幡》,引自:西域美术·卷 2:Guimet 美术馆伯希和藏品. 东京:讲谈社,1995:图 1

图 3.47:6 　　　《菩萨立像幡》,引自:西域美术·卷 2:Guimet 美术馆伯希和藏品. 东京:讲谈社,1995:图 36

图 3.47:7 　　　《持红莲华菩萨立像幡》,引自:西域美术·卷 2:Guimet 美术馆伯希和藏品. 东京:讲谈社,1995:图13

图 3.52:1 　　　1923 年河南新郑李家楼出土,故宫博物院藏

图 3.52:2 　　　引自:张广立. 中国古代石刻纹样. 北京:人民美术出版社,1988

图 3.52:3 　　　考古,1990(07):图版五

图 3.54 　　　　引自:梁思成全集(第 7 卷). 北京:中国建筑工业出版社,2001:石作图 28~31

图 3.55:3-7 　　引自:孙儒涧,孙毅华. 敦煌石窟全集 22:石窟建筑卷. 香港:商务印书馆(香港)有限公司,2003;孙孙儒涧,孙毅华. 敦煌石窟全集 21:建筑画卷. 香港:商务印书馆(香港)有限公司,2003

图 3.55:16、17 　引自:内蒙古文物考古研究所,阿鲁科尔沁旗文物管理所. 内蒙古赤峰宝山辽壁画墓发掘简报,文物,1998(01)

图 3.56:1、2 　　《普贤菩萨骑象像幡》,引自:西域美术·卷 2:Guimet 美术馆伯希和藏品. 东京:讲谈社,1995:图 1

图 3.56:3 　　　《五台山文殊菩萨化现图》,引自. 西域美术·卷 2:Guimet 美术馆伯希和藏品. 东京:讲谈社,1995:图 6

图 3.57:15-17 　敦煌研究院提供

图 3.59:1 　　　引自:梁思成全集(第 7 卷). 北京:中国建筑工业出版社,2001

图 3.59:2,图 6.35:5
　　　　　　引自:楼庆西. 中国建筑艺术全集 24·建筑装修与装饰. 北京:建筑工业出版社,1999

图 3.59:3　　中国建筑设计研究院历史研究所资料室藏照片

图 3.59:7　　引自:梁思成,刘敦桢. 大同古建筑调查报告. 北京:中国营造学社,1933

图 3.63:1,图 6.9:3
　　　　　　引自:杨道明. 中国美术全集·建筑艺术编 2:陵墓建筑. 北京:中国建筑工业出版社,1988

图 3.63:2　　引自:郭黛姮. 中国古代建筑史(第 3 卷). 北京:中国建筑工业出版社,2003

图 3.63:6　　引自:罗春政. 辽代绘画与壁画. 沈阳:辽宁画报出版社,2002

图 3.63:9　　引自:梅宁华. 北京辽金史迹图志(上). 北京:燕山出版社,2003

图 6.6:1　　引自:杨鸿勋. 凤翔出土春秋秦宫铜构——金釭. 考古,1976(02)

图 6.6:2　　载《陕西古建筑》,转引自:萧默. 中国建筑艺术史. 北京:文物出版社,1991

图 6.6:3　　引自:刘敦桢. 中国古代建筑史. 北京:中国建筑工业出版社,1984

图 6.8:2　　引自:傅熹年. 麦积山石窟中所反映出的北朝建筑. 见:傅熹年. 建筑史论文集. 北京:文物出版社,1998

图 6.9:4　　引自:北九州岛市立美术馆. 北九州岛市立美术馆开馆纪念:中华人民共和国汉唐壁画展. 东京:大冢巧艺社,1974

图 6.9:5　　清华大学文化遗产保护研究所提供,贾玥摄影

图 6.18　　第 9 图引自《定州文物藏珍》,其余为文物局提供

图 6.19　　文物局提供

图 6.20:1、2、4、6—11
　　　　　　清华大学建筑学院资料室藏营造学社照片

图 6.20:3　　文物局提供

图 6.20:5　　引自:刘敦桢. 河北省西部古建筑调查纪略. 中国营造学社汇刊,1935,5(04)

图 6.32　　王贵祥摄

图 6.33:2　　引自:内蒙古文物考古研究所,赤峰市博物馆. 辽耶律羽之墓发掘简报. 文物,1996(01)

图 6.34:7　　引自:中国大百科全书·考古学. 北京:中国大百科全书出版社,1986

图 6.35:1　　引自:山西云岗文物保护研究所. 华严寺. 北京:文物出版社,1980

图 6.35:4　　引自:山西省古建筑保护研究所. 佛宫寺释迦塔和崇福寺辽金壁画. 北京:文物出版社,1983

图 6.43　　清华大学建筑学院资料室藏

图 6.44　　引自:敦煌石窟全集 21:建筑画卷. 香港:商务印书馆(香港)有限公司,2003

图 6.47　　清华大学建筑学院资料室藏

图 6.48、图 6.49　引自:[日] 神居文彰. 平安色彩美への旅——よみがえる平安の色彩美. 东京:平等院,2005

图 6.50　　左图引自:原色日本の美术·第 6 卷. [出版地未知]:株式会社小学馆,1969;右图引自:神居文彰. 平安色彩美への旅——よみがえる平安の色彩美. 东京:平等院,2005

附录 B 《营造法式》彩画相关实例资料简目

表 B-1　元以前木构建筑彩画遗存一览①

朝代	实物名称	说明	资料来源
唐	山西五台山南禅寺大殿	枋额、枓栱彩画相当于《营造法式》中的"丹粉刷饰"。大木构架为中唐,公元 782 年	钟晓青. 隋唐五代的建筑装饰.见:傅熹年. 中国古代建筑史(第 2 卷). 北京:中国建筑工业出版社,2001:595~628
	山西五台山佛光寺大殿	枓栱彩画与南禅寺略同,栱眼壁有佛教题材的壁画。大木构架为晚唐,公元 857 年	同上
五代	山西平顺大云院外檐栱眼壁、枓栱、梁架彩画	现已修毁不存。大木构架为五代,公元 940 年。据李春江判断,彩画与木构同时期	[1] 杨烈. 山西平顺县古建筑勘查记.文物,1962(02) [3] 李春江. 山西省平顺县大云寺的壁画与彩画. 文物,1963(07) [4] 实地考察,2004 年 4 月
	福建福州华林寺大殿枋额彩画	彩画为"团窠"纹样,大木构架为五代,公元 964 年	钟晓青. 隋唐五代的建筑装饰.见:傅熹年 . 中国古代建筑史(第 2 卷). 北京:中国建筑工业出版社,2001
北宋	敦煌莫高窟 427 窟宋初木构窟檐内檐彩画	保存较完整,以佛教题材为主,接近于《营造法式》的"五彩遍装"。窟檐建于公元 970 年	[1] 萧默. 敦煌建筑研究. 北京:机械工业出版社,2003 [2] 孙儒涧,孙毅华. 敦煌石窟全集 22:石窟建筑卷. 香港:商务印书馆(香港)有限公司,2003 [3] 实地考察,2005 年 4 月
	敦煌莫高窟 444 窟宋初木构窟檐内檐彩画	窟檐建于公元 976 年	同上
	敦煌莫高窟 431 窟宋初木构窟檐内檐彩画	窟檐建于公元 980 年	同上
	浙江宁波保国寺大殿内檐丹粉刷饰彩画	大木构架为北宋,1013 年	[1] 楼庆西. 中国建筑艺术全集 24:建筑装修与装饰. 北京:中国建筑工业出版社,1999 [2] 郭黛姮,宁波保国寺文物保管所.东来第一山——保国寺. 北京:文物出版社,2003
	★山西太原晋祠圣母殿西面栱眼壁五彩遍装彩画	现在见到的五彩遍装彩画为 1993—95 年间落架重修时的摹本。大木构架为北宋,公元 1023—1031 年	实地考察,2004 年 3 月
	★山西高平开化寺大殿内檐五彩遍装彩画	这是经过改动最少、而且其时代和地域与《营造法式》最为接近的建筑彩画实例。大木构架为北宋,公元 1073 年 有《宋大观四年泽州舍利山开化寺修功德记》:"……以元佑壬申正月初□,绘修佛殿,功德迄于绍圣□子重九,灿然功已,又崇宁元年夏六月五日……"	[1] 文物参考资料,1958(03):48 [2] 赵建威.高平开化寺大殿维修竣工.中国文物报,1989-08-04:1 版 [3] 实地考察,2004 年 4 月

---

① 加★者为资料丰富,且对《营造法式》彩画的复原有着重要参考价值的实例。

朝代	实物名称	说明	资料来源
辽	河北新城(今高碑店)开善寺大殿彩画	色彩基本脱落不可见,梁头和柱头还可勉强辨认彩画的痕迹,大木构架为辽代,公元 1003 年	实地考察,2003 年 4 月
	辽宁义县奉国寺大雄宝殿彩画	大木构架为辽代,公元 1020 年。梁架室内彩画具有辽代风格	[1] 杜仙洲. 义县奉国寺大雄宝殿调查报告. 文物,1961(02) [2] 奉国寺相关部分,见:张驭寰,等. 中国古代建筑技术史. 北京:科学出版社,1985
	山西大同华严寺薄迦教藏殿及壁藏彩画	大殿梁架已大部修毁,教藏的大部分彩画经过明代重装,少量平暗、梁栿及枓栱还保留辽金时期特色。大木构架为辽代,公元 1038 年	[1] 山西云冈石窟文物保管所. 华严寺. 北京:文物出版社,1980 [2] 清华大学建筑学院资料室藏照片 [3] 实地考察,2004 年 3 月
	山西应县佛宫寺释迦塔彩画	首层内槽南北门阑额,及首层藻井天花尚存彩画,具有辽金时期特色。大木构架为辽代,公元 1056 年	[1] 山西省古建筑保护研究所. 佛宫寺释迦塔和崇福寺辽金壁画. 北京:文物出版社,1983 [2] 中国建筑设计研究院历史研究所资料室藏照片
南宋	福建泰宁甘露庵	其中上殿(1269 年之前)和南安阁(1165 年)的室内梁架存有彩画,据梁架上宋人之墨书题记,极有可能是南宋原物。其大木构架之做法与日本镰仓时期由南宋传去的"天竺样"相似。该建筑群于 1959 年遭大火焚毁	[1] 张步骞. 甘露庵. 见:建筑理论及历史研究室. 建筑历史研究(第 2 辑). 北京:中国建筑科学研究院建筑情报研究所,1982 [2] 傅熹年拍摄黑白照片
金	山西大同善化寺大雄宝殿彩画	大木构架为金代,公元 1128—1143 年。大殿经过明代重修,殿内彩画存有辽金特色,但主要为明代风格	[1] 楼庆西. 中国建筑艺术全集 24:建筑装修与装饰. 北京:中国建筑工业出版社,1999 [2] 实地考察,2004 年 3 月
元	山西芮城永乐宫	其中纯阳殿彩画有确切纪年,可能是现存木构彩画中的孤例	[1] 傅熹年. 永乐宫壁画. 文物参考资料,1957(03) [2] 吕俊岭. 永乐宫的彩画图案. 文物参考资料,1958(03) [3] 朱希元. 永乐宫元代建筑彩画. 文物,1963(08) [4] 实地考察,2004 年 4 月
	山西洪洞广胜寺下寺		[1] 崔毅. 山西古建筑装饰图案. 北京:人民美术出版社,1992 [2] 实地考察,2004 年 3 月

表 B-2　元以前仿木构建筑彩画之较重要遗存

朝代	实物名称	说明	资料来源
唐	陕西乾县永泰公主墓	砖室墓，四壁以土朱绘柱、额、枓栱等，额上施"七朱八白"彩画。过洞顶部以土朱绘平棊和峻脚椽，"背版"绘五彩团花及写生花，墓主葬于初唐，公元706年	杨道明.中国美术全集·建筑艺术编 2：陵墓建筑.北京：中国建筑工业出版社，1988
	陕西乾县懿德太子墓	形制略同于永泰公主墓	
	辽宁朝阳北塔地宫彩画	局部为辽代重绘，亦存有盛唐天宝年间彩画原物，据题记可知为公元742—756年	[1] 朝阳北塔考古勘察队.辽宁朝阳北塔天宫地宫清理简报.文物，1992(07) [2] 张剑波，王晶辰，董高.朝阳北塔的结构勘察与修建历史.文物，1992(07)
五代	四川成都前蜀王建永陵	砖室墓，前室第三券券额上尚存卷成华文彩画	冯汉骥.前蜀王建墓发掘报告.北京：文物出版社，1964
	河北曲阳五代王处直壁画墓	砖室墓，四壁以赭色绘出立柱、地栿，以青、红二色绘帷帐，阑额位置饰赭地团科华，并有丰富的壁画，题材涉及人物、动物、花卉、山水、家具等。墓主人葬于五代，公元924年	[1] 河北省文物研究所.河北曲阳五代壁画墓发掘简报.文物，1996(09) [2] 河北省文物研究所.河北古代墓葬壁画.北京：文物出版社，2000
	浙江杭州临安吴越国康陵	仿木构件上有五彩遍装彩画，建于五代，公元939年	杭州市文物考古所，临安市文物馆.浙江临安五代吴越国康陵发掘简报.文物，2000(02)
	★陕西彬县（现彬州市）冯晖墓	砖室墓，其主室、三个侧室和甬道内均存有大量仿木结构五彩遍装彩画，墓门为仿木结构砖雕彩画，其规模之巨，明显僭越了定制礼仪，体现了唐末五代时期藩镇势力的强大 墓主人冯晖生前官至周朔方军节度使，死后追封卫王。死于广顺二年（952年），葬于显德五年(958年)	咸阳市文物考古研究所.五代冯晖墓.重庆：重庆出版社，2001
	★江苏南京南唐二陵	仿木构件上有五彩遍装彩画，二陵分别建于公元943年、961年	南京博物院.南唐二陵发掘报告.北京：文物出版社，1957
北宋	江苏苏州虎丘塔	塔内仿木构件上由丹粉刷饰彩画，墙面、栱眼壁等作浅浮雕，上施彩色。额、枋有角叶做法。塔建于北宋初年，公元959—961年。塔内出土经箱等，亦可提供北宋时期装饰纹样的少量实物	[1] 苏州市文物保管委员会.苏州虎丘塔出土文物.北京：文物出版社，1958 [2] 中国建筑设计研究院历史研究所资料室藏照片 [3] 傅高杰测绘图纸（傅熹年藏），1979年 [4] 郭黛姮.中国古代建筑史(第3卷).北京：中国建筑工业出版社，2003：464~466
	河北定县(现定州市）静志寺塔	该地宫为仿木结构砖室，内枓栱、梁枋施"五彩遍装"彩画。塔建于北宋，公元977年	[1] 定县博物馆.河北定县发现两座宋代塔基.文物，1972(08) [2] 马瑞田.中国古建彩画.北京：文物出版社，1996 [3] 孙彦平，齐增玲.珍贵的北宋塔基

朝代	实物名称	说明	资料来源
北宋	河北定县（现定州市）静志寺塔		地宫壁画.文物春秋,1999(04) [4] 河北省文物局.定州文物藏珍.广州:岭南美术出版社,2003
	河北定县（现定州市）开元寺料敌塔	该地宫为仿木结构砖室,内斗拱彩画为"五彩遍装"与"碾玉装"的混合。塔建于北宋,公元1001年。	马瑞田.定县开元寺料敌塔塔基彩画.文物,1983(05)
	河南郑州南关外北宋砖室墓	仿木结构砖室墓,墓室和墓门在白灰地上彩绘,枓栱、檐椽、窗通刷紫红色,栱眼壁及普拍枋用黑、红、绿、黄四色绘牡丹花之类,未发表相关照片。据墓室内买地券,买地时间为公元1056年,入葬时间当略晚于此	河南省文物工作队第一队.郑州南关外北宋砖室墓.文物参考资料,1958(05)
	山西临猗双塔寺西塔地宫	西塔建于1069年,地宫为仿木构砖室,遍施彩绘	乔正安.山西临猗双塔寺北宋塔基地宫清理简报.文物,1997(03)
	河南登封黑山沟宋墓	墓室内仿木结构枓栱、梁枋施五彩遍装彩画,发表资料极略。墓建于北宋,公元1097年	郑州市文物考古研究所,登封市文物局.河南登封黑山沟宋代壁画墓.文物,2001(10)
	★河南禹县白沙宋墓	该墓群共三座,为北宋民间家族墓葬,均为仿木结构砖室墓,其枓栱、梁枋遍施彩画,接近《营造法式》的"五彩遍装"。该墓群现因修白沙水库而毁去,发表资料较详。三墓先后建于公元1099—1124年	宿白.白沙宋墓.北京:文物出版社,1957
	河南洛阳邙山宋代壁画墓	仿木结构砖室墓,墓门和墓室施彩画,其余仿木结构部位涂白灰。墓门彩画以刷饰青、黑色为主,丁头栱下、月梁面、栱眼壁、普拍枋等用墨线勾画卷草华文;墓室彩画接近《营造法式》的"解绿结华装";墓室东西壁除壁画外,还绘有4幅挂轴画。未发表相关彩色照片。该墓无明确纪年,据推测为北宋徽宗时期(1100—1125年)	洛阳市第二文物工作队.洛阳邙山宋代壁画墓.文物,1992(12)
	河南新密平陌宋代壁画墓	该墓为仿木结构砖室墓,壁面遍施彩绘,仅有一张线图发表。该墓建于北宋末年,公元1108年	郑州市文物考古研究所,新密市博物馆.河南新密市平陌宋代壁画墓.文物,1998(12)
	河南洛阳新安县宋四郎墓	该墓现迁于洛阳古墓博物馆展出,为仿木结构砖室墓,枓栱、枋额、天花均有丰富的五彩遍装彩画图案。墓主入葬年代为公元1126年	实地考察,2004年4月
	山西平定姜家沟宋墓	该墓为仿木结构砖室墓,梁枋有球纹、云纹的遗存,栱眼壁有丰富的植物纹样。无纪年资料	山西省考古研究所,等.山西平定宋、金壁画墓简报.文物,1996(05)
辽	内蒙古赤峰宝山辽墓	此为一个大型辽墓群,目前有两座墓被盗后发掘,其中1号墓中有"天赞二年"(923年)题记,为迄今发现纪年辽墓中最早的契丹贵族	[1] 内蒙古文物考古研究所,阿鲁科尔沁旗文物管理所.内蒙古赤峰市宝山辽壁画墓发掘简报.文物,1998(01)

朝代	实物名称	说明	资料来源
辽	内蒙古赤峰宝山辽墓	墓。两座墓均为仿木砖石结构墓，遍施彩画。未发表详细资料	[2] 侯峰. 契丹风情. 见:李文儒. 中国十年百大考古新发现. 北京:文物出版社,2002 [3] 罗春政. 辽代绘画与壁画. 沈阳:辽宁画报出版社,2002
	北京南郊辽赵德钧墓	仿木结构砖室墓,墙、柱、额、枋、枓栱、门窗等均用白色粉刷,再施黑红二色彩绘。墓的年代在公元937—958年之间	北京文物队. 北京南郊辽赵德钧墓. 考古,1962(05)
	内蒙古赤峰耶律羽之墓	墓门、小帐施有彩绘,有丰富的植物、动物、织锦纹样。墓建于公元942年	[1] 内蒙古文物考古研究所,赤峰市博物馆. 辽耶律羽之墓发掘简报. 文物,1996(01) [2] 赵丰,齐晓光. 耶律羽之墓丝绸中的团窠和团花图案. 文物,1996(01) [3] 侯峰. 罕见的契丹贵族墓. 见:李文儒. 中国十年百大考古新发现. 北京:文物出版社,2002
	辽宁法库叶茂台辽墓	该墓的主体为较简单的样式,墓门有仿木结构的做法,亦有彩绘,但是没有发表详细资料。该墓出土一个仿照当时贵族祠堂的木制棺床小帐,有较丰富的彩绘。该墓没有明确纪年,据推测为辽代前期,约公元959—986年	[1] 辽宁省博物馆辽宁铁岭地区文物组发掘小组. 法库叶茂台辽墓记略. 文物,1975(12) [2] 曹汛. 叶茂台辽墓中的棺床小帐. 文物,1975(12)
	内蒙古辽陈国公主驸马合葬墓	仿木结构门楼上施彩画,以黄、赭、黑为主。发表资料极略。公主葬于辽代,公元1018年	[1] 内蒙古文物考古研究所. 辽陈国公主驸马合葬墓发掘简报. 文物,1987(11) [2] 内蒙古自治区文物考古研究所,哲里木盟博物馆. 辽陈国公主墓. 北京:文物出版社,1993
	内蒙古库伦辽墓	在仿木结构门楼上施彩画,枓栱描墨缘道,内施赤、黄等色,也有在梁枋上勾画赭色木纹的做法。发表资料极略。墓无明确纪年,据推测可能为辽圣宗末期到兴宗时埋葬,即约公元1010—1030年 [注] 库伦旗所属的哲里木盟,原属内蒙古自治区,1976年7月划归吉林省,1979年7月又划归内蒙古自治区	[1] 吉林省博物馆,哲里木盟文化局. 吉林哲里木盟库伦旗一号辽墓发掘简报. 文物,1973(08) [2] 王泽庆. 库伦旗一号辽墓壁画初探. 文物,1973(08) [3] 内蒙古文物考古研究所,哲里木盟博物馆. 内蒙古库伦旗七、八号辽墓. 文物,1987(07) [4] 王健群,陈相伟. 库伦辽代壁画墓. 北京:文物出版社,1989
	★内蒙古辽庆陵	墓室为仿木结构建筑,上施五彩遍装彩画,在众多墓室彩画中,算是施工最精、整体效果最统一的。陵墓建于公元1031年	[1] [日] 田村实造,小林行雄. 庆陵. 京都:日本京都大学文学部,1953 [2] [日] 慶陵の壁畫,2000 [3] 郭黛姮. 中国古代建筑史(第3卷). 北京:中国建筑工业出版社,2003:213~217
	★河北宣化辽墓	该墓群为辽晚期至金初民间家族墓葬,均为仿木结构的砖室墓,存有大量的壁画和彩画,其彩画类型接近于《营造法式》中的"解绿装"和"解绿结华装"。墓群的时间跨度为辽末至金初,公元1093—1144年	[1] 河北省文物管理处,河北省博物馆. 河北宣化辽壁画墓发掘简报. 文物,1975(08) [2] 张家口市文物事业管理所. 河北宣化下八里辽金壁画墓. 文物,1990(10) [3] 张家口市宣化区文物保管所. 河

附

录

《营造法式》彩画研究

朝代	实物名称	说明	资料来源
辽	★河北宣化辽墓		北宣化下八里辽韩师训墓. 文物,1992 (06) [4] 张家口市宣化区文物保管所. 河北宣化辽代壁画墓. 文物,1995(02) [5] 河北省文物研究所,张家口市文物管理处. 河北宣化辽张文藻壁画墓发掘简报. 文物,1996(09) [6] 河北省文物研究所. 宣化辽墓——1974—1993 年考古发掘报告. 北京:文物出版社,2001
金	山西汾阳金墓	此墓葬群共 8 座,均为仿木结构砖雕单室墓,局部有彩绘。其中 M5 形制最高,砖雕与彩绘也最丰富,有卷草、团科、写生花等,柱、额有角叶做法;M2 除了简单的砖雕彩绘之外,东南、东北、西南、西北壁各绘帷帐。未发表相关彩色照片。此墓群无确切纪年,据推测为金代早期	山西省考古研究所,汾阳县博物馆. 山西汾阳金墓发掘简报. 文物,1992 (12)
	山西稷山金墓	稷山县马村、化峪镇及县苗圃 3 地共发掘出仿木构金代墓葬十余处,墓室内存有丰富的砖雕,部分有彩绘,纹样题材以人物、动物、卷草纹、写生华文为主,彩画类似《营造法式》的"解绿结华装",或"解绿装"。现墓室迁于稷山金墓博物馆展出。墓群没有明确纪年资料,据推测为金代前期(不晚于 1181 年)	[1] 山西省考古研究所. 山西稷山金墓发掘简报. 文物,1983(01) [2] 山西省考古研究所. 平阳金墓砖雕. 太原:山西人民出版社,1999 [3] 实地考察,2004 年 3 月
	山西沁县南里乡砖雕壁画墓	此墓为仿木结构砖室墓,其科拱、枋额上有丰富的彩绘纹样,近似于《营造法式》的"解绿结华装"。此墓没有确切纪年,据推测为金代中期,约公元 12 世纪下半叶	[1] 商彤流,郭海林. 山西沁县发现金代砖雕墓. 文物,2000(06) [2] 作者提供未刊照片
	山西闻喜下阳宋金时期墓	此墓为仿木结构砖室墓,枋上绘红色几何图案,科拱刷青或红色,解黑缘道,并绘云文、圆点文等。拱眼壁于白地上绘花卉。未发表相关彩色照片。此墓无纪年资料,据推测,略早于公元 1191 年	闻喜县博物馆. 山西闻喜下阳宋金时期墓. 文物,1990(05)
	山西长治安昌金墓	此墓为仿木结构砖室墓,其柱、额、枋、科拱上施以青、黄、土朱等色,拱眼壁用土朱绘卷草或牡丹,北壁柱头绘"旋花",昂、要头及华拱瓣用白色勾出"如意头"。未发表相关清晰照片。此墓建于公元 1195 年	王进先,朱晓芳. 山西长治安昌金墓. 文物,1990(05)
西夏	甘肃安西榆林窟 2、3、10窟仿木构装饰	西夏后期(1140—1227 年)。体现了多元融合的趋势;不仅出现了来自西藏、印度和尼泊尔的题材,而	[1] 关友惠. 敦煌石窟全集 14:图案卷(下). 香港:商务印书馆(香港)有限公司,2003

朝代	实物名称	说明	资料来源
西夏	甘肃安西榆林窟 2、3、10 窟仿木构装饰	且更多地运用了当时流行于中原的纹样和题材，其中柱头、柱脚饰净地锦、藻井饰卷成华文、曲水文等，均与《营造法式》的规定相符，而且未见于敦煌前代石窟，属于西夏后期从中原引进的新风。榆林窟西夏后期的第 2、3、10 窟藻井和壁画边饰可以作为敦煌这一时期体现中原新风的代表	[2] 敦煌研究院提供照片 [3] 实地考察，2005 年 4 月

表 B-3　元以前壁画、绘画、印染织绣中，与彩画色彩及纹样有关的遗存

朝代	实物名称	说明	资料来源
唐		大量唐代丝织品，其中纹样和色阶的使用有参考价值	许新国. 青海丝路上的世纪发现. 见：李文儒. 中国十年百大考古新发现. 北京：文物出版社，2002
	新疆阿斯塔那唐墓出土丝织品及绘画	同上	[1] 中国历史博物馆，新疆维吾尔自治区文物局. 天山古道东西风. 北京：中国社会科学出版社，2002 [2] 黄能馥. 中国美术全集·工艺美术编 6：印染织绣（上）. 北京：文物出版社，1985
	山西五台山佛光寺大殿壁画	绘于栱眼壁等处，为佛教人物题材，体现了唐代盛行的"凹凸画法"	山西省古建筑保护研究所. 佛光寺和大云院唐五代壁画. 北京：文物出版社，1983
	山西平顺大云院壁画	为佛教故事画，其中须弥座、人物服饰等，可见大量的彩色装饰纹样，风格与《营造法式》接近	[1] 山西省古建筑保护研究所. 佛光寺和大云院唐五代壁画. 北京：文物出版社，1983 [2] 实地考察，2004 年 4 月
北宋	山东泰安岱庙天贶殿壁画	人物故事画，描绘了大量的建筑，其中表现的台基踏道石刻纹样及大殿柱头彩画可资参照	岱庙天贶殿壁画. 济南：山东人民出版社，1982
	高平开化寺壁画	人物故事画，描绘了大量的建筑，人物服饰纹样，以及部分建筑彩画及石刻，以及壁画边饰纹样可资参照	[1] 梁济海. 开化寺的壁画艺术. 文物，1981（05） [2] 山西省古建筑保护研究所. 开化寺宋代壁画. 北京：文物出版社，1983 [3] 实地考察，2004 年 4 月
辽	解放营子辽墓等	木樽、墓室四壁绘有花卉图、人物图，其中植物纹样、色彩可资参照	[1] 项春松. 辽宁昭乌达地区发现的辽墓绘画资料. 文物，1979（06） [2] 项春松. 辽代壁画选. 上海：上海人民美术出版社，1984
南宋	福州宋墓出土丝织品	丝织品纹样以花卉为主，是研究宋代写实风格纹样的参考	[1] 福建省博物馆. 福州市北郊南宋墓清理简报. 文物，1977（07） [2] 黄能馥. 中国美术全集·工艺美术编 6：印染织绣（上）. 北京：文物出版社，1985
金	山西繁峙岩山寺壁画	人物故事画，描绘了大量的建筑，部分建筑彩画及石刻可资参照	[1] 张亚平，赵晋樟. 山西繁峙岩山寺的金代壁画. 文物，1979（02）

续表 B-3　元以前壁画、绘画、印染织绣中,与彩画色彩及纹样有关的遗存

朝代	实物名称	说明	资料来源
金	山西繁峙岩山寺壁画		[2] 傅熹年. 山西省繁峙县严山寺南殿金代壁画中所绘建筑的初步分析. 见:建筑理论及历史研究室. 建筑历史研究(第 1 辑). 北京:中国建筑科学研究院建筑情报研究所,1982
	山西朔县崇福寺壁画	佛教人物画,其中人物服饰纹样,以及须弥座纹样可资参照	山西省古建筑保护研究所. 佛宫寺释迦塔和崇福寺辽金壁画. 北京:文物出版社,1983
	金齐国墓出土服饰	丝织品纹样,以及金属棺翰纹样可资参照	赵评春,迟本毅. 金代服饰——金齐国墓出土服饰研究. 北京:文物出版社,1998
元	山西洪洞广胜寺明应王殿彩塑及壁画	风俗故事画,其中人物服饰纹样、须弥座及器物纹样可资参照	[1] 柴泽俊,朱希元. 广胜寺水神庙壁画初探. 文物,1981(05) [2] 实地考察,2004 年 3 月
	山西稷山青龙寺壁画	佛教故事画,其中人物服饰纹样、须弥座及器物纹样可资参照	[1] 王泽庆. 稷山青龙寺壁画初探. 文物,1980(05) [2] 实地考察,2004 年 3 月
	山西芮城永乐宫壁画	道教故事画,其中人物服饰纹样、须弥座及器物纹样可资参照	[1] 傅熹年. 永乐宫壁画. 文物参考资料,1957(03) [2] 实地考察,2004 年 3 月
北朝至清	敦煌壁画及彩塑	现存最丰富的图案纹样及色彩的宝库,发表资料较为详细	[1] 敦煌文物研究所. 敦煌的艺术宝藏. 北京:文物出版社,1980 [2] 段文杰. 中国美术全集·绘画编 16:敦煌壁画(下). 上海:上海人民美术出版社,1985 [3] 敦煌文物研究所. 中国石窟·敦煌莫高窟(第 4 卷、第 5 卷). 北京:文物出版社,1987 [4] 敦煌研究院,江苏古籍出版社. 敦煌图案摹本. 南京:江苏古籍出版社,2000 [5] 常沙娜. 中国敦煌历代服饰图案. 北京:中国轻工业出版社,2001 [6] 孙儒涧,孙毅华. 敦煌石窟全集 22:石窟建筑卷. 香港:商务印书馆(香港)有限公司,2003 [7] 关友惠. 敦煌石窟全集 14:图案卷(下). 香港:商务印书馆(香港)有限公司,2003

表 B-4　元以前雕刻艺术中，与彩画纹样有关的遗存

朝代	实物名称	说明	资料来源
唐至清	★河南登封少林寺塔林及初祖庵石刻	少林寺塔林现存砖、石和尚墓塔200余座，时代跨度自唐至清，雕刻内容极其丰富，涵盖了《营造法式》提及的各个门类。少林寺初祖庵大殿建于公元1125年，其立柱及殿内佛坛须弥座上均有丰富的石刻，内容包括卷成华文、云水文、人物故事等。此外，少林寺地区还出土了大量的舍利石函、碑刻等，是我国最大的石刻艺术宝库之一	[1] 刘敦桢. 河南省北部古建筑调查记. 中国营造学社汇刊, 1937,6(4) [2] 苏思义, 等. 少林寺石刻艺术选. 北京:文物出版社, 1985 [3] 杨焕成, 汤文兴. 我国最大的古塔博物馆——少林寺塔林. 中原文物, 1986(02) [4] 王树村. 中国美术全集·绘画编19:石刻线画. 上海:上海人民美术出版社, 1988 [5] 实地考察, 2004 年 4 月
唐	河南安阳修定寺塔	该塔为一座单层方形佛塔,塔身四壁满饰雕砖,题材主要有人物、动物,及卷成莲华、牡丹纹样,原来还遍涂一种橘红色,故俗称"红塔"。其表面的菱形格与角柱构图,又颇具伊斯兰建筑风味。附近还出土了一些塔顶的琉璃构件,距推测可能是明代之物。塔的建造年代,据推测为公元 758—860 年间	[1] 杨宝顺, 孙德宣, 孙士杰. 安阳修定寺唐塔雕砖的复制工艺. 文物, 1982(12) [2] 河南省文物研究所, 等. 安阳修定寺塔. 北京:文物出版社, 1983
五代	★江苏南京栖霞寺舍利塔		实地考察, 2004 年 11 月
五代	四川成都王建墓石刻	棺床须弥座上存有大量植物、动物、伎乐浮雕,亦可为该时期的纹样特征提供参照。墓建于公元918年	[1] 冯汉骥. 前蜀王建墓发掘报告. 北京:文物出版社, 1964 [2] 温廷宽. 王建墓石刻艺术. 成都:四川人民出版社, 1985
北宋	★河南巩义北宋皇陵	包括北宋时期的 8 座皇陵,及其附葬的后陵,其丰富的线刻及石雕,题材几乎涵盖《营造法式》提到的各个方面,为"北宋官式"的确凿例证。其中永熙陵西北附葬后陵(元德皇后李氏陵,公元1000年)被盗掘打开,可知其地宫为仿木结构砖室,柱头科栱之耍头锋面刻有嫔伽形象,科栱及枋间红白二色刷饰,栱眼壁用墨线勾勒盆花,砖穹内表面加粉刷后彩绘,用红、黑、青灰色绘宫室楼阁,其间绘粉白朵朵云等,未发表相关彩色照片。该陵墓群时间跨度自公元 976 年—1100 年	[1] 郭湖生, 戚德耀, 李容淦. 河南巩县宋陵调查. 考古, 1964(11) [2] 林树中, 王鲁豫. 宋陵石雕. 北京:人民美术出版社, 1984 [3] 河南省文物考古研究所. 北宋皇陵. 郑州:中州古籍出版社, 1997 [4] 实地考察永昭陵、永定陵、永昌陵、永熙陵, 2004 年 4 月
北宋	河南邓州市福圣寺塔地宫出土金棺、银椁等	棺、椁表面有丰富的装饰纹样,题材有飞凤、卷草、毯文等,据出土《地宫记》,部分遗物施于公元1032年	河南省古代建筑保护研究所. 河南邓州市福圣寺塔地宫. 文物, 1991(06)
北宋	河南巩义宋魏王赵頵夫妇合葬墓志盖	该墓位于北宋皇陵区内,为仿木结构砖室墓,科栱上涂有红色,墓志盖为盝顶,四斜面刻四神,内间云文。墓主葬于公元 1094 年	周到. 宋魏王赵頵夫妇合葬墓. 考古, 1964(07)

朝代	实物名称	说明	资料来源
北宋		棺楣中央线刻花盆,棺盖两侧线刻枝条卷成牡丹华,间以攀枝童子和骑兽童子,棺身刻人物故事等,现藏于关林石刻艺术馆。据志文推测,此棺年代为 1106 年,与《营造法式》成书时间极为接近	黄明兰,宫大中. 洛阳北宋张君墓画像石棺. 文物,1984(07)
	河南洛宁乐重进画像石棺	石棺表面单线阴刻丰富的植物、动物、人物纹样,石棺年代为公元 1117 年	李献奇,王丽玲. 河南洛宁北宋乐重进画像石棺. 文物,1993(05)
	河南宜阳北宋墓画像石棺	棺壁刻孝子图、饮茶图等,棺盖上刻画卷成牡丹,底部四周刻云文。石棺无纪年,据推测为北宋徽宗时期(1100—1125 年)	洛阳市第二文物工作队,宜阳县文物管理委员会. 河南宜阳北宋墓画像石棺. 文物,1996(08)
	重庆井口宋墓雕刻	仿木结构石室墓,共 2 座,形制大体相同,藻井四周刻四神图,墓壁上刻孝子图,并刻有仿木隔扇。此墓没有明确纪年,据推测应是北宋末年至南宋末年（公元 1115—1279 年)之物	重庆市博物馆历史组. 重庆井口宋墓清理简报. 文物,1961(11)
南宋	四川大足石刻	大足石窟的时间跨度自唐末至宋,在南宋绍兴年间达到最高潮,其人物服饰、建筑样式均提供了大量该时期的资料	[1] 大足县文物保管所. 大足石窟. 北京:文物出版社,1984 [2] 刘长久,等. 大足石刻研究. 成都:四川省社会科学院出版社,1985 [3] 实地考察,2006 年 6 月
	浙江宁波天封塔地宫出土银殿等	银殿模型为仿木结构歇山顶 3 开间建筑,柱身饰盘龙纹、莲荷华,阑额饰"七朱八白",栏板饰四斜毬文,须弥座有角叶做法,内饰狮子、麒麟等,当心间及殿内布置幔幕,幕上于细小圈点地上饰单枝条牡丹华。银殿的年代,据铭文为公元 1144 年,另同时出土银塔、银香炉、银佛龛等,亦有丰富的植物、动物纹样,应是南宋时期原物	林士民. 浙江宁波天封塔地宫发掘报告. 文物,1991(06)
	四川荣昌沙坝子石刻宋墓	仿木构红砂岩单室墓,阑额作月梁状。其藻井、枋、额、柱、壁龛均有浮雕,题材有四神、牡丹、莲花、卷草、云文等。据墓室右壁题记,此墓建于公元 1185 年	四川省博物馆,荣昌县文化馆. 四川荣昌县沙坝子宋墓. 文物,1984(07)
	四川广元石刻宋墓	此墓为仿木结构石刻券顶墓,墓门枋刻卷草纹,墓室侧壁刻四神、人物、花卉、仿木格扇门等。据墓室出土的买地券可知,此墓为夫妻分室合葬墓,男主葬于 1195 年	[1] 四川省博物馆,广元县文管. 四川广元石刻宋墓清理简报. 文物,1982(06) [2] 盛伟. 四川广元宋墓石刻. 文物,1986(12)

跋

　　傅熹年先生与我合作指导的博士研究生李路珂的博士论文《〈营造法式〉彩画研究》就要付梓出版，傅先生为此写了序，还特别嘱我也写一个跋。李路珂的论文是傅先生倾心指导的结果，对于论文的成果，傅先生已经作了充分的肯定。

　　《营造法式》的研究是中国古代建筑史研究中的一个较为深入的课题，以往关注这一研究的学者多是将研究的重点放在大木作制度上，但是自上个世纪 90 年代以来，围绕《营造法式》中的彩画制度，已经有好几篇论文出现，其中有东南大学与清华大学的博士论文，也有清华大学的硕士论文，还有资深学者的文章，可以说这方面的研究颇有一些进展。令人感到有趣的是，涉足这一特别领域的论文作者，几乎是清一色的巾帼女英，论文亦多凿凿有力，颇显出中国建筑史学界的新气象。

　　当然，与宋式彩画研究不同的是，清式彩画研究中，多是功力深厚的须眉大家。这或许因为清式彩画更多地仰赖实际的彩画工艺过程，与画工们的反复磋商和不耻下问及这些年长学者的遗风有关。而宋式彩画多出自大学建筑系的学子之门，作为一种几乎湮灭的建筑装饰工艺与艺术，更需要对原始资料的大量收集，及与原有色彩与纹样的反复研讨，结合一个好的《营造法式》版本，以其中的线图为基础，对其可能的原始纹样与色彩逐一加以还原，这确是一件不容易的事情。因此，这是一个探索性的研究，其成果可能不是最终的结论，却是向趋近宋人的原作前进了一步。

　　梁思成先生也曾特别关注过《营造法式》中的彩画制度，这可以见之于《梁思成全集》第七卷，"营造法式卷第十四·彩画作制度"。在梁先生研究《营造法式》的那个艰难苦涩的困难时期，他还在那里孜孜以求于学术工作,已经令人感触良多了。因为,在那样一种情境下,许多真体验、真感受又是不能坦言的,尤其是对这些曾经服务于帝王将相的古代彩画,一语稍有不慎,就会招致祸端。看得出在这个问题上,梁先生几乎是持了"述而不作"的态度的。

但即使是在这样一种情况下,梁先生的学术直觉也凸显着鲜明亮丽的特色。关于宋代的彩画作制度,梁先生对下面的这段话感到了特别的兴趣:"五色之中,唯青、绿、红三色为主,余色隔间品合而已。其为用亦各不同,且如用青,自大青至青华,外晕用白;朱、绿同大青之内,用墨或矿汁压深。此只可以施之于装饰等用,但取其轮奂鲜丽,如组绣华锦之文尔。至于穷要妙夺生意,则谓之画。其用色之制,随其所写,或浅或深,或轻或重,千变万化,任其自然,虽不可以立言,其色之所相亦不出于此。"①在其注中,梁先生特别指出,这段话"阐述了绘制彩画用色的主要原则,并明确了彩画装饰和画的区别,对我们来说,这一段小注的内容比正文所说的各种颜料的具体炮制方法重要得多。"②从这段话中,我们不仅感受到了梁先生的真知灼见,也感受到了他对后来学人的殷殷期待。

在近些年的同类研究中,李路珂的研究应该是着力较深的,成果也颇丰。这在一定程度上,也是对梁思成先生当年未了之愿的一个初步的回答。当然,对于古代建筑与古代艺术的研究还有很长的路要走。特别是若要在彩画装饰的研究之外,能够体味艺术中"穷要妙夺生意"的真髓,还需要长时间的实践、积淀和求索,而这也恰是梁先生所特别期待的目标。要达成这一目标,惟有秉承不由小胜而骄、不因小挫而馁的精神,孜孜不怠、锲而不舍地坚持下去方有可能。在祝贺这本书出版之际,我们也期待在宋代建筑装饰与艺术的问题上,会有更丰硕的研究成果问世。

清华大学建筑学院　王贵祥
2010年10月

---

① 梁思成全集(第7卷). 北京:中国建筑工业出版社,2001:266
② 梁思成全集(第7卷). 北京:中国建筑工业出版社,2001:267

后记

　　《营造法式》彩画的研究于我而言，是打开了另一双观察建筑与历史的眼睛。古代建筑的彩饰丰富多彩、意蕴深远又扑朔迷离，若能读懂《营造法式》关于彩画的"文法"，对古代建筑彩饰的解读便前进了一步。而对古代建筑彩饰的了解，又使得建筑总体空间之形式和意义的进一步探索成为可能。

　　因此，在本书首次出版之后，笔者与合作者们开展了一系列的后续研究工作，涉及彩饰的材料、工艺、美学，以及保存了色彩与装饰的重要建筑案例的调查研究与总体空间分析。在这个过程中，我们对《营造法式》彩画自然已经有了一些新的认识，也曾经考虑是否对《〈营造法式〉彩画研究》进行一次大规模的修订和增补，但考虑到原书的篇幅已经非常厚重，不断有读者建议考虑书籍的便携性；在本书售罄后，也时常有建筑史、艺术史、古建筑工程、色彩设计、文化遗产保护等领域的从业人士表达了对该书的需求，因此我和出版社商量决定，再版时基本维持原貌，仅对原书的十余处错漏进行改正，同时附上笔者近年发表的与《营造法式》彩画及古代建筑色彩相关的文章目录，以期对本书内容构成补充。

　　本书的再版得到清华大学建筑学院的支持，并承蒙中国台湾云林科技大学的曾启雄教授、故宫博物院的陈彤先生、清华大学的蒋雨彤博士提出修订意见，于此致谢。

2006—2021 年作者发表的与《营造法式》彩画及古代建筑色彩相关的文章

理论类

[1] 李路珂.《营造法式》彩画色彩初探 [J]. 艺术与科学，2006(2)：45-61.

[2] 李路珂. 初析《营造法式》的装饰 - 材料观 [J]. 建筑师，2009(3)：45-54.

[3] 李路珂. 营造法式装饰概念初析 [M]// 王贵祥. 中国建筑史论汇刊. 北京：清华大学出版社，2009：100-116.

[4] 李路珂. 象征内外：中国古代建筑色彩设计思想探析 [J]. 世界建筑，2016(7)：34-41.

[5] 荷雅丽，李路珂，蒋雨彤. 古迹重绘："德意志"视角下的彩饰之辩：希托夫、森佩尔、库格勒与他们这一代（上）[J]. 世界建筑，2017(9)：104-113.

[6] 荷雅丽，李路珂，蒋雨彤. 古迹重绘："德意志"视角下的彩饰之辩：希托夫、森佩尔、库格勒与他们这一代（下）[J]. 世界建筑，2017(11)：80-88.

[7] 李路珂. 中国传统色彩体系建构新探：基于文献、实物和技艺的色彩量化分析与色谱生成实践 [C]// 中国艺术研究院美术研究所. 2019 中国传统色彩学术年会论文集. 北京：文化艺术出版社，2019：15-38.

[8] 李路珂. 光与色的交会：古代中国及日本"叠晕"技法小考 [C]// 中国艺术研究院美术研究所. 2020 中国传统色彩学术年会论文集. 北京：文化艺术出版社，2020：397-413.

[9] 李路珂，石艺苑，宋文雯. 文物建筑色彩面层的视觉性质与材料做法初探：以传统矿物颜料"石青"（蓝铜矿）为例 [J]. 故宫博物院院刊，2021(4)：65-94.

案例类

[10] 李路珂. 甘肃安西榆林窟西夏后期石窟装饰及其与宋《营造法式》之关系初探（上）[J]. 敦煌研究，2008(3)：5-12.

[11] 李路珂. 甘肃安西榆林窟西夏后期石窟装饰及其与宋《营造法式》之关系初探（下）[J]. 敦煌研究，2008(4)：12-20

[12] 李路珂. 山西高平开化寺大殿宋式彩画初探 [J]. 古建园林技术，2008(3)：36-41.

[13] 蒋雨彤，李路珂，贺亮. 山西高平开化寺大殿栱眼壁彩画研究 [C]//2019 年中国建筑学会建筑史学分会年会暨学术研讨会论文集. 北京，2019：437-440.

[14] 蒋雨彤，李路珂，赵令杰. 山西高平开化寺大雄宝殿内檐彩画复原研究 [J]. 建筑史学刊，2021，2(1)：58-75.

[15] 熊天翼，李路珂，俞莉娜，等. 山西壶关上好牢宋金时期仿木构砖雕壁画墓的装饰与色彩 [C]//2019 年中国建筑学会建筑史学分会年会暨学术研讨会论文集. 北京，2019：441-445.

[16] 郑翌骅，李路珂，席九龙. 山西永乐宫三清殿、纯阳殿梁栿彩画构图与纹样试析 [C]//2019 年中国建筑学会建筑史学分会年会暨学术研讨会论文集. 北京，2019：451-454.

说

明

  1. 由于本书中大量提到《营造法式》的书名,因此文中有时将其简写为《法式》,文内不再一一说明。

  2. 本书引用《营造法式》的文字,不再注出版本和页码,仅注出卷目和条目。彩画部分的原文以本书第二章的最新文字整理成果为准,其他部分的原文一律以《梁思成全集》第 7 卷《〈营造法式〉注释》的文字整理成果为准。文内不再一一说明。

  3. 由于排版需要,本书引用出版物或由他人提供的图片,不在正文内一一注明来源,均注于附录 A 中。

  4.《营造法式》原文与原图样均采用繁体,且有异体字现象,对于此,本书在引用古籍文字和图片时尽量保持古籍原貌,但是在研究阐发部分的行文中采用现代文中的通行写法。例如:"枋",古字用"方";"绿",古字用"菉"或"綠","菉"用于"菉豆"(绿豆);"雕",古字用"彫";"檐",繁体字用"簷"。

内 容 提 要

北宋时期是我国古代文化与科技的高峰时期。成书于北宋末年的《营造法式》是中国古代仅存的两部建筑专书之一，图文详尽，是我国古代建筑特征与成就的典型代表。关于《营造法式》的既往研究大多集中在建筑结构方面，对装饰问题涉及不多。然而，在建筑史的层面上，如果对装饰问题没有深入的探讨，就无法了解古代建筑的全貌；在建筑思想的层面上，对装饰问题的关注、反思和争论，也已成为现代建筑理论的重要内容。基于此，蕴涵丰富装饰做法与装饰思想的《营造法式》，既是一个重要的历史界标，又可作为思考中国现代建筑理论的坚实起点。

本书试图通过《营造法式》彩画历史文献的解释与还原，对宋代建筑的全貌达到深入一步的认识，进一步归纳其形式特征，挖掘其形式法则。

本书的研究建立在目前已知最佳的古籍版本（"故宫本"和"永乐大典本"），以及实地调查所收集的大量一手资料的基础之上，其主要成果可概括为"解释"和"阐发"两方面。

在"解释"的层面，为了更好地贯通文意、更全面地还原文献蕴涵的信息，本书首先在前人注释成果的基础上，补充了图样版本比较、体例格式分析的工作，并对《营造法式》彩画作部分原文进行了更加细致的校勘和标点。其次，对《营造法式》中与彩画相关的百余条术语进行了仔细解读，其中除了关于材料和做法的术语之外，还包括"装""饰""华"等蕴涵丰富设计思想的术语。最后，作出56幅彩色及线描图解，在视觉上还原《营造法式》彩画的历史图景。

在"阐发"的层面，本书首先在《营造法式》彩画的色彩、造型和构图之特征分析的基础上，从《营造法式》原文中提取出5个蕴涵重要设计原则的概念："鲜丽"——色彩原则；"圜和"——造型原则；"匀""宜""分明"——构图原则。其次，从时代和地域两个维度对这些特征的形成与演变进行了探讨。最后，为了在建筑设计层面对宋式建筑局部与整体之间的关系形成进一步的准确把握，本书以《营造法式》为参照，对同时期的两组典型建筑装饰实例之形式特征和设计方法进行了较为全面的分析。

图书在版编目（CIP）数据

《营造法式》彩画研究 / 李路珂著. —2 版 .—南京：东
南大学出版社，2021.10
ISBN 978-7-5641-9750-6

Ⅰ.①营… Ⅱ.①李… Ⅲ.①建筑史—研究—中国—
宋代 ②《营造法式》—研究 Ⅳ.① TU-092.44

中国版本图书馆 CIP 数据核字 (2021) 第 215389 号

东南大学出版社出版发行
（南京四牌楼 2 号 邮编：210096）
责任编辑：戴 丽 封面设计：皮志伟 程 博 责任校对：张万莹 责任印制：周荣虎
全国各地新华书店经销 深圳市精彩印联合印务有限公司
开本：889 mm×1194 mm 1/16 印张：26.5 字数：680 千
2011 年 1 月第 1 版 2021 年 10 月第 2 版
2021 年 10 月第 1 次印刷
ISBN 978-7-5641-9750-6
定价：360.00 元